机器学习公式详解

第 2 版

PUMPKIN BOOK

谢文睿 秦州 贾彬彬 著

人 民 邮 电 出 版 社
北 京

图书在版编目（CIP）数据

机器学习公式详解 / 谢文睿，秦州，贾彬彬著. --
2版. -- 北京 : 人民邮电出版社，2023.6
ISBN 978-7-115-61572-5

Ⅰ. ①机… Ⅱ. ①谢… ②秦… ③贾… Ⅲ. ①机器学
习 Ⅳ. ①TP181

中国国家版本馆CIP数据核字(2023)第070644号

内 容 提 要

周志华老师的《机器学习》（俗称“西瓜书”）是机器学习领域的经典入门教材之一。本书是《机器学习公式详解》（俗称“南瓜书”）的第 2 版。相较于第 1 版，本书对“西瓜书”中除了公式以外的重、难点内容加以解析，以过来人视角给出学习建议，旨在对比较难理解的公式和重点内容扩充具体的例子说明，以及对跳步过大的公式补充具体的推导细节。

全书共 16 章，与“西瓜书”章节、公式对应，每个公式的推导和解释都以本科数学视角进行讲解，希望能够帮助读者快速掌握各个机器学习算法背后的数学原理。

本书思路清晰，视角独特，结构合理，可作为高等院校计算机及相关专业的本科生或研究生教材，也可供对机器学习感兴趣的研究人员和工程技术人员阅读参考。

♦ 著　　　谢文睿　秦　州　贾彬彬
责任编辑　郭　媛
责任印制　王　郁　焦志炜

♦ 人民邮电出版社出版发行　　北京市丰台区成寿寺路 11 号
邮编　100164　　电子邮件　315@ptpress.com.cn
网址　https://www.ptpress.com.cn
天津千鹤文化传播有限公司印刷

♦ 开本：880×1230　1/20
印张：15.4　　　2023 年 6 月第 2 版
字数：585 千字　　　2025 年 3 月天津第 14 次印刷

定价：89.80 元

读者服务热线：(010)81055410　印装质量热线：(010)81055316
反盗版热线：(010)81055315

序

写此序之时，我们正面临 ChatGPT 带来的一场技术革命。个人认为，这场革命将会不断持续下去，其影响将十分深远，会触及整个社会的方方面面。我相信人工智能再也无法走出大家的视野。了解、理解人工智能将会成为每个人最基本的能力。

大家知道，机器学习是这些年来人工智能中最核心的技术。学好机器学习，也将是学好人工智能的关键所在，而这本书会助你一臂之力。

这本书的第 1 版出版之后，大受读者欢迎。在收到众多读者反馈意见的基础上，第 2 版从多个方面进行了补充和修订，相信这一版会给读者带来更多的收获。

虽然与本书的作者素不相识、从未谋面，但是在看过书稿之后，我便很乐意并且感觉很荣幸有机会给这本书写序。

这是一本与众不同的书。

首先，确切地说，这是一本“伴侣书”。类似于咖啡伴侣，这本书是周志华教授的“西瓜书”——《机器学习》的伴侣书，它还有一个可爱的名字——“南瓜书”。“南瓜书”对“西瓜书”中的公式进行了解析，并补充了必要的推导过程；在推导公式的过程中，有时候需要一些先验知识，作者为此也进行了必要的补充。上述做法对学习机器学习时“知其然”并“知其所以然”非常重要。虽然现在能用一些机器学习工具来实现某个任务的人越来越多了，但是具有机器学习思维且了解其原理，从而能够解决实际问题的能力在工作中更重要，具有这种能力的人也更具有竞争力。

其次，这是一本通过开源方式多人协作写成的书。这种多人分工合作、互相校验、开放监督的方式，既保证了书的内容质量，也保证了写作的效率。在我看来，这是一种站在读者角度且非常先进的生产方式，容易给读者带来很好的体验。

最后，我想说，这是一本完全根据学习经历编写而成的书。也就是说，这本书完全从读者学习的角度出发，分享了作者在学习中遇到的一些“坑”以及跳过这些“坑”的方法，这对初学者来说是非常宝贵的经验，也特别能够引起他们的共鸣。其实，每个人在学习一门新的课程时，都会有自己独特的经验和方法。这种经验和方法的共享非常难能可贵。在这里，理解公式便是作者认为了解机器学习原理的最好方法，其实对于这一点我也深表赞同，因为在学习中我就是那种喜欢推导公式的典型代表，只有公式推导成功，才觉得对知识的原理理解得更深刻，否则总是觉得心里不踏实。

对于本书，我有几点阅读建议，供大家参考。

首先，这本“南瓜书”要和“西瓜书”配套阅读，如果在阅读“西瓜书”时对公式心存疑惑或对概念理解不畅，则可以通过“南瓜书”快速定位公式并进行推导，从而深入理解。从这个意义上讲，“南瓜书”可以看成“西瓜书”的公式字典。

其次，阅读时一定要克服对公式的排斥或畏惧心理。公式既是通过符号对原理本质的高度概括，也是一种精简而美丽的数学语言。在推导几个公式之后，相信读者就能从中感受到没有体验过的乐趣。

最后，这本书非常偏技术原理，看上去也有点儿枯燥，阅读时读者还是要事先做好克服困难的准备。有时，即使作者给出了推导过程，读者也不一定一眼就能理解，这就需要自己静下心来仔细研读。只有这样，你才有可能成为具有机器学习思维而不是只会用机器学习工具的人。

祝大家阅读愉快！

王　斌

小米 AI 实验室主任、NLP 首席科学家

前　　言

在撰写“南瓜书”第 1 版期间，笔者和秦州有幸结识同样在为“西瓜书”写注解的贾彬彬老师，由于当时第 1 版已定稿，未能合作，遂相约一起撰写“南瓜书”第 2 版。我们利用工作之余，历时两年，在第 1 版的基础上，延续之前的思路，以本科数学视角对“西瓜书”中的内容做了更进一步的解读。除了大幅扩充解读的公式数量以外，我们在部分章节开篇处加注了学习建议和些许见解，供读者参考。此外，为了照顾数学基础薄弱的读者，我们又增添了许多数学知识的解读，同时将其前置在所用到的章节处，不再以附录的形式给出，以便于查阅。

第 2 版的使用方法保持不变，仍然是“西瓜书”的教辅，读者在阅读“西瓜书”过程中如遇到难以理解的知识点或者公式，可查阅本书相应章节的解读，辅以理解，效果最佳。为了与“西瓜书”中的图表进行区分，本书中的图表序号格式为“章节号-图表序号”（例如“图 2-1”），而“西瓜书”中的图表序号格式为“章节号. 图表序号”（例如“图 2.1”）。

对于本书中的内容，需要掌握到何种程度？这是自本书第 1 版出版以来，笔者收到的最多的反馈。其实学习目的不同，需要掌握的程度也不同。学习机器学习的人群按照其学习目的可简单分为三类：期望从事机器学习理论研究的人，期望从事机器学习系统实现的人，以及期望将机器学习应用到具体场景的人。对于期望从事机器学习理论研究的读者，本书中的内容理应全部掌握，同时对本书所涉及数学知识的归属学科也理应系统性学习，诸如最优化、矩阵论和信息论。对于期望从事机器学习系统实现的读者，本书中的内容用于了解算法细节，以便进行工程化实现和性能优化，因此涉及算法原理的公式推导理应读懂。对于期望将机器学习应用到具体场景的读者，本书可以帮助其深入理解各个算法所适用的数据类型，因此其中的公式推导可以不深究。本书的编写初衷是希望分享过来人的经验，以期望帮助“西瓜书”的读者们在有限的时间成本下，踩更少的“坑”，学更多的知识。

本书由开源组织 Datawhale 的成员采用开源协作的方式完成，参与者包括 3 位主要作者（谢文睿、秦州和贾彬彬）、5 位编委会成员（居凤霞、马晶敏、胡风范、周天烁和叶梁）、12 位特别贡献成员（awyd234、feijuan、Ggmatch、Heitao5200、xhqing、LongJH、LilRachel、LeoLRH、Nono17、spareribs、sunchaothu 和 StevenLzq）。本书的开源版本托管于 GitHub，仓库名为“pumpkin-book”。

由于编者水平有限，书中难免有所纰漏和表述不当之处，还望各位读者批评指正。关注微信公众号“Datawhale”，回复“南瓜书”即可与我们取得联系，我们将尽力提供答疑和勘误。

谢文睿

2023 年 3 月 1 日于后厂村

主要符号表

符号	含义
x	标量
$\boldsymbol{x}$	向量
$\mathbf{x}$	变量集
$\boldsymbol{A}$	矩阵
$\boldsymbol{I}$	单位阵
$\mathcal{X}$	样本空间或状态空间
$\mathcal{D}$	概率分布
D	数据样本集（数据集）
$\mathcal{H}$	假设空间
H	假设集
$\mathfrak{L}$	学习算法
$(\cdot,\cdot,\cdot)$	行向量
$(\cdot;\cdot;\cdot)$	列向量
$(\cdot)^{\mathrm{T}}$	向量或矩阵转置
$\{\cdots\}$	集合
$\|\{\cdots\}\|$	集合 $\{\cdots\}$ 中元素的个数
$\\|\cdot\\|_p$	L_p 范数, p 缺省时为 L_2 范数
$P(\cdot), P(\cdot\|\cdot)$	概率质量函数, 条件概率质量函数
$p(\cdot), p(\cdot\|\cdot)$	概率密度函数, 条件概率密度函数
$\mathbb{E}_{\cdot\sim\mathcal{D}}[f(\cdot)]$	函数 $f(\cdot)$ 对 $\cdot$ 在分布 $\mathcal{D}$ 下的数学期望; 意义明确时将省略 $\mathcal{D}$ 和 (或).
$\sup(\cdot)$	上确界
$\mathbb{I}(\cdot)$	指示函数, 在 $\cdot$ 为真和假时分别取值为 1, 0
$\operatorname{sgn}(\cdot)$	符号函数, 在 $\cdot$ 小于 0、等于 0、大于 0 时分别取值为 -1, 0, 1

资源与支持

本书由异步社区出品，社区（https://www.epubit.com）为您提供后续服务。

配套资源

本书提供如下资源：

- 哔哩哔哩网站配套视频。

您可以扫描右侧二维码并发送“61572”获取配套资源。

您也可以在异步社区本书页面中单击配套资源，跳转到下载页面，按提示进行操作即可。注意：为保证购书读者的权益，该操作会给出相关提示，要求输入提取码进行验证。

提交勘误信息

作者和编辑尽最大努力来确保书中内容的准确性，但难免会存在疏漏。欢迎您将发现的问题反馈给我们，帮助我们提升图书的质量。

当您发现错误时，请登录异步社区，按书名搜索，进入本书页面，单击“发表勘误”，输入相关信息，单击“提交勘误”按钮即可，如下图所示。本书的作者和编辑会对您提交的相关信息进行审核，确认并接受后，您将获赠异步社区的 100 积分。积分可用于在异步社区兑换优惠券、样书或奖品。

图书勘误　　发表勘误

页码：1　　页内位置（行数）：1　　勘误印次：1

图书类型：纸书　电子书

添加勘误图片（最多可上传4张图片）

+

提交勘误

与我们联系

我们的联系邮箱是 contact@epubit.com.cn。

如果您对本书有任何疑问或建议，请您发邮件给我们，并请在邮件标题中注明本书书名，以便我们更高效地做出反馈。

如果您有兴趣出版图书、录制教学视频，或者参与图书翻译、技术审校等工作，可以发邮件给我们；有意出版图书的作者也可以到异步社区投稿（直接访问 www.epubit.com/contribute 即可）。

如果您所在的学校、培训机构或企业想批量购买本书或异步社区出版的其他图书，也可以发邮件给我们。

如果您在网上发现有针对异步社区出品图书的各种形式的盗版行为，包括对图书全部或部分内容的非授权传播，请您将怀疑有侵权行为的链接通过邮件发送给我们。您的这一举动是对作者权益的保护，也是我们持续为您提供有价值的内容的动力之源。

关于异步社区和异步图书

“**异步社区**”是人民邮电出版社旗下 IT 专业图书社区，致力于出版精品 IT 图书和相关学习产品，为作译者提供优质出版服务。异步社区创办于 2015 年 8 月，提供大量精品 IT 图书和电子书，以及高品质技术文章和视频课程。更多详情请访问异步社区官网 https://www.epubit.com。

“**异步图书**”是由异步社区编辑团队策划出版的精品 IT 专业图书的品牌，依托于人民邮电出版社的计算机图书出版积累和专业编辑团队，相关图书在封面上印有异步图书的 LOGO。异步图书的出版领域包括软件开发、大数据、人工智能、测试、前端、网络技术等。

异步社区

微信服务号

目　录

第 1 章　绪　　论

本章作为《机器学习公式详解》（俗称“南瓜书”）的开篇，主要讲解什么是机器学习以及机器学习的相关数学符号，为后续内容作铺垫，并未涉及复杂的算法理论，因此读者在阅读本章时只需要耐心梳理清楚所有概念和数学符号即可。此外，在阅读本章前建议先阅读本书目录前的“主要符号表”，它能解答你在阅读《机器学习》（俗称“西瓜书”）过程中产生的大部分对数学符号的疑惑。

作为本书的开篇，笔者在此赘述一下本书的撰写初衷，本书旨在以“过来人”的视角陪读者一起阅读“西瓜书”，尽力帮读者消除阅读过程中的“数学恐惧”。只要读者学习过“高等数学”“线性代数”和“概率论与数理统计”这三门大学必修的数学课，就能看懂本书对“西瓜书”中的公式所做的解释和推导，同时也能体会到这三门数学课在机器学习上碰撞产生的“数学之美”。

1.1　引　　言

本节以概念理解为主，在此对“算法”和“模型”作补充说明。“算法”是指从数据中学得“模型”的具体方法，例如后续章节中将会讲述的线性回归、对率回归、决策树等。“算法”产出的结果被称为“模型”，通常是具体的函数或者可抽象地看作函数，例如一元线性回归算法产出的模型即为形如 $f(x) = wx + b$ 的一元一次函数。不过由于严格区分这两者的意义不大，因此多数文献和资料会将它们混用。当遇到这两个概念时，其具体指代根据上下文判断即可。

1.2　基 本 术 语

本节涉及的术语较多且很多术语都有多个叫法，下面梳理各个术语，并将最常用的叫法加粗标注。

样本: 也称为"示例",是关于一个事件或对象的描述。因为要想让计算机能对现实生活中的事物进行机器学习,就必须先将其抽象为计算机能理解的形式,计算机最擅长做的就是进行数学运算,因此考虑如何将其抽象为某种数学形式。显然,线性代数中的向量就很适合,因为任何事物都可以由若干"特征"(或称为"属性")唯一刻画出来,而向量的各个维度即可用来描述各个特征。例如,如果用色泽、根蒂和敲声这 3 个特征来刻画西瓜,那么一个"色泽青绿,根蒂蜷缩,敲声清脆"的西瓜用向量来表示即为 $\boldsymbol{x}=$ (青绿; 蜷缩; 清脆),其中青绿、蜷缩和清脆分别对应为相应特征的取值,也称为"属性值"。显然,用中文书写向量的方式不够"数学",因此需要将属性值进一步数值化,具体例子参见"西瓜书"第 3 章的 3.2 节。此外,仅靠以上 3 个特征来刻画西瓜显然不够全面细致,因此还需要扩展更多维度的特征,一般称此类与特征处理相关的工作为"特征工程"。

向量中的元素用分号";"分隔时表示此向量为列向量,用逗号","分隔时表示此向量为行向量

样本空间: 也称为"输入空间"或"属性空间"。由于样本采用的是标明了各个特征取值的"特征向量"来进行表示,根据线性代数的知识可知,有向量便会有向量所在的空间,因此称表示样本的特征向量所在的空间为样本空间,通常用花式大写的 $\mathcal{X}$ 来表示。

数据集: 数据集通常用集合来表示。令集合 $D=\{\boldsymbol{x}_1,\boldsymbol{x}_2,\cdots,\boldsymbol{x}_m\}$ 表示包含 m 个样本的数据集,一般同一份数据集中的每个样本都含有相同个数的特征,假设此数据集中的每个样本都含有 d 个特征,则第 i 个样本的数学表示为 d 维向量 $\boldsymbol{x}_i=(x_{i1};x_{i2};\cdots;x_{id})$,其中 x_{ij} 表示样本 $\boldsymbol{x}_i$ 在第 j 个属性上的取值。

模型: 机器学习的一般流程为,首先收集若干样本(假设此时有 100 个),然后将其分为训练样本(80 个)和测试样本(20 个),其中 80 个训练样本构成的集合称为"训练集",20 个测试样本构成的集合称为"测试集"。接着选用某个机器学习算法,让其在训练集上进行"学习"(或称为"训练")。然后产出得到"模型"(或称为"学习器"),最后用测试集来测试模型的效果。当执行以上流程时,表示我们已经默认样本的背后存在某种潜在的规律,我们称这种潜在的规律为"真相"或者"真实"。例如,当样本是一堆好西瓜和坏西瓜时,我们默认的便是好西瓜和坏西瓜背后必然存在某种规律能将其区分开。当我们应用某个机器学习算法来学习时,产出的模型便是该算法找到的它所认为的规律。由于该规律通常并不一定就是所谓的真相,因此我们也将其称为"假设"。通常机器学习算法都有可配置的参数,同一个机器学习算法,使用不同的参数配置或者不同的训练集,

训练得到的模型通常也不同。

标记：上文提到机器学习的本质就是学习样本在某个方面的表现是否存在潜在的规律，我们称该方面的信息为“标记”。例如在学习西瓜的好坏时，“好瓜”和“坏瓜”便是样本的标记。一般第 i 个样本的标记的数学表示为 y_i，标记所在的空间被称为“标记空间”或“输出空间”，数学表示为花式大写的 $\mathcal{Y}$。标记通常也可以看作样本的一部分，因此一个完整的样本通常表示为 $(\boldsymbol{x}, y)$。

根据标记的取值类型的不同，可将机器学习任务分为以下两类。

- 当标记取值为离散型时，称此类任务为“分类”，例如学习西瓜是好瓜还是坏瓜、学习猫的图片是白猫还是黑猫等。当分类的类别只有两个时，称此类任务为“二分类”，通常称其中一个为“正类”，称另一个为“反类”或“负类”；当分类的类别超过两个时，称此类任务为“多分类”。由于标记也属于样本的一部分，通常也需要参与运算，因此需要将其数值化。例如对于二分类任务，通常将正类记为 1，将反类记为 0，即 $\mathcal{Y}=\{0,1\}$。这只是一般默认的做法，具体标记该如何数值化可根据具体机器学习算法进行相应的调整，例如第 6 章的支持向量机算法采用的是 $\mathcal{Y}=\{-1,+1\}$。
- 当标记取值为连续型时，称此类任务为“回归”，例如学习预测西瓜的成熟度、学习预测未来的房价等。由于是连续型，因此标记的所有可能取值无法直接罗列，通常只有取值范围，回归任务的标记取值范围通常是整个实数域 $\mathbb{R}$，即 $\mathcal{Y}=\mathbb{R}$。

无论是分类还是回归，机器学习算法最终学得的模型都可以抽象地看作以样本 $\boldsymbol{x}$ 为自变量，以标记 y 为因变量的函数 $y=f(\boldsymbol{x})$，即一个从输入空间 $\mathcal{X}$ 到输出空间 $\mathcal{Y}$ 的映射。例如在学习西瓜的好坏时，机器学习算法学得的模型可以看作一个函数 $f(\boldsymbol{x})$，给定任意一个西瓜样本 $\boldsymbol{x}_i=$（青绿；蜷缩；清脆），将其输入这个函数即可计算得到一个输出 $y_i=f(\boldsymbol{x}_i)$，此时得到的 y_i 便是模型给出的预测结果。当 y_i 取值为 1 时，表明模型认为西瓜 $\boldsymbol{x}_i$ 是好瓜；当 y_i 取值为 0 时，表明模型认为西瓜 $\boldsymbol{x}_i$ 是坏瓜。

根据是否用到标记信息，可将机器学习任务分为以下两类。

- 在模型训练阶段用到标记信息时，称此类任务为“监督学习”，例如第 3 章的线性模型。
- 在模型训练阶段没用到标记信息时，称此类任务为“无监督学习”，例如第 9 章的聚类。

泛化：由于机器学习的目标是根据已知来对未知做出尽可能准确的判断，因此对未知事物判断的准确与否才是衡量一个模型好坏的关键，我们称此为“泛化”能力。例如在学习西瓜的好坏时，假设训练集中共有 3 个样本：{（$\boldsymbol{x}_1 =$（青绿；蜷缩），$y_1 =$ 好瓜），（$\boldsymbol{x}_2 =$（乌黑；蜷缩），$y_2 =$ 好瓜），（$\boldsymbol{x}_3 =$（浅白；蜷缩），$y_3 =$ 好瓜）}，同时假设判断西瓜好坏的真相是“只要根蒂蜷缩就是好瓜”。应用算法 A 在此训练集上训练得到模型 $f_a(\boldsymbol{x})$，模型 $f_a(\boldsymbol{x})$ 学到的规律是“当色泽等于青绿、乌黑或者浅白时，同时根蒂蜷缩即为好瓜，否则便是坏瓜”；再应用算法 B 在此训练集上训练得到模型 $f_b(\boldsymbol{x})$，模型 $f_b(\boldsymbol{x})$ 学到的规律是“只要根蒂蜷缩就是好瓜”。因此，对于一个未见过的西瓜样本 $\boldsymbol{x} = (金黄;蜷缩)$ 来说，模型 $f_a(\boldsymbol{x})$ 给出的预测结果为“坏瓜”，模型 $f_b(\boldsymbol{x})$ 给出的预测结果为“好瓜”，此时我们称模型 $f_b(\boldsymbol{x})$ 的泛化能力优于模型 $f_a(\boldsymbol{x})$。

通过以上举例可知，尽管模型 $f_a(\boldsymbol{x})$ 和模型 $f_b(\boldsymbol{x})$ 对训练集学得一样好，即这两个模型对训练集中每个样本的判断都对，但是其所学到的规律是不同的。导致此现象最直接的原因是算法的不同，但算法通常是有限的、可穷举的，尤其是在特定任务场景下，可使用的算法更是有限。因此，数据便是导致此现象的另一重要原因，这也就是机器学习领域常说的“数据决定模型效果的上限，而算法则是让模型无限逼近上限”，下面详细解释此话的含义。

我们先解释“数据决定模型效果的上限”，其中数据是指从数据量和特征工程两个角度考虑。从数据量的角度来说，通常数据量越大模型效果越好，因为数据量大即表示积累的经验多，因此模型学习到的经验也多，自然表现效果越好。在以上举例中，如果训练集中含有相同颜色但根蒂不蜷缩的坏瓜，那么模型 $f_a(\boldsymbol{x})$ 学到真相的概率则也会增大。从特征工程的角度来说，通常对特征数值化越合理，特征收集越全越细致，模型效果通常越好，因为此时模型更易学得样本之间潜在的规律。例如，当学习区分亚洲人和非洲人时，样本即为人。在进行特征工程时，如果收集到每个样本的肤色特征，则其他特征（例如年龄、身高和体重等）便可省略，因为只需要靠肤色这一个特征就足以区分亚洲人和非洲人。

“而算法则是让模型无限逼近上限”是指当数据相关的工作已准备充分时，接下来便可用各种可适用的算法从数据中学习其潜在的规律，进而得到模型，不同的算法学习得到的模型效果自然有高低之分，效果越好则越逼近上限，即逼近真相。

分布：此处的“分布”指的是概率论中的概率分布，通常假设样本空间服从一个未知“分布” $\mathcal{D}$，而我们收集到的每个样本都是独立地从该分布中采样得到的，即“独立同分布”。通常收集到的样本越多，越能从样本中反推出 $\mathcal{D}$ 的信息，即越接近真相。此假设属于机器学习中的经典假设，在后续学习机器学习算法的过程中会经常用到。

1.3 假设空间

本节的重点是理解“假设空间”和“版本空间”，下面以“房价预测”举例说明。假设现已收集到某地区近几年的房价和学校数量数据，希望利用收集到的数据训练出能通过学校数量预测房价的模型，具体收集到的数据如表 1-1 所示。

表 1-1 房价预测

年份	学校数量	房价（单位：元/m^2）
2020 年	1 所	10000
2021 年	2 所	40000

基于对以上数据的观察以及日常生活经验，不难得出“房价与学校数量成正比”的假设。若将学校数量设为 x，房价设为 y，则该假设等价表示学校数量和房价呈 $y = wx + b$ 的一元一次函数关系，此时房价预测问题的假设空间即为“一元一次函数”。在确定假设空间以后，便可采用机器学习算法从假设空间中学得模型，即从一元一次函数空间中学得能满足表 1-1 中数值关系的某个一元一次函数。学完第 3 章的线性回归可知，当前问题属于一元线性回归问题，根据一元线性回归算法可学得模型为 $y = 3x - 2$。

除此之外，也可以将问题复杂化，假设学校数量和房价呈 $y = wx^2 + b$ 的一元二次函数关系，此时问题变为线性回归中的多项式回归问题，按照多项式回归算法可学得模型为 $y = x^2$。因此，以表 1-1 中的数据作为训练集可以得到多个假设空间，且在不同的假设空间中都有可能学得能够拟合训练集的模型，我们将所有能够拟合训练集的模型构成的集合称为“版本空间”。

1.4 归纳偏好

在“房价预测”的例子中，当选用一元线性回归算法时，学得的模型是一元一次函数；当选用多项式回归算法时，学得的模型是一元二次函数。所以，不同的机器学习算法有不同的偏好，我们称之为“归纳偏好”。对于“房价预测”这个例子来说，在这两个算法学得的模型中，哪个更好呢？著名的“奥卡姆剃刀”原则认为，“若有多个假设与观察一致，则选最简单的那个”，但是何为“简单”便见仁见智了。如果认为函数的幂次越低越简单，则此时一元线性回归算法更好；如果认为幂次越高越简单，则此时多项式回归算法更好。由此可以看出，该方法其实并不“简单”，所以并不常用，而最常用的方法则是基于模型在测试集上的表现来评判模型之间的优劣。测试集是指由训练集之外的样本构成的集合，例如在“房价预测”问题中，通常会额外留有部分未参与模型训练的数据来对模型进行测试。假设此时额外留有 1 条数据——（年份：2022 年；学校数量：3 所；房价：70000 元/m^2）用于测试，模型 $y=3x-2$ 的预测结果为 $3\times3-2=7$，预测正确；模型 $y=x^2$ 的预测结果为 $3^2=9$，预测错误。因此，在“房价预测”问题上，我们认为一元线性回归算法优于多项式回归算法。

机器学习算法之间没有绝对的优劣之分，只有是否适合当前待解决的问题之分。例如，上述测试集中的数据如果改为（年份：2022 年；学校数量：3 所；房价：90000 元/m^2），则结论便逆转为多项式回归算法优于一元线性回归算法。

1.4.1 式 (1.1) 和式 (1.2) 的解释

$$
\begin{aligned}
\sum_f E_{\text{ote}}(\mathfrak{L}_a|X,f) &= \sum_f\sum_h\sum_{\boldsymbol{x}\in\mathcal{X}-X} P(\boldsymbol{x})\mathbb{I}(h(\boldsymbol{x})\neq f(\boldsymbol{x}))P(h|X,\mathfrak{L}_a) &① \\
&= \sum_{\boldsymbol{x}\in\mathcal{X}-X} P(\boldsymbol{x})\sum_h P(h|X,\mathfrak{L}_a)\sum_f \mathbb{I}(h(\boldsymbol{x})\neq f(\boldsymbol{x})) &② \\
&= \sum_{\boldsymbol{x}\in\mathcal{X}-X} P(\boldsymbol{x})\sum_h P(h|X,\mathfrak{L}_a)\frac{1}{2}2^{|\mathcal{X}|} &③ \\
&= \frac{1}{2}2^{|\mathcal{X}|}\sum_{\boldsymbol{x}\in\mathcal{X}-X} P(\boldsymbol{x})\sum_h P(h|X,\mathfrak{L}_a) &④ \\
&= 2^{|\mathcal{X}|-1}\sum_{\boldsymbol{x}\in\mathcal{X}-X} P(\boldsymbol{x})\cdot 1 &⑤
\end{aligned}
$$

① → ②：

$$
\begin{aligned}
&\sum_f\sum_h\sum_{\boldsymbol{x}\in\mathcal{X}-X} P(\boldsymbol{x})\mathbb{I}(h(\boldsymbol{x})\neq f(\boldsymbol{x}))P(h|X,\mathfrak{L}_a) \\
&= \sum_{\boldsymbol{x}\in\mathcal{X}-X} P(\boldsymbol{x})\sum_f\sum_h \mathbb{I}(h(\boldsymbol{x})\neq f(\boldsymbol{x}))P(h|X,\mathfrak{L}_a)
\end{aligned}
$$

$$= \sum_{\boldsymbol{x}\in\mathcal{X}-X} P(\boldsymbol{x}) \sum_{h} P(h|X,\mathfrak{L}_a) \sum_{f} \mathbb{I}(h(\boldsymbol{x}) \neq f(\boldsymbol{x}))$$

② → ③：首先要知道此时我们假设 f 是任何能将样本映射到 $\{0,1\}$ 的函数。当存在不止一个 f 时，f 服从均匀分布，即每个 f 出现的概率相等。例如，当样本空间中只有两个样本时，$\mathcal{X}=\{\boldsymbol{x}_1,\boldsymbol{x}_2\},|\mathcal{X}|=2$。那么所有可能的真实目标函数 f 如下：

$$\begin{aligned}
f_1 : f_1(\boldsymbol{x}_1) = 0, f_1(\boldsymbol{x}_2) = 0 \\
f_2 : f_2(\boldsymbol{x}_1) = 0, f_2(\boldsymbol{x}_2) = 1 \\
f_3 : f_3(\boldsymbol{x}_1) = 1, f_3(\boldsymbol{x}_2) = 0 \\
f_4 : f_4(\boldsymbol{x}_1) = 1, f_4(\boldsymbol{x}_2) = 1
\end{aligned}$$

一共有 $2^{|\mathcal{X}|}=2^2=4$ 个可能的真实目标函数。所以此时通过算法 $\mathfrak{L}_a$ 学习出来的模型 $h(\boldsymbol{x})$ 对每个样本无论预测值是 0 还是 1，都必然有一半的 f 与之预测值相等。例如，现在学出来的模型 $h(\boldsymbol{x})$ 对 $\boldsymbol{x}_1$ 的预测值为 1，即 $h(\boldsymbol{x}_1)=1$，那么有且只有 f_3 和 f_4 与 $h(\boldsymbol{x})$ 的预测值相等，也就是有且只有一半的 f 与 $h(\boldsymbol{x})$ 的预测值相等，所以 $\sum_f \mathbb{I}(h(\boldsymbol{x}) \neq f(\boldsymbol{x})) = \frac{1}{2}2^{|\mathcal{X}|}$。

需要注意的是，在这里我们假设真实的目标函数 f 服从均匀分布，但是实际情形并非如此，通常我们只认为能高度拟合已有样本数据的函数才是真实目标函数。例如，现在已有的样本数据为 $\{(\boldsymbol{x}_1,0),(\boldsymbol{x}_2,1)\}$，那么此时 f_2 才是我们认为的真实目标函数。由于没有收集到或者压根不存在 $\{(\boldsymbol{x}_1,0),(\boldsymbol{x}_2,0)\},\{(\boldsymbol{x}_1,1),(\boldsymbol{x}_2,0)\}$，$\{(\boldsymbol{x}_1,1),(\boldsymbol{x}_2,1)\}$ 这类样本，因此 f_1、f_3、f_4 都不算是真实目标函数。套用到上述“房价预测”的例子中，我们认为只有能正确拟合测试集的函数才是真实目标函数，也就是我们希望学得的模型。

第 2 章　模型评估与选择

如“西瓜书”前言所述，本章仍属于机器学习基础知识。如果说第 1 章介绍了什么是机器学习及机器学习的相关数学符号，那么本章将进一步介绍机器学习的相关概念。具体来说，正如章名“模型评估与选择”所述，本章讲述的是如何评估模型的优劣和选择最适合自己业务场景的模型。

由于“模型评估与选择”是在模型产出以后进行的下游工作，要想完全吸收本章内容，读者需要对模型有一些基本的认知，因此零基础的读者直接看本章会很吃力，这实属正常。在此建议零基础的读者简单泛读本章，仅看能看懂的部分即可；或者直接跳过本章从第 3 章开始看，直至看完第 6 章以后，再回过头来看本章便会轻松许多。

2.1　经验误差与过拟合

我们先来梳理本节的几个概念。

错误率：$E=\frac{a}{m}$，其中 m 为样本个数，a 为分类错误的样本个数。

精度：精度 $=1-$ 错误率。

误差：学习器的实际预测输出与样本的真实输出之间的差异。

经验误差：学习器在训练集上的误差，又称为“训练误差”。

泛化误差：学习器在新样本上的误差。

经验误差和泛化误差用于分类问题的定义式可参见“西瓜书”第 12 章的式 (12.1) 和式 (12.2)，接下来我们辨析一下以上几个概念。

错误率和精度很容易理解，而且很明显是针对分类问题的。误差的概念更适用于回归问题，但是，根据“西瓜书”第 12 章的式 (12.1) 和式 (12.2) 的定义可以看出，在分类问题中也会使用误差的概念。此时的“差异”指的是学习器的实际预测输出的类别与样本真实的类别是否一致，若一致，则“差异”为 0；若不一致，则“差异”为 1。训练误差是在训练集上差异的平均值，而泛化误差则是在新样本（训练集中未出现过的样本）上差异的平均值。

过拟合的产生原因是模型的学习能力相对于数据来说过于强大，**欠拟合**的产生原因则是模型的学习能力相对于数据来说过于低下。暂且抛开“没有免费的午餐”定理不谈，对于“西瓜书”第 1 章的图 1.4 中的训练样本（黑点）来说，用类似于抛物线的曲线 A 去拟合较为合理，而比较崎岖的曲线 B 相对于训练样本来说学习能力过于强大。但是，若仅用一条直线去训练，则相对于训练样本来说，直线的学习能力过于低下。

2.2 评 估 方 法

本节介绍 3 种模型评估方法：留出法、交叉验证法、自助法。留出法由于操作简单，因此最常用；交叉验证法常用于对比同一算法的不同参数配置之间的效果，以及对比不同算法之间的效果；自助法常用于集成学习（详见“西瓜书”8.2 节和 8.3 节）产生基分类器。留出法和自助法简单易懂，在此不再赘述，下面举例说明交叉验证法的常用方式。

对比同一算法的不同参数配置之间的效果：假设现有数据集 D，且有一个被评估认为适合用于数据集 D 的算法 $\mathfrak{L}$，该算法有可配置的参数。假设备选的参数配置方案有两套：方案 a，方案 b。下面通过交叉验证法为算法 $\mathfrak{L}$ 筛选出在数据集 D 上效果最好的参数配置方案。以 3 折交叉验证为例，首先按照“西瓜书”中所说的方法，通过分层采样将数据集 D 划分为 3 个大小相似的互斥子集：D_1、D_2、D_3。然后分别将其中 1 个子集作为测试集，将其他子集作为训练集，这样就可获得 3 组训练集和测试集。

$$
\begin{aligned}
&\text{训练集 } 1{:}D_1 \cup D_2\text{，测试集 } 1{:}D_3\\
&\text{训练集 } 2{:}D_1 \cup D_3\text{，测试集 } 2{:}D_2\\
&\text{训练集 } 3{:}D_2 \cup D_3\text{，测试集 } 3{:}D_1
\end{aligned}
$$

接下来用算法 $\mathfrak{L}$ 搭配方案 a 在训练集 1 上进行训练，训练结束后，将训练得到的模型在测试集 1 上进行测试，得到测试结果 1。依此方法分别通过训练集 2 和测试集 2、训练集 3 和测试集 3，得到测试结果 2 和测试结果 3。最后，对 3

次测试结果求平均即可得到算法 $\mathfrak{L}$ 搭配方案 a 在数据集 D 上的最终效果，记为 Score_a。同理，按照以上方法也可得到算法 $\mathfrak{L}$ 搭配方案 b 在数据集 D 上的最终效果 Score_b，可通过比较 Score_a 和 Score_b 之间的优劣来确定算法 $\mathfrak{L}$ 在数据集 D 上效果最好的参数配置方案。

对比不同算法之间的效果：同上述“对比同一算法的不同参数配置之间的效果”中所讲的方法一样，只需要将其中的“算法 $\mathfrak{L}$ 搭配方案 a”和“算法 $\mathfrak{L}$ 搭配方案 b”分别换成需要对比的算法 α 和算法 β 即可。

从以上举例可以看出，交叉验证法在本质上是进行多次留出法，且每次都换不同的子集作为测试集，最终让所有样本均至少成为 1 次测试样本。这样做的理由其实很简单，因为一般的留出法只会划分出 1 组训练集和测试集，仅依靠 1 组训练集和测试集去对比不同算法之间的效果显然不够置信，偶然性太强。因此，要想基于固定的数据集产生多组不同的训练集和测试集，就只能进行多次划分，且每次采用不同的子集作为测试集，即为交叉验证法。

2.2.1 算法参数（超参数）与模型参数

算法参数是指算法本身的一些参数（也称超参数），例如 k 近邻算法的近邻个数 k、支持向量机的参数 C [详见“西瓜书”第 6 章的式 (6.29)]。配置好相应参数后，对算法进行训练，训练结束即可得到一个模型，例如支持向量机最终会得到 $\boldsymbol{w}$ 和 b 的具体数值（此处不考虑核函数），这就是模型参数。为模型配置好相应的模型参数后，即可对新样本做出预测。

2.2.2 验证集

带有参数的算法一般需要从候选的参数配置方案中选择相对于当前数据集的最优参数配置方案，例如支持向量机的参数 C，一般采用的是前面讲到的交叉验证法。但是交叉验证法操作起来较为复杂，现实中更多采用的是：先用留出法将数据集划分成训练集和测试集；再对训练集采用留出法划分出新的训练集和测试集（称新的测试集为验证集）；接下来基于验证集的测试结果调参选出最优参数配置方案；最后将验证集合并进训练集（训练集数据量够的话，也可不合并），用选出的最优参数配置方案在合并后的训练集上重新训练，并用测试集评估训练得到的模型的性能。

2.3 性能度量

本节的性能度量指标较多，但是一般常用的只有错误率、精度、查准率、查全率、$F1$、ROC 和 AUC。

2.3.1 式 (2.2) $\sim$ 式 (2.7) 的解释

这几个公式简单易懂，几乎不需要额外解释，但需要补充说明的是，式 (2.2)、式 (2.4) 和式 (2.5) 假设数据分布为均匀分布，即每个样本出现的概率相同，而式 (2.3)、式 (2.6) 和式 (2.7) 则为更一般的表达式。此外，在无特别说明的情况下，“西瓜书”2.3 节的所有公式中的“样例集 D”均默认为非训练集（测试集、验证集或其他未用于训练的样例集）。

2.3.2 式 (2.8) 和式 (2.9) 的解释

查准率 P：被学习器预测为**正例**的样例中有多大比例是**真正例**。

查全率 R：所有**正例**中有多大比例被学习器预测为**正例**。

2.3.3 图 2.3 的解释

P-R 曲线的画法与 ROC 曲线的画法类似，也是通过依次改变模型阈值，然后计算出查准率和查全率并画出相应坐标点，具体参见 2.3.8 小节“式 (2.20) 的推导”中的讲解。这里需要说明的是，“西瓜书”中的图 2.3 仅仅是示意图，除了图左侧提到的“现实任务中的 P-R 曲线常是非单调、不平滑的，在很多局部有上下波动”以外，通常不会取到 $(1,0)$ 点。当取到 $(1,0)$ 点时，就会将所有样本均判为正例，此时 $\mathrm{FN}=0$，根据式 (2.9) 可算得查全率为 1，但是 $\mathrm{TP}+\mathrm{FP}$ 为样本总数，根据式 (2.8) 得出的查准率此时为正例在全体样本中的占比，显然在现实任务中正例的占比通常不为 0，因此 P-R 曲线在现实任务中通常不会取到 $(1,0)$ 点。

2.3.4 式 (2.10) 的推导

将式 (2.8) 和式 (2.9) 代入式 (2.10)，得到

$$
\begin{aligned}
F1=\frac{2\times P\times R}{P+R}&=\frac{2\times\dfrac{\mathrm{TP}}{\mathrm{TP}+\mathrm{FP}}\times\dfrac{\mathrm{TP}}{\mathrm{TP}+\mathrm{FN}}}{\dfrac{\mathrm{TP}}{\mathrm{TP}+\mathrm{FP}}+\dfrac{\mathrm{TP}}{\mathrm{TP}+\mathrm{FN}}}\\
&=\frac{2\times\mathrm{TP}\times\mathrm{TP}}{\mathrm{TP}(\mathrm{TP}+\mathrm{FN})+\mathrm{TP}(\mathrm{TP}+\mathrm{FP})}\\
&=\frac{2\times\mathrm{TP}}{(\mathrm{TP}+\mathrm{FN})+(\mathrm{TP}+\mathrm{FP})}\\
&=\frac{2\times\mathrm{TP}}{(\mathrm{TP}+\mathrm{FN}+\mathrm{FP}+\mathrm{TN})+\mathrm{TP}-\mathrm{TN}}\\
&=\frac{2\times\mathrm{TP}}{\text{样例总数}+\mathrm{TP}-\mathrm{TN}}
\end{aligned}
$$

若现有数据集 $D=\{(\boldsymbol{x}_i,y_i)\mid 1\leqslant i\leqslant m\}$，其中标记 $y_i\in\{0,1\}$（1 表示正例，0 表示反例）。假设模型 $f(\boldsymbol{x})$ 对 $\boldsymbol{x}_i$ 的预测结果为 $h_i\in\{0,1\}$，则模型 $f(\boldsymbol{x})$ 在数据集 D 上的 $F1$ 为

$$
F1=\frac{2\sum\limits_{i=1}^{m}y_ih_i}{\sum\limits_{i=1}^{m}y_i+\sum\limits_{i=1}^{m}h_i}
$$

不难看出上式的本质为

$$
F1=\frac{2\times\mathrm{TP}}{(\mathrm{TP}+\mathrm{FN})+(\mathrm{TP}+\mathrm{FP})}
$$

2.3.5 式 (2.11) 的解释

“西瓜书”在式 (2.11) 左侧提到 F_β 的本质是加权调和平均，且和常用的算术平均相比，其更重视较小值，在此举例说明。假设 a 同学有两门课的成绩分别为 100 分和 60 分，b 同学相应的成绩为 80 分和 80 分。此时若计算 a 同学和 b 同学的算术平均分，则结果均为 80 分，无法判断这两位同学成绩的优劣。但是，若计算加权调和平均分，那么当 $\beta=1$ 时，a 同学的加权调和平均分为 $\frac{2\times100\times60}{100+60}=75$ 分，b 同学的加权调和平均分为 $\frac{2\times80\times80}{80+80}=80$ 分，此时 b 同学的平均成绩更优。原因是，a 同学由于偏科导致其一门成绩过低，而加权调和平均更重视较小值，所以 a 同学的偏科情况便被凸显出来。

式 (2.11) 的下方提到"$\beta > 1$ 时查全率有更大影响；$\beta < 1$ 时查准率有更大影响"，下面解释原因。将式 (2.11) 恒等变形为如下形式

$$F_\beta = \cfrac{1}{\cfrac{1}{1+\beta^2} \cdot \cfrac{1}{P} + \cfrac{\beta^2}{1+\beta^2} \cdot \cfrac{1}{R}}$$

从上式可以看出，当 $\beta > 1$ 时 $\frac{\beta^2}{1+\beta^2} > \frac{1}{1+\beta^2}$，$\frac{1}{R}$ 的权重比 $\frac{1}{P}$ 的权重高，因此查全率 R 对 F_β 的影响更大，反之查准率 P 对 F_β 的影响更大。

2.3.6 式 (2.12) $\sim$ 式 (2.17) 的解释

式 (2.12) 的 macro-P 和式 (2.13) 的 macro-R 是基于各个二分类问题的 P 和 R 计算而得的；式 (2.15) 的 micro-P 和式 (2.16) 的 micro-R 是基于各个二分类问题的 TP、FP、TN、FN 计算而得的；"宏"（macro）可以认为是只关注宏观而不看具体细节，而"微"（micro）可以认为是要从具体细节做起，因为相较于 P 和 R 指标来说，TP、FP、TN、FN 更微观，毕竟 P 和 R 是基于 TP、FP、TN、FN 计算而得的。

从"宏"和"微"的计算方式可以看出，"宏"没有考虑每个类别的样本数量，由于平等看待每个类别，因此会受到高 P 和高 R 类别的影响；而"微"则考虑到了每个类别的样本数量，由于样本数量多的类别相应的 TP、FP、TN、FN 也会占比更多，因此在各类别样本数量极度不平衡的情况下，样本数量较多的类别会主导最终结果。

式 (2.14) 的 macro-$F1$ 是将 macro-P 和 macro-R 代入式 (2.10) 而得到的；式 (2.17) 的 micro-$F1$ 是将 micro-P 和 micro-R 代入式 (2.10) 而得到的。值得一提的是，以上只是 macro-$F1$ 和 micro-$F1$ 的常用计算方式之一，在查阅资料的过程中看到其他的计算方式也属正常。

2.3.7 式 (2.18) 和式 (2.19) 的解释

式 (2.18) 定义了真正例率 TPR。下面解释公式中出现的真正例和假反例，真正例即实际为正例预测结果也为正例，假反例即实际为正例但预测结果为反例。式 (2.18) 的分子为真正例，分母为真正例和假反例之和（即实际的正例个数），因此式 (2.18) 的含义是所有**正例**中有多大比例被预测为**正例** [即查全率（Recall）]。

式 (2.19) 定义了假正例率 FPR。下面解释公式中出现的假正例和真反例，假正例即实际为反例但预测结果为正例，真反例即实际为反例预测结果也为反例。式 (2.19) 的分子为假正例，分母为真反例和假正例之和（即实际的反例个数），因此式 (2.19) 的含义是所有**反例**中有多大比例被预测为**正例**。

除了真正例率 TPR 和假正例率 FPR，还有真反例率 TNR 和假反例率 FNR。

$$\mathrm{TNR} = \frac{\mathrm{TN}}{\mathrm{FP} + \mathrm{TN}}$$
$$\mathrm{FNR} = \frac{\mathrm{FN}}{\mathrm{TP} + \mathrm{FN}}$$

2.3.8 式 (2.20) 的推导

在推导式 (2.20) 之前，我们需要先弄清楚 ROC 曲线的具体绘制过程。下面我们就举个例子，按照“西瓜书”图 2.4 下方给出的绘制方法，讲解一下 ROC 曲线的具体绘制过程。

此处用 $\boldsymbol{s}$ 表示样本，以便和坐标 (x, y) 做出区分

假设我们已经训练得到一个学习器 $f(\boldsymbol{s})$，现在用该学习器对 8 个测试样本（4 个正例，4 个反例，即 $m^+ = m^- = 4$）进行预测，预测结果为

$$(\boldsymbol{s}_1, 0.77, +), (\boldsymbol{s}_2, 0.62, -), (\boldsymbol{s}_3, 0.58, +), (\boldsymbol{s}_4, 0.47, +),$$
$$(\boldsymbol{s}_5, 0.47, -), (\boldsymbol{s}_6, 0.33, -), (\boldsymbol{s}_7, 0.23, +), (\boldsymbol{s}_8, 0.15, -).$$

其中，$+$ 和 $-$ 分别表示样本为正例和反例，数字表示学习器 f 预测该样本为正例的概率，例如对于反例 $\boldsymbol{s}_2$ 来说，当前学习器 $f(\boldsymbol{s})$ 预测它是正例的概率为 0.62。

上面给出的预测结果已经按照预测值从大到小排好序

根据“西瓜书”中给出的绘制方法，我们首先需要对所有测试样本按照学习器给出的预测结果进行排序，接着将分类阈值设为一个不可能取到的超大值，例如设为 1。显然，此时所有样本预测为正例的概率都一定小于分类阈值，那么预测为正例的样本个数为 0，相应的真正例率和假正例率也都为 0，所以我们可以在坐标 $(0, 0)$ 处标记一个点。接下来需要把分类阈值从大到小依次设为每个样本的预测值，也就是依次设为 0.77、0.62、0.58、0.47、0.33、0.23、0.15。然后分别计算真正例率和假正例率，并在相应的坐标上标记点。最后将各个点用直线连接, 即可得到 ROC 曲线。需要注意的是，在统计预测结果时，预测值等于分类阈值的样本也被算作预测为正例。例如，当分类阈值为 0.77 时，测试样本 $\boldsymbol{s}_1$ 被预测为正例，因为它的真实标记也是正例，所以此时 $\boldsymbol{s}_1$ 是一个真正例。为了便于绘图，我们将

x 轴（假正例率轴）的“步长”定为 $\frac{1}{m^-}$，将 y 轴（真正例率轴）的“步长”定为 $\frac{1}{m^+}$。根据真正例率和假正例率的定义可知，每次变动分类阈值时，若新增 i 个假正例，相应的 x 轴坐标将增加 $\frac{i}{m^-}$；若新增 j 个真正例，相应的 y 轴坐标将增加 $\frac{j}{m^+}$。按照以上讲述的绘制流程，最终我们可以绘制出图 2-1 所示的 ROC 曲线。

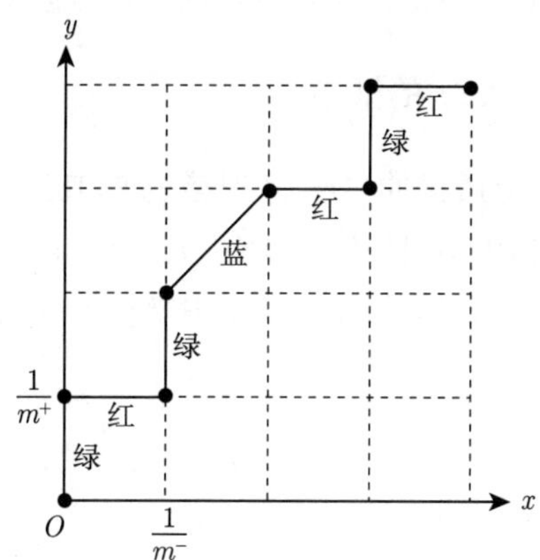

图 2-1 ROC 曲线示意图

在这里，为了能在解释式 (2.21) 时复用此图，我们没有写上具体的数值，转而用其数学符号代替。其中，绿色线段表示在分类阈值变动的过程中只新增了真正例，红色线段表示只新增了假正例，蓝色线段表示既新增了真正例也新增了假正例。根据 AUC 值的定义可知，此时的 AUC 值其实就是所有红色线段和蓝色线段与 x 轴围成的面积之和。观察图 2-1 可知，红色线段与 x 轴围成的图形恒为矩形，蓝色线段与 x 轴围成的图形恒为梯形。由于梯形面积公式既能计算梯形面积，也能计算矩形面积，因此无论是红色线段还是蓝色线段，其与 x 轴围成的面积都能用梯形面积公式来计算：

$$\frac{1}{2}\cdot(x_{i+1}-x_i)\cdot(y_i+y_{i+1})$$

其中，$(x_{i+1}-x_i)$ 为“高”，y_i 为“上底”，y_{i+1} 为“下底”。对所有红色线段和蓝色线段与 x 轴围成的面积进行求和，则有

$$\sum_{i=1}^{m-1}\left[\frac{1}{2}\cdot(x_{i+1}-x_i)\cdot(y_i+y_{i+1})\right]$$

此为 AUC。

通过以上 ROC 曲线的绘制流程可以看出，ROC 曲线上的每一个点都表示学习器 $f(s)$ 在特定阈值下构成的一个二分类器，这个二分类器越好，它的假正例率（反例被预测错误的概率，横轴）越小，真正例率（正例被预测正确的概率，纵轴）越大，所以这个点越靠左上角 [即点 $(0,1)$] 越好。学习器越好，其 ROC 曲线上的点越靠左上角，相应的 ROC 曲线下的面积也越大，即 AUC 也越大。

2.3.9 式 (2.21) 和式 (2.22) 的推导

下面针对“西瓜书”上所说的“ℓ_{rank} 对应的是 ROC 曲线之上的面积”进行推导。按照我们上述对式 (2.20) 的推导思路，ℓ_{rank} 可以看作所有绿色线段和蓝色线段与 y 轴围成的面积之和，但从式 (2.21) 中很难一眼看出其面积的具体计算方式，因此我们进行如下恒等变形：

$$
\begin{aligned}
\ell_{\text{rank}} &= \frac{1}{m^+m^-}\sum_{\boldsymbol{x}^+\in D^+}\sum_{\boldsymbol{x}^-\in D^-}\left(\mathbb{I}\left(f(\boldsymbol{x}^+)<f(\boldsymbol{x}^-)\right)+\frac{1}{2}\mathbb{I}\left(f(\boldsymbol{x}^+)=f(\boldsymbol{x}^-)\right)\right)\\
&= \frac{1}{m^+m^-}\sum_{\boldsymbol{x}^+\in D^+}\left[\sum_{\boldsymbol{x}^-\in D^-}\mathbb{I}\left(f(\boldsymbol{x}^+)<f(\boldsymbol{x}^-)\right)+\frac{1}{2}\cdot\sum_{\boldsymbol{x}^-\in D^-}\mathbb{I}\left(f(\boldsymbol{x}^+)=f(\boldsymbol{x}^-)\right)\right]\\
&= \sum_{\boldsymbol{x}^+\in D^+}\left[\frac{1}{m^+}\cdot\frac{1}{m^-}\sum_{\boldsymbol{x}^-\in D^-}\mathbb{I}\left(f(\boldsymbol{x}^+)<f(\boldsymbol{x}^-)\right)\right.\\
&\qquad\left.+\frac{1}{2}\cdot\frac{1}{m^+}\cdot\frac{1}{m^-}\sum_{\boldsymbol{x}^-\in D^-}\mathbb{I}\left(f(\boldsymbol{x}^+)=f(\boldsymbol{x}^-)\right)\right]\\
&= \sum_{\boldsymbol{x}^+\in D^+}\frac{1}{2}\cdot\frac{1}{m^+}\cdot\left[\frac{2}{m^-}\sum_{\boldsymbol{x}^-\in D^-}\mathbb{I}\left(f(\boldsymbol{x}^+)<f(\boldsymbol{x}^-)\right)\right.\\
&\qquad\left.+\frac{1}{m^-}\sum_{\boldsymbol{x}^-\in D^-}\mathbb{I}\left(f(\boldsymbol{x}^+)=f(\boldsymbol{x}^-)\right)\right]
\end{aligned}
$$

在变动分类阈值的过程中，如果有新增真正例，那么图 2-1 就会相应地增加一条绿色线段或蓝色线段，所以上式中的 $\sum_{\boldsymbol{x}^+\in D^+}$ 可以看作在累加所有绿色线段和蓝色线段。相应地，$\sum_{\boldsymbol{x}^+\in D^+}$ 后面的内容便是在求绿色线段或蓝色线段与 y 轴围成的面积，即

$$
\frac{1}{2}\cdot\frac{1}{m^+}\cdot\left[\frac{2}{m^-}\sum_{\boldsymbol{x}^-\in D^-}\mathbb{I}\left(f(\boldsymbol{x}^+)<f(\boldsymbol{x}^-)\right)+\frac{1}{m^-}\sum_{\boldsymbol{x}^-\in D^-}\mathbb{I}\left(f(\boldsymbol{x}^+)=f(\boldsymbol{x}^-)\right)\right]
$$

与式 (2.20) 的推导思路相同，不论是绿色线段还是蓝色线段，其与 y 轴围成的图形面积都可以用梯形面积公式来进行计算，所以上式表示的依旧是一个梯形的面积公式。其中，$\frac{1}{m^+}$ 为梯形的“高”，中括号内便是“上底 + 下底”。下面我们分别推导一下“上底”（较短的底）和“下底”（较长的底）。

由于在绘制 ROC 曲线的过程中，每新增一个假正例时 x 坐标就新增一个步长，因此对于“上底”，也就是绿色或蓝色线段的下端点到 y 轴的距离，长度就等于 $\frac{1}{m^-}$ 乘以预测值大于 $f(\boldsymbol{x}^+)$ 的假正例的个数，即

$$\frac{1}{m^-}\sum_{\boldsymbol{x}^-\in D^-}\mathbb{I}\left(f(\boldsymbol{x}^+)<f(\boldsymbol{x}^-)\right)$$

而对于“下底”，长度就等于 $\frac{1}{m^-}$ 乘以预测值大于或等于 $f(\boldsymbol{x}^+)$ 的假正例的个数，即

$$\frac{1}{m^-}\left(\sum_{\boldsymbol{x}^-\in D^-}\mathbb{I}\left(f(\boldsymbol{x}^+)<f(\boldsymbol{x}^-)\right)+\sum_{\boldsymbol{x}^-\in D^-}\mathbb{I}\left(f(\boldsymbol{x}^+)=f(\boldsymbol{x}^-)\right)\right)$$

到此，推导完毕。

若不考虑 $f(\boldsymbol{x}^+)=f(\boldsymbol{x}^-)$，并从直观上理解 ℓ_{rank}，则表示的是：对于待测试的模型 $f(\boldsymbol{x})$，从测试集中随机抽取一个正反例对儿 $\{\boldsymbol{x}^+,\boldsymbol{x}^-\}$，模型 $f(\boldsymbol{x})$ 对正例的打分 $f(\boldsymbol{x}^+)$ 小于对反例的打分 $f(\boldsymbol{x}^-)$ 的概率，即“排序错误”的概率。推导思路如下：采用频率近似概率的思路，组合出测试集中的所有正反例对儿，假设组合出来的正反例对儿的个数为 m，用模型 $f(\boldsymbol{x})$ 对所有正反例对儿打分并统计“排序错误”的正反例对儿个数 n，然后计算出 $\frac{n}{m}$，此为模型 $f(\boldsymbol{x})$“排序错误”的正反例对儿的占比，可近似看作模型 $f(\boldsymbol{x})$ 在测试集上“排序错误”的概率。具体推导过程如下：测试集中的所有正反例对儿的个数为

$$m^+\times m^-$$

“排序错误”的正反例对儿的个数为

$$\sum_{\boldsymbol{x}^+\in D^+}\sum_{\boldsymbol{x}^-\in D^-}\left(\mathbb{I}\left(f(\boldsymbol{x}^+)<f(\boldsymbol{x}^-)\right)\right)$$

因此，“排序错误”的概率为

$$\frac{\sum\limits_{\boldsymbol{x}^+\in D^+}\sum\limits_{\boldsymbol{x}^-\in D^-}\left(\mathbb{I}\left(f(\boldsymbol{x}^+)<f(\boldsymbol{x}^-)\right)\right)}{m^+\times m^-}$$

若再考虑当 $f(\boldsymbol{x}^+) = f(\boldsymbol{x}^-)$ 时算半个“排序错误”，则上式可进一步扩展为

$$\frac{\sum\limits_{\boldsymbol{x}^+\in D^+}\sum\limits_{\boldsymbol{x}^-\in D^-}\left(\mathbb{I}\left(f(\boldsymbol{x}^+) < f(\boldsymbol{x}^-) + \frac{1}{2}\mathbb{I}\left(f(\boldsymbol{x}^+) = f(\boldsymbol{x}^-)\right)\right)\right)}{m^+ \times m^-}$$

此为 ℓ_{rank}。

如果说 ℓ_{rank} 指的是从测试集中随机抽取正反例对儿，模型 $f(\boldsymbol{x})$“排序错误”的概率；那么根据式 (2.22) 可知，AUC 便指的是从测试集中随机抽取正反例对儿，模型 $f(\boldsymbol{x})$“排序正确”的概率。显然，此概率越大越好。

2.3.10 式 (2.23) 的解释

式 (2.23) 很容易理解，但需要注意该公式上方交代了“若将表 2.2 中的第 0 类作为正类、第 1 类作为反类”，若不注意此条件，按习惯（0 为反类、1 为正类）就会产生误解。为避免产生误解，在接下来的解释中，我们将 cost_{01} 记为 cost_{+-}，并将 cost_{10} 记为 cost_{-+}。式 (2.23) 还可以进行如下恒等变形：

$$\begin{aligned}
E(f;D;\text{cost}) &= \frac{1}{m}\left(m^+ \times \frac{1}{m^+}\sum_{\boldsymbol{x}_i\in D^+}\mathbb{I}\left(f\left(\boldsymbol{x}_i \neq y_i\right)\right)\right.\\
&\qquad\left.\times\ \text{cost}_{+-} + m^- \times \frac{1}{m^-}\sum_{\boldsymbol{x}_i\in D^-}\mathbb{I}\left(f\left(\boldsymbol{x}_i \neq y_i\right)\right) \times \text{cost}_{-+}\right)\\
&= \frac{m^+}{m} \times \frac{1}{m^+}\sum_{\boldsymbol{x}_i\in D^+}\mathbb{I}\left(f\left(\boldsymbol{x}_i \neq y_i\right)\right) \times \text{cost}_{+-}\\
&\quad + \frac{m^-}{m} \times \frac{1}{m^-}\sum_{\boldsymbol{x}_i\in D^-}\mathbb{I}\left(f\left(\boldsymbol{x}_i \neq y_i\right)\right) \times \text{cost}_{-+}
\end{aligned}$$

其中，m^+ 和 m^- 分别表示正例集 D^+ 和反例集 D^- 的样本个数。

$\frac{1}{m^+}\sum_{\boldsymbol{x}_i\in D^+}\mathbb{I}\left(f\left(\boldsymbol{x}_i \neq y_i\right)\right)$ 表示正例集 D^+ 中预测错误样本所占比例，即假反例率 FNR。

$\frac{1}{m^-}\sum_{\boldsymbol{x}_i\in D^-}\mathbb{I}\left(f\left(\boldsymbol{x}_i \neq y_i\right)\right)$ 表示反例集 D^- 中预测错误样本所占比例，即假正例率 FPR。

$\frac{m^+}{m}$ 表示样例集 D 中正例所占比例，也可理解为随机从 D 中取一个样例并取到正例的概率。

$\frac{m^-}{m}$ 表示样例集 D 中反例所占比例，也可理解为随机从 D 中取一个样例并取到反例的概率。

因此，若将样例为正例的概率 $\frac{m^+}{m}$ 记为 p，则样例为反例的概率 $\frac{m^-}{m}$ 为 $1-p$，上式可进一步写为

$$E(f;D;\text{cost}) = p \times \text{FNR} \times \text{cost}_{+-} + (1-p) \times \text{FPR} \times \text{cost}_{-+}$$

上面的式子在 2.3.12 小节"式 (2.25) 的解释"中会用到。

2.3.11 式 (2.24) 的解释

当 $\text{cost}_{+-} = \text{cost}_{-+}$ 时，式 (2.24) 可化简为

$$P(+)\text{cost} = \frac{p}{p+(1-p)} = p$$

其中，p 是样例为正例的概率（一般用正例在样例集中所占的比例近似代替）。因此，当代价不敏感时（即 $\text{cost}_{+-} = \text{cost}_{-+}$），$P(+)\text{cost}$ 就是正例在样例集中的占比；而当代价敏感时（即 $\text{cost}_{+-} \neq \text{cost}_{-+}$），$P(+)\text{cost}$ 即为正例在样例集中的加权占比。具体来说，对于样例集

$$D = \left\{\boldsymbol{x}_1^+, \boldsymbol{x}_2^+, \boldsymbol{x}_3^-, \boldsymbol{x}_4^-, \boldsymbol{x}_5^-, \boldsymbol{x}_6^-, \boldsymbol{x}_7^-, \boldsymbol{x}_8^-, \boldsymbol{x}_9^-, \boldsymbol{x}_{10}^-\right\}$$

其中，$\boldsymbol{x}^+$ 表示正例，$\boldsymbol{x}^-$ 表示反例。可以看出 $p = 0.2$，若想让正例得到更多重视，可考虑代价敏感 $\text{cost}_{+-} = 4$ 和 $\text{cost}_{-+} = 1$，这实际上等价于在以下样例集上进行代价不敏感的正例概率代价计算。

$$D' = \left\{\boldsymbol{x}_1^+, \boldsymbol{x}_1^+, \boldsymbol{x}_1^+, \boldsymbol{x}_1^+, \boldsymbol{x}_2^+, \boldsymbol{x}_2^+, \boldsymbol{x}_2^+, \boldsymbol{x}_2^+, \boldsymbol{x}_3^-, \boldsymbol{x}_4^-, \boldsymbol{x}_5^-, \boldsymbol{x}_6^-, \boldsymbol{x}_7^-, \boldsymbol{x}_8^-, \boldsymbol{x}_9^-, \boldsymbol{x}_{10}^-\right\}$$

也就是将每个正例样本复制 4 份，若有 1 个出错，则 4 个一起出错，代价为 4。此时可计算出

$$\begin{aligned} P(+)\text{cost} &= \frac{p \times \text{cost}_{+-}}{p \times \text{cost}_{+-} + (1-p) \times \text{cost}_{-+}} \\ &= \frac{0.2 \times 4}{0.2 \times 4 + (1-0.2) \times 1} = 0.5 \end{aligned}$$

也就是正例在等价的样例集 D' 中的占比。所以，无论代价敏感还是不敏感，$P(+)\text{cost}$ 在本质上表示的都是样例集中正例的占比。在实际应用过程中，如果

由于某种原因无法将 cost_{+-} 和 cost_{-+} 设为不同取值，可采用上述“复制样本”的方法间接实现将 cost_{+-} 和 cost_{-+} 设为不同取值。

对于不同的 cost_{+-} 和 cost_{-+} 取值，若二者的比值保持相同，则 $P(+)\mathrm{cost}$ 不变。例如，对于上面的例子，若设 $\mathrm{cost}_{+-}=40$ 和 $\mathrm{cost}_{-+}=10$，则 $P(+)\mathrm{cost}$ 仍为 0.5。

此外，根据此式还可以相应地推导出反例概率代价：

$$P(-)\mathrm{cost}=1-P(+)\mathrm{cost}=\frac{(1-p)\times\mathrm{cost}_{-+}}{p\times\mathrm{cost}_{+-}+(1-p)\times\mathrm{cost}_{-+}}$$

2.3.12 式 (2.25) 的解释

对于包含 m 个样本的样例集 D，可以算出学习器 $f(\boldsymbol{x})$ 总的代价为

$$\begin{aligned}\mathrm{cost}_{\mathrm{se}}=&\,m\times p\times\mathrm{FNR}\times\mathrm{cost}_{+-}+m\times(1-p)\times\mathrm{FPR}\times\mathrm{cost}_{-+}\\&+m\times p\times\mathrm{TPR}\times\mathrm{cost}_{++}+m\times(1-p)\times\mathrm{TNR}\times\mathrm{cost}_{--}\end{aligned}$$

其中，p 是正例在样例集中所占的比例（或严格地称为样例为正例的概率），$\mathrm{cost}_{\mathrm{se}}$ 的下标中的“se”表示 sensitive，即代价敏感。根据前面讲述的 FNR、FPR、TPR、TNR 的定义可知：

$m\times p\times\mathrm{FNR}$ 表示正例被预测为反例（正例预测错误）的样本个数；

$m\times(1-p)\times\mathrm{FPR}$ 表示反例被预测为正例（反例预测错误）的样本个数；

$m\times p\times\mathrm{TPR}$ 表示正例被预测为正例（正例预测正确）的样本个数；

$m\times(1-p)\times\mathrm{TNR}$ 表示反例被预测为反例（反例预测正确）的样本个数。

将以上各种样本个数乘以相应的代价，便可得到总的代价 $\mathrm{cost}_{\mathrm{se}}$。但是，按照此公式计算出的代价与样本个数 m 呈正比，显然不具有一般性，因此需要除以样本个数 m。而且一般来说，预测出错才会产生代价，预测正确则没有代价，即 $\mathrm{cost}_{++}=\mathrm{cost}_{--}=0$，所以 $\mathrm{cost}_{\mathrm{se}}$ 更为一般化的表达式为

$$\mathrm{cost}_{\mathrm{se}}=p\times\mathrm{FNR}\times\mathrm{cost}_{+-}+(1-p)\times\mathrm{FPR}\times\mathrm{cost}_{-+}$$

回顾式 (2.23) 的解释可知，上面的式子为式 (2.23) 的恒等变形，所以它可以同式 (2.23) 一样被理解为学习器 $f(\boldsymbol{x})$ 在样例集 D 上的“代价敏感错误率”。显然，$\mathrm{cost}_{\mathrm{se}}$ 的取值范围并不在 0 和 1 之间，且 $\mathrm{cost}_{\mathrm{se}}$ 在 $\mathrm{FNR}=\mathrm{FPR}=1$ 时取到

最大值，因为当 FNR = FPR = 1 时表示所有正例均被预测为反例，所有反例则均被预测为正例，代价达到最大，即

$$\max(\text{cost}_{\text{se}}) = p \times \text{cost}_{+-} + (1-p) \times \text{cost}_{-+}$$

所以，如果要将 cost_{se} 的取值范围归一化到 0 和 1 之间，只需要将其除以其所能取到的最大值即可，即

$$\frac{\text{cost}_{\text{se}}}{\max(\text{cost}_{\text{se}})} = \frac{p \times \text{FNR} \times \text{cost}_{+-} + (1-p) \times \text{FPR} \times \text{cost}_{-+}}{p \times \text{cost}_{+-} + (1-p) \times \text{cost}_{-+}}$$

此为式 (2.25)，也就是 $\text{cost}_{\text{norm}}$，其中的下标“norm”表示 normalization。

进一步地，根据式 (2.24) 中 $P(+)\text{cost}$ 的定义可知，式 (2.25) 可以恒等变形为

$$\text{cost}_{\text{norm}} = \text{FNR} \times P(+)\text{cost} + \text{FPR} \times (1 - P(+)\text{cost})$$

对于二维直角坐标系中的两个点 $(0, B)$ 和 $(1, A)$ 以及实数 $p \in [0, 1]$，$(p, pA + (1-p)B)$ 一定是线段 AB 上的点，且当 p 从 0 变到 1 时，点 $(p, pA + (1-p)B)$ 的轨迹为从 $(0, B)$ 到 $(1, A)$。基于此，结合上述 $\text{cost}_{\text{norm}}$ 的表达式可知：$(P(+)\text{cost}, \text{cost}_{\text{norm}})$ 即为线段 $\text{FPR} - \text{FNR}$ 上的点。当 $(P(+)\text{cost}$ 从 0 变到 1 时，点 $(P(+)\text{cost}, \text{cost}_{\text{norm}})$ 的轨迹为从 $(0, \text{FPR})$ 到 $(1, \text{FNR})$，即图 2.5 中的各条线段。需要注意的是，以上只是从数学逻辑自洽的角度对图 2.5 中的各条线段进行了解释，实际上各条线段并非按照上述方法绘制而成。理由如下。

$P(+)\text{cost}$ 表示的是样例集中正例的占比，而在进行学习器的比较时，变动的只是训练学习器的算法或者算法的超参数，用来评估学习器性能的样例集是固定的（单一变量原则），$P(+)\text{cost}$ 是一个固定值。因此，图 2.5 中的各条线段并不是通过变动 $P(+)\text{cost}$，然后计算 $\text{cost}_{\text{norm}}$ 绘制出来的，而是按照“西瓜书”上式 (2.25) 下方所说的对 ROC 曲线上的每一点计算 FPR 和 FNR，然后将点 $(0, \text{FPR})$ 和点 $(1, \text{FNR})$ 直接连成线段。

虽然图 2.5 中的各条线段并不是通过变动横轴表示的 $P(+)\text{cost}$ 来进行绘制的，但是横轴仍然有其他用处，例如用来查找使学习器的归一化代价 $\text{cost}_{\text{norm}}$ 达到最小的阈值（暂且称其为最佳阈值）。具体地说，首先计算当前样例集的 $P(+)\text{cost}$ 值，然后根据计算出来的值在横轴上标记出具体的点，并基于该点画一条垂直于横轴的垂线，与该垂线最先相交（从下往上看）的线段所对应的阈值（每条线段都对应 ROC 曲线上的点，而 ROC 曲线上的点又对应具体的阈值）即为最佳阈值。

原因是，与该垂线最先相交的线段必然最靠下，因此其交点的纵坐标最小，而纵轴表示的便是归一化代价 $\text{cost}_{\text{norm}}$，此时归一化代价 $\text{cost}_{\text{norm}}$ 达到最小。特别地，当 $P(+)\text{cost}=0$ 时（即样例集中没有正例，全是负例），最佳阈值应该是学习器不可能取到的最大值，且按照此阈值计算出来的 $\text{FPR}=0$、$\text{FNR}=1$、$\text{cost}_{\text{norm}}=0$。按照上述画垂线的方法在图 2.5 中进行实验，即在横轴的 0 刻度处画垂线，显然与该垂线最先相交的线段是点 $(0,0)$ 和点 $(1,1)$ 连成的线段，交点为 $(0,0)$，此时对应的也为 $\text{FPR}=0$、$\text{FNR}=1$、$\text{cost}_{\text{norm}}=0$，且该条线段所对应的阈值也确实为“学习器不可能取到的最大值”（因为该线段对应的是 ROC 曲线中的起始点）。

2.4 比较检验

为什么要做比较检验？“西瓜书”在本节开篇的两段话已经交代原由。简单来说，从统计学的角度，取得的性能度量的值在本质上仍是一个随机变量，因此并不能简单用比较大小的方法来直接判定算法（或模型）之间的优劣，而需要使用更置信的方法来进行判定。

在此说明一下，如果不做算法理论研究，则不需要对算法（或模型）之间的优劣给出严谨的数学分析，本节可以暂时跳过。本节主要使用的数学知识是“统计假设检验”，该数学知识在各个高校的概率论与数理统计课（例如参考文献 [1]）上均有讲解。此外，有关检验变量的公式，例如式 (2.30) ~ 式 (2.36)，读者并不需要清楚是怎么来的（这是统计学家要做的事情），只需要会用即可。

2.4.1 式 (2.26) 的解释

在理解本公式时需要明确的是：ϵ 是未知的，是当前希望估算出来的；而 $\hat{\epsilon}$ 是已知的，是已经用 m 个测试样本对学习器进行测试得到的。因此，本公式也可理解为：当学习器的泛化错误率为 ϵ 时，被测得测试错误率为 $\hat{\epsilon}$ 的条件概率。所以本公式可以改写为

$$P(\hat{\epsilon}|\epsilon)=\begin{pmatrix} m \\ \hat{\epsilon}\times m \end{pmatrix}\epsilon^{\hat{\epsilon}\times m}(1-\epsilon)^{m-\hat{\epsilon}\times m}$$

其中：

$$\begin{pmatrix} m \\ \hat{\epsilon}\times m \end{pmatrix}=\frac{m!}{(\hat{\epsilon}\times m)!(m-\hat{\epsilon}\times m)!}$$

为我们上中学时所学的组合数，即 $C_m^{\hat{\epsilon}\times m}$。

当 $\hat{\epsilon}$ 已知时，求使得条件概率 $P(\hat{\epsilon}|\epsilon)$ 达到最大的 ϵ 是概率论与数理统计中经典的极大似然估计问题。从极大似然估计的角度可知，由于 $\hat{\epsilon}$ 和 m 均为已知量，因此 $P(\hat{\epsilon}|\epsilon)$ 可以看作一个关于 ϵ 的函数，称为似然函数。于是问题变成求使得似然函数取到最大值的 ϵ，即

$$\epsilon = \underset{\epsilon}{\operatorname{argmax}}\, P(\hat{\epsilon}|\epsilon)$$

首先对 ϵ 求一阶导数

$$\begin{aligned}
\frac{\partial P(\hat{\epsilon} \mid \epsilon)}{\partial \epsilon} &= \begin{pmatrix} m \\ \hat{\epsilon}\times m \end{pmatrix} \frac{\partial \epsilon^{\hat{\epsilon}\times m}(1-\epsilon)^{m-\hat{\epsilon}\times m}}{\partial \epsilon} \\
&= \begin{pmatrix} m \\ \hat{\epsilon}\times m \end{pmatrix} \left(\hat{\epsilon}\times m\times \epsilon^{\hat{\epsilon}\times m-1}(1-\epsilon)^{m-\hat{\epsilon}\times m} + \epsilon^{\hat{\epsilon}\times m}\right. \\
&\quad \left.\times(m-\hat{\epsilon}\times m)\times(1-\epsilon)^{m-\hat{\epsilon}\times m-1}\times(-1)\right) \\
&= \begin{pmatrix} m \\ \hat{\epsilon}\times m \end{pmatrix} \epsilon^{\hat{\epsilon}\times m-1}(1-\epsilon)^{m-\hat{\epsilon}\times m-1}(\hat{\epsilon}\times m\times(1-\epsilon)-\epsilon\times(m-\hat{\epsilon}\times m)) \\
&= \begin{pmatrix} m \\ \hat{\epsilon}\times m \end{pmatrix} \epsilon^{\hat{\epsilon}\times m-1}(1-\epsilon)^{m-\hat{\epsilon}\times m-1}(\hat{\epsilon}\times m-\epsilon\times m)
\end{aligned}$$

分析上式可知,其中 $\begin{pmatrix} m \\ \hat{\epsilon}\times m \end{pmatrix}$ 为常数。由于 $\epsilon\in[0,1]$,因此 $\epsilon^{\hat{\epsilon}\times m-1}(1-\epsilon)^{m-\hat{\epsilon}\times m-1}$ 恒大于 0，$(\hat{\epsilon}\times m-\epsilon\times m)$ 在 $0\leqslant\epsilon<\hat{\epsilon}$ 时大于 0，在 $\epsilon=\hat{\epsilon}$ 时等于 0，在 $\hat{\epsilon}\leqslant\epsilon<1$ 时小于 0，因此 $P(\hat{\epsilon}\mid\epsilon)$ 是关于 ϵ 开口向下的凹函数（此处采用的是最优化中对凹/凸函数的定义，“西瓜书”3.2 节的左侧边注对凹/凸函数的定义也是如此）。所以，当且仅当一阶导数 $\frac{\partial P(\hat{\epsilon}|\epsilon)}{\partial\epsilon}=0$ 时，$P(\hat{\epsilon}\mid\epsilon)$ 取到最大值，此时 $\epsilon=\hat{\epsilon}$。

2.4.2 式 (2.27) 的推导

截至 2021 年 5 月，“西瓜书”第 1 版一共进行了 36 次印刷，式 (2.27) 应当勘误为

$$\overline{\epsilon} = \min \epsilon \quad \text{s.t.} \sum_{i=\epsilon\times m+1}^{m} \begin{pmatrix} m \\ i \end{pmatrix} \epsilon_0^i(1-\epsilon_0)^{m-i} < \alpha$$

在推导此公式之前，我们先铺垫讲解一下“二项分布参数 p 的假设检验”[1]：

设某事件发生的概率为 p，p 未知。做 m 次独立实验，每次观察该事件是否发生，以 X 记该事件发生的次数，则 X 服从二项分布 $B(m,p)$。现根据 X 检验做如下假设。

$$
\begin{aligned}
H_0 &: p \leqslant p_0 \\
H_1 &: p > p_0
\end{aligned}
$$

由二项分布本身的特性可知：p 越小，X 取到较小值的概率越大。因此，对于上述假设，一个直观上合理的检验为

$$\varphi: \text{当 } X > C \text{ 时拒绝 } H_0, \text{否则就接受 } H_0\text{。}$$

其中，C 表示事件最大发生次数。此检验对应的功效函数为

$$
\begin{aligned}
\beta_{\varphi}(p) &= P(X > C) \\
&= 1 - P(X \leqslant C) \\
&= 1 - \sum_{i=0}^{C} \begin{pmatrix} m \\ i \end{pmatrix} p^i (1-p)^{m-i} \\
&= \sum_{i=C+1}^{m} \begin{pmatrix} m \\ i \end{pmatrix} p^i (1-p)^{m-i}
\end{aligned}
$$

由于“p 越小，X 取到较小值的概率越大”可以等价表示为 $P(X \leqslant C)$ 是关于 p 的减函数，因此 $\beta_{\varphi}(p) = P(X > C) = 1 - P(X \leqslant C)$ 是关于 p 的增函数，那么当 $p \leqslant p_0$ 时，$\beta_{\varphi}(p_0)$ 即为 $\beta_{\varphi}(p)$ 的上确界。又根据参考文献 [1] 中 5.1.3 小节的定义 1.2 可知，在给定检验水平 α 时，要想使得检验 φ 达到水平 α，则必须保证 $\beta_{\varphi}(p) \leqslant \alpha$，因此可以通过如下方程解得使检验 φ 达到水平 α 的整数 C。

更为严格的数学证明参见参考文献 [1] 中第 2 章的习题 7

$$\alpha = \sup\left\{\beta_{\varphi}(p)\right\}$$

显然，当 $p \leqslant p_0$ 时有

$$
\begin{aligned}
\alpha &= \sup\left\{\beta_{\varphi}(p)\right\} \\
&= \beta_{\varphi}(p_0)
\end{aligned}
$$

$$= \sum_{i=C+1}^{m} \begin{pmatrix} m \\ i \end{pmatrix} p_0^i (1-p_0)^{m-i}$$

对于此方程，通常不一定正好解得一个使得方程成立的整数 C，较常见的情况是存在这样一个 $\overline{C}$，使得

$$\sum_{i=\overline{C}+1}^{m} \begin{pmatrix} m \\ i \end{pmatrix} p_0^i (1-p_0)^{m-i} < \alpha$$

$$\sum_{i=\overline{C}}^{m} \begin{pmatrix} m \\ i \end{pmatrix} p_0^i (1-p_0)^{m-i} > \alpha$$

此时，C 只能取 $\overline{C}$ 或 $\overline{C}+1$。若 C 取 $\overline{C}$，则相当于升高了检验水平 α；若 C 取 $\overline{C}+1$，则相当于降低了检验水平 α。具体如何取舍，需要结合实际情况，一般的做法是使 α 尽可能小，因此倾向于令 C 取 $\overline{C}+1$。

下面考虑如何求解 $\overline{C}$。易证 $\beta_{\varphi}(p_0)$ 是关于 C 的减函数，再结合上述关于 $\overline{C}$ 的两个不等式，易推得

$$\overline{C} = \min C \quad \text{s.t.} \quad \sum_{i=C+1}^{m} \begin{pmatrix} m \\ i \end{pmatrix} p_0^i (1-p_0)^{m-i} < \alpha$$

由“西瓜书”中的上下文可知，对 $\epsilon \leqslant \epsilon_0$ 进行假设检验，等价于“二项分布参数 p 的假设检验”中所述的对 $p \leqslant p_0$ 进行假设检验，所以在“西瓜书”中求解最大错误率 $\overline{\epsilon}$ 等价于在“二项分布参数 p 的假设检验”中求解事件最大发生频率 $\frac{\overline{C}}{m}$。由上述“二项分布参数 p 的假设检验”中的推导可知

$$\overline{C} = \min C \quad \text{s.t.} \quad \sum_{i=C+1}^{m} \begin{pmatrix} m \\ i \end{pmatrix} p_0^i (1-p_0)^{m-i} < \alpha$$

所以

$$\frac{\overline{C}}{m} = \min \frac{C}{m} \quad \text{s.t.} \quad \sum_{i=C+1}^{m} \begin{pmatrix} m \\ i \end{pmatrix} p_0^i (1-p_0)^{m-i} < \alpha$$

将上式中的 $\frac{\overline{C}}{m}$、$\frac{C}{m}$、p_0 等价替换为 $\overline{\epsilon}$、ϵ、ϵ_0 可得

$$\overline{\epsilon} = \min \epsilon \quad \text{s.t.} \quad \sum_{i=\epsilon\times m+1}^{m} \begin{pmatrix} m \\ i \end{pmatrix} \epsilon_0^i (1-\epsilon_0)^{m-i} < \alpha$$

2.5 偏差与方差

2.5.1 式 (2.37) ~ 式 (2.42) 的推导

首先，我们来梳理一下“西瓜书”中的符号，书中称 $\boldsymbol{x}$ 为测试样本，但是书中又提到“令 y_D 为 $\boldsymbol{x}$ 在数据集中的标记”，那么 $\boldsymbol{x}$ 究竟是测试集中的样本还是训练集中的样本呢？这里暂且理解为 $\boldsymbol{x}$ 是从训练集中抽取出来用于测试的样本。此外，“西瓜书”的左侧边注中提到“有可能出现噪声使得 $y_D \neq y$”，其中所说的“噪声”通常是指人工标注数据时带来的误差，例如标注“身高”时，由于测量工具的精度等问题，测出来的数值必然与真实的“身高”之间存在一定误差，此为“噪声”。

为了进一步解释式 (2.37) ~ 式 (2.39)，这里设有 n 个训练集 $D_1,\cdots,D_n$，这 n 个训练集都是以独立同分布的方式从样本空间中采样而得的，并且恰好都包含测试样本 $\boldsymbol{x}$，该样本在这 n 个训练集中的标记分别为 $y_{D_1},\cdots,y_{D_n}$。书中已明确，此处以回归任务为例，即 y_D、y、$f(\boldsymbol{x};D)$ 均为实值。

式 (2.37) 可理解为

$$\bar{f}(\boldsymbol{x})=\mathbb{E}_D[f(\boldsymbol{x};D)]=\frac{1}{n}\left(f\left(\boldsymbol{x};D_1\right)+\cdots+f\left(\boldsymbol{x};D_n\right)\right)$$

式 (2.38) 可理解为

$$\begin{aligned}\operatorname{var}(\boldsymbol{x})&=\mathbb{E}_D\left[(f(\boldsymbol{x};D)-\bar{f}(\boldsymbol{x}))^2\right]\\&=\frac{1}{n}\left(\left(f\left(\boldsymbol{x};D_1\right)-\bar{f}(\boldsymbol{x})\right)^2+\cdots+\left(f\left(\boldsymbol{x};D_n\right)-\bar{f}(\boldsymbol{x})\right)^2\right)\end{aligned}$$

式 (2.39) 可理解为

$$\varepsilon^2=\mathbb{E}_D\left[\left(y_D-y\right)^2\right]=\frac{1}{n}\left(\left(y_{D_1}-y\right)^2+\cdots+\left(y_{D_n}-y\right)^2\right)$$

最后，我们来推导一下式 (2.41) 和式 (2.42)。由于推导完式 (2.41) 自然就会得到式 (2.42)，因此下面仅推导式 (2.41) 即可。

$$\begin{aligned}E(f;D)=&\mathbb{E}_D\left[\left(f(\boldsymbol{x};D)-y_D\right)^2\right] &①\\=&\mathbb{E}_D\left[\left(f(\boldsymbol{x};D)-\bar{f}(\boldsymbol{x})+\bar{f}(\boldsymbol{x})-y_D\right)^2\right] &②\end{aligned}$$

$$
\begin{aligned}
&=\mathbb{E}_D\left[\left(f(\boldsymbol{x};D)-\bar{f}(\boldsymbol{x})\right)^2\right]+\mathbb{E}_D\left[\left(\bar{f}(\boldsymbol{x})-y_D\right)^2\right]+\\
&\quad\mathbb{E}_D\left[2\left(f(\boldsymbol{x};D)-\bar{f}(\boldsymbol{x})\right)\left(\bar{f}(\boldsymbol{x})-y_D\right)\right] && ③\\
&=\mathbb{E}_D\left[\left(f(\boldsymbol{x};D)-\bar{f}(\boldsymbol{x})\right)^2\right]+\mathbb{E}_D\left[\left(\bar{f}(\boldsymbol{x})-y_D\right)^2\right] && ④\\
&=\mathbb{E}_D\left[\left(f(\boldsymbol{x};D)-\bar{f}(\boldsymbol{x})\right)^2\right]+\mathbb{E}_D\left[\left(\bar{f}(\boldsymbol{x})-y+y-y_D\right)^2\right] && ⑤\\
&=\mathbb{E}_D\left[\left(f(\boldsymbol{x};D)-\bar{f}(\boldsymbol{x})\right)^2\right]+\mathbb{E}_D\left[\left(\bar{f}(\boldsymbol{x})-y\right)^2\right]+\mathbb{E}_D\left[\left(y-y_D\right)^2\right]+\\
&\quad 2\mathbb{E}_D\left[\left(\bar{f}(\boldsymbol{x})-y\right)\left(y-y_D\right)\right] && ⑥\\
&=\mathbb{E}_D\left[\left(f(\boldsymbol{x};D)-\bar{f}(\boldsymbol{x})\right)^2\right]+\left(\bar{f}(\boldsymbol{x})-y\right)^2+\mathbb{E}_D\left[\left(y_D-y\right)^2\right] && ⑦
\end{aligned}
$$

上式即为式 (2.41)，下面给出每一步的推导过程。

①→②：先减一个 $\bar{f}(\boldsymbol{x})$，再加一个 $\bar{f}(\boldsymbol{x})$，属于简单的恒等变形。

②→③：首先将中括号内的式子展开，有

$$
\mathbb{E}_D\left[\left(f(\boldsymbol{x};D)-\bar{f}(\boldsymbol{x})\right)^2+\left(\bar{f}(\boldsymbol{x})-y_D\right)^2+2\left(f(\boldsymbol{x};D)-\bar{f}(\boldsymbol{x})\right)\left(\bar{f}(\boldsymbol{x})-y_D\right)\right]
$$

然后根据期望的运算性质 $\mathbb{E}[X+Y]=\mathbb{E}[X]+\mathbb{E}[Y]$，可将上式化为

$$
\begin{aligned}
&\mathbb{E}_D\left[\left(f(\boldsymbol{x};D)-\bar{f}(\boldsymbol{x})\right)^2\right]+\mathbb{E}_D\left[\left(\bar{f}(\boldsymbol{x})-y_D\right)^2\right]\\
&+\mathbb{E}_D\left[2\left(f(\boldsymbol{x};D)-\bar{f}(\boldsymbol{x})\right)\left(\bar{f}(\boldsymbol{x})-y_D\right)\right]
\end{aligned}
$$

③→④：再次利用期望的运算性质，将 ③ 的最后一项展开，有

$$
\begin{aligned}
&\mathbb{E}_D\left[2\left(f(\boldsymbol{x};D)-\bar{f}(\boldsymbol{x})\right)\left(\bar{f}(\boldsymbol{x})-y_D\right)\right]\\
=&\ \mathbb{E}_D\left[2\left(f(\boldsymbol{x};D)-\bar{f}(\boldsymbol{x})\right)\cdot\bar{f}(\boldsymbol{x})\right]-\mathbb{E}_D\left[2\left(f(\boldsymbol{x};D)-\bar{f}(\boldsymbol{x})\right)\cdot y_D\right]
\end{aligned}
$$

首先计算展开后得到的第 1 项，有

$$
\mathbb{E}_D\left[2\left(f(\boldsymbol{x};D)-\bar{f}(\boldsymbol{x})\right)\cdot\bar{f}(\boldsymbol{x})\right]=\mathbb{E}_D\left[2f(\boldsymbol{x};D)\cdot\bar{f}(\boldsymbol{x})-2\bar{f}(\boldsymbol{x})\cdot\bar{f}(\boldsymbol{x})\right]
$$

由于 $\bar{f}(\boldsymbol{x})$ 是常量，因此由期望的运算性质 $\mathbb{E}[AX+B]=A\mathbb{E}[X]+B$（其中 A 和 B 均为常量）可得

$$
\mathbb{E}_D\left[2\left(f(\boldsymbol{x};D)-\bar{f}(\boldsymbol{x})\right)\cdot\bar{f}(\boldsymbol{x})\right]=2\bar{f}(\boldsymbol{x})\cdot\mathbb{E}_D\left[f(\boldsymbol{x};D)\right]-2\bar{f}(\boldsymbol{x})\cdot\bar{f}(\boldsymbol{x})
$$

由式 (2.37) 可知 $\mathbb{E}_D[f(\boldsymbol{x};D)]=\bar{f}(\boldsymbol{x})$，所以

$$\mathbb{E}_D\left[2\left(f(\boldsymbol{x};D)-\bar{f}(\boldsymbol{x})\right)\cdot\bar{f}(\boldsymbol{x})\right]=2\bar{f}(\boldsymbol{x})\cdot\bar{f}(\boldsymbol{x})-2\bar{f}(\boldsymbol{x})\cdot\bar{f}(\boldsymbol{x})=0$$

然后计算展开后得到的第 2 项，有

$$\mathbb{E}_D\left[2\left(f(\boldsymbol{x};D)-\bar{f}(\boldsymbol{x})\right)\cdot y_D\right]=2\mathbb{E}_D\left[f(\boldsymbol{x};D)\cdot y_D\right]-2\bar{f}(\boldsymbol{x})\cdot\mathbb{E}_D\left[y_D\right]$$

由于噪声和 f 无关，因此 $f(\boldsymbol{x};D)$ 和 y_D 是两个相互独立的随机变量。根据期望的运算性质 $\mathbb{E}[XY]=\mathbb{E}[X]\mathbb{E}[Y]$（其中 X 和 Y 为相互独立的随机变量）可得

$$\begin{aligned}\mathbb{E}_D\left[2\left(f(\boldsymbol{x};D)-\bar{f}(\boldsymbol{x})\right)\cdot y_D\right]&=2\mathbb{E}_D\left[f(\boldsymbol{x};D)\cdot y_D\right]-2\bar{f}(\boldsymbol{x})\cdot\mathbb{E}_D\left[y_D\right]\\&=2\mathbb{E}_D\left[f(\boldsymbol{x};D)\right]\cdot\mathbb{E}_D\left[y_D\right]-2\bar{f}(\boldsymbol{x})\cdot\mathbb{E}_D\left[y_D\right]\\&=2\bar{f}(\boldsymbol{x})\cdot\mathbb{E}_D\left[y_D\right]-2\bar{f}(\boldsymbol{x})\cdot\mathbb{E}_D\left[y_D\right]\\&=0\end{aligned}$$

所以

$$\begin{aligned}&\mathbb{E}_D\left[2\left(f(\boldsymbol{x};D)-\bar{f}(\boldsymbol{x})\right)\left(\bar{f}(\boldsymbol{x})-y_D\right)\right]\\=&\mathbb{E}_D\left[2\left(f(\boldsymbol{x};D)-\bar{f}(\boldsymbol{x})\right)\cdot\bar{f}(\boldsymbol{x})\right]-\mathbb{E}_D\left[2\left(f(\boldsymbol{x};D)-\bar{f}(\boldsymbol{x})\right)\cdot y_D\right]\\=&0+0\\=&0\end{aligned}$$

④ → ⑤：同 ① → ② 一样，先减一个 y，再加一个 y，属于简单的恒等变形。

⑤ → ⑥：同 ② → ③ 一样，将最后一项利用期望的运算性质展开。

⑥ → ⑦：因为 $\bar{f}(\boldsymbol{x})$ 和 y 均为常量，根据期望的运算性质，⑥ 中的第 2 项可化为

$$\mathbb{E}_D\left[\left(\bar{f}(\boldsymbol{x})-y\right)^2\right]=\left(\bar{f}(\boldsymbol{x})-y\right)^2$$

同理，⑥ 中的最后一项可化为

$$2\mathbb{E}_D\left[\left(\bar{f}(\boldsymbol{x})-y\right)\left(y-y_D\right)\right]=2\left(\bar{f}(\boldsymbol{x})-y\right)\mathbb{E}_D\left[\left(y-y_D\right)\right]$$

由于此时假定噪声的期望为 0，即 $\mathbb{E}_D\left[\left(y-y_D\right)\right]=0$，因此有

$$2\mathbb{E}_D\left[\left(\bar{f}(\boldsymbol{x})-y\right)\left(y-y_D\right)\right]=2\left(\bar{f}(\boldsymbol{x})-y\right)\cdot 0=0$$

参 考 文 献

[1] 陈希孺. 概率论与数理统计 [M]. 合肥：中国科学技术大学出版社, 2009.

第 3 章 线性模型

作为“西瓜书”介绍机器学习模型的开篇，线性模型也是机器学习中最为基础的模型，很多复杂模型均可认为由线性模型衍生而得，无论是曾经红极一时的支持向量机还是如今万众瞩目的神经网络，其中都有线性模型的影子。

本章的线性回归和对率回归分别是回归和分类任务上常用的算法，因此属于重点内容。线性判别分析不常用，但是其核心思路和后续第 10 章将会讲到的经典降维算法——主成分分析相同，因此也属于重点内容，且两者结合在一起看理解会更深刻。

3.1 基本形式

第 1 章的 1.2 节“基本术语”在讲述样本的定义时，说明了“西瓜书”和本书中向量的写法，当向量中的元素用分号“;”分隔时表示此向量为列向量，用逗号“,”分隔时表示此向量为行向量。因此，式 (3.2) 中的 $\boldsymbol{w}=(w_1;w_2;\cdots;w_d)$ 和 $\boldsymbol{x}=(x_1;x_2;\cdots;x_d)$ 均为 d 行 1 列的列向量。

3.2 线性回归

3.2.1 属性数值化

为了能进行数学运算，样本中的非数值类属性都需要进行数值化。对于存在“序”关系的属性，可通过连续化将其转为带有相对大小关系的连续值；对于不存在“序”关系的属性，可根据属性取值将其拆解为多个属性，例如“西瓜书”中所说的“瓜类”属性，可拆解为“是否是西瓜”“是否是南瓜”“是否是黄瓜”3 个属性，其中每个属性的取值为 1 或 0，1 表示“是”，0 表示“否”。具体地说，假如现有 3 个瓜类样本 $\boldsymbol{x}_1=$ (甜度 = 高; 瓜类 = 西瓜), $\boldsymbol{x}_2=$ (甜度 = 中; 瓜类 = 南瓜), $\boldsymbol{x}_3=$ (甜度 = 低; 瓜类 = 黄瓜)，其中“甜度”属性存在序关系，因此可将“高”“中”“低”转为 $\{1.0,0.5,0.0\}$。“瓜类”属性不存在序关系，按照上述方法进行拆解，3 个瓜类样本数值化后的结果为 $\boldsymbol{x}_1=(1.0;1;0;0), \boldsymbol{x}_2=(0.5;0;1;0), \boldsymbol{x}_3=(0.0;0;0;1)$。

以上针对样本属性进行的处理工作便是第 1 章的 1.2 节“基本术语”中提到的“特征工程”范畴，完成属性数值化之后通常还会进行缺失值处理、规范化、降维等一系列处理工作。由于特征工程属于算法实践过程中需要掌握的内容，待学完机器学习算法以后，再进一步学习特征工程相关知识即可，在此先不展开。

3.2.2 式 (3.4) 的解释

下面仅针对式 (3.4) 中的数学符号进行解释。首先解释一下符号“arg min”，其中“arg”是“argument”（参数）的前三个字母，“min”是“minimum”（最小值）的前三个字母，该符号表示求使目标函数达到最小值的参数取值。例如，式 (3.4) 表示求出使目标函数 $\sum_{i=1}^{m}(y_i-wx_i-b)^2$ 达到最小值的参数取值 (w^*, b^*)，注意目标函数是以 (w,b) 为自变量的函数，(x_i,y_i) 均是已知常量，即训练集中的样本数据。

类似的符号还有“min”，如果将式 (3.4) 改为

$$\min_{(w,b)}\sum_{i=1}^{m}(y_i-wx_i-b)^2$$

则表示求目标函数的最小值。对比后可知，“min”和“arg min”的区别在于，前者输出目标函数的最小值，而后者输出使目标函数达到最小值时的参数取值。

若进一步修改式 (3.4) 为

$$\begin{aligned}&\min_{(w,b)}\sum_{i=1}^{m}(y_i-wx_i-b)^2\\&\text{s.t. } w>0,\\&\qquad b<0.\end{aligned}$$

则表示在 $w>0$ 且 $b<0$ 的范围内寻找目标函数的最小值。“s.t.”是“subject to”的简写，意思是“受约束于”，后跟约束条件。

以上介绍的符号都是应用数学领域的一个分支——“最优化”中的内容。若想进一步了解，可找一本有关最优化的教材（例如参考文献 [1]）进行系统的学习。

3.2.3 式 (3.5) 的推导

“西瓜书”在式 (3.5) 左侧给出的凸函数的定义是最优化中的定义，与高等数学中的定义不同，本书也默认采用此种定义。因为一元线性回归可以看作多元线性回归中元的个数为 1 时的情形，所以此处暂不给出 $E_{(w,b)}$ 是关于 w 和 b 的凸函数的证明，在推导式 (3.11) 时一并给出。下面开始推导式 (3.5)。

已知 $E_{(w,b)}=\sum_{i=1}^{m}\left(y_i-wx_i-b\right)^2$，所以

$$\begin{aligned}
\frac{\partial E_{(w,b)}}{\partial w} &= \frac{\partial}{\partial w}\left[\sum_{i=1}^{m}\left(y_i-wx_i-b\right)^2\right] \\
&= \sum_{i=1}^{m}\frac{\partial}{\partial w}\left[\left(y_i-wx_i-b\right)^2\right] \\
&= \sum_{i=1}^{m}\left[2\cdot\left(y_i-wx_i-b\right)\cdot\left(-x_i\right)\right] \\
&= \sum_{i=1}^{m}\left[2\cdot\left(wx_i^2-y_ix_i+bx_i\right)\right] \\
&= 2\cdot\left(w\sum_{i=1}^{m}x_i^2-\sum_{i=1}^{m}y_ix_i+b\sum_{i=1}^{m}x_i\right) \\
&= 2\left(w\sum_{i=1}^{m}x_i^2-\sum_{i=1}^{m}\left(y_i-b\right)x_i\right)
\end{aligned}$$

3.2.4 式 (3.6) 的推导

已知 $E_{(w,b)}=\sum_{i=1}^{m}\left(y_i-wx_i-b\right)^2$，所以

$$\begin{aligned}
\frac{\partial E_{(w,b)}}{\partial b} &= \frac{\partial}{\partial b}\left[\sum_{i=1}^{m}\left(y_i-wx_i-b\right)^2\right] \\
&= \sum_{i=1}^{m}\frac{\partial}{\partial b}\left[\left(y_i-wx_i-b\right)^2\right] \\
&= \sum_{i=1}^{m}\left[2\cdot\left(y_i-wx_i-b\right)\cdot\left(-1\right)\right]
\end{aligned}$$

$$
\begin{aligned}
&= \sum_{i=1}^{m} [2 \cdot (b - y_i + wx_i)] \\
&= 2 \cdot \left[\sum_{i=1}^{m} b - \sum_{i=1}^{m} y_i + \sum_{i=1}^{m} wx_i\right] \\
&= 2\left(mb - \sum_{i=1}^{m} (y_i - wx_i)\right)
\end{aligned}
$$

3.2.5 式 (3.7) 的推导

在推导之前，我们先重点说明一下“闭式解”（又称为“解析解”）。闭式解是指可以通过具体的表达式解出待解参数，例如，可根据式 (3.7) 直接解得 w。机器学习算法很少有闭式解，线性回归是一个特例。接下来推导式 (3.7)。

令式 (3.5) 等于 0，有

$$
0 = w\sum_{i=1}^{m} x_i^2 - \sum_{i=1}^{m}(y_i - b)x_i
$$

$$
w\sum_{i=1}^{m} x_i^2 = \sum_{i=1}^{m} y_i x_i - \sum_{i=1}^{m} bx_i
$$

由于令式 (3.6) 等于 0 可得 $b = \frac{1}{m}\sum_{i=1}^{m}(y_i - wx_i)$，又由于 $\frac{1}{m}\sum_{i=1}^{m} y_i = \bar{y}$、$\frac{1}{m}\sum_{i=1}^{m} x_i = \bar{x}$，因此 $b = \bar{y} - w\bar{x}$，代入上式可得

$$
\begin{aligned}
w\sum_{i=1}^{m} x_i^2 &= \sum_{i=1}^{m} y_i x_i - \sum_{i=1}^{m}(\bar{y} - w\bar{x})x_i \\
w\sum_{i=1}^{m} x_i^2 &= \sum_{i=1}^{m} y_i x_i - \bar{y}\sum_{i=1}^{m} x_i + w\bar{x}\sum_{i=1}^{m} x_i \\
w\left(\sum_{i=1}^{m} x_i^2 - \bar{x}\sum_{i=1}^{m} x_i\right) &= \sum_{i=1}^{m} y_i x_i - \bar{y}\sum_{i=1}^{m} x_i \\
w &= \frac{\displaystyle\sum_{i=1}^{m} y_i x_i - \bar{y}\sum_{i=1}^{m} x_i}{\displaystyle\sum_{i=1}^{m} x_i^2 - \bar{x}\sum_{i=1}^{m} x_i}
\end{aligned}
$$

将 $\bar{y}\sum_{i=1}^{m}x_i=\frac{1}{m}\sum_{i=1}^{m}y_i\sum_{i=1}^{m}x_i=\bar{x}\sum_{i=1}^{m}y_i$ 和 $\bar{x}\sum_{i=1}^{m}x_i=\frac{1}{m}\sum_{i=1}^{m}x_i\sum_{i=1}^{m}x_i=\frac{1}{m}\left(\sum_{i=1}^{m}x_i\right)^2$ 代入上式，即可得到式 (3.7)：

$$w=\frac{\sum\limits_{i=1}^{m}y_i(x_i-\bar{x})}{\sum\limits_{i=1}^{m}x_i^2-\frac{1}{m}\left(\sum\limits_{i=1}^{m}x_i\right)^2}$$

如果想要用 Python 来实现上式的话，则上式中的求和运算只能用循环来实现。但是，如果能将上式向量化，也就是转换成矩阵（或向量）运算的话，我们就可以利用诸如 NumPy 这种专门加速矩阵运算的类库来进行编写。下面我们就尝试对上式进行向量化。

将 $\frac{1}{m}\left(\sum_{i=1}^{m}x_i\right)^2=\bar{x}\sum_{i=1}^{m}x_i$ 代入分母可得

$$\begin{aligned}w&=\frac{\sum\limits_{i=1}^{m}y_i(x_i-\bar{x})}{\sum\limits_{i=1}^{m}x_i^2-\bar{x}\sum\limits_{i=1}^{m}x_i}\\&=\frac{\sum\limits_{i=1}^{m}(y_ix_i-y_i\bar{x})}{\sum\limits_{i=1}^{m}(x_i^2-x_i\bar{x})}\end{aligned}$$

又因为 $\bar{y}\sum_{i=1}^{m}x_i=\bar{x}\sum_{i=1}^{m}y_i=\sum_{i=1}^{m}\bar{y}x_i=\sum_{i=1}^{m}\bar{x}y_i=m\bar{x}\bar{y}=\sum_{i=1}^{m}\bar{x}\bar{y}$ 且 $\sum_{i=1}^{m}x_i\bar{x}=\bar{x}\sum_{i=1}^{m}x_i=\bar{x}\cdot m\cdot\frac{1}{m}\cdot\sum_{i=1}^{m}x_i=m\bar{x}^2=\sum_{i=1}^{m}\bar{x}^2$，所以有

$$\begin{aligned}w&=\frac{\sum\limits_{i=1}^{m}(y_ix_i-y_i\bar{x}-x_i\bar{y}+\bar{x}\bar{y})}{\sum\limits_{i=1}^{m}(x_i^2-x_i\bar{x}-x_i\bar{x}+\bar{x}^2)}\\&=\frac{\sum\limits_{i=1}^{m}(x_i-\bar{x})(y_i-\bar{y})}{\sum\limits_{i=1}^{m}(x_i-\bar{x})^2}\end{aligned}$$

若令 $\boldsymbol{x}=(x_1;x_2;\cdots;x_m)$，$\boldsymbol{x}_d=(x_1-\bar{x};x_2-\bar{x};\cdots;x_m-\bar{x})$ 为去均值后的 $\boldsymbol{x}$；同时令 $\boldsymbol{y}=(y_1;y_2;\cdots;y_m)$，$\boldsymbol{y}_d=(y_1-\bar{y};y_2-\bar{y};\cdots;y_m-\bar{y})$ 为去均值后的 $\boldsymbol{y}$，代入上式可得

$$w=\frac{\boldsymbol{x}_d^{\mathrm{T}}\boldsymbol{y}_d}{\boldsymbol{x}_d^{\mathrm{T}}\boldsymbol{x}_d}$$

$\boldsymbol{x}$、$\boldsymbol{x}_d$、$\boldsymbol{y}$、$\boldsymbol{y}_d$ 均为 m 行 1 列的列向量

3.2.6 式 (3.9) 的推导

式 (3.4) 是最小二乘法被运用在一元线性回归上的情形，那么对于多元线性回归来说，我们可以类似地得到

$$\begin{aligned}(\boldsymbol{w}^*,b^*)&=\underset{(\boldsymbol{w},b)}{\arg\min}\sum_{i=1}^{m}\left(f\left(\boldsymbol{x}_i\right)-y_i\right)^2\\&=\underset{(\boldsymbol{w},b)}{\arg\min}\sum_{i=1}^{m}\left(y_i-f\left(\boldsymbol{x}_i\right)\right)^2\\&=\underset{(\boldsymbol{w},b)}{\arg\min}\sum_{i=1}^{m}\left(y_i-\left(\boldsymbol{w}^{\mathrm{T}}\boldsymbol{x}_i+b\right)\right)^2\end{aligned}$$

为便于讨论，我们令 $\hat{\boldsymbol{w}}=(\boldsymbol{w};b)=(w_1;\cdots;w_d;b)\in\mathbb{R}^{(d+1)\times 1},\hat{\boldsymbol{x}}_i=(x_{i1};\cdots;x_{id};1)\in\mathbb{R}^{(d+1)\times 1}$，那么上式可以简化为

$$\begin{aligned}\hat{\boldsymbol{w}}^*&=\underset{\hat{\boldsymbol{w}}}{\arg\min}\sum_{i=1}^{m}\left(y_i-\hat{\boldsymbol{w}}^{\mathrm{T}}\hat{\boldsymbol{x}}_i\right)^2\\&=\underset{\hat{\boldsymbol{w}}}{\arg\min}\sum_{i=1}^{m}\left(y_i-\hat{\boldsymbol{x}}_i^{\mathrm{T}}\hat{\boldsymbol{w}}\right)^2\end{aligned}$$

根据向量内积的定义可知，上式可以写成如下向量内积的形式。

$$\hat{\boldsymbol{w}}^*=\underset{\hat{\boldsymbol{w}}}{\arg\min}\begin{bmatrix}y_1-\hat{\boldsymbol{x}}_1^{\mathrm{T}}\hat{\boldsymbol{w}} & \cdots & y_m-\hat{\boldsymbol{x}}_m^{\mathrm{T}}\hat{\boldsymbol{w}}\end{bmatrix}\begin{bmatrix}y_1-\hat{\boldsymbol{x}}_1^{\mathrm{T}}\hat{\boldsymbol{w}}\\ \vdots\\ y_m-\hat{\boldsymbol{x}}_m^{\mathrm{T}}\hat{\boldsymbol{w}}\end{bmatrix}$$

其中：

$$\begin{bmatrix}y_1-\hat{\boldsymbol{x}}_1^{\mathrm{T}}\hat{\boldsymbol{w}}\\ \vdots\\ y_m-\hat{\boldsymbol{x}}_m^{\mathrm{T}}\hat{\boldsymbol{w}}\end{bmatrix}=\begin{bmatrix}y_1\\ \vdots\\ y_m\end{bmatrix}-\begin{bmatrix}\hat{\boldsymbol{x}}_1^{\mathrm{T}}\hat{\boldsymbol{w}}\\ \vdots\\ \hat{\boldsymbol{x}}_m^{\mathrm{T}}\hat{\boldsymbol{w}}\end{bmatrix}$$

$$
= \boldsymbol{y} - \begin{bmatrix} \hat{\boldsymbol{x}}_1^{\mathrm{T}} \\ \vdots \\ \hat{\boldsymbol{x}}_m^{\mathrm{T}} \end{bmatrix} \cdot \hat{\boldsymbol{w}}
$$

$$
= \boldsymbol{y} - \boldsymbol{X}\hat{\boldsymbol{w}}
$$

所以

$$
\hat{\boldsymbol{w}}^* = \underset{\hat{\boldsymbol{w}}}{\arg\min}(\boldsymbol{y} - \boldsymbol{X}\hat{\boldsymbol{w}})^{\mathrm{T}}(\boldsymbol{y} - \boldsymbol{X}\hat{\boldsymbol{w}})
$$

3.2.7 式 (3.10) 的推导

将 $E_{\hat{\boldsymbol{w}}} = (\boldsymbol{y} - \boldsymbol{X}\hat{\boldsymbol{w}})^{\mathrm{T}}(\boldsymbol{y} - \boldsymbol{X}\hat{\boldsymbol{w}})$ 展开可得

$$
E_{\hat{\boldsymbol{w}}} = \boldsymbol{y}^{\mathrm{T}}\boldsymbol{y} - \boldsymbol{y}^{\mathrm{T}}\boldsymbol{X}\hat{\boldsymbol{w}} - \hat{\boldsymbol{w}}^{\mathrm{T}}\boldsymbol{X}^{\mathrm{T}}\boldsymbol{y} + \hat{\boldsymbol{w}}^{\mathrm{T}}\boldsymbol{X}^{\mathrm{T}}\boldsymbol{X}\hat{\boldsymbol{w}}
$$

对 $\hat{\boldsymbol{w}}$ 求导可得

$$
\frac{\partial E_{\hat{\boldsymbol{w}}}}{\partial \hat{\boldsymbol{w}}} = \frac{\partial \boldsymbol{y}^{\mathrm{T}}\boldsymbol{y}}{\partial \hat{\boldsymbol{w}}} - \frac{\partial \boldsymbol{y}^{\mathrm{T}}\boldsymbol{X}\hat{\boldsymbol{w}}}{\partial \hat{\boldsymbol{w}}} - \frac{\partial \hat{\boldsymbol{w}}^{\mathrm{T}}\boldsymbol{X}^{\mathrm{T}}\boldsymbol{y}}{\partial \hat{\boldsymbol{w}}} + \frac{\partial \hat{\boldsymbol{w}}^{\mathrm{T}}\boldsymbol{X}^{\mathrm{T}}\boldsymbol{X}\hat{\boldsymbol{w}}}{\partial \hat{\boldsymbol{w}}}
$$

更多矩阵微分公式可查阅参考文献 [2]，矩阵微分原理可查阅参考文献 [3]

由矩阵微分公式 $\frac{\partial \boldsymbol{a}^{\mathrm{T}}\boldsymbol{x}}{\partial \boldsymbol{x}} = \frac{\partial \boldsymbol{x}^{\mathrm{T}}\boldsymbol{a}}{\partial \boldsymbol{x}} = \boldsymbol{a}$、$\frac{\partial \boldsymbol{x}^{\mathrm{T}}\boldsymbol{A}\boldsymbol{x}}{\partial \boldsymbol{x}} = (\boldsymbol{A} + \boldsymbol{A}^{\mathrm{T}})\boldsymbol{x}$ 可得

$$
\begin{aligned}
\frac{\partial E_{\hat{\boldsymbol{w}}}}{\partial \hat{\boldsymbol{w}}} &= 0 - \boldsymbol{X}^{\mathrm{T}}\boldsymbol{y} - \boldsymbol{X}^{\mathrm{T}}\boldsymbol{y} + (\boldsymbol{X}^{\mathrm{T}}\boldsymbol{X} + \boldsymbol{X}^{\mathrm{T}}\boldsymbol{X})\hat{\boldsymbol{w}} \\
&= 2\boldsymbol{X}^{\mathrm{T}}(\boldsymbol{X}\hat{\boldsymbol{w}} - \boldsymbol{y})
\end{aligned}
$$

3.2.8 式 (3.11) 的推导

首先铺垫讲解接下来以及后续内容将会用到的多元函数相关基础知识[1]。

n **元实值函数**：含 n 个自变量，值域为实数域 $\mathbb{R}$ 的函数称为 n 元实值函数，记为 $f(\boldsymbol{x})$，其中 $\boldsymbol{x} = (x_1; x_2; \cdots; x_n)$ 为 n 维向量。“西瓜书”和本书中的多元函数未加特殊说明均为实值函数。

凸集：设 $D \subset \mathbb{R}^n$ 为 n 维欧氏空间中的子集，如果对 D 中任意的 n 维向量 $\boldsymbol{x} \in D$ 和 $\boldsymbol{y} \in D$ 与任意的 $\alpha \in [0, 1]$，有

$$
\alpha\boldsymbol{x} + (1 - \alpha)\boldsymbol{y} \in D
$$

则称集合 D 是凸集。凸集的几何意义是：若两个点属于此集合，则这两点连线上的任意一点均属于此集合。常见的凸集有空集 $\varnothing$，以及整个 n 维欧氏空间 $\mathbb{R}^n$。

凸函数：设 $D \subset \mathbb{R}^n$ 是非空凸集，f 是定义在 D 上的函数，如果对任意的 $\boldsymbol{x}^1, \boldsymbol{x}^2 \in D$ 以及 $\alpha \in (0,1)$，均有

$$f\left(\alpha\boldsymbol{x}^1 + (1-\alpha)\boldsymbol{x}^2\right) \leqslant \alpha f(\boldsymbol{x}^1) + (1-\alpha)f(\boldsymbol{x}^2)$$

则称 f 为 D 上的凸函数。对于上式，若其中的 $\leqslant$ 改为 $<$ 后也恒成立，则称 f 为 D 上的严格凸函数。

梯度：若 n 元函数 $f(\boldsymbol{x})$ 对 $\boldsymbol{x} = (x_1; x_2; \cdots; x_n)$ 中各分量 x_i 的偏导数 $\frac{\partial f(\boldsymbol{x})}{\partial x_i}(i = 1, 2, \cdots, n)$ 都存在，则称函数 $f(\boldsymbol{x})$ 在 $\boldsymbol{x}$ 处一阶可导，并称以下列向量

$$\nabla f(\boldsymbol{x}) = \frac{\partial f(\boldsymbol{x})}{\partial \boldsymbol{x}} = \begin{bmatrix} \dfrac{\partial f(\boldsymbol{x})}{\partial x_1} \\ \dfrac{\partial f(\boldsymbol{x})}{\partial x_2} \\ \vdots \\ \dfrac{\partial f(\boldsymbol{x})}{\partial x_n} \end{bmatrix}$$

为函数 $f(\boldsymbol{x})$ 在 $\boldsymbol{x}$ 处的一阶导数或梯度，易证梯度指向的方向是函数值增大速度最快的方向。$\nabla f(\boldsymbol{x})$ 也可写成行向量形式：

$$\nabla f(\boldsymbol{x}) = \frac{\partial f(\boldsymbol{x})}{\partial \boldsymbol{x}^{\mathrm{T}}} = \left[\frac{\partial f(\boldsymbol{x})}{\partial x_1}, \frac{\partial f(\boldsymbol{x})}{\partial x_2}, \cdots, \frac{\partial f(\boldsymbol{x})}{\partial x_n}\right]$$

我们称列向量形式为“分母布局”，行向量形式为“分子布局”。由于在最优化中习惯采用分母布局，因此“西瓜书”以及本书也采用分母布局。为了便于区分当前采用何种布局，通常在采用分母布局时，偏导符号 ∂ 后接的是 $\boldsymbol{x}$，而在采用分子布局时后接的是 $\boldsymbol{x}^{\mathrm{T}}$。

Hessian 矩阵：若 n 元函数 $f(\boldsymbol{x})$ 对 $\boldsymbol{x} = (x_1; x_2; \cdots; x_n)$ 中各分量 x_i 的二阶偏导数 $\frac{\partial^2 f(\boldsymbol{x})}{\partial x_i \partial x_j}(i = 1, 2, \cdots, n; j = 1, 2, \cdots, n)$ 都存在，则称函数 $f(\boldsymbol{x})$ 在 $\boldsymbol{x}$ 处二阶可导，并称以下矩阵

$$\nabla^2 f(\boldsymbol{x})=\frac{\partial^2 f(\boldsymbol{x})}{\partial \boldsymbol{x}\partial \boldsymbol{x}^{\mathrm{T}}}=\begin{bmatrix}\frac{\partial^2 f(\boldsymbol{x})}{\partial x_1^2} & \frac{\partial^2 f(\boldsymbol{x})}{\partial x_1\partial x_2} & \cdots & \frac{\partial^2 f(\boldsymbol{x})}{\partial x_1\partial x_n}\\ \frac{\partial^2 f(\boldsymbol{x})}{\partial x_2\partial x_1} & \frac{\partial^2 f(\boldsymbol{x})}{\partial x_2^2} & \cdots & \frac{\partial^2 f(\boldsymbol{x})}{\partial x_2\partial x_n}\\ \vdots & \vdots & \ddots & \vdots\\ \frac{\partial^2 f(\boldsymbol{x})}{\partial x_n\partial x_1} & \frac{\partial^2 f(\boldsymbol{x})}{\partial x_n\partial x_2} & \cdots & \frac{\partial^2 f(\boldsymbol{x})}{\partial x_n^2}\end{bmatrix}$$

为函数 $f(\boldsymbol{x})$ 在 $\boldsymbol{x}$ 处的二阶导数或 Hessian 矩阵。若其中的二阶偏导数均连续，则

$$\frac{\partial^2 f(\boldsymbol{x})}{\partial x_i\partial x_j}=\frac{\partial^2 f(\boldsymbol{x})}{\partial x_j\partial x_i}$$

此时 Hessian 矩阵为对称矩阵。

定理 3.1：设 $D\subset\mathbb{R}^n$ 是非空开凸集，$f(\boldsymbol{x})$ 是定义在 D 上的实值函数，且 $f(\boldsymbol{x})$ 在 D 上二阶连续可微。如果 $f(\boldsymbol{x})$ 的 Hessian 矩阵 $\nabla^2 f(\boldsymbol{x})$ 在 D 上是半正定的，则 $f(\boldsymbol{x})$ 是 D 上的凸函数；如果 $\nabla^2 f(\boldsymbol{x})$ 在 D 上是正定的，则 $f(\boldsymbol{x})$ 是 D 上的严格凸函数。

定理 3.2：若 $f(\boldsymbol{x})$ 是凸函数，且 $f(\boldsymbol{x})$ 一阶连续可微，则 $\boldsymbol{x}^*$ 是全局解的充分必要条件是其梯度等于零向量，即 $\nabla f(\boldsymbol{x}^*)=\mathbf{0}$。

式 (3.11) 的推导思路如下：首先根据定理 3.1 推导出 $E_{\hat{\boldsymbol{w}}}$ 是 $\hat{\boldsymbol{w}}$ 的凸函数，接着根据定理 3.2 推导出式 (3.11)。下面按照此思路进行推导。

由于式 (3.10) 已推导出 $E_{\hat{\boldsymbol{w}}}$ 关于 $\hat{\boldsymbol{w}}$ 的一阶导数，因此我们基于此进一步推导出二阶导数，即 Hessian 矩阵。推导过程如下：

$$\begin{aligned}\nabla^2 E_{\hat{\boldsymbol{w}}}&=\frac{\partial}{\partial \hat{\boldsymbol{w}}^{\mathrm{T}}}\left(\frac{\partial E_{\hat{\boldsymbol{w}}}}{\partial \hat{\boldsymbol{w}}}\right)\\&=\frac{\partial}{\partial \hat{\boldsymbol{w}}^{\mathrm{T}}}\left[2\mathbf{X}^{\mathrm{T}}(\mathbf{X}\hat{\boldsymbol{w}}-\boldsymbol{y})\right]\\&=\frac{\partial}{\partial \hat{\boldsymbol{w}}^{\mathrm{T}}}\left(2\mathbf{X}^{\mathrm{T}}\mathbf{X}\hat{\boldsymbol{w}}-2\mathbf{X}^{\mathrm{T}}\boldsymbol{y}\right)\end{aligned}$$

由矩阵微分公式 $\frac{\partial \boldsymbol{A}\boldsymbol{x}}{\boldsymbol{x}^{\mathrm{T}}}=\boldsymbol{A}$ 可得

$$\nabla^2 E_{\hat{\boldsymbol{w}}}=2\mathbf{X}^{\mathrm{T}}\mathbf{X}$$

正如“西瓜书”中式 (3.11) 上方的一段话所述，假定 $\mathbf{X}^{\mathrm{T}}\mathbf{X}$ 为正定矩阵，根据定理 3.1 可知，此时 $E_{\hat{\boldsymbol{w}}}$ 是 $\hat{\boldsymbol{w}}$ 的严格凸函数。接着根据定理 3.2 可知，只需要

令 $E_{\hat{\boldsymbol{w}}}$ 关于 $\hat{\boldsymbol{w}}$ 的一阶导数等于零向量，即令式 (3.10) 等于零向量，即可求得全局最优解 $\hat{\boldsymbol{w}}^*$。具体求解过程如下：

$$\frac{\partial E_{\hat{\boldsymbol{w}}}}{\partial \hat{\boldsymbol{w}}} = 2\boldsymbol{X}^{\mathrm{T}}(\boldsymbol{X}\hat{\boldsymbol{w}} - \boldsymbol{y}) = \boldsymbol{0}$$

$$2\boldsymbol{X}^{\mathrm{T}}\boldsymbol{X}\hat{\boldsymbol{w}} - 2\boldsymbol{X}^{\mathrm{T}}\boldsymbol{y} = \boldsymbol{0}$$

$$2\boldsymbol{X}^{\mathrm{T}}\boldsymbol{X}\hat{\boldsymbol{w}} = 2\boldsymbol{X}^{\mathrm{T}}\boldsymbol{y}$$

$$\hat{\boldsymbol{w}} = (\boldsymbol{X}^{\mathrm{T}}\boldsymbol{X})^{-1}\boldsymbol{X}^{\mathrm{T}}\boldsymbol{y}$$

令其为 $\hat{\boldsymbol{w}}^*$ 即可得到式 (3.11)。

由于 $\boldsymbol{X}$ 是由样本构成的矩阵，而样本是千变万化的，因此无法保证 $\boldsymbol{X}^{\mathrm{T}}\boldsymbol{X}$ 一定是正定矩阵，极易出现非正定的情形。当 $\boldsymbol{X}^{\mathrm{T}}\boldsymbol{X}$ 是非正定矩阵时，除了“西瓜书”中所说的引入正则化之外，也可将 $\boldsymbol{X}^{\mathrm{T}}\boldsymbol{X}$ 的伪逆矩阵代入式 (3.11) 以求解出 $\hat{\boldsymbol{w}}^*$，只是此时并不保证求解得到的 $\hat{\boldsymbol{w}}^*$ 一定是全局最优解。除此之外，也可用 3.3.2 小节将要讲到的“梯度下降法”进行求解，但同样不保证求得全局最优解。

3.3 对 率 回 归

对率回归的一般使用流程如下。首先在训练集上学得模型

$$y = \frac{1}{1 + \mathrm{e}^{-(\boldsymbol{w}^{\mathrm{T}}\boldsymbol{x}+b)}}$$

然后对于新的测试样本 $\boldsymbol{x}_i$，将其代入模型得到预测结果 y_i，接着自行设定阈值 θ，通常设为 $\theta = 0.5$。如果 $y_i \geqslant \theta$，则 $\boldsymbol{x}_i$ 判为正例，否则判为反例。

3.3.1 式 (3.27) 的推导

将式 (3.26) 代入式 (3.25) 可得

$$\ell(\boldsymbol{\beta}) = \sum_{i=1}^{m} \ln\left(y_i p_1(\hat{\boldsymbol{x}}_i;\boldsymbol{\beta}) + (1-y_i)p_0(\hat{\boldsymbol{x}}_i;\boldsymbol{\beta})\right)$$

其中 $p_1(\hat{\boldsymbol{x}}_i;\boldsymbol{\beta}) = \frac{\mathrm{e}^{\boldsymbol{\beta}^{\mathrm{T}}\hat{\boldsymbol{x}}_i}}{1+\mathrm{e}^{\boldsymbol{\beta}^{\mathrm{T}}\hat{\boldsymbol{x}}_i}}, p_0(\hat{\boldsymbol{x}}_i;\boldsymbol{\beta}) = \frac{1}{1+\mathrm{e}^{\boldsymbol{\beta}^{\mathrm{T}}\hat{\boldsymbol{x}}_i}}$，代入上式可得

$$\ell(\boldsymbol{\beta}) = \sum_{i=1}^{m} \ln\left(\frac{y_i\mathrm{e}^{\boldsymbol{\beta}^{\mathrm{T}}\hat{\boldsymbol{x}}_i} + 1 - y_i}{1 + \mathrm{e}^{\boldsymbol{\beta}^{\mathrm{T}}\hat{\boldsymbol{x}}_i}}\right)$$

$$
=\sum_{i=1}^{m}\left(\ln(y_i\mathrm{e}^{\boldsymbol{\beta}^{\mathrm{T}}\hat{\boldsymbol{x}}_i}+1-y_i)-\ln(1+\mathrm{e}^{\boldsymbol{\beta}^{\mathrm{T}}\hat{\boldsymbol{x}}_i})\right)
$$

由于 $y_i=0$ 或 1，因此

$$
\ell(\boldsymbol{\beta})=\begin{cases}\sum\limits_{i=1}^{m}(-\ln(1+\mathrm{e}^{\boldsymbol{\beta}^{\mathrm{T}}\hat{\boldsymbol{x}}_i})), & y_i=0\\ \sum\limits_{i=1}^{m}(\boldsymbol{\beta}^{\mathrm{T}}\hat{\boldsymbol{x}}_i-\ln(1+\mathrm{e}^{\boldsymbol{\beta}^{\mathrm{T}}\hat{\boldsymbol{x}}_i})), & y_i=1\end{cases}
$$

将两式综合可得

$$
\ell(\boldsymbol{\beta})=\sum_{i=1}^{m}\left(y_i\boldsymbol{\beta}^{\mathrm{T}}\hat{\boldsymbol{x}}_i-\ln(1+\mathrm{e}^{\boldsymbol{\beta}^{\mathrm{T}}\hat{\boldsymbol{x}}_i})\right)
$$

由于此式仍为极大似然估计的似然函数，因此最大化似然函数等价于最小化似然函数的相反数，在似然函数前添加负号即可得到式 (3.27)。值得一提的是，若将式 (3.26) 改写为 $p(y_i|\boldsymbol{x}_i;\boldsymbol{w},b)=[p_1(\hat{\boldsymbol{x}}_i;\boldsymbol{\beta})]^{y_i}[p_0(\hat{\boldsymbol{x}}_i;\boldsymbol{\beta})]^{1-y_i}$，代入式 (3.25) 可得

$$
\begin{aligned}
\ell(\boldsymbol{\beta})&=\sum_{i=1}^{m}\ln\left([p_1(\hat{\boldsymbol{x}}_i;\boldsymbol{\beta})]^{y_i}[p_0(\hat{\boldsymbol{x}}_i;\boldsymbol{\beta})]^{1-y_i}\right)\\
&=\sum_{i=1}^{m}\left[y_i\ln\left(p_1(\hat{\boldsymbol{x}}_i;\boldsymbol{\beta})\right)+(1-y_i)\ln\left(p_0(\hat{\boldsymbol{x}}_i;\boldsymbol{\beta})\right)\right]\\
&=\sum_{i=1}^{m}\left\{y_i\left[\ln\left(p_1(\hat{\boldsymbol{x}}_i;\boldsymbol{\beta})\right)-\ln\left(p_0(\hat{\boldsymbol{x}}_i;\boldsymbol{\beta})\right)\right]+\ln\left(p_0(\hat{\boldsymbol{x}}_i;\boldsymbol{\beta})\right)\right\}\\
&=\sum_{i=1}^{m}\left[y_i\ln\left(\frac{p_1(\hat{\boldsymbol{x}}_i;\boldsymbol{\beta})}{p_0(\hat{\boldsymbol{x}}_i;\boldsymbol{\beta})}\right)+\ln\left(p_0(\hat{\boldsymbol{x}}_i;\boldsymbol{\beta})\right)\right]\\
&=\sum_{i=1}^{m}\left[y_i\ln\left(\mathrm{e}^{\boldsymbol{\beta}^{\mathrm{T}}\hat{\boldsymbol{x}}_i}\right)+\ln\left(\frac{1}{1+\mathrm{e}^{\boldsymbol{\beta}^{\mathrm{T}}\hat{\boldsymbol{x}}_i}}\right)\right]\\
&=\sum_{i=1}^{m}\left(y_i\boldsymbol{\beta}^{\mathrm{T}}\hat{\boldsymbol{x}}_i-\ln(1+\mathrm{e}^{\boldsymbol{\beta}^{\mathrm{T}}\hat{\boldsymbol{x}}_i})\right)
\end{aligned}
$$

显然，此种方式更易推导出式 (3.27)。

“西瓜书”在式 (3.27) 的下方提到式 (3.27) 是关于 $\boldsymbol{\beta}$ 的凸函数，其证明过程如下：由于若干半正定矩阵的加和仍为半正定矩阵，根据定理 3.1 可知，若干凸函数的加和仍为凸函数，因此只需要证明式 (3.27) 求和符号后的式子 $-y_i\boldsymbol{\beta}^{\mathrm{T}}\hat{\boldsymbol{x}}_i+$

$\ln(1+\mathrm{e}^{\boldsymbol{\beta}^{\mathrm{T}}\hat{\boldsymbol{x}}_i})$ [记为 $f(\boldsymbol{\beta})$] 为凸函数即可。根据式 (3.31) 可知，$f(\boldsymbol{\beta})$ 的二阶导数（即 Hessian 矩阵）为

$$\hat{\boldsymbol{x}}_i\hat{\boldsymbol{x}}_i^{\mathrm{T}}p_1\left(\hat{\boldsymbol{x}}_i;\boldsymbol{\beta}\right)\left(1-p_1\left(\hat{\boldsymbol{x}}_i;\boldsymbol{\beta}\right)\right)$$

对于任意非零向量 $\boldsymbol{y}\in\mathbb{R}^{d+1}$，恒有

$$\boldsymbol{y}^{\mathrm{T}}\cdot\hat{\boldsymbol{x}}_i\hat{\boldsymbol{x}}_i^{\mathrm{T}}p_1\left(\hat{\boldsymbol{x}}_i;\boldsymbol{\beta}\right)\left(1-p_1\left(\hat{\boldsymbol{x}}_i;\boldsymbol{\beta}\right)\right)\cdot\boldsymbol{y}$$

$$\boldsymbol{y}^{\mathrm{T}}\hat{\boldsymbol{x}}_i\hat{\boldsymbol{x}}_i^{\mathrm{T}}\boldsymbol{y}p_1\left(\hat{\boldsymbol{x}}_i;\boldsymbol{\beta}\right)\left(1-p_1\left(\hat{\boldsymbol{x}}_i;\boldsymbol{\beta}\right)\right)$$

$$\left(\boldsymbol{y}^{\mathrm{T}}\hat{\boldsymbol{x}}_i\right)^2p_1\left(\hat{\boldsymbol{x}}_i;\boldsymbol{\beta}\right)\left(1-p_1\left(\hat{\boldsymbol{x}}_i;\boldsymbol{\beta}\right)\right)$$

由于 $p_1\left(\hat{\boldsymbol{x}}_i;\boldsymbol{\beta}\right)>0$，因此上式恒大于或等于 0。根据半正定矩阵的定义可知，此时 $f(\boldsymbol{\beta})$ 的 Hessian 矩阵为半正定矩阵，所以 $f(\boldsymbol{\beta})$ 是关于 $\boldsymbol{\beta}$ 的凸函数。

3.3.2 梯度下降法

不同于式 (3.7) 可求得闭式解，式 (3.27) 中的 $\boldsymbol{\beta}$ 没有闭式解，因此需要借助其他工具进行求解。求解使得式 (3.27) 取到最小值的 $\boldsymbol{\beta}$ 属于最优化中的“无约束优化问题”，在无约束优化问题中，最为常用的求解算法有“梯度下降法”和“牛顿法”[1]，下面分别展开讲解。

梯度下降法是一种迭代求解算法，其基本思路如下：首先在定义域中随机选取一个点 $\boldsymbol{x}^0$，将其代入函数 $f(\boldsymbol{x})$ 并判断此时 $f(\boldsymbol{x}^0)$ 是否为最小值，如果不是的话，则找下一个点 $\boldsymbol{x}^1$，且保证 $f(\boldsymbol{x}^1)<f(\boldsymbol{x}^0)$；然后接着判断 $f(\boldsymbol{x}^1)$ 是否为最小值，如果不是的话，则重复上述步骤，继续迭代寻找 $\boldsymbol{x}^2$、$\boldsymbol{x}^3$ 等，直至找到使得 $f(\boldsymbol{x})$ 取到最小值的 $\boldsymbol{x}^*$。

显然，此算法要想行得通，就必须保证在找到第 t 个点 $\boldsymbol{x}^t$ 时，能进一步找到第 $t+1$ 个点 $\boldsymbol{x}^{t+1}$，且保证 $f(\boldsymbol{x}^{t+1})<f(\boldsymbol{x}^t)$。梯度下降法利用“梯度指向的方向是函数值增大速度最快的方向”这一特性，每次迭代时都朝着梯度的反方向进行，进而实现函数值越迭代越小。下面给出完整的数学推导过程。

根据泰勒公式可知，当函数 $f(\boldsymbol{x})$ 在 $\boldsymbol{x}^t$ 处一阶可导时，在其邻域内进行一阶泰勒展开，恒有

$$f(\boldsymbol{x})=f\left(\boldsymbol{x}^t\right)+\nabla f\left(\boldsymbol{x}^t\right)^{\mathrm{T}}\left(\boldsymbol{x}-\boldsymbol{x}^t\right)+o\left(\left\|\boldsymbol{x}-\boldsymbol{x}^t\right\|\right)$$

其中 $\nabla f(\boldsymbol{x}^t)$ 是函数 $f(\boldsymbol{x})$ 在点 $\boldsymbol{x}^t$ 处的梯度，$\|\boldsymbol{x}-\boldsymbol{x}^t\|$ 是指向量 $\boldsymbol{x}-\boldsymbol{x}^t$ 的模。若令 $\boldsymbol{x}-\boldsymbol{x}^t=a\boldsymbol{d}^t$，其中 $a>0$，$\boldsymbol{d}^t$ 是模长为 1 的单位向量，则上式可改写为

$$f(\boldsymbol{x}^t+a\boldsymbol{d}^t)=f\left(\boldsymbol{x}^t\right)+a\nabla f\left(\boldsymbol{x}^t\right)^{\mathrm{T}}\boldsymbol{d}^t+o\left(\|\boldsymbol{d}^t\|\right)$$

$$f(\boldsymbol{x}^t+a\boldsymbol{d}^t)-f\left(\boldsymbol{x}^t\right)=a\nabla f\left(\boldsymbol{x}^t\right)^{\mathrm{T}}\boldsymbol{d}^t+o\left(\|\boldsymbol{d}^t\|\right)$$

观察上式可知，如果能保证 $a\nabla f(\boldsymbol{x}^t)^{\mathrm{T}}\boldsymbol{d}^t<0$，则一定能保证 $f(\boldsymbol{x}^t+a\boldsymbol{d}^t)<f(\boldsymbol{x}^t)$。此时再令 $\boldsymbol{x}^{t+1}=\boldsymbol{x}^t+a\boldsymbol{d}^t$，即可推得我们想要的 $f(\boldsymbol{x}^{t+1})<f(\boldsymbol{x}^t)$。所以，此时问题变成求解能使得 $a\nabla f(\boldsymbol{x}^t)^{\mathrm{T}}\boldsymbol{d}^t<0$ 的 $\boldsymbol{d}^t$，且 $a\nabla f(\boldsymbol{x}^t)^{\mathrm{T}}\boldsymbol{d}^t$ 比 0 越小，相应地 $f(\boldsymbol{x}^{t+1})$ 也会比 $f(\boldsymbol{x}^t)$ 越小，也更接近最小值。

根据向量的内积公式可知

$$a\nabla f\left(\boldsymbol{x}^t\right)^{\mathrm{T}}\boldsymbol{d}^t=a\times\|\nabla f\left(\boldsymbol{x}^t\right)\|\times\|\boldsymbol{d}^t\|\times\cos\theta^t$$

其中 θ^t 是向量 $\nabla f(\boldsymbol{x}^t)$ 与向量 $\boldsymbol{d}^t$ 之间的夹角。观察上式易知，此时 $\|\nabla f(\boldsymbol{x}^t)\|$ 是固定常量，$\|\boldsymbol{d}^t\|=1$，所以当 a 也固定时，取 $\theta^t=\pi$，也就是当向量 $\boldsymbol{d}^t$ 与向量 $\nabla f(\boldsymbol{x}^t)$ 的方向刚好相反时，上式取到最小值。通常为了精简计算步骤，可直接令 $\boldsymbol{d}^t=-\nabla f(\boldsymbol{x}^t)$，因此便得到了第 $t+1$ 个点 $\boldsymbol{x}^{t+1}$ 的迭代公式：

$$\boldsymbol{x}^{t+1}=\boldsymbol{x}^t-a\nabla f\left(\boldsymbol{x}^t\right)$$

其中 a 也称为“步长”或“学习率”，是需要自行设定的参数，且每次迭代时可取不同值。

除了需要解决如何找到 $\boldsymbol{x}^{t+1}$ 以外，梯度下降法通常还需要解决如何判断当前点是否使得函数取到了最小值，否则的话，迭代过程就可能会无休止地进行下去。常见的做法是预先设定一个极小的阈值 ϵ，当某次迭代造成的函数值波动已经小于 ϵ 时，即 $|f(\boldsymbol{x}^{t+1})-f(\boldsymbol{x}^t)|<\epsilon$，我们便近似地认为此时 $f(\boldsymbol{x}^{t+1})$ 取到了最小值。

3.3.3 牛顿法

与梯度下降法一样，牛顿法也是一种迭代求解算法，其基本思路和梯度下降法一致，只是在选取第 $t+1$ 个点 $\boldsymbol{x}^{t+1}$ 时与采用的策略有所不同，即迭代公式不同。梯度下降法在每次选取 $\boldsymbol{x}^{t+1}$ 时，只要求通过泰勒公式在 $\boldsymbol{x}^t$ 的邻域内找到一个函数值比其更小的点即可，而牛顿法则期望在此基础之上，$\boldsymbol{x}^{t+1}$ 还必须是 $\boldsymbol{x}^t$ 的邻域内的极小值点。

类似一元函数取到极值点的必要条件是一阶导数等于 0，多元函数取到极值点的必要条件是其梯度等于零向量 $\mathbf{0}$。为了能求解出 $\boldsymbol{x}^t$ 的邻域内梯度等于零向量 $\mathbf{0}$ 的点，需要进行二阶泰勒展开，其展开式如下：

$$f(\boldsymbol{x})=f\left(\boldsymbol{x}^t\right)+\nabla f\left(\boldsymbol{x}^t\right)^{\mathrm{T}}\left(\boldsymbol{x}-\boldsymbol{x}^t\right)+\frac{1}{2}\left(\boldsymbol{x}-\boldsymbol{x}^t\right)^{\mathrm{T}}\nabla^2 f\left(\boldsymbol{x}^t\right)\left(\boldsymbol{x}-\boldsymbol{x}^t\right)+o\left(\left\|\boldsymbol{x}-\boldsymbol{x}^t\right\|\right)$$

为了后续计算方便，我们取其近似形式：

$$f(\boldsymbol{x})\approx f\left(\boldsymbol{x}^t\right)+\nabla f\left(\boldsymbol{x}^t\right)^{\mathrm{T}}\left(\boldsymbol{x}-\boldsymbol{x}^t\right)+\frac{1}{2}\left(\boldsymbol{x}-\boldsymbol{x}^t\right)^{\mathrm{T}}\nabla^2 f\left(\boldsymbol{x}^t\right)\left(\boldsymbol{x}-\boldsymbol{x}^t\right)$$

首先对上式求导：

$$\begin{aligned}\frac{\partial f(\boldsymbol{x})}{\partial \boldsymbol{x}}&=\frac{\partial f\left(\boldsymbol{x}^t\right)}{\partial \boldsymbol{x}}+\frac{\partial \nabla f\left(\boldsymbol{x}^t\right)^{\mathrm{T}}\left(\boldsymbol{x}-\boldsymbol{x}^t\right)}{\partial \boldsymbol{x}}+\frac{1}{2}\frac{\partial\left(\boldsymbol{x}-\boldsymbol{x}^t\right)^{\mathrm{T}}\nabla^2 f\left(\boldsymbol{x}^t\right)\left(\boldsymbol{x}-\boldsymbol{x}^t\right)}{\partial \boldsymbol{x}}\\&=0+\nabla f\left(\boldsymbol{x}^t\right)+\frac{1}{2}\left(\nabla^2 f\left(\boldsymbol{x}^t\right)+\nabla^2 f\left(\boldsymbol{x}^t\right)^{\mathrm{T}}\right)\left(\boldsymbol{x}-\boldsymbol{x}^t\right)\end{aligned}$$

假设函数 $f(\boldsymbol{x})$ 在 $\boldsymbol{x}^t$ 处二阶可导，且偏导数连续，则 $\nabla^2 f\left(\boldsymbol{x}^t\right)$ 是对称矩阵，上式可写为

$$\begin{aligned}\frac{\partial f(\boldsymbol{x})}{\partial \boldsymbol{x}}&=0+\nabla f\left(\boldsymbol{x}^t\right)+\frac{1}{2}\times 2\times\nabla^2 f\left(\boldsymbol{x}^t\right)\left(\boldsymbol{x}-\boldsymbol{x}^t\right)\\&=\nabla f\left(\boldsymbol{x}^t\right)+\nabla^2 f\left(\boldsymbol{x}^t\right)\left(\boldsymbol{x}-\boldsymbol{x}^t\right)\end{aligned}$$

令上式等于零向量 $\mathbf{0}$：

$$\nabla f\left(\boldsymbol{x}^t\right)+\nabla^2 f\left(\boldsymbol{x}^t\right)\left(\boldsymbol{x}-\boldsymbol{x}^t\right)=\mathbf{0}$$

当 $\nabla^2 f\left(\boldsymbol{x}^t\right)$ 是可逆矩阵时，解得

$$\boldsymbol{x}=\boldsymbol{x}^t-\left[\nabla^2 f\left(\boldsymbol{x}^t\right)\right]^{-1}\nabla f\left(\boldsymbol{x}^t\right)$$

令上式为 $\boldsymbol{x}^{t+1}$ 即可得到牛顿法的迭代公式：

$$\boldsymbol{x}^{t+1}=\boldsymbol{x}^t-\left[\nabla^2 f\left(\boldsymbol{x}^t\right)\right]^{-1}\nabla f\left(\boldsymbol{x}^t\right)$$

通过上述推导可知，牛顿法在每次迭代时需要求解 Hessian 矩阵的逆矩阵。该步骤的计算量通常较大，因此有人基于牛顿法，将其中求 Hessian 矩阵的逆矩阵改为求计算量更低的近似逆矩阵，我们称此类算法为“拟牛顿法”。

牛顿法虽然期望在每次迭代时能取到极小值点，但是通过上述推导可知，迭代公式是根据极值点的必要条件推导而得，因此并不保证一定是极小值点。

无论是梯度下降法还是牛顿法，根据其终止迭代的条件可知，其都是近似求解算法。即使 $f(\boldsymbol{x})$ 是凸函数，也并不一定保证最终求得的是全局最优解，仅能保证其接近全局最优解。不过在解决实际问题时，并不一定苛求解得全局最优解，在能接近全局最优甚至局部最优时通常也能很好地解决问题。

3.3.4 式 (3.29) 的解释

根据上述牛顿法的迭代公式可知，式 (3.29) 为式 (3.27) 应用牛顿法时的迭代公式。

3.3.5 式 (3.30) 的推导

$$
\begin{aligned}
\frac{\partial \ell(\boldsymbol{\beta})}{\partial \boldsymbol{\beta}} &= \frac{\partial \sum_{i=1}^{m}\left(-y_i\boldsymbol{\beta}^{\mathrm{T}}\hat{\boldsymbol{x}}_i + \ln\left(1+\mathrm{e}^{\boldsymbol{\beta}^{\mathrm{T}}\hat{\boldsymbol{x}}_i}\right)\right)}{\partial \boldsymbol{\beta}} \\
&= \sum_{i=1}^{m}\left(\frac{\partial\left(-y_i\boldsymbol{\beta}^{\mathrm{T}}\hat{\boldsymbol{x}}_i\right)}{\partial \boldsymbol{\beta}} + \frac{\partial \ln\left(1+\mathrm{e}^{\boldsymbol{\beta}^{\mathrm{T}}\hat{\boldsymbol{x}}_i}\right)}{\partial \boldsymbol{\beta}}\right) \\
&= \sum_{i=1}^{m}\left(-y_i\hat{\boldsymbol{x}}_i + \frac{1}{1+\mathrm{e}^{\boldsymbol{\beta}^{\mathrm{T}}\hat{\boldsymbol{x}}_i}} \cdot \hat{\boldsymbol{x}}_i\mathrm{e}^{\boldsymbol{\beta}^{\mathrm{T}}\hat{\boldsymbol{x}}_i}\right) \\
&= -\sum_{i=1}^{m}\hat{\boldsymbol{x}}_i\left(y_i - \frac{\mathrm{e}^{\boldsymbol{\beta}^{\mathrm{T}}\hat{\boldsymbol{x}}_i}}{1+\mathrm{e}^{\boldsymbol{\beta}^{\mathrm{T}}\hat{\boldsymbol{x}}_i}}\right) \\
&= -\sum_{i=1}^{m}\hat{\boldsymbol{x}}_i\left(y_i - p_1\left(\hat{\boldsymbol{x}}_i;\boldsymbol{\beta}\right)\right)
\end{aligned}
$$

此式也可以向量化，令 $p_1(\hat{\boldsymbol{x}}_i;\boldsymbol{\beta}) = \hat{y}_i$，代入上式可得

$$
\begin{aligned}
\frac{\partial \ell(\boldsymbol{\beta})}{\partial \boldsymbol{\beta}} &= -\sum_{i=1}^{m}\hat{\boldsymbol{x}}_i(y_i - \hat{y}_i) \\
&= \sum_{i=1}^{m}\hat{\boldsymbol{x}}_i(\hat{y}_i - y_i) \\
&= \boldsymbol{X}^{\mathrm{T}}(\hat{\boldsymbol{y}} - \boldsymbol{y})
\end{aligned}
$$

其中 $\hat{\boldsymbol{y}}=(\hat{y}_1;\hat{y}_2;\cdots;\hat{y}_m),\boldsymbol{y}=(y_1;y_2;\cdots;y_m)$。

3.3.6 式 (3.31) 的推导

继续对上述式 (3.30) 中倒数第二个等号的结果求导：

$$
\begin{aligned}
\frac{\partial^2\ell(\boldsymbol{\beta})}{\partial\boldsymbol{\beta}\partial\boldsymbol{\beta}^{\mathrm{T}}}&=-\frac{\partial\sum\limits_{i=1}^{m}\hat{\boldsymbol{x}}_i\left(y_i-\dfrac{\mathrm{e}^{\boldsymbol{\beta}^{\mathrm{T}}\hat{\boldsymbol{x}}_i}}{1+\mathrm{e}^{\boldsymbol{\beta}^{\mathrm{T}}\hat{\boldsymbol{x}}_i}}\right)}{\partial\boldsymbol{\beta}^{\mathrm{T}}}\\
&=-\sum_{i=1}^{m}\hat{\boldsymbol{x}}_i\frac{\partial\left(y_i-\dfrac{\mathrm{e}^{\boldsymbol{\beta}^{\mathrm{T}}\hat{\boldsymbol{x}}_i}}{1+\mathrm{e}^{\boldsymbol{\beta}^{\mathrm{T}}\hat{\boldsymbol{x}}_i}}\right)}{\partial\boldsymbol{\beta}^{\mathrm{T}}}\\
&=-\sum_{i=1}^{m}\hat{\boldsymbol{x}}_i\left(\frac{\partial y_i}{\partial\boldsymbol{\beta}^{\mathrm{T}}}-\frac{\partial\left(\dfrac{\mathrm{e}^{\boldsymbol{\beta}^{\mathrm{T}}\hat{\boldsymbol{x}}_i}}{1+\mathrm{e}^{\boldsymbol{\beta}^{\mathrm{T}}\hat{\boldsymbol{x}}_i}}\right)}{\partial\boldsymbol{\beta}^{\mathrm{T}}}\right)\\
&=\sum_{i=1}^{m}\hat{\boldsymbol{x}}_i\cdot\frac{\partial\left(\dfrac{\mathrm{e}^{\boldsymbol{\beta}^{\mathrm{T}}\hat{\boldsymbol{x}}_i}}{1+\mathrm{e}^{\boldsymbol{\beta}^{\mathrm{T}}\hat{\boldsymbol{x}}_i}}\right)}{\partial\boldsymbol{\beta}^{\mathrm{T}}}
\end{aligned}
$$

根据矩阵微分公式 $\frac{\partial\boldsymbol{a}^{\mathrm{T}}\boldsymbol{x}}{\partial\boldsymbol{x}^{\mathrm{T}}}=\frac{\partial\boldsymbol{x}^{\mathrm{T}}\boldsymbol{a}}{\partial\boldsymbol{x}^{\mathrm{T}}}=\boldsymbol{a}^{\mathrm{T}}$，其中：

$$
\begin{aligned}
\frac{\partial\left(\dfrac{\mathrm{e}^{\boldsymbol{\beta}^{\mathrm{T}}\hat{\boldsymbol{x}}_i}}{1+\mathrm{e}^{\boldsymbol{\beta}^{\mathrm{T}}\hat{\boldsymbol{x}}_i}}\right)}{\partial\boldsymbol{\beta}^{\mathrm{T}}}&=\frac{\dfrac{\partial\mathrm{e}^{\boldsymbol{\beta}^{\mathrm{T}}\hat{\boldsymbol{x}}_i}}{\partial\boldsymbol{\beta}^{\mathrm{T}}}\cdot\left(1+\mathrm{e}^{\boldsymbol{\beta}^{\mathrm{T}}\hat{\boldsymbol{x}}_i}\right)-\mathrm{e}^{\boldsymbol{\beta}^{\mathrm{T}}\hat{\boldsymbol{x}}_i}\cdot\dfrac{\partial\left(1+\mathrm{e}^{\boldsymbol{\beta}^{\mathrm{T}}\hat{\boldsymbol{x}}_i}\right)}{\partial\boldsymbol{\beta}^{\mathrm{T}}}}{\left(1+\mathrm{e}^{\boldsymbol{\beta}^{\mathrm{T}}\hat{\boldsymbol{x}}_i}\right)^2}\\
&=\frac{\hat{\boldsymbol{x}}_i^{\mathrm{T}}\mathrm{e}^{\boldsymbol{\beta}^{\mathrm{T}}\hat{\boldsymbol{x}}_i}\cdot\left(1+\mathrm{e}^{\boldsymbol{\beta}^{\mathrm{T}}\hat{\boldsymbol{x}}_i}\right)-\mathrm{e}^{\boldsymbol{\beta}^{\mathrm{T}}\hat{\boldsymbol{x}}_i}\cdot\hat{\boldsymbol{x}}_i^{\mathrm{T}}\mathrm{e}^{\boldsymbol{\beta}^{\mathrm{T}}\hat{\boldsymbol{x}}_i}}{\left(1+\mathrm{e}^{\boldsymbol{\beta}^{\mathrm{T}}\hat{\boldsymbol{x}}_i}\right)^2}\\
&=\hat{\boldsymbol{x}}_i^{\mathrm{T}}\mathrm{e}^{\boldsymbol{\beta}^{\mathrm{T}}\hat{\boldsymbol{x}}_i}\cdot\frac{\left(1+\mathrm{e}^{\boldsymbol{\beta}^{\mathrm{T}}\hat{\boldsymbol{x}}_i}\right)-\mathrm{e}^{\boldsymbol{\beta}^{\mathrm{T}}\hat{\boldsymbol{x}}_i}}{\left(1+\mathrm{e}^{\boldsymbol{\beta}^{\mathrm{T}}\hat{\boldsymbol{x}}_i}\right)^2}\\
&=\hat{\boldsymbol{x}}_i^{\mathrm{T}}\mathrm{e}^{\boldsymbol{\beta}^{\mathrm{T}}\hat{\boldsymbol{x}}_i}\cdot\frac{1}{\left(1+\mathrm{e}^{\boldsymbol{\beta}^{\mathrm{T}}\hat{\boldsymbol{x}}_i}\right)^2}\\
&=\hat{\boldsymbol{x}}_i^{\mathrm{T}}\cdot\frac{\mathrm{e}^{\boldsymbol{\beta}^{\mathrm{T}}\hat{\boldsymbol{x}}_i}}{1+\mathrm{e}^{\boldsymbol{\beta}^{\mathrm{T}}\hat{\boldsymbol{x}}_i}}\cdot\frac{1}{1+\mathrm{e}^{\boldsymbol{\beta}^{\mathrm{T}}\hat{\boldsymbol{x}}_i}}
\end{aligned}
$$

所以

$$\begin{aligned}\frac{\partial^2 \ell(\boldsymbol{\beta})}{\partial \boldsymbol{\beta} \partial \boldsymbol{\beta}^{\mathrm{T}}} &= \sum_{i=1}^{m} \hat{\boldsymbol{x}}_i \cdot \hat{\boldsymbol{x}}_i^{\mathrm{T}} \cdot \frac{\mathrm{e}^{\boldsymbol{\beta}^{\mathrm{T}} \hat{\boldsymbol{x}}_i}}{1+\mathrm{e}^{\boldsymbol{\beta}^{\mathrm{T}} \hat{\boldsymbol{x}}_i}} \cdot \frac{1}{1+\mathrm{e}^{\boldsymbol{\beta}^{\mathrm{T}} \hat{\boldsymbol{x}}_i}} \\ &= \sum_{i=1}^{m} \hat{\boldsymbol{x}}_i \hat{\boldsymbol{x}}_i^{\mathrm{T}} p_1\left(\hat{\boldsymbol{x}}_i ; \boldsymbol{\beta}\right)\left(1-p_1\left(\hat{\boldsymbol{x}}_i ; \boldsymbol{\beta}\right)\right)\end{aligned}$$

3.4 线性判别分析

线性判别分析的一般使用流程如下。首先在训练集上学得模型

$$y=\boldsymbol{w}^{\mathrm{T}} \boldsymbol{x}$$

由向量内积的几何意义可知，y 可以看作 $\boldsymbol{x}$ 在 $\boldsymbol{w}$ 上的投影，因此在训练集上学得的模型能够保证训练集中的同类样本在 $\boldsymbol{w}$ 上的投影 y 很接近，而异类样本在 $\boldsymbol{w}$ 上的投影 y 很疏远。然后对于新的测试样本 $\boldsymbol{x}_i$，将其代入模型，得到它在 $\boldsymbol{w}$ 上的投影 y_i。最后，这个投影 y_i 与哪一类投影更近，就将其判为该类。

线性判别分析也是一种降维方法，但不同于第 10 章介绍的无监督降维方法，线性判别分析是一种监督降维方法，在降维过程中需要用到样本类别标记信息。

3.4.1 式 (3.32) 的推导

在式 (3.32) 中，$\|\boldsymbol{w}^{\mathrm{T}} \boldsymbol{\mu}_0-\boldsymbol{w}^{\mathrm{T}} \boldsymbol{\mu}_1\|_2^2$ 右下角的“2”表示求“2 范数”（向量的 2 范数即为模），右上角的“2”表示求平方数。基于此，下面推导式 (3.32)。

$$\begin{aligned} J &= \frac{\|\boldsymbol{w}^{\mathrm{T}} \boldsymbol{\mu}_0-\boldsymbol{w}^{\mathrm{T}} \boldsymbol{\mu}_1\|_2^2}{\boldsymbol{w}^{\mathrm{T}}(\boldsymbol{\Sigma}_0+\boldsymbol{\Sigma}_1) \boldsymbol{w}} \\ &= \frac{\|(\boldsymbol{w}^{\mathrm{T}} \boldsymbol{\mu}_0-\boldsymbol{w}^{\mathrm{T}} \boldsymbol{\mu}_1)^{\mathrm{T}}\|_2^2}{\boldsymbol{w}^{\mathrm{T}}(\boldsymbol{\Sigma}_0+\boldsymbol{\Sigma}_1) \boldsymbol{w}} \\ &= \frac{\|(\boldsymbol{\mu}_0-\boldsymbol{\mu}_1)^{\mathrm{T}} \boldsymbol{w}\|_2^2}{\boldsymbol{w}^{\mathrm{T}}(\boldsymbol{\Sigma}_0+\boldsymbol{\Sigma}_1) \boldsymbol{w}} \\ &= \frac{\left[(\boldsymbol{\mu}_0-\boldsymbol{\mu}_1)^{\mathrm{T}} \boldsymbol{w}\right]^{\mathrm{T}}(\boldsymbol{\mu}_0-\boldsymbol{\mu}_1)^{\mathrm{T}} \boldsymbol{w}}{\boldsymbol{w}^{\mathrm{T}}(\boldsymbol{\Sigma}_0+\boldsymbol{\Sigma}_1) \boldsymbol{w}} \\ &= \frac{\boldsymbol{w}^{\mathrm{T}}(\boldsymbol{\mu}_0-\boldsymbol{\mu}_1)(\boldsymbol{\mu}_0-\boldsymbol{\mu}_1)^{\mathrm{T}} \boldsymbol{w}}{\boldsymbol{w}^{\mathrm{T}}(\boldsymbol{\Sigma}_0+\boldsymbol{\Sigma}_1) \boldsymbol{w}} \end{aligned}$$

3.4.2 式 (3.37) ~ 式 (3.39) 的推导

由式 (3.36)，可定义拉格朗日函数为

$$L(\boldsymbol{w},\lambda)=-\boldsymbol{w}^{\mathrm{T}}\boldsymbol{S}_b\boldsymbol{w}+\lambda(\boldsymbol{w}^{\mathrm{T}}\boldsymbol{S}_w\boldsymbol{w}-1)$$

对 $\boldsymbol{w}$ 求偏导可得

$$\begin{aligned}\frac{\partial L(\boldsymbol{w},\lambda)}{\partial \boldsymbol{w}}&=-\frac{\partial(\boldsymbol{w}^{\mathrm{T}}\boldsymbol{S}_b\boldsymbol{w})}{\partial \boldsymbol{w}}+\lambda\frac{\partial(\boldsymbol{w}^{\mathrm{T}}\boldsymbol{S}_w\boldsymbol{w}-1)}{\partial \boldsymbol{w}}\\&=-(\boldsymbol{S}_b+\boldsymbol{S}_b^{\mathrm{T}})\boldsymbol{w}+\lambda(\boldsymbol{S}_w+\boldsymbol{S}_w^{\mathrm{T}})\boldsymbol{w}\end{aligned}$$

由于 $\boldsymbol{S}_b=\boldsymbol{S}_b^{\mathrm{T}},\boldsymbol{S}_w=\boldsymbol{S}_w^{\mathrm{T}}$，因此有

$$\frac{\partial L(\boldsymbol{w},\lambda)}{\partial \boldsymbol{w}}=-2\boldsymbol{S}_b\boldsymbol{w}+2\lambda\boldsymbol{S}_w\boldsymbol{w}$$

令上式等于 0 可得

$$-2\boldsymbol{S}_b\boldsymbol{w}+2\lambda\boldsymbol{S}_w\boldsymbol{w}=0$$

$$\boldsymbol{S}_b\boldsymbol{w}=\lambda\boldsymbol{S}_w\boldsymbol{w}$$

$$(\boldsymbol{\mu}_0-\boldsymbol{\mu}_1)(\boldsymbol{\mu}_0-\boldsymbol{\mu}_1)^{\mathrm{T}}\boldsymbol{w}=\lambda\boldsymbol{S}_w\boldsymbol{w}$$

若令 $(\boldsymbol{\mu}_0-\boldsymbol{\mu}_1)^{\mathrm{T}}\boldsymbol{w}=\gamma$，则有

$$\gamma(\boldsymbol{\mu}_0-\boldsymbol{\mu}_1)=\lambda\boldsymbol{S}_w\boldsymbol{w}$$

$$\boldsymbol{w}=\frac{\gamma}{\lambda}\boldsymbol{S}_w^{-1}(\boldsymbol{\mu}_0-\boldsymbol{\mu}_1)$$

因为我们对于最终要求解的 $\boldsymbol{w}$ 不关心其大小，只关心其方向，所以其大小可以任意取值。又因为 $\boldsymbol{\mu}_0$ 和 $\boldsymbol{\mu}_1$ 的大小是固定的，而 γ 的大小只受 $\boldsymbol{w}$ 大小的影响，所以可通过调整 $\boldsymbol{w}$ 的大小使得 $\gamma=\lambda$。“西瓜书”中所说的“不妨令 $\boldsymbol{S}_b\boldsymbol{w}=\lambda(\boldsymbol{\mu}_0-\boldsymbol{\mu}_1)$”也可等价理解为令 $\gamma=\lambda$，此时 $\frac{\gamma}{\lambda}=1$，所以求解出的 $\boldsymbol{w}$ 即为式 (3.39)。

3.4.3 式 (3.43) 的推导

由式 (3.40) ~ 式 (3.42) 可得

$$\begin{aligned}
\boldsymbol{S}_b &= \boldsymbol{S}_t - \boldsymbol{S}_w \\
&= \sum_{i=1}^{m}(\boldsymbol{x}_i-\boldsymbol{\mu})(\boldsymbol{x}_i-\boldsymbol{\mu})^{\mathrm{T}} - \sum_{i=1}^{N}\sum_{\boldsymbol{x}\in X_i}(\boldsymbol{x}-\boldsymbol{\mu}_i)(\boldsymbol{x}-\boldsymbol{\mu}_i)^{\mathrm{T}} \\
&= \sum_{i=1}^{N}\left(\sum_{\boldsymbol{x}\in X_i}\left((\boldsymbol{x}-\boldsymbol{\mu})(\boldsymbol{x}-\boldsymbol{\mu})^{\mathrm{T}} - (\boldsymbol{x}-\boldsymbol{\mu}_i)(\boldsymbol{x}-\boldsymbol{\mu}_i)^{\mathrm{T}}\right)\right) \\
&= \sum_{i=1}^{N}\left(\sum_{\boldsymbol{x}\in X_i}\left((\boldsymbol{x}-\boldsymbol{\mu})(\boldsymbol{x}^{\mathrm{T}}-\boldsymbol{\mu}^{\mathrm{T}}) - (\boldsymbol{x}-\boldsymbol{\mu}_i)(\boldsymbol{x}^{\mathrm{T}}-\boldsymbol{\mu}_i^{\mathrm{T}})\right)\right) \\
&= \sum_{i=1}^{N}\left(\sum_{\boldsymbol{x}\in X_i}\left(\boldsymbol{x}\boldsymbol{x}^{\mathrm{T}} - \boldsymbol{x}\boldsymbol{\mu}^{\mathrm{T}} - \boldsymbol{\mu}\boldsymbol{x}^{\mathrm{T}} + \boldsymbol{\mu}\boldsymbol{\mu}^{\mathrm{T}} - \boldsymbol{x}\boldsymbol{x}^{\mathrm{T}} + \boldsymbol{x}\boldsymbol{\mu}_i^{\mathrm{T}} + \boldsymbol{\mu}_i\boldsymbol{x}^{\mathrm{T}} - \boldsymbol{\mu}_i\boldsymbol{\mu}_i^{\mathrm{T}}\right)\right) \\
&= \sum_{i=1}^{N}\left(\sum_{\boldsymbol{x}\in X_i}\left(-\boldsymbol{x}\boldsymbol{\mu}^{\mathrm{T}} - \boldsymbol{\mu}\boldsymbol{x}^{\mathrm{T}} + \boldsymbol{\mu}\boldsymbol{\mu}^{\mathrm{T}} + \boldsymbol{x}\boldsymbol{\mu}_i^{\mathrm{T}} + \boldsymbol{\mu}_i\boldsymbol{x}^{\mathrm{T}} - \boldsymbol{\mu}_i\boldsymbol{\mu}_i^{\mathrm{T}}\right)\right) \\
&= \sum_{i=1}^{N}\left(-\sum_{\boldsymbol{x}\in X_i}\boldsymbol{x}\boldsymbol{\mu}^{\mathrm{T}} - \sum_{\boldsymbol{x}\in X_i}\boldsymbol{\mu}\boldsymbol{x}^{\mathrm{T}} + \sum_{\boldsymbol{x}\in X_i}\boldsymbol{\mu}\boldsymbol{\mu}^{\mathrm{T}} + \sum_{\boldsymbol{x}\in X_i}\boldsymbol{x}\boldsymbol{\mu}_i^{\mathrm{T}}\right. \\
&\qquad \left. + \sum_{\boldsymbol{x}\in X_i}\boldsymbol{\mu}_i\boldsymbol{x}^{\mathrm{T}} - \sum_{\boldsymbol{x}\in X_i}\boldsymbol{\mu}_i\boldsymbol{\mu}_i^{\mathrm{T}}\right) \\
&= \sum_{i=1}^{N}\left(-m_i\boldsymbol{\mu}_i\boldsymbol{\mu}^{\mathrm{T}} - m_i\boldsymbol{\mu}\boldsymbol{\mu}_i^{\mathrm{T}} + m_i\boldsymbol{\mu}\boldsymbol{\mu}^{\mathrm{T}} + m_i\boldsymbol{\mu}_i\boldsymbol{\mu}_i^{\mathrm{T}} + m_i\boldsymbol{\mu}_i\boldsymbol{\mu}_i^{\mathrm{T}} - m_i\boldsymbol{\mu}_i\boldsymbol{\mu}_i^{\mathrm{T}}\right) \\
&= \sum_{i=1}^{N}\left(-m_i\boldsymbol{\mu}_i\boldsymbol{\mu}^{\mathrm{T}} - m_i\boldsymbol{\mu}\boldsymbol{\mu}_i^{\mathrm{T}} + m_i\boldsymbol{\mu}\boldsymbol{\mu}^{\mathrm{T}} + m_i\boldsymbol{\mu}_i\boldsymbol{\mu}_i^{\mathrm{T}}\right) \\
&= \sum_{i=1}^{N}m_i\left(-\boldsymbol{\mu}_i\boldsymbol{\mu}^{\mathrm{T}} - \boldsymbol{\mu}\boldsymbol{\mu}_i^{\mathrm{T}} + \boldsymbol{\mu}\boldsymbol{\mu}^{\mathrm{T}} + \boldsymbol{\mu}_i\boldsymbol{\mu}_i^{\mathrm{T}}\right) \\
&= \sum_{i=1}^{N}m_i(\boldsymbol{\mu}_i-\boldsymbol{\mu})(\boldsymbol{\mu}_i-\boldsymbol{\mu})^{\mathrm{T}}
\end{aligned}$$

3.4.4 式 (3.44) 的推导

式 (3.44) 是式 (3.35) 的推广形式，证明如下。

设 $\boldsymbol{W}=(\boldsymbol{w}_1,\boldsymbol{w}_2,\cdots,\boldsymbol{w}_i,\cdots,\boldsymbol{w}_{N-1})\in\mathbb{R}^{d\times(N-1)}$，其中 $\boldsymbol{w}_i\in\mathbb{R}^{d\times 1}$ 为 d 行 1 列的列向量，则

$$\begin{cases}\operatorname{tr}(\boldsymbol{W}^{\mathrm{T}}\boldsymbol{S}_b\boldsymbol{W})=\sum\limits_{i=1}^{N-1}\boldsymbol{w}_i^{\mathrm{T}}\boldsymbol{S}_b\boldsymbol{w}_i\\ \operatorname{tr}(\boldsymbol{W}^{\mathrm{T}}\boldsymbol{S}_w\boldsymbol{W})=\sum\limits_{i=1}^{N-1}\boldsymbol{w}_i^{\mathrm{T}}\boldsymbol{S}_w\boldsymbol{w}_i\end{cases}$$

所以式 (3.44) 可变形为

$$\max_{\boldsymbol{W}}\frac{\sum\limits_{i=1}^{N-1}\boldsymbol{w}_i^{\mathrm{T}}\boldsymbol{S}_b\boldsymbol{w}_i}{\sum\limits_{i=1}^{N-1}\boldsymbol{w}_i^{\mathrm{T}}\boldsymbol{S}_w\boldsymbol{w}_i}$$

对比式 (3.35) 易知，上式即式 (3.35) 的推广形式。

除了式 (3.35) 以外，还有一种常见的优化目标形式如下：

$$\max_{\boldsymbol{W}}\frac{\prod\limits_{i=1}^{N-1}\boldsymbol{w}_i^{\mathrm{T}}\boldsymbol{S}_b\boldsymbol{w}_i}{\prod\limits_{i=1}^{N-1}\boldsymbol{w}_i^{\mathrm{T}}\boldsymbol{S}_w\boldsymbol{w}_i}=\max_{\boldsymbol{W}}\prod_{i=1}^{N-1}\frac{\boldsymbol{w}_i^{\mathrm{T}}\boldsymbol{S}_b\boldsymbol{w}_i}{\boldsymbol{w}_i^{\mathrm{T}}\boldsymbol{S}_w\boldsymbol{w}_i}$$

无论采用何种优化目标形式，其优化目标只要满足“同类样例的投影点尽可能接近，异类样例的投影点尽可能远离”即可。

3.4.5 式 (3.45) 的推导

与式 (3.35) 一样，此处也固定式 (3.44) 的分母为 1，那么式 (3.44) 此时等价于如下优化问题：

$$\begin{aligned}\min_{\boldsymbol{w}}\quad & -\operatorname{tr}(\boldsymbol{W}^{\mathrm{T}}\boldsymbol{S}_b\boldsymbol{W})\\ \text{s.t.}\quad & \operatorname{tr}(\boldsymbol{W}^{\mathrm{T}}\boldsymbol{S}_w\boldsymbol{W})=1\end{aligned}$$

根据拉格朗日乘子法，可定义上述优化问题的拉格朗日函数为

$$L(\boldsymbol{W},\lambda)=-\operatorname{tr}(\boldsymbol{W}^{\mathrm{T}}\boldsymbol{S}_b\boldsymbol{W})+\lambda(\operatorname{tr}(\boldsymbol{W}^{\mathrm{T}}\boldsymbol{S}_w\boldsymbol{W})-1)$$

根据矩阵微分公式 $\frac{\partial}{\partial \boldsymbol{X}}\operatorname{tr}\left(\boldsymbol{X}^{\mathrm{T}}\boldsymbol{B}\boldsymbol{X}\right)=\left(\boldsymbol{B}+\boldsymbol{B}^{\mathrm{T}}\right)\boldsymbol{X}$ 对上式关于 $\boldsymbol{W}$ 求偏导可得

$$\begin{aligned}\frac{\partial L(\boldsymbol{W},\lambda)}{\partial \boldsymbol{W}}&=-\frac{\partial\left(\operatorname{tr}(\boldsymbol{W}^{\mathrm{T}}\boldsymbol{S}_b\boldsymbol{W})\right)}{\partial \boldsymbol{W}}+\lambda\frac{\partial\left(\operatorname{tr}(\boldsymbol{W}^{\mathrm{T}}\boldsymbol{S}_w\boldsymbol{W})-1\right)}{\partial \boldsymbol{W}}\\&=-(\boldsymbol{S}_b+\boldsymbol{S}_b^{\mathrm{T}})\boldsymbol{W}+\lambda(\boldsymbol{S}_w+\boldsymbol{S}_w^{\mathrm{T}})\boldsymbol{W}\end{aligned}$$

由于 $\boldsymbol{S}_b=\boldsymbol{S}_b^{\mathrm{T}},\boldsymbol{S}_w=\boldsymbol{S}_w^{\mathrm{T}}$，因此有

$$\frac{\partial L(\boldsymbol{W},\lambda)}{\partial \boldsymbol{W}}=-2\boldsymbol{S}_b\boldsymbol{W}+2\lambda\boldsymbol{S}_w\boldsymbol{W}$$

令上式等于零向量 $\mathbf{0}$ 可得

$$-2\boldsymbol{S}_b\boldsymbol{W}+2\lambda\boldsymbol{S}_w\boldsymbol{W}=\mathbf{0}$$

$$\boldsymbol{S}_b\boldsymbol{W}=\lambda\boldsymbol{S}_w\boldsymbol{W}$$

此为式 (3.45)，但是此式在解释为何要取 $N-1$ 个最大广义特征值所对应的特征向量来构成 $\boldsymbol{W}$ 时不够直观。因此，我们换一种更为直观的方式来求解式 (3.44)，只需要换一种方式构造拉格朗日函数即可。

重新定义上述优化问题的拉格朗日函数为

$$L(\boldsymbol{W},\boldsymbol{\Lambda})=-\operatorname{tr}(\boldsymbol{W}^{\mathrm{T}}\boldsymbol{S}_b\boldsymbol{W})+\operatorname{tr}\left(\boldsymbol{\Lambda}(\boldsymbol{W}^{\mathrm{T}}\boldsymbol{S}_w\boldsymbol{W}-\boldsymbol{I})\right)$$

其中，$\boldsymbol{I}\in\mathbb{R}^{(N-1)\times(N-1)}$ 为单位矩阵，$\boldsymbol{\Lambda}=\operatorname{diag}(\lambda_1,\lambda_2,\cdots,\lambda_{N-1})\in\mathbb{R}^{(N-1)\times(N-1)}$ 是由 $N-1$ 个拉格朗日乘子构成的对角矩阵。根据矩阵微分公式 $\frac{\partial}{\partial \boldsymbol{X}}\operatorname{tr}(\boldsymbol{X}^{\mathrm{T}}\boldsymbol{A}\boldsymbol{X})=(\boldsymbol{A}+\boldsymbol{A}^{\mathrm{T}})\boldsymbol{X}$，$\frac{\partial}{\partial \boldsymbol{X}}\operatorname{tr}(\boldsymbol{X}\boldsymbol{A}\boldsymbol{X}^{\mathrm{T}}\boldsymbol{B})=\frac{\partial}{\partial \boldsymbol{X}}\operatorname{tr}(\boldsymbol{A}\boldsymbol{X}^{\mathrm{T}}\boldsymbol{B}\boldsymbol{X})=\boldsymbol{B}^{\mathrm{T}}\boldsymbol{X}\boldsymbol{A}^{\mathrm{T}}+\boldsymbol{B}\boldsymbol{X}\boldsymbol{A}$，对上式关于 $\boldsymbol{W}$ 求偏导可得

$$\begin{aligned}\frac{\partial L(\boldsymbol{W},\boldsymbol{\Lambda})}{\partial \boldsymbol{W}}&=-\frac{\partial\left(\operatorname{tr}(\boldsymbol{W}^{\mathrm{T}}\boldsymbol{S}_b\boldsymbol{W})\right)}{\partial \boldsymbol{W}}+\frac{\partial\left(\operatorname{tr}\left(\boldsymbol{\Lambda}\boldsymbol{W}^{\mathrm{T}}\boldsymbol{S}_w\boldsymbol{W}-\boldsymbol{\Lambda}\boldsymbol{I}\right)\right)}{\partial \boldsymbol{W}}\\&=-(\boldsymbol{S}_b+\boldsymbol{S}_b^{\mathrm{T}})\boldsymbol{W}+(\boldsymbol{S}_w^{\mathrm{T}}\boldsymbol{W}\boldsymbol{\Lambda}^{\mathrm{T}}+\boldsymbol{S}_w\boldsymbol{W}\boldsymbol{\Lambda})\end{aligned}$$

由于 $\boldsymbol{S}_b=\boldsymbol{S}_b^{\mathrm{T}},\boldsymbol{S}_w=\boldsymbol{S}_w^{\mathrm{T}},\boldsymbol{\Lambda}^{\mathrm{T}}=\boldsymbol{\Lambda}$，因此有

$$\frac{\partial L(\boldsymbol{W},\boldsymbol{\Lambda})}{\partial \boldsymbol{W}}=-2\boldsymbol{S}_b\boldsymbol{W}+2\boldsymbol{S}_w\boldsymbol{W}\boldsymbol{\Lambda}$$

令上式等于零向量 $\mathbf{0}$ 可得

$$-2\boldsymbol{S}_b\boldsymbol{W}+2\boldsymbol{S}_w\boldsymbol{W}\boldsymbol{\Lambda}=\boldsymbol{0}$$

$$\boldsymbol{S}_b\boldsymbol{W}=\boldsymbol{S}_w\boldsymbol{W}\boldsymbol{\Lambda}$$

将 $\boldsymbol{W}$ 和 $\boldsymbol{\Lambda}$ 展开可得

$$\boldsymbol{S}_b\boldsymbol{w}_i=\lambda_i\boldsymbol{S}_w\boldsymbol{w}_i,\quad i=1,2,\cdots,N-1$$

此时便得到 $N-1$ 个广义特征值问题。进一步地，将其代入优化问题的目标函数可得

$$\begin{aligned}\min_{\boldsymbol{W}}-\operatorname{tr}(\boldsymbol{W}^{\mathrm{T}}\boldsymbol{S}_b\boldsymbol{W})&=\max_{\boldsymbol{W}}\operatorname{tr}(\boldsymbol{W}^{\mathrm{T}}\boldsymbol{S}_b\boldsymbol{W})\\&=\max_{\boldsymbol{W}}\sum_{i=1}^{N-1}\boldsymbol{w}_i^{\mathrm{T}}\boldsymbol{S}_b\boldsymbol{w}_i\\&=\max_{\boldsymbol{W}}\sum_{i=1}^{N-1}\lambda_i\boldsymbol{w}_i^{\mathrm{T}}\boldsymbol{S}_w\boldsymbol{w}_i\end{aligned}$$

由于存在约束 $\operatorname{tr}(\boldsymbol{W}^{\mathrm{T}}\boldsymbol{S}_w\boldsymbol{W})=\sum_{i=1}^{N-1}\boldsymbol{w}_i^{\mathrm{T}}\boldsymbol{S}_w\boldsymbol{w}_i=1$，因此欲使上式取到最大值，只需要取 $N-1$ 个最大的 λ_i 即可。根据 $\boldsymbol{S}_b\boldsymbol{w}_i=\lambda_i\boldsymbol{S}_w\boldsymbol{w}_i$ 可知，λ_i 对应的便是广义特征值，$\boldsymbol{w}_i$ 则是 λ_i 所对应的特征向量。

广义特征值的定义和常用求解方法可查阅参考文献 [3]

对于 N 分类问题，一定要求出 $N-1$ 个 $\boldsymbol{w}_i$ 吗？其实不然。之所以将 $\boldsymbol{W}$ 定义为 $d\times(N-1)$ 维的矩阵，是因为当 $d>(N-1)$ 时，实对称矩阵 $\boldsymbol{S}_w^{-1}\boldsymbol{S}_b$ 的秩至多为 $N-1$，理论上至多能解出 $N-1$ 个非零特征值 λ_i 及其对应的特征向量 $\boldsymbol{w}_i$。但是 $\boldsymbol{S}_w^{-1}\boldsymbol{S}_b$ 的秩会受当前训练集中数据分布的影响，因此并不一定为 $N-1$。此外，当数据分布本身就足够理想时，即使能求解出多个 $\boldsymbol{w}_i$，但是实际上可能也只需要求解出 1 个 $\boldsymbol{w}_i$ 便可将同类样本聚集，并将异类样本完全分离。

当 $d>(N-1)$ 时，实对称矩阵 $\boldsymbol{S}_w^{-1}\boldsymbol{S}_b$ 的秩至多为 $N-1$ 的证明过程如下：由于 $\boldsymbol{\mu}=\frac{1}{N}\sum_{i=1}^{N}m_i\boldsymbol{\mu}_i$，因此 $\boldsymbol{\mu}_1-\boldsymbol{\mu}$ 一定可以由 $\boldsymbol{\mu}$ 和 $\boldsymbol{\mu}_2,\cdots,\boldsymbol{\mu}_N$ 线性表示，矩阵 $\boldsymbol{S}_b$ 中至多有 $\boldsymbol{\mu}_2-\boldsymbol{\mu},\cdots,\boldsymbol{\mu}_N-\boldsymbol{\mu}$ 共 $N-1$ 个线性无关的向量。由于此时 $d>(N-1)$，因此 $\boldsymbol{S}_b$ 的秩 $r(\boldsymbol{S}_b)$ 至多为 $N-1$。同时假设矩阵 $\boldsymbol{S}_w$ 满秩，即 $r(\boldsymbol{S}_w)=r(\boldsymbol{S}_w^{-1})=d$，根据矩阵的秩的性质 $r(\boldsymbol{A}\boldsymbol{B})\leqslant\min\{r(\boldsymbol{A}),r(\boldsymbol{B})\}$ 可知，$\boldsymbol{S}_w^{-1}\boldsymbol{S}_b$ 的秩也至多为 $N-1$。

3.5 多分类学习

3.5.1 图 3.5 的解释

图 3.5 中的“海明距离”是指两个码对应位置不相同的个数，“欧氏距离”则是指两个向量之间的欧几里得距离。例如，图 3.5(a) 中第 1 行的编码可以视作向量 $(-1,+1,-1,+1,+1)$，测试示例的编码则为 $(-1,-1,+1,-1,+1)$，其中第 2 个、第 3 个、第 4 个元素不相同，所以它们的海明距离为 3，欧氏距离为

$$\begin{aligned}&\sqrt{(-1-(-1))^2+(1-(-1))^2+(-1-1)^2+(1-(-1))^2+(1-1)^2}\\=&\sqrt{0+4+4+4+0}=2\sqrt{3}\end{aligned}$$

需要注意的是，在计算海明距离时，与“停用类”不同算作 0.5。例如，图 3.5(b) 中第 2 行的海明距离为 $0.5+0.5+0.5+0.5=2$。

3.6 类别不平衡问题

对于类别不平衡问题，“西瓜书”2.3.1 小节中的“精度”通常无法满足该特殊任务的需求，详见“西瓜书”在 3.6 节第一段的举例：有 998 个反例和 2 个正例，若机器学习算法返回一个永远将新样本预测为反例的学习器，则能达到 99.8% 的精度，这显然虚高，因此我们在类别不平衡时常采用 2.3 节中的查准率、查全率和 $F1$ 来度量学习器的性能。

参考文献

[1] 王燕军, 梁治安. 最优化基础理论与方法 [M]. 上海：复旦大学出版社, 2011.

[2] Wikipedia contributors. Matrix calculus, 2022.

[3] 张贤达. 矩阵分析与应用 [M]. 2 版. 北京：清华大学出版社, 2013.

第 4 章　决　策　树

本章的决策树算法背后没有复杂的数学推导，其更符合人类日常思维方式，理解起来也更为直观。其引入的数学工具也仅仅是为了让该算法在计算上可行，同时“西瓜书”在本章列举了大量例子，因此本章的算法更为通俗易懂。

4.1　基 本 流 程

作为本章的开篇，我们首先要明白决策树在做什么。正如“西瓜书”中图 4.1 所示的决策过程，决策树就是不断根据某属性进行划分的过程（每次决策时都是在上次决策结果的基础之上进行的），即“if…elif…else…”的决策过程，最终得出一套有效的判断逻辑，这便是学到的模型。但是，划分到什么时候就停止划分呢？这就是图 4.2 中的 3 个“**return**”所代表的递归返回，下面解释图 4.2 中的 3 个递归返回。

我们应该明白决策树的基本思想是根据某种原则（见图 4.2 的第 8 行）每次选择一个属性作为划分依据，然后按属性的取值对数据集中的样本进行划分，例如将所有触感为“硬滑”的西瓜分到一起，而将所有触感为“软粘”的西瓜分到一起，划分完便可得到若干子集。接着再对各个子集按照以上流程重新选择某个属性继续进行递归划分，然而我们在划分的过程中通常会遇到以下几种特殊情况。

（1）在递归划分过程中，如果某个子集中已经只含有某一类的样本（例如只含有好瓜），那么此时划分的目的已经达到了，无须再进行递归划分。此为递归返回的情形（1）。最极端的情况就是初始数据集中的样本全是某一类的样本，那么此时决策树算法到此终止，建议尝试其他算法。

（2）在进行递归划分时每次选择一个属性作为划分依据，并且该属性通常不能重复使用（仅针对离散属性），原因是划分后产生的各个子集在该属性上的取值相同。例如，如果这一次根据触感对西瓜样本进行划分，那么后面对划分出的子集（及子集的子集……）再次进行递归划分时就不能再使用“触感”，图 4.2 中第 14 行的 $A\backslash\{a_*\}$ 表示的便是从候选属性集合 A 中将当前正在使用的属性 a_* 排除。由于样本的属性个数是有限的，因此划分次数通常不超过属性个数。若所有属性均已被用作过划分依据，即 $A=\varnothing$，而子集中仍含有不同类的样本（例如仍然同时含有好瓜和坏瓜），则因已无属性可用作划分依据，此时只能少数服从多数，以此子集中样本数最多的类为标记。由于无法继续划分的直接原因是各个子集中的样本在各个属性上的取值都相同，因此即使 $A\neq\varnothing$，但是当子集中的样本在属性集合 A 上的取值都相同时，也可等价视为 $A=\varnothing$。此为递归返回的情形（2）。

（3）在根据某个属性进行划分时，假设该属性的多个属性值中的某个属性值不包含任何样本（如未收集到）。以对当前子集以“纹理”属性进行划分为例，“纹理”共有 3 种取值——清晰、稍糊、模糊，若发现当前子集中并无样本的“纹理”属性取值为模糊，此时对于取值为清晰的子集和取值为稍糊的子集继续进行递归，而对于取值为模糊的子集，因为无样本落入，将其标记为叶节点，将其类别标记为训练集 D 中样本最多的类，即把全体样本的分布作为当前节点的先验分布。这其实就是一种盲猜，既然是盲猜，那么合理的做法就是根据已有数据用频率近似概率的思想假设出现频率最高的便是概率最大的。注意，此子集必须保留，因为在测试时，可能会有样本落入该分支。此为递归返回的情形（3）。

4.2 划分选择

本节介绍的三种划分选择方法——信息增益、增益率、基尼指数，分别对应著名的 ID3、C4.5 和 CART 三种决策树算法。

4.2.1 式 (4.1) 的解释

该式为信息论中的信息熵定义式，以下先证明 $0\leqslant \operatorname{Ent}(D)\leqslant \log_2|\mathcal{Y}|$，再解释其最大值和最小值所表示的含义。

已知集合 D 的信息熵的定义为

$$\operatorname{Ent}(D)=-\sum_{k=1}^{|\mathcal{Y}|}p_k\log_2 p_k$$

其中，$|\mathcal{Y}|$ 表示样本类别总数，p_k 表示第 k 类样本所占的比例，且有 $0 \leqslant p_k \leqslant 1$、$\sum_{k=1}^{n} p_k = 1$。如果令 $|\mathcal{Y}| = n$，$p_k = x_k$，那么信息熵 $\mathrm{Ent}(D)$ 就可以看作一个 n 元实值函数，即

$$\mathrm{Ent}(D) = f(x_1, \cdots, x_n) = -\sum_{k=1}^{n} x_k \log_2 x_k$$

其中 $0 \leqslant x_k \leqslant 1, \sum_{k=1}^{n} x_k = 1$。

下面考虑求该多元函数的最值。我们首先来求最大值，如果不考虑约束 $0 \leqslant x_k \leqslant 1$ 而仅考虑 $\sum_{k=1}^{n} x_k = 1$，则对 $f(x_1, \cdots, x_n)$ 求最大值等价于求解如下最小化问题。

$$\begin{aligned}
\min \quad & \sum_{k=1}^{n} x_k \log_2 x_k \\
\text{s.t.} \quad & \sum_{k=1}^{n} x_k = 1
\end{aligned}$$

显然，当 $0 \leqslant x_k \leqslant 1$ 时，此问题为凸优化问题。对于凸优化问题来说，使其拉格朗日函数的一阶偏导数等于 0 的点即最优解。根据拉格朗日乘子法可知，该优化问题的拉格朗日函数为

$$L(x_1, \cdots, x_n, \lambda) = \sum_{k=1}^{n} x_k \log_2 x_k + \lambda \left(\sum_{k=1}^{n} x_k - 1 \right)$$

其中，λ 为拉格朗日乘子。对 $L(x_1, \cdots, x_n, \lambda)$ 分别关于 $x_1, \cdots, x_n, \lambda$ 求一阶偏导数，并令该偏导数等于 0 可得

$$\begin{aligned}
\frac{\partial L(x_1, \cdots, x_n, \lambda)}{\partial x_1} &= \frac{\partial}{\partial x_1} \left[\sum_{k=1}^{n} x_k \log_2 x_k + \lambda \left(\sum_{k=1}^{n} x_k - 1 \right) \right] = 0 \\
&= \log_2 x_1 + x_1 \cdot \frac{1}{x_1 \ln 2} + \lambda = 0 \\
&= \log_2 x_1 + \frac{1}{\ln 2} + \lambda = 0 \\
&\Rightarrow \lambda = -\log_2 x_1 - \frac{1}{\ln 2}
\end{aligned}$$

$$\frac{\partial L(x_1, \cdots, x_n, \lambda)}{\partial x_2} = \frac{\partial}{\partial x_2} \left[\sum_{k=1}^{n} x_k \log_2 x_k + \lambda \left(\sum_{k=1}^{n} x_k - 1 \right) \right] = 0$$

$$
\begin{aligned}
&\Rightarrow \lambda = -\log_2 x_2 - \frac{1}{\ln 2}\\
&\cdots\\
\frac{\partial L(x_1,\cdots,x_n,\lambda)}{\partial x_n} &= \frac{\partial}{\partial x_n}\left[\sum_{k=1}^{n} x_k \log_2 x_k + \lambda\left(\sum_{k=1}^{n} x_k - 1\right)\right] = 0\\
&\Rightarrow \lambda = -\log_2 x_n - \frac{1}{\ln 2};\\
\frac{\partial L(x_1,\cdots,x_n,\lambda)}{\partial \lambda} &= \frac{\partial}{\partial \lambda}\left[\sum_{k=1}^{n} x_k \log_2 x_k + \lambda\left(\sum_{k=1}^{n} x_k - 1\right)\right] = 0\\
&\Rightarrow \sum_{k=1}^{n} x_k = 1
\end{aligned}
$$

整理一下可得

$$
\begin{cases}
\lambda = -\log_2 x_1 - \dfrac{1}{\ln 2} = -\log_2 x_2 - \dfrac{1}{\ln 2} = \cdots = -\log_2 x_n - \dfrac{1}{\ln 2}\\
\displaystyle\sum_{k=1}^{n} x_k = 1
\end{cases}
$$

由以上两个方程可以解得

$$
x_1 = x_2 = \cdots = x_n = \frac{1}{n}
$$

又因为 x_k 还需要满足约束 $0 \leqslant x_k \leqslant 1$，显然 $0 \leqslant \frac{1}{n} \leqslant 1$，所以 $x_1 = x_2 = \cdots = x_n = \frac{1}{n}$ 是满足所有约束的最优解，即当前最小化问题的最小值点，同时也是 $f(x_1,\cdots,x_n)$ 的最大值点。将 $x_1 = x_2 = \cdots = x_n = \frac{1}{n}$ 代入 $f(x_1,\cdots,x_n)$ 可得

$$
f\left(\frac{1}{n},\cdots,\frac{1}{n}\right) = -\sum_{k=1}^{n}\frac{1}{n}\log_2\frac{1}{n} = -n\cdot\frac{1}{n}\log_2\frac{1}{n} = \log_2 n
$$

所以 $f(x_1,\cdots,x_n)$ 在满足约束 $0 \leqslant x_k \leqslant 1$ 和 $\sum_{k=1}^{n} x_k = 1$ 时的最大值为 $\log_2 n$。

下面求最小值。如果不考虑约束 $\sum_{k=1}^{n} x_k = 1$ 而仅考虑 $0 \leqslant x_k \leqslant 1$，则 $f(x_1,\cdots,x_n)$ 可以看作 n 个互不相关的一元函数的和，即

$$
f(x_1,\cdots,x_n) = \sum_{k=1}^{n} g(x_k)
$$

其中，$g(x_k)=-x_k\log_2 x_k, 0\leqslant x_k\leqslant 1$。那么当 $g(x_1),g(x_2),\cdots,g(x_n)$ 分别取到其最小值时，$f(x_1,\cdots,x_n)$ 也就取到了最小值，所以接下来考虑分别求 $g(x_1),g(x_2),\cdots,g(x_n)$ 各自的最小值。

由于 $g(x_1),g(x_2),\cdots,g(x_n)$ 的定义域和函数表达式均相同，因此只需要求出 $g(x_1)$ 的最小值即可求出 $g(x_2),\cdots,g(x_n)$ 的最小值。下面考虑求 $g(x_1)$ 的最小值。对 $g(x_1)$ 关于 x_1 求一阶和二阶导数，有

$$g'(x_1)=\frac{\mathrm{d}(-x_1\log_2 x_1)}{\mathrm{d}x_1}=-\log_2 x_1-x_1\cdot\frac{1}{x_1\ln 2}=-\log_2 x_1-\frac{1}{\ln 2}$$

$$g''(x_1)=\frac{\mathrm{d}\left(g'(x_1)\right)}{\mathrm{d}x_1}=\frac{\mathrm{d}\left(-\log_2 x_1-\dfrac{1}{\ln 2}\right)}{\mathrm{d}x_1}=-\frac{1}{x_1\ln 2}$$

显然，当 $0\leqslant x_k\leqslant 1$ 时，$g''(x_1)=-\frac{1}{x_1\ln 2}$ 恒小于 0，所以 $g(x_1)$ 是一个在其定义域范围内开口向下的凹函数，其最小值必然在边界取。分别取 $x_1=0$ 和 $x_1=1$，代入 $g(x_1)$ 可得

$$g(0)=-0\log_2 0=0$$

$$g(1)=-1\log_2 1=0$$

所以 $g(x_1)$ 的最小值为 0，同理可求得 $g(x_2),\cdots,g(x_n)$ 的最小值也都为 0，即 $f(x_1,\cdots,x_n)$ 的最小值为 0。但是，此时仅考虑了约束 $0\leqslant x_k\leqslant 1$，而未考虑 $\sum_{k=1}^{n}x_k=1$。若考虑约束 $\sum_{k=1}^{n}x_k=1$，则 $f(x_1,\cdots,x_n)$ 的最小值一定大于或等于 0。如果令某个 $x_k=1$，那么根据约束 $\sum_{k=1}^{n}x_k=1$ 可知 $x_1=x_2=\cdots=x_{k-1}=x_{k+1}=\cdots=x_n=0$，将其代入 $f(x_1,\cdots,x_n)$ 可得

计算信息熵时的约定：若 $x=0$，则 $x\log_2 x=0$

$$\begin{aligned}&f(0,0,\cdots,0,1,0,\cdots,0)\\=&-0\log_2 0-0\log_2 0-\cdots-0\log_2 0-1\log_2 1-0\log_2 0-\cdots-0\log_2 0=0\end{aligned}$$

所以 $x_k=1,x_1=x_2=\cdots=x_{k-1}=x_{k+1}=\cdots=x_n=0$ 一定是 $f(x_1,\cdots,x_n)$ 在满足 $\sum_{k=1}^{n}x_k=1$ 和 $0\leqslant x_k\leqslant 1$ 两个条件时的最小值点，此时 f 取到最小值 0。

综上可知，当 $f(x_1,\cdots,x_n)$ 取到最大值时，$x_1=x_2=\cdots=x_n=\frac{1}{n}$，此时样本集合纯度最低；当 $f(x_1,\cdots,x_n)$ 取到最小值时，$x_k=1,x_1=x_2=\cdots=x_{k-1}=x_{k+1}=\cdots=x_n=0$，此时样本集合纯度最高。

4.2.2 式 (4.2) 的解释

此为信息增益的定义式。在信息论中，信息增益也称为“互信息”。

下面给出互信息的定义。在此之前，我们还需要先解释一下什么是“条件熵”。条件熵表示的是在已知一个随机变量的条件下，另一个随机变量的不确定性。具体地说，假设有随机变量 X 和 Y，且它们服从以下联合概率分布：

$$P(X=x_i, Y=y_j)=p_{ij}, \quad i=1,2,\cdots,n, \quad j=1,2,\cdots,m$$

那么在已知 X 的条件下，随机变量 Y 的条件熵为

$$\operatorname{Ent}(Y|X)=\sum_{i=1}^{n} p_i \operatorname{Ent}(Y|X=x_i)$$

其中，$p_i=P(X=x_i), i=1,2,\cdots,n$。互信息被定义为信息熵和条件熵的差，表示在已知一个随机变量的信息后，另一个随机变量的不确定性减少的程度。具体地说，假设有随机变量 X 和 Y，那么在已知 X 的信息后，Y 的不确定性减少的程度为

$$I(Y;X)=\operatorname{Ent}(Y)-\operatorname{Ent}(Y|X)$$

此为互信息的数学定义。

所以式 (4.2) 可以理解为，在已知属性 a 的取值后，样本类别这个随机变量的不确定性减小的程度。根据某个属性计算得到的信息增益越大，则说明在知道其取值后样本集的不确定性减小的程度越大，即“西瓜书”上所说的“纯度提升”越大。

4.2.3 式 (4.4) 的解释

为了理解该式的“固有值”的概念，可以对式 (4.4) 与式 (4.1) 进行对比。式 (4.1) 可重写为

$$\operatorname{Ent}(D)=-\sum_{k=1}^{|\mathcal{Y}|} p_k \log_2 p_k=-\sum_{k=1}^{|\mathcal{Y}|} \frac{|D^k|}{|D|} \log_2 \frac{|D^k|}{|D|}$$

其中 $\frac{|D^k|}{|D|}=p_k$，表示第 k 类样本所占的比例。为了便于对比，下面列出式 (4.4)。

$$IV(a)=-\sum_{v=1}^{V} \frac{|D^v|}{|D|} \log_2 \frac{|D^v|}{|D|}$$

其中 $\frac{|D^v|}{|D|}=p_v$，表示属性 a 取值为 a^v 的样本所占的比例。式 (4.1) 是按样本的类别标记计算的信息熵，而式 (4.4) 是按样本属性的取值计算的信息熵。

4.2.4 式 (4.5) 的推导

假设数据集 D 中的样例标记共有三类，每类样本所占比例分别为 p_1、p_2、p_3。现从数据集 D 中随机抽取两个样本，这两个样本的类别标记正好一致的概率为

$$p_1p_1+p_2p_2+p_3p_3=\sum_{k=1}^{|\mathcal{Y}|=3}p_k^2$$

这两个样本的类别标记不一致的概率（即“基尼值”）为

$$\text{Gini}(D)=p_1p_2+p_1p_3+p_2p_1+p_2p_3+p_3p_1+p_3p_2=\sum_{k=1}^{|\mathcal{Y}|=3}\sum_{k'\neq k}p_kp_{k'}$$

易证以上两式之和等于 1，证明过程如下：

$$\begin{aligned}
&\sum_{k=1}^{|\mathcal{Y}|=3}p_k^2+\sum_{k=1}^{|\mathcal{Y}|=3}\sum_{k'\neq k}p_kp_{k'}\\
&=(p_1p_1+p_2p_2+p_3p_3)+(p_1p_2+p_1p_3+p_2p_1+p_2p_3+p_3p_1+p_3p_2)\\
&=(p_1p_1+p_1p_2+p_1p_3)+(p_2p_1+p_2p_2+p_2p_3)+(p_3p_1+p_3p_2+p_3p_3)\\
&=p_1\left(p_1+p_2+p_3\right)+p_2\left(p_1+p_2+p_3\right)+p_3\left(p_1+p_2+p_3\right)\\
&=p_1+p_2+p_3=1
\end{aligned}$$

所以可进一步推得式 (4.5)：

$$\text{Gini}(D)=\sum_{k=1}^{|\mathcal{Y}|}\sum_{k'\neq k}p_kp_{k'}=1-\sum_{k=1}^{|\mathcal{Y}|}p_k^2$$

从数据集 D 中任取两个样本，类别标记一致的概率越大，表示纯度越高（即大部分样本属于同一类）；类别标记不一致的概率（即基尼值）越大，表示纯度越低。

4.2.5 式 (4.6) 的解释

此为数据集 D 中属性 a 的基尼指数的定义，表示在属性 a 的取值已知的条件下，数据集 D 按照属性 a 的所有可能取值划分后的纯度。不过在构造 CART

决策树时，我们并不会严格按照此式来选择最优划分属性，主要是因为 CART 决策树是一棵二叉树，如果用此式来选择最优划分属性，则无法进一步选出最优划分属性的最优划分点。常用的 CART 决策树的构造算法如下[1]。

（1）考虑每个属性 a 的每个可能取值 v，将数据集 D 分为 $a=v$ 和 $a \neq v$ 两部分来计算基尼指数，即

$$\text{Gini\_index}(D,a)=\frac{|D^{a=v}|}{|D|}\text{Gini}(D^{a=v})+\frac{|D^{a\neq v}|}{|D|}\text{Gini}(D^{a\neq v})$$

（2）选择基尼指数最小的属性及其对应取值作为最优划分属性和最优划分点。

（3）重复以上两步，直至满足停止条件。

下面以“西瓜书”的表 4.2 中的西瓜数据集 2.0 为例来构造 CART 决策树，其中第一个最优划分属性和最优划分点的计算过程如下：以属性“色泽”为例，它有 3 个可能的取值——青绿、乌黑、浅白，若使用该属性的属性值是否等于“青绿”对数据集 D 进行划分，则可得到两个子集，分别记为 D^1（色泽 = 青绿）和 D^2（色泽 $\neq$ 青绿）。子集 D^1 包含编号 $\{1,4,6,10,13,17\}$ 共 6 个样例，其中正例占 $p_1=\frac{3}{6}$，反例占 $p_2=\frac{3}{6}$；子集 D^2 包含编号 $\{2,3,5,7,8,9,11,12,14,15,16\}$ 共 11 个样例，其中正例占 $p_1=\frac{5}{11}$，反例占 $p_2=\frac{6}{11}$。根据式 (4.5) 可计算出用“色泽 = 青绿”划分之后得到的基尼指数为

$$\begin{aligned}&\text{Gini\_index}\ (D,\text{色泽}=\text{青绿})\\&=\frac{6}{17}\times\left(1-\left(\frac{3}{6}\right)^2-\left(\frac{3}{6}\right)^2\right)+\frac{11}{17}\times\left(1-\left(\frac{5}{11}\right)^2-\left(\frac{6}{11}\right)^2\right)=0.497\end{aligned}$$

类似地，我们可以计算出不同属性取不同值的基尼指数如下：

$$\text{Gini\_index}\ (D,\text{色泽}=\text{乌黑})=0.456$$

$$\text{Gini\_index}\ (D,\text{色泽}=\text{浅白})=0.426$$

$$\text{Gini\_index}\ (D,\text{根蒂}=\text{蜷缩})=0.456$$

$$\text{Gini\_index}\ (D,\text{根蒂}=\text{稍蜷})=0.496$$

$$\text{Gini\_index}\ (D,\text{根蒂}=\text{硬挺})=0.439$$

$$\text{Gini\_index}\ (D,\text{敲声}=\text{浊响})=0.450$$

$$\text{Gini\_index}\ (D,\text{敲声}=\text{沉闷})=0.494$$

$$\text{Gini\_index}\ (D, 敲声 = 清脆) = 0.439$$

$$\text{Gini\_index}\ (D, 纹理 = 清晰) = 0.286$$

$$\text{Gini\_index}\ (D, 纹理 = 稍糊) = 0.437$$

$$\text{Gini\_index}\ (D, 纹理 = 模糊) = 0.403$$

$$\text{Gini\_index}\ (D, 脐部 = 凹陷) = 0.415$$

$$\text{Gini\_index}\ (D, 脐部 = 稍凹) = 0.497$$

$$\text{Gini\_index}\ (D, 脐部 = 平坦) = 0.362$$

$$\text{Gini\_index}\ (D, 触感 = 硬滑) = 0.494$$

$$\text{Gini\_index}\ (D, 触感 = 软粘) = 0.494$$

特别地，对于属性“触感”，由于可取值的个数为 2，因此其实只需要计算其中一个取值的基尼指数即可。

根据上面的计算结果可知，Gini_index（D，纹理 = 清晰）= 0.286 最小，所以选择属性“纹理”为最优划分属性并生成根节点，接着以“纹理 = 清晰”为最优划分点生成 D^1（纹理 = 清晰）、D^2（纹理 $\neq$ 清晰）两个子节点。对这两个子节点分别重复上述步骤，继续生成下一层子节点，直至满足停止条件。

以上便是 CART 决策树的构建过程，从构建过程可以看出，CART 决策树最终构造出来的是一棵二叉树。CART 除了决策树能处理分类问题以外，还有回归树可以处理回归问题。下面给出 CART 回归树的构造算法。

给定数据集

$$D = \{(\boldsymbol{x}_1, y_1), (\boldsymbol{x}_2, y_2), \cdots, (\boldsymbol{x}_N, y_N)\}$$

其中 $\boldsymbol{x} \in \mathbb{R}^d$ 为 d 维特征向量，$y \in \mathbb{R}$ 是连续型随机变量。这是一个标准的回归问题的数据集, 若把每个属性视为坐标空间中的一个坐标轴，则 d 个属性就构成了这个 d 维的特征空间，而每个 d 维特征向量 $\boldsymbol{x}$ 就对应这个 d 维特征空间中的一个数据点。CART 回归树的目标是将特征空间划分成若干子空间，每个子空间都有一个固定的输出值。也就是说，凡是落在同一个子空间内的数据点 $\boldsymbol{x}_i$，它们所对应的输出值 y_i 恒相等，且都为该子空间的输出值。

那么如何划分出若干子空间呢？这里采用一种启发式的方法。

（1）任意选择一个属性 a，遍历其所有可能取值，根据下式找出属性 a 的最优划分点 v^*。

$$v^* = \arg\min_{v}\left[\min_{c_1}\sum_{\boldsymbol{x}_i\in R_1(a,v)}(y_i-c_1)^2+\min_{c_2}\sum_{\boldsymbol{x}_i\in R_2(a,v)}(y_i-c_2)^2\right]$$

其中，$R_1(a,v)=\{\boldsymbol{x}|\boldsymbol{x}\in D^{a\leqslant v}\}, R_2(a,v)=\{\boldsymbol{x}|\boldsymbol{x}\in D^{a>v}\}$，$c_1$ 和 c_2 分别为集合 $R_1(a,v)$ 和 $R_2(a,v)$ 中的样本 $\boldsymbol{x}_i$ 所对应的输出值 y_i 的均值，即

$$c_1=\operatorname{ave}(y_i|\boldsymbol{x}\in R_1(a,v))=\frac{1}{|R_1(a,v)|}\sum_{\boldsymbol{x}_i\in R_1(a,v)}y_i$$

$$c_2=\operatorname{ave}(y_i|\boldsymbol{x}\in R_2(a,v))=\frac{1}{|R_2(a,v)|}\sum_{\boldsymbol{x}_i\in R_2(a,v)}y_i$$

（2）遍历所有属性，找到最优划分属性 a^*，然后根据 a^* 的最优划分点 v^* 将特征空间划分为两个子空间，接着对每个子空间重复上述步骤，直至满足停止条件。这样就生成了一棵 CART 回归树，假设最终将特征空间划分成了 M 个子空间 $R_1,R_2,\cdots,R_M$，那么 CART 回归树的模型式可以表示为

$$f(\boldsymbol{x})=\sum_{m=1}^{M}c_m\mathbb{I}(\boldsymbol{x}\in R_m)$$

同理，其中的 c_m 表示的也是集合 R_m 中的样本 $\boldsymbol{x}_i$ 所对应的输出值 y_i 的均值。此式从直观上的理解就是，对于一个给定的样本 $\boldsymbol{x}_i$，首先判断其属于哪个子空间，然后将其所属的子空间对应的输出值作为该样本的预测值 y_i。

4.3 剪 枝 处 理

本节内容通俗易懂，跟着“西瓜书”中的例子动手演算即可，无须做过多解释。以下仅结合图 4.5 继续讨论一下图 4.2 中的递归返回条件。图 4.5 与图 4.4 均是基于信息增益生成的决策树，区别在于图 4.4 基于表 4.1，而图 4.5 基于表 4.2。

节点③包含训练集“脐部”为稍凹的样本（编号 6、7、15、17），当根据“根蒂”再次进行划分时不含有“根蒂”为硬挺的样本 [递归返回情形（3）]，而恰巧 4 个样本（编号 6、7、15、17）含两个好瓜和两个坏瓜，因此叶节点硬挺的类别随机从类别好瓜和坏瓜中选择其一。

节点⑤包含训练集“脐部”为稍凹且“根蒂”为稍蜷的样本（编号 6、7、15），当根据“色泽”再次进行划分时不含有“色泽”为浅白的样本 [递归返回情形（3）]，因此叶节点浅白的类别被标记为好瓜（在编号为 6、7、15 的样本中，前两个为好瓜，最后一个为坏瓜）。

节点⑥包含训练集“脐部”为稍凹、“根蒂”为稍蜷、“色泽”为乌黑的样本（编号 7、15），当根据“纹理”再次进行划分时不含有“纹理”为模糊的样本 [递归返回情形（3）]，而恰巧两个样本（编号 7、15）含好瓜和坏瓜各一个，因此叶节点模糊的类别随机从类别好瓜和坏瓜中选择其一。

图 4.5 的两次随机选择均选为好瓜，这实际上表示了一种归纳偏好（参见“西瓜书”的 1.4 节）。

4.4 连续值与缺失值

连续值与缺失值的预处理均属于特征工程的范畴。

有些分类器只能使用离散属性，当遇到连续属性时则需要进行特殊处理，有兴趣的读者可以通过关键词“连续属性离散化”或者“Discretization”查阅更多处理方法。结合“西瓜书”11.2 节至 11.4 节分别介绍的“过滤式”算法、“包裹式”算法、“嵌入式”算法的概念，如果先使用某个离散化算法对连续属性离散化，之后再调用 C4.5 决策树生成算法，则是一种过滤式算法；而如“西瓜书”4.4.1 小节所述，则应该属于嵌入式算法，因为并没有以学习器的预测结果准确率为评价标准，而是与决策树生成过程融为一体，因此不应该划入包裹式算法。

类似地，有些分类器不能使用含有缺失值的样本，需要进行预处理。常用的缺失值填充方法如下：对于连续属性，采用该属性的均值进行填充；对于离散属性，采用属性值个数最多的样本进行填充。这实际上假设了数据集中的样本是基于独立同分布采样得到的。特别地，一般缺失值仅指样本的属性值有缺失，若类别标记有缺失，一般会直接抛弃该样本。当然，也可以尝试根据“西瓜书”11.6 节的式 (11.24)，在低秩假设下对数据集中的缺失值进行填充。

4.4.1 式 (4.7) 的解释

此式表达的思想很简单，就是以每两个相邻取值的中点作为划分点。下面以“西瓜书”中表 4.3 所示的西瓜数据集 3.0 为例来说明此式的用法。对于“密度”这个连续属性，已观测到的可能取值为 $\{0.243, 0.245, 0.343, 0.360, 0.403, 0.437, 0.481, 0.556, 0.593, 0.608, 0.634, 0.639, 0.657, 0.666, 0.697, 0.719, 0.774\}$ 共 17 个值。根据式 (4.7) 可知，此时 i 依次取 1 到 16，那么“密度”这个属性的候选划分点集合为

$$
\begin{aligned}
T_a = \Big\{ & \frac{0.243+0.245}{2}, \frac{0.245+0.343}{2}, \frac{0.343+0.360}{2}, \frac{0.360+0.403}{2}, \frac{0.403+0.437}{2}, \\
& \frac{0.437+0.481}{2}, \frac{0.481+0.556}{2}, \frac{0.556+0.593}{2}, \frac{0.593+0.608}{2}, \frac{0.608+0.634}{2}, \\
& \frac{0.634+0.639}{2}, \frac{0.639+0.657}{2}, \frac{0.657+0.666}{2}, \frac{0.666+0.697}{2}, \frac{0.697+0.719}{2}, \\
& \frac{0.719+0.774}{2} \Big\}
\end{aligned}
$$

4.4.2 式 (4.8) 的解释

此式是式 (4.2) 用于离散化后的连续属性的版本，其中 T_a 由式 (4.7) 计算得来，$\lambda \in \{-,+\}$ 表示属性 a 的取值分别小于或等于和大于候选划分点 t 时的情形，当 $\lambda=-$ 时有 $D_t^{\lambda}=D_t^{a\leqslant t}$，当 $\lambda=+$ 时有 $D_t^{\lambda}=D_t^{a>t}$。

4.4.3 式 (4.12) 的解释

该式括号内与式 (4.2) 基本一样，区别在于式 (4.2) 中的 $\frac{|D^v|}{|D|}$ 变成了式 (4.11) 中的 $\tilde{r}_v$。在根据式 (4.1) 计算信息熵时，第 k 类样本所占的比例被改为式 (4.10) 中的 $\tilde{p}_k$。在所有计算结束后，再乘以式 (4.9) 中的 ρ。

式 (4.9) $\sim$ 式 (4.11) 中的权重 $w_{\boldsymbol{x}}$ 被初始化为 1。以图 4.9 为例，在根据“纹理”进行划分时，除了编号为 8、10 的两个样本在此属性缺失之外，其余样本则根据自身在该属性上的取值分别被划入稍糊、清晰、模糊三个子集，而编号为 8、10 的两个样本则按比例同时被划入这三个子集。具体来说，稍糊子集包含样本 7、9、13、14、17 共 5 个，清晰子集包含样本 1、2、3、4、5、6、15 共 7 个，模糊子集包含样本 10、11、16 共 3 个，总共 15 个在该属性不含缺失值的样本。而此时各样本的权重 $w_{\boldsymbol{x}}$ 已被初始化为 1，因此编号为 8、10 的两个样本被分到稍糊、清晰、模糊三个子集的权重分别为 $\frac{5}{15}$、$\frac{7}{15}$ 和 $\frac{3}{15}$。

4.5 多变量决策树

本节内容也通俗易懂，以下仅对部分图做进一步解释说明。

4.5.1 图 4.10 的解释

我们只想用该图强调一下，离散属性不可以重复使用，但连续属性是可以重复使用的。

4.5.2 图 4.11 的解释

对照“西瓜书”中图 4.10 所示的决策树，下面给出图 4.11 中的划分边界产出过程。

在图 4-1 中，斜纹阴影部分表示已确定标记为坏瓜的样本，点状阴影部分表示已确定标记为好瓜的样本，空白部分表示需要进一步划分的样本。第一次划分条件是“含糖率 $\leqslant 0.126$”，满足此条件的样本直接被标记为坏瓜 [如图 4-1(a) 的斜纹阴影部分所示]，而不满足此条件的样本还需要进一步划分 [如图 4-1(a) 的空白部分所示]。

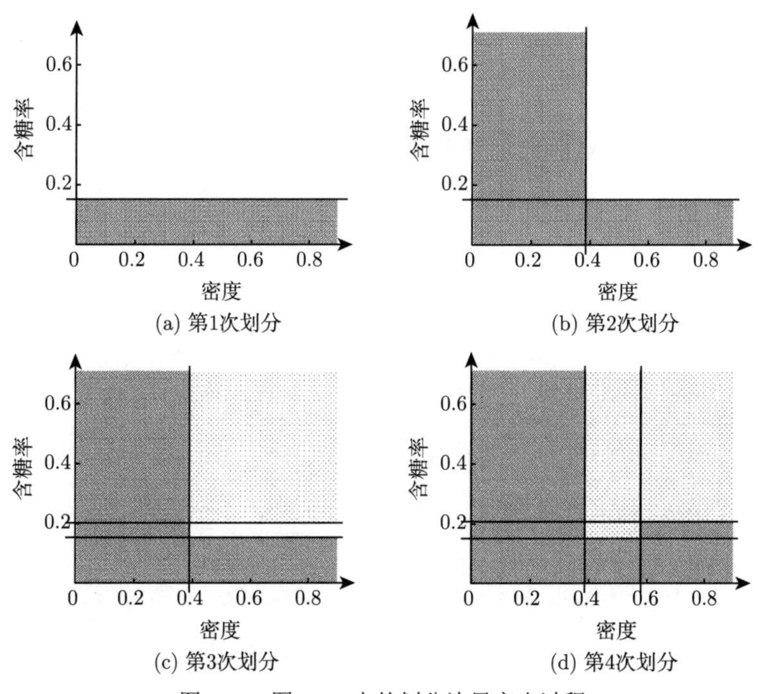

图 4-1 图 4.11 中的划分边界产出过程

在第 1 次划分的基础上对图 4-1(a) 的空白部分继续进行划分，第 2 次划分的条件是"密度 $\leqslant 0.381$"，满足此条件的样本直接被标记为坏瓜 [如图 4-1(b) 中新增的斜纹阴影部分所示]，而不满足此条件的样本还需要进一步划分 [如图 4-1(b) 的空白部分所示]。

在第 2 次划分的基础上对图 4-1(b) 的空白部分继续进行划分，第 3 次划分的条件是"含糖率 $\leqslant 0.205$"，不满足此条件的样本直接被标记为好瓜 [如图 4-1(c) 中新增的点状阴影部分所示]，而满足此条件的样本还需要进一步划分 [如图 4-1(c) 的空白部分所示]。

在第 3 次划分的基础上对图 4-1(c) 的空白部分继续进行划分，第 4 次划分的条件是"密度 $\leqslant 0.560$"，满足此条件的样本直接被标记为好瓜 [如图 4-1(d) 中新增的点状阴影部分所示]，而不满足此条件的样本直接被标记为坏瓜 [如图 4-1(d) 中新增的斜纹阴影部分所示]。

经过 4 次划分后已无空白部分，表示决策树生成完毕，从图 4-1(d) 中可以清晰地看出好瓜与坏瓜的分类边界。

参 考 文 献

[1] 李航. 统计学习方法 [M]. 北京：清华大学出版社, 2012.

第 5 章 神经网络

神经网络类算法堪称当今主流的一类机器学习算法，其在本质上和前几章讲到的线性回归、对率回归、决策树等算法一样均属于机器学习算法，也被发明用来完成分类和回归等任务。不过由于神经网络类算法在如今超强算力的加持下效果表现极其出色，且从理论角度来说神经网络层堆叠得越深其效果越好，因此也单独称用深层神经网络类算法所做的机器学习为深度学习，此为机器学习的子集。

5.1 神经元模型

“西瓜书”中本节对神经元模型的介绍通俗易懂，在此不再赘述。“西瓜书”中本节第 2 段在提到“阈值”（threshold）的概念时，“西瓜书”左侧边注特意强调是“阈”而不是“阀”，这是因为该字确实很容易认错，读者注意一下即可。

图 5.1 所示的 M-P 神经元模型中的“M-P”是两位作者 McCulloch 和 Pitts 的首字母简写。

5.2 感知机与多层网络

5.2.1 式 (5.1) 和式 (5.2) 的推导

它们是感知机学习算法中的参数更新公式，下面依次给出感知机模型、感知机学习策略和感知机学习算法的具体介绍[1]。

感知机模型：已知感知机由两层神经元组成，故感知机模型的公式可表示为

$$y = f\left(\sum_{i=1}^{n} w_i x_i - \theta\right) = f(\boldsymbol{w}^{\mathrm{T}}\boldsymbol{x} - \theta)$$

其中，$\boldsymbol{x} \in \mathbb{R}^n$ 为样本的特征向量，是感知机模型的输入；$\boldsymbol{w}$ 和 θ 是感知机模型的参数，$\boldsymbol{w} \in \mathbb{R}^n$ 为权重，θ 为阈值。假定 f 为阶跃函数，那么感知机模型的公式可进一步表示为

$\varepsilon(\cdot)$ 代表阶跃函数

$$y = \varepsilon(\boldsymbol{w}^{\mathrm{T}}\boldsymbol{x} - \theta) = \begin{cases} 1, & \boldsymbol{w}^{\mathrm{T}}\boldsymbol{x} - \theta \geqslant 0; \\ 0, & \boldsymbol{w}^{\mathrm{T}}\boldsymbol{x} - \theta < 0. \end{cases}$$

因为 n 维空间中的超平面方程为

$$w_1x_1 + w_2x_2 + \cdots + w_nx_n + b = \boldsymbol{w}^{\mathrm{T}}\boldsymbol{x} + b = 0$$

所以此时感知机模型公式中的 $\boldsymbol{w}^{\mathrm{T}}\boldsymbol{x} - \theta$ 可以看作 n 维空间中的一个超平面。将 n 维空间划分为 $\boldsymbol{w}^{\mathrm{T}}\boldsymbol{x} - \theta \geqslant 0$ 和 $\boldsymbol{w}^{\mathrm{T}}\boldsymbol{x} - \theta < 0$ 两个子空间，落在前一个子空间内的样本对应的模型输出值为 1，落在后一个子空间内的样本对应的模型输出值为 0，如此便实现了分类功能。

感知机学习策略：给定一个数据集

$$T = \{(\boldsymbol{x}_1, y_1), (\boldsymbol{x}_2, y_2), \cdots, (\boldsymbol{x}_N, y_N)\}$$

其中 $\boldsymbol{x}_i \in \mathbb{R}^n, y_i \in \{0, 1\}, i = 1, 2, \cdots, N$。如果存在某个超平面

$$\boldsymbol{w}^{\mathrm{T}}\boldsymbol{x} + b = 0$$

能将数据集 T 中的正样本和负样本完全正确地划分到超平面两侧，即对所有 $y_i = 1$ 的样本 $\boldsymbol{x}_i$ 有 $\boldsymbol{w}^{\mathrm{T}}\boldsymbol{x}_i + b \geqslant 0$，而对所有 $y_i = 0$ 的样本 $\boldsymbol{x}_i$ 有 $\boldsymbol{w}^{\mathrm{T}}\boldsymbol{x}_i + b < 0$，则称数据集 T 线性可分，否则称数据集 T 线性不可分。

现给定一个线性可分的数据集 T，感知机的学习目标是求得能对数据集 T 中的正负样本完全正确划分的分离超平面

$$\boldsymbol{w}^{\mathrm{T}}\boldsymbol{x} - \theta = 0$$

假设此时误分类样本集合为 $M \subseteq T$，对任意一个误分类样本 $(\boldsymbol{x}, y) \in M$ 来说，当 $\boldsymbol{w}^{\mathrm{T}}\boldsymbol{x} - \theta \geqslant 0$ 时，模型输出值为 $\hat{y} = 1$，样本真实标记为 $y = 0$；反之，当 $\boldsymbol{w}^{\mathrm{T}}\boldsymbol{x} - \theta < 0$ 时，模型输出值为 $\hat{y} = 0$，样本真实标记为 $y = 1$。综合两种情形可知，以下公式恒成立：

$$(\hat{y} - y)\left(\boldsymbol{w}^{\mathrm{T}}\boldsymbol{x} - \theta\right) \geqslant 0$$

所以，给定数据集 T，其损失函数可以定义为

$$L(\boldsymbol{w},\theta)=\sum_{\boldsymbol{x}\in M}(\hat{y}-y)\left(\boldsymbol{w}^{\mathrm{T}}\boldsymbol{x}-\theta\right)$$

显然，此损失函数是非负的。如果没有误分类点，则损失函数的值为 0。此外，误分类点越少，误分类点离超平面越近（超平面相关知识参见本书 6.1.2 小节），损失函数的值就越小。因此，给定数据集 T，损失函数 $L(\boldsymbol{w},\theta)$ 是关于 $\boldsymbol{w}$ 和 θ 的连续可导函数。

感知机学习算法：感知机模型的学习问题可以转为求解损失函数的最优化问题。具体地说，给定数据集

$$T=\{(\boldsymbol{x}_1,y_1),(\boldsymbol{x}_2,y_2),\cdots,(\boldsymbol{x}_N,y_N)\}$$

其中 $\boldsymbol{x}_i\in\mathbb{R}^n, y_i\in\{0,1\}$，求参数 $\boldsymbol{w}$ 和 θ，使其为极小化损失函数的解：

$$\min_{\boldsymbol{w},\theta}L(\boldsymbol{w},\theta)=\min_{\boldsymbol{w},\theta}\sum_{\boldsymbol{x_i}\in M}(\hat{y}_i-y_i)(\boldsymbol{w}^{\mathrm{T}}\boldsymbol{x}_i-\theta)$$

其中 $M\subseteq T$ 为误分类样本集合。若将阈值 θ 看作一个固定输入为 -1 的“哑节点”，即

$$-\theta=-1\cdot w_{n+1}=x_{n+1}\cdot w_{n+1}$$

那么 $\boldsymbol{w}^{\mathrm{T}}\boldsymbol{x}_i-\theta$ 可化简为

$$\begin{aligned}\boldsymbol{w}^{\mathrm{T}}\boldsymbol{x_i}-\theta&=\sum_{j=1}^{n}w_jx_j+x_{n+1}\cdot w_{n+1}\\&=\sum_{j=1}^{n+1}w_jx_j\\&=\boldsymbol{w}^{\mathrm{T}}\boldsymbol{x_i}\end{aligned}$$

其中 $\boldsymbol{x_i}\in\mathbb{R}^{n+1},\boldsymbol{w}\in\mathbb{R}^{n+1}$。根据该式，可将要求解的极小化问题进一步化简为

$$\min_{\boldsymbol{w}}L(\boldsymbol{w})=\min_{\boldsymbol{w}}\sum_{\boldsymbol{x_i}\in M}(\hat{y}_i-y_i)\boldsymbol{w}^{\mathrm{T}}\boldsymbol{x_i}$$

假设误分类样本集合 M 固定，那么可以求得损失函数 $L(\boldsymbol{w})$ 的梯度为

$$\nabla_{\boldsymbol{w}}L(\boldsymbol{w})=\sum_{\boldsymbol{x_i}\in M}(\hat{y}_i-y_i)\boldsymbol{x_i}$$

感知机学习算法具体采用的是随机梯度下降法，即在极小化过程中，不是一次性使 M 中所有误分类点的梯度下降，而是一次随机选取一个误分类点并使其梯度下降。所以权重 $\boldsymbol{w}$ 的更新公式为

$$\boldsymbol{w} \leftarrow \boldsymbol{w} + \Delta\boldsymbol{w}$$

$$\Delta\boldsymbol{w} = -\eta(\hat{y}_i - y_i)\boldsymbol{x}_i = \eta(y_i - \hat{y}_i)\boldsymbol{x}_i$$

相应地，$\boldsymbol{w}$ 中某个分量 w_i 的更新公式即式 (5.2)。

实践中常用的求解方法是先随机初始化一个模型权重 $\boldsymbol{w}_0$，此时将训练集中的样本一一代入模型便可确定误分类点集合 M，然后从 M 中随机选取一个误分类点并计算得到 $\Delta\boldsymbol{w}$，接着按照上述权重更新公式计算得到新的权重 $\boldsymbol{w}_1 = \boldsymbol{w}_0 + \Delta\boldsymbol{w}$ 并重新确定误分类点集合，如此迭代直至误分类点集合为空，即训练样本中的样本均完全正确分类。显然，随机初始化的 $\boldsymbol{w}_0$ 不同，或者每次选取的误分类点不同，最后都有可能导致求解出的模型不同，因此感知模型的解不唯一。

5.2.2 图 5.5 的解释

图 5.5 中的 $(0,0)$、$(0,1)$、$(1,0)$、$(1,1)$ 这 4 个样本点实现“异或”计算的过程如下：

$$(x_1, x_2) \rightarrow h_1 = \varepsilon(x_1 - x_2 - 0.5), h_2 = \varepsilon(x_2 - x_1 - 0.5) \rightarrow y = \varepsilon(h_1 + h_2 - 0.5)$$

以样本点 $(0,1)$ 为例，首先求得 $h_1 = \varepsilon(0-1-0.5) = 0$、$h_2 = \varepsilon(1-0-0.5) = 1$，然后求得 $y = \varepsilon(0 + 1 - 0.5) = 1$。

5.3 误差逆传播算法

5.3.1 式 (5.10) 的推导

参见式 (5.12) 的推导。

5.3.2 式 (5.12) 的推导

因为

$$\Delta\theta_j = -\eta\frac{\partial E_k}{\partial\theta_j}$$

又因为

$$
\begin{aligned}
\frac{\partial E_k}{\partial \theta_j} &= \frac{\partial E_k}{\partial \hat{y}_j^k} \cdot \frac{\partial \hat{y}_j^k}{\partial \theta_j} \\
&= \frac{\partial E_k}{\partial \hat{y}_j^k} \cdot \frac{\partial [f(\beta_j - \theta_j)]}{\partial \theta_j} \\
&= \frac{\partial E_k}{\partial \hat{y}_j^k} \cdot f'(\beta_j - \theta_j) \times (-1) \\
&= \frac{\partial E_k}{\partial \hat{y}_j^k} \cdot f\left(\beta_j - \theta_j\right) \times \left[1 - f\left(\beta_j - \theta_j\right)\right] \times (-1) \\
&= \frac{\partial E_k}{\partial \hat{y}_j^k} \cdot \hat{y}_j^k \left(1 - \hat{y}_j^k\right) \times (-1) \\
&= \frac{\partial \left[\frac{1}{2} \sum_{j=1}^{l} \left(\hat{y}_j^k - y_j^k\right)^2\right]}{\partial \hat{y}_j^k} \cdot \hat{y}_j^k \left(1 - \hat{y}_j^k\right) \times (-1) \\
&= \frac{1}{2} \times 2(\hat{y}_j^k - y_j^k) \times 1 \cdot \hat{y}_j^k \left(1 - \hat{y}_j^k\right) \times (-1) \\
&= (y_j^k - \hat{y}_j^k)\hat{y}_j^k \left(1 - \hat{y}_j^k\right) \\
&= g_j
\end{aligned}
$$

所以

$$
\Delta \theta_j = -\eta \frac{\partial E_k}{\partial \theta_j} = -\eta g_j
$$

5.3.3 式 (5.13) 的推导

因为

$$
\Delta v_{ih} = -\eta \frac{\partial E_k}{\partial v_{ih}}
$$

又因为

$$
\begin{aligned}
\frac{\partial E_k}{\partial v_{ih}} &= \sum_{j=1}^{l} \frac{\partial E_k}{\partial \hat{y}_j^k} \cdot \frac{\partial \hat{y}_j^k}{\partial \beta_j} \cdot \frac{\partial \beta_j}{\partial b_h} \cdot \frac{\partial b_h}{\partial \alpha_h} \cdot \frac{\partial \alpha_h}{\partial v_{ih}} \\
&= \sum_{j=1}^{l} \frac{\partial E_k}{\partial \hat{y}_j^k} \cdot \frac{\partial \hat{y}_j^k}{\partial \beta_j} \cdot \frac{\partial \beta_j}{\partial b_h} \cdot \frac{\partial b_h}{\partial \alpha_h} \cdot x_i
\end{aligned}
$$

$$
\begin{aligned}
&= \sum_{j=1}^{l} \frac{\partial E_k}{\partial \hat{y}_j^k} \cdot \frac{\partial \hat{y}_j^k}{\partial \beta_j} \cdot \frac{\partial \beta_j}{\partial b_h} \cdot f'(\alpha_h - \gamma_h) \cdot x_i \\
&= \sum_{j=1}^{l} \frac{\partial E_k}{\partial \hat{y}_j^k} \cdot \frac{\partial \hat{y}_j^k}{\partial \beta_j} \cdot w_{hj} \cdot f'(\alpha_h - \gamma_h) \cdot x_i \\
&= \sum_{j=1}^{l} (-g_j) \cdot w_{hj} \cdot f'(\alpha_h - \gamma_h) \cdot x_i \\
&= -f'(\alpha_h - \gamma_h) \cdot \sum_{j=1}^{l} g_j \cdot w_{hj} \cdot x_i \\
&= -b_h(1 - b_h) \cdot \sum_{j=1}^{l} g_j \cdot w_{hj} \cdot x_i \\
&= -e_h \cdot x_i
\end{aligned}
$$

所以

$$
\Delta v_{ih} = -\eta \frac{\partial E_k}{\partial v_{ih}} = \eta e_h x_i
$$

5.3.4 式 (5.14) 的推导

因为

$$
\Delta \gamma_h = -\eta \frac{\partial E_k}{\partial \gamma_h}
$$

又因为

$$
\begin{aligned}
\frac{\partial E_k}{\partial \gamma_h} &= \sum_{j=1}^{l} \frac{\partial E_k}{\partial \hat{y}_j^k} \cdot \frac{\partial \hat{y}_j^k}{\partial \beta_j} \cdot \frac{\partial \beta_j}{\partial b_h} \cdot \frac{\partial b_h}{\partial \gamma_h} \\
&= \sum_{j=1}^{l} \frac{\partial E_k}{\partial \hat{y}_j^k} \cdot \frac{\partial \hat{y}_j^k}{\partial \beta_j} \cdot \frac{\partial \beta_j}{\partial b_h} \cdot f'(\alpha_h - \gamma_h) \cdot (-1) \\
&= -\sum_{j=1}^{l} \frac{\partial E_k}{\partial \hat{y}_j^k} \cdot \frac{\partial \hat{y}_j^k}{\partial \beta_j} \cdot w_{hj} \cdot f'(\alpha_h - \gamma_h) \\
&= -\sum_{j=1}^{l} \frac{\partial E_k}{\partial \hat{y}_j^k} \cdot \frac{\partial \hat{y}_j^k}{\partial \beta_j} \cdot w_{hj} \cdot b_h(1 - b_h) \\
&= \sum_{j=1}^{l} g_j \cdot w_{hj} \cdot b_h(1 - b_h)
\end{aligned}
$$

$$= e_h$$

所以

$$\Delta\gamma_h = -\eta\frac{\partial E_k}{\partial \gamma_h} = -\eta e_h$$

5.3.5 式 (5.15) 的推导

参见式 (5.13) 的推导。

5.4 全局最小与局部极小

由图 5.10 可以直观理解局部极小和全局最小的概念，其余概念（如模拟退火、遗传算法、启发式等）则需要查阅专业资料进行系统化学习。

5.5 其他常见神经网络

“西瓜书”中本节提到的神经网络其实如今已不太常见，更为常见的神经网络是 5.6 节提到的卷积神经网络、循环神经网络等。

5.5.1 式 (5.18) 的解释

从式 (5.18) 可以看出，对于样本 $\boldsymbol{x}$ 来说，RBF 网络的输出为 q 个 $\rho(\boldsymbol{x}, \boldsymbol{c}_i)$ 的线性组合。若换个角度看这个问题，把 q 个 $\rho(\boldsymbol{x}, \boldsymbol{c}_i)$ 当作将 d 维向量 $\boldsymbol{x}$ 基于式 (5.19) 进行特征转换后所得的 q 维特征，即 $\tilde{\boldsymbol{x}} = (\rho(\boldsymbol{x}, \boldsymbol{c}_1); \rho(\boldsymbol{x}, \boldsymbol{c}_2); \cdots; \rho(\boldsymbol{x}, \boldsymbol{c}_q))$，则使用式 (5.18) 求线性加权系数 w_i 相当于求解 3.2 节的线性回归 $f(\tilde{\boldsymbol{x}}) = \boldsymbol{w}^{\mathrm{T}}\tilde{\boldsymbol{x}} + b$，对于仅有的差别 b 来说，当然可以在式 (5.18) 中补加一个 b。因此，RBF 网络在确定 q 个神经元中心 $\boldsymbol{c}_i$ 之后，接下来要做的就是执行线性回归。

5.5.2 式 (5.20) 的解释

受限 Boltzmann 机（Restricted Boltzmann Machine，RBM）在本质上是一个引入了隐变量的无向图模型，其能量可理解为

$$E_{\text{graph}} = E_{\text{edges}} + E_{\text{nodes}}$$

其中，E_{graph} 表示图的能量，E_{edges} 表示图中边的能量，E_{nodes} 表示图中节点的能量。边能量由两连接节点的值及其权重的乘积确定，即 $E_{\text{edge}_{ij}}=-w_{ij}s_is_j$；节点能量由节点的值及其阈值的乘积确定，即 $E_{\text{node}_i}=-\theta_is_i$。图中边的能量为所有边能量之和，即

$$E_{\text{edges}}=\sum_{i=1}^{n-1}\sum_{j=i+1}^{n}E_{\text{edge}_{ij}}=-\sum_{i=1}^{n-1}\sum_{j=i+1}^{n}w_{ij}s_is_j$$

图中节点的能量为所有节点能量之和，即

$$E_{\text{nodes}}=\sum_{i=1}^{n}E_{\text{node}_i}=-\sum_{i=1}^{n}\theta_is_i$$

故状态向量 $\boldsymbol{s}$ 对应的受限 Boltzmann 机的能量为

$$E_{\text{graph}}=E_{\text{edges}}+E_{\text{nodes}}=-\sum_{i=1}^{n-1}\sum_{j=i+1}^{n}w_{ij}s_is_j-\sum_{i=1}^{n}\theta_is_i$$

5.5.3 式 (5.22) 的解释

受限 Boltzmann 机仅保留显层与隐层之间的连接。显层状态向量 $\boldsymbol{v}=(v_1;v_2;\cdots;v_d)$，隐层状态向量 $\boldsymbol{h}=(h_1;h_2;\cdots;h_q)$。显层状态向量 $\boldsymbol{v}$ 中的变量 v_i 仅与隐层状态向量 $\boldsymbol{h}$ 有关，所以给定隐层状态向量 $\boldsymbol{h}$，有 $v_1,v_2,\cdots,v_d$ 相互独立。

5.5.4 式 (5.23) 的解释

参见式 (5.22) 的解释，同理可得，给定显层状态向量 $\boldsymbol{v}$，有 $h_1,h_2,\cdots,h_q$ 相互独立。

5.6 深度学习

“西瓜书”在本节并未对如今深度学习领域的诸多经典神经网络进行展开介绍，而是从更宏观的角度详细解释了应该如何理解深度学习。因此，本书也顺着“西瓜书”的思路对深度学习的相关概念做进一步说明，对深度学习领域的经典神经网络感兴趣的读者可查阅其他相关书籍进行系统化学习。

5.6.1 什么是深度学习

深度学习就是很深层的神经网络，而神经网络属于机器学习算法的范畴，因此深度学习是机器学习的子集。

5.6.2 深度学习的起源

深度学习领域的经典神经网络以及用于训练神经网络的 BP 算法其实在很早就已经被提出，例如卷积神经网络[2] 在 1989 年被提出，BP 算法[3] 在 1986 年被提出，但是在当时的计算机算力水平下，其他非神经网络类算法（例如当时红极一时的支持向量机）的效果优于神经网络类算法，因此神经网络类算法进入瓶颈期。随着计算机算力的不断提升，以及 2012 年 Hinton 和他的学生提出 AlexNet 并在 ImageNet 评测中以明显优于第二名的成绩夺冠后，深层的神经网络引起了学术界和工业界的广泛关注，紧接着三位深度学习之父 LeCun、Bengio 和 Hinton 在 2015 年正式提出深度学习的概念，自此深度学习开始成为机器学习的主流研究方向。

5.6.3 怎么理解特征学习

举例来说，在使用非深度学习算法做西瓜分类时，首先需要人工设计西瓜的各个特征，比如根蒂、色泽等，然后将其表示为数学向量，这些过程统称为“特征工程”，完成特征工程后用算法分类即可，分类效果在很大程度上取决于特征工程做得是否够好。而对于深度学习算法来说，只需要将西瓜的图片表示为数学向量并输入，然后将输出层设置为想要的分类结果即可（例如二分类通常设置为对率回归）。之前的“特征工程”交由神经网络自动完成，也就是让神经网络进行“特征学习”。通过在输出层约束分类结果，神经网络会自动从西瓜的图片中提取出有助于西瓜分类的特征。

因此，如果分别用对率回归和卷积神经网络来做西瓜分类，则算法的执行流程分别是“人工特征工程 → 对率回归分类”和“卷积神经网络特征学习 → 对率回归分类”。

参 考 文 献

[1] 李航. 统计学习方法 [M]. 北京：清华大学出版社, 2012.

[2] Yann LeCun, Bernhard Boser, John S Denker, Donnie Henderson, Richard E Howard, Wayne Hubbard, and Lawrence D Jackel. Backpropagation applied to handwritten zip code recognition. *Neural Computation*, 1(4):541–551, 1989.

[3] David E Rumelhart, Geoffrey E Hinton, and Ronald J Williams. Learning representations by back-propagating errors. *Nature*, 323(6088):533–536, 1986.

第 6 章　支持向量机

在深度学习流行之前，支持向量机及其核方法一直是机器学习领域的主流算法，尤其是核方法，至今仍有相关学者在持续研究它。

6.1　间隔与支持向量

6.1.1　图 6.1 的解释

回顾“西瓜书”5.2 节的感知机模型可知，图 6.1 中的黑色直线均可作为感知机模型的解，因为感知机模型求解的是能将正负样本完全正确划分的超平面，因此解不唯一。而支持向量机想要求解的则是离正负样本都尽可能远且刚好位于“正中间”的划分超平面，因为这样的超平面在理论上泛化性能更好。

6.1.2　式 (6.1) 的解释

n 维空间的超平面被定义为 $\boldsymbol{w}^{\mathrm{T}}\boldsymbol{x}+b=0$，其中 $\boldsymbol{w},\boldsymbol{x}\in\mathbb{R}^n$，$\boldsymbol{w}=(w_1;w_2;\cdots;w_n)$ 被称为法向量，b 被称为位移项。超平面具有以下性质。

（1）法向量 $\boldsymbol{w}$ 和位移项 b 确定一个唯一超平面。

（2）超平面方程不唯一。因为当等倍缩放 $\boldsymbol{w}$ 和 b 时（假设缩放倍数为 α），所得的新超平面方程 $\alpha\boldsymbol{w}^{\mathrm{T}}\boldsymbol{x}+\alpha b=0$ 和 $\boldsymbol{w}^{\mathrm{T}}\boldsymbol{x}+b=0$ 的解完全相同，所以超平面不变，仅超平面方程有变。

（3）法向量 $\boldsymbol{w}$ 垂直于超平面。

（4）超平面将 n 维空间切割为两半，其中法向量 $\boldsymbol{w}$ 指向的那一半空间被称为正空间，另一半被称为负空间。将正空间中的点 $\boldsymbol{x}^+$ 代入方程 $\boldsymbol{w}^{\mathrm{T}}\boldsymbol{x}^++b$，计算结果大于 0；反之，将负空间中的点代入该方程，计算结果小于 0。

（5）n 维空间中的任意点 $\boldsymbol{x}$ 到超平面的距离公式为 $r=\frac{|\boldsymbol{w}^{\mathrm{T}}\boldsymbol{x}+b|}{\|\boldsymbol{w}\|}$，其中 $\|\boldsymbol{w}\|$ 表示向量 $\boldsymbol{w}$ 的模。

6.1.3 式 (6.2) 的推导

对于任意一点 $\boldsymbol{x}_0=(x_1^0;x_2^0;\cdots;x_n^0)$，设其在超平面 $\boldsymbol{w}^{\mathrm{T}}\boldsymbol{x}+b=0$ 上的投影点为 $\boldsymbol{x}_1=(x_1^1;x_2^1;\cdots;x_n^1)$，则 $\boldsymbol{w}^{\mathrm{T}}\boldsymbol{x}_1+b=0$。根据超平面的性质 (3) 可知，此时向量 $\overrightarrow{\boldsymbol{x}_1\boldsymbol{x}_0}$ 与法向量 $\boldsymbol{w}$ 平行，因此有

$$|\boldsymbol{w}\cdot\overrightarrow{\boldsymbol{x}_1\boldsymbol{x}_0}|=|\|\boldsymbol{w}\|\cdot\cos\pi\cdot\|\overrightarrow{\boldsymbol{x}_1\boldsymbol{x}_0}\||=\|\boldsymbol{w}\|\cdot\|\overrightarrow{\boldsymbol{x}_1\boldsymbol{x}_0}\|=\|\boldsymbol{w}\|\cdot r$$

又因为

$$\begin{aligned}\boldsymbol{w}\cdot\overrightarrow{\boldsymbol{x}_1\boldsymbol{x}_0}&=w_1(x_1^0-x_1^1)+w_2(x_2^0-x_2^1)+\cdots+w_n(x_n^0-x_n^1)\\&=w_1x_1^0+w_2x_2^0+\cdots+w_nx_n^0-(w_1x_1^1+w_2x_2^1+\cdots+w_nx_n^1)\\&=\boldsymbol{w}^{\mathrm{T}}\boldsymbol{x}_0-\boldsymbol{w}^{\mathrm{T}}\boldsymbol{x}_1\\&=\boldsymbol{w}^{\mathrm{T}}\boldsymbol{x}_0+b\end{aligned}$$

所以

$$|\boldsymbol{w}^{\mathrm{T}}\boldsymbol{x}_0+b|=\|\boldsymbol{w}\|\cdot r$$

$$r=\frac{|\boldsymbol{w}^{\mathrm{T}}\boldsymbol{x}+b|}{\|\boldsymbol{w}\|}$$

6.1.4 式 (6.3) 的推导

支持向量机所要求的超平面需要满足三个条件。第一个条件是能正确划分正负样本，第二个条件是要位于正负样本的正中间，第三个条件是离正负样本都尽可能远。式 (6.3) 仅满足前两个条件，第三个条件由式 (6.5) 来满足，因此下面仅基于前两个条件来进行推导。

对于第一个条件，当超平面满足该条件时，根据超平面的性质 (4) 可知，若 $y_i=+1$ 的正样本被划分到正空间（当然也可以将其划分到负空间），则 $y_i=-1$ 的负样本将被划分到负空间，以下不等式成立。

$$\begin{cases}\boldsymbol{w}^{\mathrm{T}}\boldsymbol{x}_i+b\geqslant0, & y_i=+1\\\boldsymbol{w}^{\mathrm{T}}\boldsymbol{x}_i+b\leqslant0, & y_i=-1\end{cases}$$

对于第二个条件，首先设离超平面最近的正样本为 $\boldsymbol{x}_*^+$，离超平面最近的负样本为 $\boldsymbol{x}_*^-$。由于这两个样本是离超平面最近的点，因此其他样本到超平面的距离均大于或等于它们，即

$$\begin{cases} \dfrac{\left|\boldsymbol{w}^{\mathrm{T}}\boldsymbol{x}_i+b\right|}{\|\boldsymbol{w}\|} \geqslant \dfrac{\left|\boldsymbol{w}^{\mathrm{T}}\boldsymbol{x}_*^+ +b\right|}{\|\boldsymbol{w}\|}, & y_i=+1 \\ \dfrac{\left|\boldsymbol{w}^{\mathrm{T}}\boldsymbol{x}_i+b\right|}{\|\boldsymbol{w}\|} \geqslant \dfrac{\left|\boldsymbol{w}^{\mathrm{T}}\boldsymbol{x}_*^- +b\right|}{\|\boldsymbol{w}\|}, & y_i=-1 \end{cases}$$

结合第一个条件中推导出的不等式，可将上式中的绝对值符号去掉并推得

$$\begin{cases} \dfrac{\boldsymbol{w}^{\mathrm{T}}\boldsymbol{x}_i+b}{\|\boldsymbol{w}\|} \geqslant \dfrac{\boldsymbol{w}^{\mathrm{T}}\boldsymbol{x}_*^+ +b}{\|\boldsymbol{w}\|}, & y_i=+1 \\ \dfrac{\boldsymbol{w}^{\mathrm{T}}\boldsymbol{x}_i+b}{\|\boldsymbol{w}\|} \leqslant \dfrac{\boldsymbol{w}^{\mathrm{T}}\boldsymbol{x}_*^- +b}{\|\boldsymbol{w}\|}, & y_i=-1 \end{cases}$$

基于此再考虑第二个条件，“位于正负样本的正中间”等价于要求超平面到 $\boldsymbol{x}_*^+$ 和 $\boldsymbol{x}_*^-$ 这两个点的距离相等，即

$$\frac{\left|\boldsymbol{w}^{\mathrm{T}}\boldsymbol{x}_*^+ +b\right|}{\|\boldsymbol{w}\|} = \frac{\left|\boldsymbol{w}^{\mathrm{T}}\boldsymbol{x}_*^- +b\right|}{\|\boldsymbol{w}\|}$$

综上，支持向量机所要求的超平面所需要满足的条件如下：

$$\begin{cases} \dfrac{\boldsymbol{w}^{\mathrm{T}}\boldsymbol{x}_i+b}{\|\boldsymbol{w}\|} \geqslant \dfrac{\boldsymbol{w}^{\mathrm{T}}\boldsymbol{x}_*^+ +b}{\|\boldsymbol{w}\|}, & y_i=+1 \\ \dfrac{\boldsymbol{w}^{\mathrm{T}}\boldsymbol{x}_i+b}{\|\boldsymbol{w}\|} \leqslant \dfrac{\boldsymbol{w}^{\mathrm{T}}\boldsymbol{x}_*^- +b}{\|\boldsymbol{w}\|}, & y_i=-1 \\ \dfrac{\left|\boldsymbol{w}^{\mathrm{T}}\boldsymbol{x}_*^+ +b\right|}{\|\boldsymbol{w}\|} = \dfrac{\left|\boldsymbol{w}^{\mathrm{T}}\boldsymbol{x}_*^- +b\right|}{\|\boldsymbol{w}\|} \end{cases}$$

但是根据超平面的性质 (2) 可知，当等倍缩放法向量 $\boldsymbol{w}$ 和位移项 b 时，超平面不变，且上式也恒成立，因此会导致所求超平面的参数 $\boldsymbol{w}$ 和 b 有无穷多的解。为了保证每个超平面的参数只有唯一解，不妨再额外施加一些约束，例如约束 $\boldsymbol{x}_*^+$ 和 $\boldsymbol{x}_*^-$ 代入超平面方程后的绝对值为 1，也就是令 $\boldsymbol{w}^{\mathrm{T}}\boldsymbol{x}_*^+ +b=1, \boldsymbol{w}^{\mathrm{T}}\boldsymbol{x}_*^- +b=-1$。此时支持向量机所要求的超平面所需要满足的条件变为

$$\begin{cases} \dfrac{\boldsymbol{w}^{\mathrm{T}}\boldsymbol{x}_i+b}{\|\boldsymbol{w}\|} \geqslant \dfrac{+1}{\|\boldsymbol{w}\|}, & y_i=+1 \\ \dfrac{\boldsymbol{w}^{\mathrm{T}}\boldsymbol{x}_i+b}{\|\boldsymbol{w}\|} \leqslant \dfrac{-1}{\|\boldsymbol{w}\|}, & y_i=-1 \end{cases}$$

由于 $\|\boldsymbol{w}\|$ 恒大于 0，因此上式可进一步化简为

$$\begin{cases} \boldsymbol{w}^{\mathrm{T}}\boldsymbol{x}_i + b \geqslant +1, & y_i = +1 \\ \boldsymbol{w}^{\mathrm{T}}\boldsymbol{x}_i + b \leqslant -1, & y_i = -1 \end{cases}$$

6.1.5 式 (6.4) 的推导

根据式 (6.3) 的推导可知，$\boldsymbol{x}_*^+$ 和 $\boldsymbol{x}_*^-$ 便是“支持向量”，因此支持向量到超平面的距离已经被约束为 $\frac{1}{\|\boldsymbol{w}\|}$，两个异类支持向量到超平面的距离之和为 $\frac{2}{\|\boldsymbol{w}\|}$。

6.1.6 式 (6.5) 的解释

式 (6.5) 通过“最大化间隔”来保证超平面离正负样本都尽可能远，且该超平面有且仅有一个，因此可以解出唯一解。

6.2 对偶问题

6.2.1 凸优化问题

考虑如下一般的约束优化问题。

$$\begin{aligned} \min \quad & f(\boldsymbol{x}) \\ \text{s.t.} \quad & g_i(\boldsymbol{x}) \leqslant 0, \quad i = 1, 2, \cdots, m \\ & h_j(\boldsymbol{x}) = 0, \quad j = 1, 2, \cdots, n \end{aligned}$$

若目标函数 $f(\boldsymbol{x})$ 是凸函数，不等式约束 $g_i(\boldsymbol{x})$ 是凸函数，等式约束 $h_j(\boldsymbol{x})$ 是仿射函数，则称该优化问题为凸优化问题。

由于 $\frac{1}{2}\|\boldsymbol{w}\|^2$ 和 $1 - y_i\left(\boldsymbol{w}^{\mathrm{T}}\boldsymbol{x}_i + b\right)$ 均是关于 $\boldsymbol{w}$ 和 b 的凸函数，因此式 (6.6) 是凸优化问题。凸优化问题是最优化中比较易解的一类优化问题，因为其拥有诸多良好的数学性质和现成的数学工具。如果非凸优化问题能等价地转为凸优化问题，则求解难度通常也会减小。

6.2.2 KKT 条件

考虑如下一般的约束优化问题。

$$\begin{aligned} \min \quad & f(\boldsymbol{x}) \\ \text{s.t.} \quad & g_i(\boldsymbol{x}) \leqslant 0, \quad i = 1, 2, \cdots, m \\ & h_j(\boldsymbol{x}) = 0, \quad j = 1, 2, \cdots, n \end{aligned}$$

若 $f(\boldsymbol{x})$、$g_i(\boldsymbol{x})$、$h_j(\boldsymbol{x})$ 的一阶偏导连续，$\boldsymbol{x}^*$ 是优化问题的局部解，$\boldsymbol{\mu}=(\mu_1;\mu_2;\cdots;\mu_m)$ 和 $\boldsymbol{\lambda}=(\lambda_1;\lambda_2;\cdots;\lambda_n)$ 为拉格朗日乘子向量，$L(\boldsymbol{x},\boldsymbol{\mu},\boldsymbol{\lambda})=f(\boldsymbol{x})+\sum_{i=1}^{m}\mu_i g_i(\boldsymbol{x})+\sum_{j=1}^{n}\lambda_j h_j(\boldsymbol{x})$ 为拉格朗日函数，且该优化问题满足任何一个特定的约束限制条件，则一定存在 $\boldsymbol{\mu}^*=(\mu_1^*;\mu_2^*;\cdots;\mu_m^*)$ 和 $\boldsymbol{\lambda}^*=(\lambda_1^*;\lambda_2^*;\cdots;\lambda_n^*)$，使得

（1）$\nabla_{\boldsymbol{x}}L(\boldsymbol{x}^*,\boldsymbol{\mu}^*,\boldsymbol{\lambda}^*)=\nabla f(\boldsymbol{x}^*)+\sum_{i=1}^{m}\mu_i^*\nabla g_i(\boldsymbol{x}^*)+\sum_{j=1}^{n}\lambda_j^*\nabla h_j(\boldsymbol{x}^*)=0$；

（2）$h_j(\boldsymbol{x}^*)=0, j=1,2,\cdots,n$；

（3）$g_i(\boldsymbol{x}^*)\leqslant 0, i=1,2,\cdots,m$；

（4）$\mu_i^*\geqslant 0, i=1,2,\cdots,m$；

（5）$\mu_i^* g_i(\boldsymbol{x}^*)=0, i=1,2,\cdots,m$。

以上 5 个条件便是 Karush-Kuhn-Tucker 条件（简称 KKT 条件）。KKT 条件是局部解的必要条件，也就是说，只要该优化问题满足任何一个特定的约束限制条件，局部解就一定会满足以上 5 个条件。常用的约束限制条件可查阅维基百科“Karush-Kuhn-Tucker Conditions”词条或者查阅参考文献 [1] 的 4.2.2 小节。若对 KKT 条件的数学证明感兴趣，可查阅参考文献 [1] 的 4.2.1 小节。

6.2.3 拉格朗日对偶函数

考虑如下一般的约束优化问题。

$$
\begin{aligned}
\min \quad & f(\boldsymbol{x}) \\
\text{s.t.} \quad & g_i(\boldsymbol{x})\leqslant 0, \quad i=1,2,\cdots,m \\
& h_j(\boldsymbol{x})=0, \quad j=1,2,\cdots,n
\end{aligned}
$$

设上述优化问题的定义域为 $D=\mathrm{dom}\ f\cap\bigcap_{i=1}^{m}\mathrm{dom}\ g_i\cap\bigcap_{j=1}^{n}\mathrm{dom}\ h_j$，可行集为 $\tilde{D}=\{\boldsymbol{x}|\boldsymbol{x}\in D, g_i(\boldsymbol{x})\leqslant 0, h_j(\boldsymbol{x})=0\}$（显然 $\tilde{D}$ 是 D 的子集），最优值为 $p^*=\min\{f(\tilde{\boldsymbol{x}})\}(\tilde{\boldsymbol{x}}\in\tilde{D})$。上述优化问题的拉格朗日函数被定义为

$$
L(\boldsymbol{x},\boldsymbol{\mu},\boldsymbol{\lambda})=f(\boldsymbol{x})+\sum_{i=1}^{m}\mu_i g_i(\boldsymbol{x})+\sum_{j=1}^{n}\lambda_j h_j(\boldsymbol{x})
$$

其中 $\boldsymbol{\mu}=(\mu_1;\mu_2;\cdots;\mu_m)$ 和 $\boldsymbol{\lambda}=(\lambda_1;\lambda_2;\cdots;\lambda_n)$ 为拉格朗日乘子向量。相应的拉格朗日对偶函数（简称对偶函数）$\Gamma(\boldsymbol{\mu},\boldsymbol{\lambda})$ 被定义为 $L(\boldsymbol{x},\boldsymbol{\mu},\boldsymbol{\lambda})$ 关于 $\boldsymbol{x}$ 的下确界，即

$$\Gamma(\boldsymbol{\mu},\boldsymbol{\lambda})=\inf_{\boldsymbol{x}\in D}L(\boldsymbol{x},\boldsymbol{\mu},\boldsymbol{\lambda})=\inf_{\boldsymbol{x}\in D}\left(f(\boldsymbol{x})+\sum_{i=1}^{m}\mu_i g_i(\boldsymbol{x})+\sum_{j=1}^{n}\lambda_j h_j(\boldsymbol{x})\right)$$

对偶函数具有如下性质。

（1）无论上述优化问题是否为凸优化问题，其对偶函数 $\Gamma(\boldsymbol{\mu},\boldsymbol{\lambda})$ 恒为凹函数，详细证明可查阅参考文献 [2] 的 5.1.2 小节和 3.2.3 小节。

$\boldsymbol{\mu}\succeq 0$ 表示 $\boldsymbol{\mu}$ 的分量均为非负分量

（2）当 $\boldsymbol{\mu}\succeq 0$ 时，$\Gamma(\boldsymbol{\mu},\boldsymbol{\lambda})$ 构成上述优化问题的最优值 p^* 的下界，即

$$\Gamma(\boldsymbol{\mu},\boldsymbol{\lambda})\leqslant p^*$$

其推导过程如下。

设 $\tilde{\boldsymbol{x}}\in\tilde{D}$ 是优化问题的可行点，则 $g_i(\tilde{\boldsymbol{x}})\leqslant 0,h_j(\tilde{\boldsymbol{x}})=0$。因此，当 $\boldsymbol{\mu}\succeq 0$ 时，$\mu_i g_i(\tilde{\boldsymbol{x}})\leqslant 0$ 和 $\lambda_j h_j(\tilde{\boldsymbol{x}})=0$ 恒成立，所以

$$\sum_{i=1}^{m}\mu_i g_i(\tilde{\boldsymbol{x}})+\sum_{j=1}^{n}\lambda_j h_j(\tilde{\boldsymbol{x}})\leqslant 0$$

根据上述不等式可以推得

$$L(\tilde{\boldsymbol{x}},\boldsymbol{\mu},\boldsymbol{\lambda})=f(\tilde{\boldsymbol{x}})+\sum_{i=1}^{m}\mu_i g_i(\tilde{\boldsymbol{x}})+\sum_{j=1}^{n}\lambda_j h_j(\tilde{\boldsymbol{x}})\leqslant f(\tilde{\boldsymbol{x}})$$

又因为

$$\Gamma(\boldsymbol{\mu},\boldsymbol{\lambda})=\inf_{\boldsymbol{x}\in D}L(\boldsymbol{x},\boldsymbol{\mu},\boldsymbol{\lambda})\leqslant L(\tilde{\boldsymbol{x}},\boldsymbol{\mu},\boldsymbol{\lambda})$$

所以

$$\Gamma(\boldsymbol{\mu},\boldsymbol{\lambda})\leqslant L(\tilde{\boldsymbol{x}},\boldsymbol{\mu},\boldsymbol{\lambda})\leqslant f(\tilde{\boldsymbol{x}})$$

进一步地

$$\Gamma(\boldsymbol{\mu},\boldsymbol{\lambda})\leqslant \min\{f(\tilde{\boldsymbol{x}})\}=p^*$$

6.2.4 拉格朗日对偶问题

在 $\boldsymbol{\mu}\succeq 0$ 的约束下求对偶函数最大值的优化问题被称为拉格朗日对偶问题（简称对偶问题）。

$$\begin{aligned}\max\quad & \Gamma(\boldsymbol{\mu},\boldsymbol{\lambda})\\ \text{s.t.}\quad & \boldsymbol{\mu}\succeq 0\end{aligned}$$

6.2.3 小节的优化问题被称为主问题或原问题。

设对偶问题的最优值为 $d^* = \max\{\mathit{\Gamma}(\boldsymbol{\mu}, \boldsymbol{\lambda})\}, \boldsymbol{\mu} \succeq 0$，根据对偶函数的性质（2）可知 $d^* \leqslant p^*$，此时称“弱对偶性”成立。若 $d^* = p^*$，则称“强对偶性”成立。由此可以看出，当主问题较难求解时，如果强对偶性成立，则可以通过求解对偶问题来间接求解主问题。由于约束条件 $\boldsymbol{\mu} \succeq 0$ 是凸集，且根据对偶函数的性质（1）可知 $\mathit{\Gamma}(\boldsymbol{\mu}, \boldsymbol{\lambda})$ 恒为凹函数，加个负号即为凸函数；因此无论主问题是否为凸优化问题，对偶问题都恒为凸优化问题。

一般情况下，强对偶性并不成立，只有当主问题满足特定的约束限制条件（不同于 KKT 条件中的约束限制条件）时，强对偶性才成立，常见的有“Slater 条件”。Slater 条件指出，如果主问题是凸优化问题，且存在一个点 $\boldsymbol{x} \in \operatorname{relint} D$ 能使所有等式约束成立，而使除仿射函数外的不等式约束严格成立，则强对偶性成立。由于式 (6.6) 是凸优化问题，且不等式约束均为仿射函数，因此式 (6.6) 强对偶性成立。

对于凸优化问题，还可以通过 KKT 条件来间接推导出强对偶性，并同时求解出主问题和对偶问题的最优解。具体地说，若主问题为凸优化问题，目标函数 $f(\boldsymbol{x})$ 和约束函数 $g_i(\boldsymbol{x})$、$h_j(\boldsymbol{x})$ 的一阶偏导连续，主问题满足 KKT 条件中任何一个特定的约束限制条件；则满足 KKT 条件的点 $\boldsymbol{x}^*$ 和 $(\boldsymbol{\mu}^*, \boldsymbol{\lambda}^*)$ 分别是主问题和对偶问题的最优解，且此时强对偶性成立。下面给出具体的推导过程。

设 $\boldsymbol{x}^*$、$\boldsymbol{\mu}^*$、$\boldsymbol{\lambda}^*$ 是任意满足 KKT 条件的点，即

$$
\begin{cases}
\nabla_{\boldsymbol{x}} L(\boldsymbol{x}^*, \boldsymbol{\mu}^*, \boldsymbol{\lambda}^*) = \nabla f(\boldsymbol{x}^*) + \sum\limits_{i=1}^{m} \mu_i^* \nabla g_i(\boldsymbol{x}^*) + \sum\limits_{j=1}^{n} \lambda_j^* \nabla h_j(\boldsymbol{x}^*) = 0 \\
h_j(\boldsymbol{x}^*) = 0, \quad j = 1, 2, \cdots, n \\
g_i(\boldsymbol{x}^*) \leqslant 0, \quad i = 1, 2, \cdots, m \\
\mu_i^* \geqslant 0, \quad i = 1, 2, \cdots, m \\
\mu_i^* g_i(\boldsymbol{x}^*) = 0, \quad i = 1, 2, \cdots, m
\end{cases}
$$

由于主问题是凸优化问题，因此 $f(\boldsymbol{x})$ 和 $g_i(\boldsymbol{x})$ 是凸函数，$h_j(\boldsymbol{x})$ 是仿射函数；又由于此时 $\mu_i^* \geqslant 0$，因此 $L(\boldsymbol{x}, \boldsymbol{\mu}^*, \boldsymbol{\lambda}^*)$ 是关于 $\boldsymbol{x}$ 的凸函数。根据 $\nabla_{\boldsymbol{x}} L(\boldsymbol{x}^*, \boldsymbol{\mu}^*, \boldsymbol{\lambda}^*) = 0$ 可知，此时 $\boldsymbol{x}^*$ 是 $L(\boldsymbol{x}, \boldsymbol{\mu}^*, \boldsymbol{\lambda}^*)$ 的极值点，而凸函数的极值点也是最值点，所以 $\boldsymbol{x}^*$ 是最小值点，我们可以进一步推得

$$
L(\boldsymbol{x}^*, \boldsymbol{\mu}^*, \boldsymbol{\lambda}^*) = \min\{L(\boldsymbol{x}, \boldsymbol{\mu}^*, \boldsymbol{\lambda}^*)\}
$$

$$
\begin{aligned}
&= \inf_{\boldsymbol{x}\in D}\left(f(\boldsymbol{x})+\sum_{i=1}^{m}\mu_i^* g_i(\boldsymbol{x})+\sum_{j=1}^{n}\lambda_j^* h_j(\boldsymbol{x})\right)\\
&= \Gamma(\boldsymbol{\mu}^*,\boldsymbol{\lambda}^*)\\
&= f(\boldsymbol{x}^*)+\sum_{i=1}^{m}\mu_i^* g_i(\boldsymbol{x}^*)+\sum_{j=1}^{n}\lambda_j^* h_j(\boldsymbol{x}^*)\\
&= f(\boldsymbol{x}^*)
\end{aligned}
$$

其中第 2 个等式是根据下确界函数的性质推得的，第 3 个等式是根据对偶函数的定义推得的，第 4 个等式是 $L(\boldsymbol{x}^*,\boldsymbol{\mu}^*,\boldsymbol{\lambda}^*)$ 的展开形式，最后一个等式则是因为 $\mu_i^* g_i(\boldsymbol{x}^*)=0$、$h_j(\boldsymbol{x}^*)=0$。

由于 $\boldsymbol{x}^*$ 和 $(\boldsymbol{\mu}^*,\boldsymbol{\lambda}^*)$ 仅仅是满足 KKT 条件的点，而不一定是 $f(\boldsymbol{x})$ 和 $\Gamma(\boldsymbol{\mu},\boldsymbol{\lambda})$ 的最值点，因此 $f(\boldsymbol{x}^*)\geqslant p^*\geqslant d^*\geqslant \Gamma(\boldsymbol{\mu}^*,\boldsymbol{\lambda}^*)$。但是上式又推得 $f(\boldsymbol{x}^*)=\Gamma(\boldsymbol{\mu}^*,\boldsymbol{\lambda}^*)$，所以 $p^*=d^*$。我们由此推得强对偶性成立，且 $\boldsymbol{x}^*$ 和 $(\boldsymbol{\mu}^*,\boldsymbol{\lambda}^*)$ 分别是主问题和对偶问题的最优解。

Slater 条件恰巧也是 KKT 条件中特定的约束限制条件之一，所以式 (6.6) 不仅强对偶性成立，而且可以通过求解满足 KKT 条件的点来求解出最优解。

KKT 条件除了可以作为凸优化问题强对偶性成立的充分条件以外，其实对于任意优化问题（并不一定是凸优化问题），若其强对偶性成立，则 KKT 条件也是主问题和对偶问题最优解的必要条件，而且此时并不要求主问题满足 KKT 条件中任何一个特定的约束限制条件。下面同样给出具体的推导过程。

设主问题的最优解为 $\boldsymbol{x}^*$，对偶问题的最优解为 $(\boldsymbol{\mu}^*,\boldsymbol{\lambda}^*)$，目标函数 $f(\boldsymbol{x})$ 和约束函数 $g_i(\boldsymbol{x})$、$h_j(\boldsymbol{x})$ 的一阶偏导连续。当强对偶性成立时，可以推得

$$
\begin{aligned}
f(\boldsymbol{x}^*) &= \Gamma(\boldsymbol{\mu}^*,\boldsymbol{\lambda}^*)\\
&= \inf_{\boldsymbol{x}\in D} L(\boldsymbol{x},\boldsymbol{\mu}^*,\boldsymbol{\lambda}^*)\\
&= \inf_{\boldsymbol{x}\in D}\left(f(\boldsymbol{x})+\sum_{i=1}^{m}\mu_i^* g_i(\boldsymbol{x})+\sum_{j=1}^{n}\lambda_j^* h_j(\boldsymbol{x})\right)\\
&\leqslant f(\boldsymbol{x}^*)+\sum_{i=1}^{m}\mu_i^* g_i(\boldsymbol{x}^*)+\sum_{j=1}^{n}\lambda_j^* h_j(\boldsymbol{x}^*)\\
&\leqslant f(\boldsymbol{x}^*)
\end{aligned}
$$

其中，第 1 个等式是因为当强对偶性成立时有 $p^*=d^*$，第 2 和第 3 个等式是对偶函数的定义，第 4 个不等式是根据下确界的性质推得的，最后一个不等式成立是因为 $\mu_i^*\geqslant 0$、$g_i(\boldsymbol{x}^*)\leqslant 0$、$h_j(\boldsymbol{x}^*)=0$。

由于 $f(\boldsymbol{x}^*)=f(\boldsymbol{x}^*)$，因此上式中的不等式均可化为等式。第 4 个不等式可化为等式，说明 $L(\boldsymbol{x},\boldsymbol{\mu}^*,\boldsymbol{\lambda}^*)$ 在 $\boldsymbol{x}^*$ 处取得最小值，所以根据极值的性质可知，$\boldsymbol{x}^*$ 处的一阶导 $\nabla_{\boldsymbol{x}}L(\boldsymbol{x}^*,\boldsymbol{\mu}^*,\boldsymbol{\lambda}^*)=0$。最后一个不等式可化为等式，说明 $\mu_i^*g_i(\boldsymbol{x}^*)=0$。此时再结合主问题和对偶问题原有的约束条件 $\mu_i^*\geqslant 0$、$g_i(\boldsymbol{x}^*)\leqslant 0$、$h_j(\boldsymbol{x}^*)=0$，便可凑齐 KKT 条件。

6.2.5 式 (6.9) 和式 (6.10) 的推导

对式 (6.8) 进行展开：

$$
\begin{aligned}
L(\boldsymbol{w},b,\boldsymbol{\alpha}) &= \frac{1}{2}\|\boldsymbol{w}\|^2+\sum_{i=1}^m\alpha_i(1-y_i(\boldsymbol{w}^{\mathrm{T}}\boldsymbol{x}_i+b)) \\
&= \frac{1}{2}\|\boldsymbol{w}\|^2+\sum_{i=1}^m(\alpha_i-\alpha_iy_i\boldsymbol{w}^{\mathrm{T}}\boldsymbol{x}_i-\alpha_iy_ib) \\
&= \frac{1}{2}\boldsymbol{w}^{\mathrm{T}}\boldsymbol{w}+\sum_{i=1}^m\alpha_i-\sum_{i=1}^m\alpha_iy_i\boldsymbol{w}^{\mathrm{T}}\boldsymbol{x}_i-\sum_{i=1}^m\alpha_iy_ib
\end{aligned}
$$

对 $\boldsymbol{w}$ 和 b 分别求偏导数并令结果为 0：

$$
\frac{\partial L}{\partial \boldsymbol{w}}=\frac{1}{2}\times 2\times\boldsymbol{w}+0-\sum_{i=1}^m\alpha_iy_i\boldsymbol{x}_i-0=0\Longrightarrow\boldsymbol{w}=\sum_{i=1}^m\alpha_iy_i\boldsymbol{x}_i
$$

$$
\frac{\partial L}{\partial b}=0+0-0-\sum_{i=1}^m\alpha_iy_i=0\Longrightarrow\sum_{i=1}^m\alpha_iy_i=0
$$

6.2.6 式 (6.11) 的推导

因为 $\alpha_i\geqslant 0$，且 $\frac{1}{2}\|\boldsymbol{w}\|^2$ 和 $1-y_i\left(\boldsymbol{w}^{\mathrm{T}}\boldsymbol{x}_i+b\right)$ 均是关于 $\boldsymbol{w}$ 和 b 的凸函数，因此式 (6.8) 也是关于 $\boldsymbol{w}$ 和 b 的凸函数。根据凸函数的性质可知，其极值点就是最值点，所以一阶导为零的点就是最小值点。将式 (6.9) 和式 (6.10) 代入式 (6.8) 即可得到式 (6.8) 的最小值（等价于下确界），再根据对偶问题的定义加上约束 $\alpha_i\geqslant 0$，就得到了式 (6.6) 的对偶问题。由于式 (6.10) 也是 α_i 必须满足的条件，且不含

有 $\boldsymbol{w}$ 和 b，因此也需要纳入对偶问题的约束条件。根据以上思路进行推导的过程如下：

$$
\begin{aligned}
\inf_{\boldsymbol{w},b} L(\boldsymbol{w},b,\boldsymbol{\alpha}) &= \frac{1}{2}\boldsymbol{w}^{\mathrm{T}}\boldsymbol{w} + \sum_{i=1}^{m}\alpha_i - \sum_{i=1}^{m}\alpha_i y_i \boldsymbol{w}^{\mathrm{T}}\boldsymbol{x}_i - \sum_{i=1}^{m}\alpha_i y_i b \\
&= \frac{1}{2}\boldsymbol{w}^{\mathrm{T}}\sum_{i=1}^{m}\alpha_i y_i \boldsymbol{x}_i - \boldsymbol{w}^{\mathrm{T}}\sum_{i=1}^{m}\alpha_i y_i \boldsymbol{x}_i + \sum_{i=1}^{m}\alpha_i - b\sum_{i=1}^{m}\alpha_i y_i \\
&= -\frac{1}{2}\boldsymbol{w}^{\mathrm{T}}\sum_{i=1}^{m}\alpha_i y_i \boldsymbol{x}_i + \sum_{i=1}^{m}\alpha_i - b\sum_{i=1}^{m}\alpha_i y_i \\
&= -\frac{1}{2}\boldsymbol{w}^{\mathrm{T}}\sum_{i=1}^{m}\alpha_i y_i \boldsymbol{x}_i + \sum_{i=1}^{m}\alpha_i \\
&= -\frac{1}{2}\left(\sum_{i=1}^{m}\alpha_i y_i \boldsymbol{x}_i\right)^{\mathrm{T}}\left(\sum_{i=1}^{m}\alpha_i y_i \boldsymbol{x}_i\right) + \sum_{i=1}^{m}\alpha_i \\
&= -\frac{1}{2}\sum_{i=1}^{m}\alpha_i y_i \boldsymbol{x}_i^{\mathrm{T}}\sum_{i=1}^{m}\alpha_i y_i \boldsymbol{x}_i + \sum_{i=1}^{m}\alpha_i \\
&= \sum_{i=1}^{m}\alpha_i - \frac{1}{2}\sum_{i=1}^{m}\sum_{j=1}^{m}\alpha_i\alpha_j y_i y_j \boldsymbol{x}_i^{\mathrm{T}}\boldsymbol{x}_j
\end{aligned}
$$

所以

$$
\max_{\boldsymbol{\alpha}}\inf_{\boldsymbol{w},b} L(\boldsymbol{w},b,\boldsymbol{\alpha}) = \max_{\boldsymbol{\alpha}}\sum_{i=1}^{m}\alpha_i - \frac{1}{2}\sum_{i=1}^{m}\sum_{j=1}^{m}\alpha_i\alpha_j y_i y_j \boldsymbol{x}_i^{\mathrm{T}}\boldsymbol{x}_j
$$

最后将 $\alpha_i \geqslant 0$ 和式 (6.10) 作为约束条件即可得到式 (6.11)。

式 (6.6) 之所以要转为式 (6.11) 来求解，主要有以下两个理由。

（1）式 (6.6) 中的未知数是 $\boldsymbol{w}$ 和 b，式 (6.11) 中的未知数是 $\boldsymbol{\alpha}$，$\boldsymbol{w}$ 的维度 d 对应样本特征个数，$\boldsymbol{\alpha}$ 的维度 m 对应训练样本个数，通常 $m \ll d$，所以求解式 (6.11) 更高效，反之求解式 (6.6) 更高效。

（2）式 (6.11) 中有样本内积 $\boldsymbol{x}_i^{\mathrm{T}\boldsymbol{x}_j}$ 这一项，后续可以很自然地引入核函数，进而使得支持向量机也能对原始特征空间中线性不可分的数据进行分类。

6.2.7 式 (6.13) 的解释

因为式 (6.6) 满足 Slater 条件，所以强对偶性成立，进而最优解满足 KKT 条件。

6.3 核 函 数

6.3.1 式 (6.22) 的解释

此为核函数的定义，即核函数可以分解成两个向量的内积。要想了解某个核函数是如何将原始特征空间映射到更高维的特征空间的，只需要将其分解为两个表达形式完全一样的向量的内积即可。

6.4 软间隔与正则化

6.4.1 式 (6.35) 的推导

令

$$\max\left(0, 1-y_i\left(\boldsymbol{w}^{\mathrm{T}}\boldsymbol{x}_i+b\right)\right)=\xi_i$$

显然 $\xi_i \geqslant 0$，且当 $1-y_i\left(\boldsymbol{w}^{\mathrm{T}}\boldsymbol{x}_i+b\right)>0$ 时有

$$1-y_i\left(\boldsymbol{w}^{\mathrm{T}}\boldsymbol{x}_i+b\right)=\xi_i$$

而当 $1-y_i\left(\boldsymbol{w}^{\mathrm{T}}\boldsymbol{x}_i+b\right) \leqslant 0$ 时有

$$\xi_i=0$$

综上可得

$$1-y_i\left(\boldsymbol{w}^{\mathrm{T}}\boldsymbol{x}_i+b\right) \leqslant \xi_i \Rightarrow y_i\left(\boldsymbol{w}^{\mathrm{T}}\boldsymbol{x}_i+b\right) \geqslant 1-\xi_i$$

6.4.2 式 (6.37) 和式 (6.38) 的推导

参见式 (6.9) 和式 (6.10) 的推导。

6.4.3 式 (6.39) 的推导

对式 (6.36) 关于 ξ_i 求偏导数并令结果为 0：

$$\frac{\partial L}{\partial \xi_i}=0+C \times 1-\alpha_i \times 1-\mu_i \times 1=0 \Rightarrow C=\alpha_i+\mu_i$$

6.4.4 式 (6.40) 的推导

将式 (6.37) ~ 式 (6.39) 代入式 (6.36) 可以得到式 (6.35) 的对偶问题。

$$
\begin{aligned}
&\frac{1}{2}\|\boldsymbol{w}\|^2+C\sum_{i=1}^m\xi_i+\sum_{i=1}^m\alpha_i\left(1-\xi_i-y_i\left(\boldsymbol{w}^{\mathrm{T}}\boldsymbol{x}_i+b\right)\right)-\sum_{i=1}^m\mu_i\xi_i\\
=&\frac{1}{2}\|\boldsymbol{w}\|^2+\sum_{i=1}^m\alpha_i\left(1-y_i\left(\boldsymbol{w}^{\mathrm{T}}\boldsymbol{x}_i+b\right)\right)+C\sum_{i=1}^m\xi_i-\sum_{i=1}^m\alpha_i\xi_i-\sum_{i=1}^m\mu_i\xi_i\\
=&-\frac{1}{2}\sum_{i=1}^m\alpha_iy_i\boldsymbol{x}_i^{\mathrm{T}}\sum_{i=1}^m\alpha_iy_i\boldsymbol{x}_i+\sum_{i=1}^m\alpha_i+\sum_{i=1}^mC\xi_i-\sum_{i=1}^m\alpha_i\xi_i-\sum_{i=1}^m\mu_i\xi_i\\
=&-\frac{1}{2}\sum_{i=1}^m\alpha_iy_i\boldsymbol{x}_i^{\mathrm{T}}\sum_{i=1}^m\alpha_iy_i\boldsymbol{x}_i+\sum_{i=1}^m\alpha_i+\sum_{i=1}^m(C-\alpha_i-\mu_i)\xi_i\\
=&\sum_{i=1}^m\alpha_i-\frac{1}{2}\sum_{i=1}^m\sum_{j=1}^m\alpha_i\alpha_jy_iy_j\boldsymbol{x}_i^{\mathrm{T}}\boldsymbol{x}_j\\
=&\min_{\boldsymbol{w},b,\boldsymbol{\xi}}L(\boldsymbol{w},b,\boldsymbol{\alpha},\boldsymbol{\xi},\boldsymbol{\mu})
\end{aligned}
$$

所以

$$
\begin{aligned}
\max_{\boldsymbol{\alpha},\boldsymbol{\mu}}\min_{\boldsymbol{w},b,\boldsymbol{\xi}}L(\boldsymbol{w},b,\boldsymbol{\alpha},\boldsymbol{\xi},\boldsymbol{\mu})&=\max_{\boldsymbol{\alpha},\boldsymbol{\mu}}\quad\sum_{i=1}^m\alpha_i-\frac{1}{2}\sum_{i=1}^m\sum_{j=1}^m\alpha_i\alpha_jy_iy_j\boldsymbol{x}_i^{\mathrm{T}}\boldsymbol{x}_j\\
&=\max_{\boldsymbol{\alpha}}\quad\sum_{i=1}^m\alpha_i-\frac{1}{2}\sum_{i=1}^m\sum_{j=1}^m\alpha_i\alpha_jy_iy_j\boldsymbol{x}_i^{\mathrm{T}}\boldsymbol{x}_j
\end{aligned}
$$

又因为 $\alpha_i\geqslant 0$、$\mu_i\geqslant 0$、$C=\alpha_i+\mu_i$，消去 μ_i 便可得到等价约束条件。

$$
0\leqslant\alpha_i\leqslant C,\quad i=1,2,\cdots,m
$$

6.4.5 对率回归与支持向量机的关系

在“西瓜书”6.4 节倒数第二段的开头，讨论了对率回归与支持向量机的关系，其中提到“如果使用对率损失函数 $\ell_{\log}$ 替换式 (6.29) 中的 0/1 损失函数，则几乎就得到了对率回归模型”，但式 (6.29) 与式 (3.27) 在形式上相差甚远。为了更清晰地说明对率回归与软间隔支持向量机的关系，以下先对式 (3.27) 的形式进行变化。

将 $\boldsymbol{\beta}=(\boldsymbol{w};b)$ 和 $\hat{\boldsymbol{x}}=(\boldsymbol{x};1)$ 代入式 (3.27) 可得

$$
\begin{aligned}
\ell(\boldsymbol{w},b)&=\sum_{i=1}^{m}\left(-y_i\left(\boldsymbol{w}^{\mathrm{T}}\boldsymbol{x}_i+b\right)+\ln\left(1+\mathrm{e}^{\boldsymbol{w}^{\mathrm{T}}\boldsymbol{x}_i+b}\right)\right)\\
&=\sum_{i=1}^{m}\left(\ln\frac{1}{\mathrm{e}^{y_i(\boldsymbol{w}^{\mathrm{T}}\boldsymbol{x}_i+b)}}+\ln\left(1+\mathrm{e}^{\boldsymbol{w}^{\mathrm{T}}\boldsymbol{x}_i+b}\right)\right)\\
&=\sum_{i=1}^{m}\ln\frac{1+\mathrm{e}^{\boldsymbol{w}^{\mathrm{T}}\boldsymbol{x}_i+b}}{\mathrm{e}^{y_i(\boldsymbol{w}^{\mathrm{T}}\boldsymbol{x}_i+b)}}\\
&=\begin{cases}\displaystyle\sum_{i=1}^{m}\ln\left(1+\mathrm{e}^{-\left(\boldsymbol{w}^{\mathrm{T}}\boldsymbol{x}_i+b\right)}\right), & y_i=1\\ \displaystyle\sum_{i=1}^{m}\ln\left(1+\mathrm{e}^{\boldsymbol{w}^{\mathrm{T}}\boldsymbol{x}_i+b}\right), & y_i=0\end{cases}
\end{aligned}
$$

在上式中，正例和反例分别用 $y_i=1$ 和 $y_i=0$ 表示，这是对率回归常用的方式；而在支持向量机中，正例和反例习惯用 $y_i=+1$ 和 $y_i=-1$ 表示。实际上，若上式也换用 $y_i=+1$ 和 $y_i=-1$ 分别表示正例和反例，则上式可改写为

$$
\begin{aligned}
\ell(\boldsymbol{w},b)&=\begin{cases}\displaystyle\sum_{i=1}^{m}\ln\left(1+\mathrm{e}^{-\left(\boldsymbol{w}^{\mathrm{T}}\boldsymbol{x}_i+b\right)}\right), & y_i=+1\\ \displaystyle\sum_{i=1}^{m}\ln\left(1+\mathrm{e}^{\boldsymbol{w}^{\mathrm{T}}\boldsymbol{x}_i+b}\right), & y_i=-1\end{cases}\\
&=\sum_{i=1}^{m}\ln\left(1+\mathrm{e}^{-y_i\left(\boldsymbol{w}^{\mathrm{T}}\boldsymbol{x}_i+b\right)}\right)
\end{aligned}
$$

此时上式中的求和项就是式 (6.33) 所要表述的对率损失。

6.4.6 式 (6.41) 的解释

参见式 (6.13) 的解释。

6.5 支持向量回归

6.5.1 式 (6.43) 的解释

相较于线性回归用一条线来拟合训练样本，支持向量回归则采用一个以 $f(\boldsymbol{x})=\boldsymbol{w}^{\mathrm{T}}\boldsymbol{x}+b$ 为中心、宽度为 2ϵ 的间隔带来拟合训练样本。

落在间隔带上的样本不计算损失（类比线性回归在线上的点预测误差为 0），不在间隔带上的样本则以偏离间隔带的距离作为损失（类比线性回归的均方误差），然后以最小化损失的方式迫使间隔带从样本最密集的地方穿过，进而达到拟合训练样本的目的。因此，支持向量回归的优化问题可以写为

$$\min_{\boldsymbol{w},b}\frac{1}{2}\|\boldsymbol{w}\|^2+C\sum_{i=1}^{m}\ell_\epsilon\left(f\left(\boldsymbol{x}_i\right)-y_i\right)$$

其中 $\ell_\epsilon(z)$ 为“ϵ 不敏感损失函数”（类比线性回归的均方误差损失）。

$$\ell_\epsilon(z)=\begin{cases}0, & \text{if } |z|\leqslant\epsilon\\ |z|-\epsilon, & \text{if } |z|>\epsilon\end{cases}$$

$\frac{1}{2}\|\boldsymbol{w}\|^2$ 为 L2 正则项，此处引入的正则项除了起正则化本身的作用之外，也是为了和软间隔支持向量机的优化目标在形式上保持一致，这样就可以导出对偶问题并引入核函数。C 为用来调节损失权重的正则化常数。

6.5.2 式 (6.45) 的推导

与软间隔支持向量机一样，引入松弛变量 ξ_i，令

$$\ell_\epsilon\left(f\left(\boldsymbol{x}_i\right)-y_i\right)=\xi_i$$

显然 $\xi_i\geqslant 0$，并且当 $\left|f\left(\boldsymbol{x}_i\right)-y_i\right|\leqslant\epsilon$ 时，$\xi_i=0$；而当 $\left|f\left(\boldsymbol{x}_i\right)-y_i\right|>\epsilon$ 时，$\xi_i=\left|f\left(\boldsymbol{x}_i\right)-y_i\right|-\epsilon$。所以

$$\begin{aligned}\left|f\left(\boldsymbol{x}_i\right)-y_i\right|-\epsilon&\leqslant\xi_i\\ \left|f\left(\boldsymbol{x}_i\right)-y_i\right|&\leqslant\epsilon+\xi_i\\ -\epsilon-\xi_i\leqslant f\left(\boldsymbol{x}_i\right)-y_i&\leqslant\epsilon+\xi_i\end{aligned}$$

支持向量回归的优化问题可以化为

$$\begin{aligned}&\min_{\boldsymbol{w},b,\xi_i}\frac{1}{2}\|\boldsymbol{w}\|^2+C\sum_{i=1}^{m}\xi_i\\ \text{s.t.}\quad&-\epsilon-\xi_i\leqslant f\left(\boldsymbol{x}_i\right)-y_i\leqslant\epsilon+\xi_i\\ &\xi_i\geqslant 0,\quad i=1,2,\cdots,m\end{aligned}$$

如果考虑在两边采用不同的松弛程度，则有

$$\begin{aligned}&\min_{\boldsymbol{w},b,\xi_i,\hat{\xi}_i}\frac{1}{2}\|\boldsymbol{w}\|^2+C\sum_{i=1}^{m}\left(\xi_i+\hat{\xi}_i\right)\\ \text{s.t.}\quad&-\epsilon-\hat{\xi}_i\leqslant f\left(\boldsymbol{x}_i\right)-y_i\leqslant\epsilon+\xi_i\\ &\xi_i\geqslant 0,\hat{\xi}_i\geqslant 0,\quad i=1,2,\cdots,m\end{aligned}$$

6.5.3 式 (6.52) 的推导

将式 (6.45) 的约束条件全部恒等变形为小于或等于 0 的形式可得

$$\left\{\begin{array}{l}f\left(\boldsymbol{x}_{i}\right)-y_{i}-\epsilon-\xi_{i} \leqslant 0 \\ y_{i}-f\left(\boldsymbol{x}_{i}\right)-\epsilon-\hat{\xi}_{i} \leqslant 0 \\ -\xi_{i} \leqslant 0 \\ -\hat{\xi}_{i} \leqslant 0\end{array}\right.$$

由于以上 4 个约束条件的拉格朗日乘子分别为 α_i、$\hat{\alpha}_i$、μ_i、$\hat{\mu}_i$，因此对应的 KKT 条件为

$$\left\{\begin{array}{l}\alpha_{i}\left(f\left(\boldsymbol{x}_{i}\right)-y_{i}-\epsilon-\xi_{i}\right)=0 \\ \hat{\alpha}_{i}\left(y_{i}-f\left(\boldsymbol{x}_{i}\right)-\epsilon-\hat{\xi}_{i}\right)=0 \\ -\mu_{i} \xi_{i}=0 \Rightarrow \mu_{i} \xi_{i}=0 \\ -\hat{\mu}_{i} \hat{\xi}_{i}=0 \Rightarrow \hat{\mu}_{i} \hat{\xi}_{i}=0\end{array}\right.$$

又由式 (6.49) 和式 (6.50) 有

$$\left\{\begin{array}{l}\mu_{i}=C-\alpha_{i} \\ \hat{\mu}_{i}=C-\hat{\alpha}_{i}\end{array}\right.$$

所以上述 KKT 条件可以进一步变形为

$$\left\{\begin{array}{l}\alpha_{i}\left(f\left(\boldsymbol{x}_{i}\right)-y_{i}-\epsilon-\xi_{i}\right)=0 \\ \hat{\alpha}_{i}\left(y_{i}-f\left(\boldsymbol{x}_{i}\right)-\epsilon-\hat{\xi}_{i}\right)=0 \\ (C-\alpha_{i}) \xi_{i}=0 \\ (C-\hat{\alpha}_{i}) \hat{\xi}_{i}=0\end{array}\right.$$

又因为样本 $(\boldsymbol{x}_i, y_i)$ 只可能处在间隔带的某一侧，即约束条件 $f\left(\boldsymbol{x}_{i}\right)-y_{i}-\epsilon-\xi_{i}=0$ 和 $y_{i}-f\left(\boldsymbol{x}_{i}\right)-\epsilon-\hat{\xi}_{i}=0$ 不可能同时成立，所以 α_i 和 $\hat{\alpha}_i$ 中至少有一个为 0，即 $\alpha_i\hat{\alpha}_i=0$。

在此基础上再进一步分析可知，如果 $\alpha_i=0$，则根据约束 $(C-\alpha_i)\xi_i=0$ 可知 $\xi_i=0$。同理，如果 $\hat{\alpha}_i=0$，则根据约束 $(C-\hat{\alpha}_i)\hat{\xi}_i=0$ 可知 $\hat{\xi}_i=0$。所以 ξ_i 和 $\hat{\xi}_i$ 中也至少有一个为 0，即 $\xi_i\hat{\xi}_i=0$。将 $\alpha_i\hat{\alpha}_i=0$ 和 $\xi_i\hat{\xi}_i=0$ 整合到上述 KKT 条件中，即可得到式 (6.52)。

6.6 核 方 法

6.6.1 式 (6.57) 和式 (6.58) 的解释

式 (6.24) 是式 (6.20) 的解，式 (6.56) 是式 (6.43) 的解。对应到表示定理的式 (6.57) 中，式 (6.20) 和式 (6.43) 均为 $\Omega\left(\|h\|_{\mathbb{H}}\right)=\frac{1}{2}\|\boldsymbol{w}\|^2$，式 (6.20) 的 $\ell(h(\boldsymbol{x}_1), h(\boldsymbol{x}_2), \cdots, h(\boldsymbol{x}_m))=0$，而式 (6.43) 的 $\ell(h(\boldsymbol{x}_1), h(\boldsymbol{x}_2), \cdots, h(\boldsymbol{x}_m))=C\sum_{i=1}^m \ell_\epsilon(f(\boldsymbol{x}_i)-y_i)$，均满足式 (6.57) 的要求。式 (6.20) 和式 (6.43) 的解均为 $\kappa(\boldsymbol{x}, \boldsymbol{x}_i)$ 的线性组合，即式 (6.58)。

6.6.2 式 (6.65) 的推导

由表示定理可知，此时二分类 KLDA 最终求得的投影直线方程总可以写成如下形式：

$$h(\boldsymbol{x})=\sum_{i=1}^m \alpha_i \kappa\left(\boldsymbol{x}, \boldsymbol{x}_i\right)$$

又因为直线方程的固定形式为

$$h(\boldsymbol{x})=\boldsymbol{w}^{\mathrm{T}} \phi(\boldsymbol{x})$$

所以

$$\boldsymbol{w}^{\mathrm{T}} \phi(\boldsymbol{x})=\sum_{i=1}^m \alpha_i \kappa\left(\boldsymbol{x}, \boldsymbol{x}_i\right)$$

将 $\kappa\left(\boldsymbol{x}, \boldsymbol{x}_i\right)=\phi(\boldsymbol{x})^{\mathrm{T}} \phi(\boldsymbol{x}_i)$ 代入可得

$$\begin{aligned}
\boldsymbol{w}^{\mathrm{T}} \phi(\boldsymbol{x}) & =\sum_{i=1}^m \alpha_i \phi(\boldsymbol{x})^{\mathrm{T}} \phi(\boldsymbol{x}_i) \\
& =\phi(\boldsymbol{x})^{\mathrm{T}} \cdot \sum_{i=1}^m \alpha_i \phi(\boldsymbol{x}_i)
\end{aligned}$$

由于 $\boldsymbol{w}^{\mathrm{T}} \phi(\boldsymbol{x})$ 的计算结果为标量，而标量的转置等于标量本身，所以

$$\boldsymbol{w}^{\mathrm{T}} \phi(\boldsymbol{x})=\left(\boldsymbol{w}^{\mathrm{T}} \phi(\boldsymbol{x})\right)^{\mathrm{T}}=\phi(\boldsymbol{x})^{\mathrm{T}} \boldsymbol{w}=\phi(\boldsymbol{x})^{\mathrm{T}} \sum_{i=1}^m \alpha_i \phi(\boldsymbol{x}_i)$$

即

$$\boldsymbol{w}=\sum_{i=1}^{m}\alpha_i\phi(\boldsymbol{x}_i)$$

6.6.3 式 (6.66) 和式 (6.67) 的解释

为了详细地说明这两个公式的计算原理，下面首先举例说明，然后在例子的基础上延展出一般形式。假设此时仅有 4 个样本，其中第 1 和第 3 个样本的标记为 0，第 2 和第 4 个样本的标记为 1，于是有

$$m=4$$

$$m_0=2,m_1=2$$

$$X_0=\{\boldsymbol{x}_1,\boldsymbol{x}_3\},X_1=\{\boldsymbol{x}_2,\boldsymbol{x}_4\}$$

$$\boldsymbol{K}=\left[\begin{array}{cccc}\kappa\left(\boldsymbol{x}_1,\boldsymbol{x}_1\right) & \kappa\left(\boldsymbol{x}_1,\boldsymbol{x}_2\right) & \kappa\left(\boldsymbol{x}_1,\boldsymbol{x}_3\right) & \kappa\left(\boldsymbol{x}_1,\boldsymbol{x}_4\right)\\ \kappa\left(\boldsymbol{x}_2,\boldsymbol{x}_1\right) & \kappa\left(\boldsymbol{x}_2,\boldsymbol{x}_2\right) & \kappa\left(\boldsymbol{x}_2,\boldsymbol{x}_3\right) & \kappa\left(\boldsymbol{x}_2,\boldsymbol{x}_4\right)\\ \kappa\left(\boldsymbol{x}_3,\boldsymbol{x}_1\right) & \kappa\left(\boldsymbol{x}_3,\boldsymbol{x}_2\right) & \kappa\left(\boldsymbol{x}_3,\boldsymbol{x}_3\right) & \kappa\left(\boldsymbol{x}_3,\boldsymbol{x}_4\right)\\ \kappa\left(\boldsymbol{x}_4,\boldsymbol{x}_1\right) & \kappa\left(\boldsymbol{x}_4,\boldsymbol{x}_2\right) & \kappa\left(\boldsymbol{x}_4,\boldsymbol{x}_3\right) & \kappa\left(\boldsymbol{x}_4,\boldsymbol{x}_4\right)\end{array}\right]\in\mathbb{R}^{4\times 4}$$

$$\mathbf{1}_0=\left[\begin{array}{c}1\\0\\1\\0\end{array}\right]\in\mathbb{R}^{4\times 1}$$

$$\mathbf{1}_1=\left[\begin{array}{c}0\\1\\0\\1\end{array}\right]\in\mathbb{R}^{4\times 1}$$

所以

$$\hat{\boldsymbol{\mu}}_0=\frac{1}{m_0}\boldsymbol{K}\mathbf{1}_0=\frac{1}{2}\left[\begin{array}{c}\kappa\left(\boldsymbol{x}_1,\boldsymbol{x}_1\right)+\kappa\left(\boldsymbol{x}_1,\boldsymbol{x}_3\right)\\ \kappa\left(\boldsymbol{x}_2,\boldsymbol{x}_1\right)+\kappa\left(\boldsymbol{x}_2,\boldsymbol{x}_3\right)\\ \kappa\left(\boldsymbol{x}_3,\boldsymbol{x}_1\right)+\kappa\left(\boldsymbol{x}_3,\boldsymbol{x}_3\right)\\ \kappa\left(\boldsymbol{x}_4,\boldsymbol{x}_1\right)+\kappa\left(\boldsymbol{x}_4,\boldsymbol{x}_3\right)\end{array}\right]\in\mathbb{R}^{4\times 1}$$

$$\hat{\boldsymbol{\mu}}_1=\frac{1}{m_1}\boldsymbol{K}\mathbf{1}_1=\frac{1}{2}\begin{bmatrix}\kappa(\boldsymbol{x}_1,\boldsymbol{x}_2)+\kappa(\boldsymbol{x}_1,\boldsymbol{x}_4)\\ \kappa(\boldsymbol{x}_2,\boldsymbol{x}_2)+\kappa(\boldsymbol{x}_2,\boldsymbol{x}_4)\\ \kappa(\boldsymbol{x}_3,\boldsymbol{x}_2)+\kappa(\boldsymbol{x}_3,\boldsymbol{x}_4)\\ \kappa(\boldsymbol{x}_4,\boldsymbol{x}_2)+\kappa(\boldsymbol{x}_4,\boldsymbol{x}_4)\end{bmatrix}\in\mathbb{R}^{4\times1}$$

根据此结果易得 $\hat{\boldsymbol{\mu}}_0$ 和 $\hat{\boldsymbol{\mu}}_1$ 的一般形式为

$$\hat{\boldsymbol{\mu}}_0=\frac{1}{m_0}\boldsymbol{K}\mathbf{1}_0=\frac{1}{m_0}\begin{bmatrix}\sum\limits_{\boldsymbol{x}\in X_0}\kappa(\boldsymbol{x}_1,\boldsymbol{x})\\ \sum\limits_{\boldsymbol{x}\in X_0}\kappa(\boldsymbol{x}_2,\boldsymbol{x})\\ \vdots\\ \sum\limits_{\boldsymbol{x}\in X_0}\kappa(\boldsymbol{x}_m,\boldsymbol{x})\end{bmatrix}\in\mathbb{R}^{m\times1}$$

$$\hat{\boldsymbol{\mu}}_1=\frac{1}{m_1}\boldsymbol{K}\mathbf{1}_1=\frac{1}{m_1}\begin{bmatrix}\sum\limits_{\boldsymbol{x}\in X_1}\kappa(\boldsymbol{x}_1,\boldsymbol{x})\\ \sum\limits_{\boldsymbol{x}\in X_1}\kappa(\boldsymbol{x}_2,\boldsymbol{x})\\ \vdots\\ \sum\limits_{\boldsymbol{x}\in X_1}\kappa(\boldsymbol{x}_m,\boldsymbol{x})\end{bmatrix}\in\mathbb{R}^{m\times1}$$

6.6.4 式 (6.70) 的推导

此式是将式 (6.65) 代入式 (6.60) 后推得的，下面给出详细的推导过程。首先将式 (6.65) 代入式 (6.60) 的分子可得

$$\begin{aligned}\boldsymbol{w}^{\mathrm{T}}\boldsymbol{S}_b^{\phi}\boldsymbol{w}&=\left(\sum_{i=1}^{m}\alpha_i\phi(\boldsymbol{x}_i)\right)^{\mathrm{T}}\cdot\boldsymbol{S}_b^{\phi}\cdot\sum_{i=1}^{m}\alpha_i\phi(\boldsymbol{x}_i)\\&=\sum_{i=1}^{m}\alpha_i\phi(\boldsymbol{x}_i)^{\mathrm{T}}\cdot\boldsymbol{S}_b^{\phi}\cdot\sum_{i=1}^{m}\alpha_i\phi(\boldsymbol{x}_i)\end{aligned}$$

其中

$$\boldsymbol{S}_b^{\phi}=\left(\boldsymbol{\mu}_1^{\phi}-\boldsymbol{\mu}_0^{\phi}\right)\left(\boldsymbol{\mu}_1^{\phi}-\boldsymbol{\mu}_0^{\phi}\right)^{\mathrm{T}}$$

$$
\begin{aligned}
&=\left(\frac{1}{m_1}\sum_{\boldsymbol{x}\in X_1}\phi(\boldsymbol{x})-\frac{1}{m_0}\sum_{\boldsymbol{x}\in X_0}\phi(\boldsymbol{x})\right)\left(\frac{1}{m_1}\sum_{\boldsymbol{x}\in X_1}\phi(\boldsymbol{x})-\frac{1}{m_0}\sum_{\boldsymbol{x}\in X_0}\phi(\boldsymbol{x})\right)^{\mathrm{T}}\\
&=\left(\frac{1}{m_1}\sum_{\boldsymbol{x}\in X_1}\phi(\boldsymbol{x})-\frac{1}{m_0}\sum_{\boldsymbol{x}\in X_0}\phi(\boldsymbol{x})\right)\left(\frac{1}{m_1}\sum_{\boldsymbol{x}\in X_1}\phi(\boldsymbol{x})^{\mathrm{T}}-\frac{1}{m_0}\sum_{\boldsymbol{x}\in X_0}\phi(\boldsymbol{x})^{\mathrm{T}}\right)
\end{aligned}
$$

将其代入上式可得

$$
\begin{aligned}
\boldsymbol{w}^{\mathrm{T}}\boldsymbol{S}_b^{\phi}\boldsymbol{w}=&\sum_{i=1}^{m}\alpha_i\phi\left(\boldsymbol{x}_i\right)^{\mathrm{T}}\cdot\left(\frac{1}{m_1}\sum_{\boldsymbol{x}\in X_1}\phi(\boldsymbol{x})-\frac{1}{m_0}\sum_{\boldsymbol{x}\in X_0}\phi(\boldsymbol{x})\right)\\
&\cdot\left(\frac{1}{m_1}\sum_{\boldsymbol{x}\in X_1}\phi(\boldsymbol{x})^{\mathrm{T}}-\frac{1}{m_0}\sum_{\boldsymbol{x}\in X_0}\phi(\boldsymbol{x})^{\mathrm{T}}\right)\cdot\sum_{i=1}^{m}\alpha_i\phi\left(\boldsymbol{x}_i\right)\\
=&\left(\frac{1}{m_1}\sum_{\boldsymbol{x}\in X_1}\sum_{i=1}^{m}\alpha_i\phi\left(\boldsymbol{x}_i\right)^{\mathrm{T}}\phi(\boldsymbol{x})-\frac{1}{m_0}\sum_{\boldsymbol{x}\in X_0}\sum_{i=1}^{m}\alpha_i\phi\left(\boldsymbol{x}_i\right)^{\mathrm{T}}\phi(\boldsymbol{x})\right)\\
&\cdot\left(\frac{1}{m_1}\sum_{\boldsymbol{x}\in X_1}\sum_{i=1}^{m}\alpha_i\phi(\boldsymbol{x})^{\mathrm{T}}\phi\left(\boldsymbol{x}_i\right)-\frac{1}{m_0}\sum_{\boldsymbol{x}\in X_0}\sum_{i=1}^{m}\alpha_i\phi(\boldsymbol{x})^{\mathrm{T}}\phi\left(\boldsymbol{x}_i\right)\right)
\end{aligned}
$$

由于 $\kappa\left(\boldsymbol{x}_i,\boldsymbol{x}\right)=\phi(\boldsymbol{x}_i)^{\mathrm{T}}\phi(\boldsymbol{x})$ 为标量,因此它的转置等于它本身,即 $\kappa\left(\boldsymbol{x}_i,\boldsymbol{x}\right)=\phi(\boldsymbol{x}_i)^{\mathrm{T}}\phi(\boldsymbol{x})=\left(\phi(\boldsymbol{x}_i)^{\mathrm{T}}\phi(\boldsymbol{x})\right)^{\mathrm{T}}=\phi(\boldsymbol{x})^{\mathrm{T}}\phi(\boldsymbol{x}_i)=\kappa\left(\boldsymbol{x}_i,\boldsymbol{x}\right)^{\mathrm{T}}$,将其代入上式可得

$$
\begin{aligned}
\boldsymbol{w}^{\mathrm{T}}\boldsymbol{S}_b^{\phi}\boldsymbol{w}=&\left(\frac{1}{m_1}\sum_{i=1}^{m}\sum_{\boldsymbol{x}\in X_1}\alpha_i\kappa\left(\boldsymbol{x}_i,\boldsymbol{x}\right)-\frac{1}{m_0}\sum_{i=1}^{m}\sum_{\boldsymbol{x}\in X_0}\alpha_i\kappa\left(\boldsymbol{x}_i,\boldsymbol{x}\right)\right)\\
&\cdot\left(\frac{1}{m_1}\sum_{i=1}^{m}\sum_{\boldsymbol{x}\in X_1}\alpha_i\kappa\left(\boldsymbol{x}_i,\boldsymbol{x}\right)-\frac{1}{m_0}\sum_{i=1}^{m}\sum_{\boldsymbol{x}\in X_0}\alpha_i\kappa\left(\boldsymbol{x}_i,\boldsymbol{x}\right)\right)
\end{aligned}
$$

设 $\boldsymbol{\alpha}=(\alpha_1;\alpha_2;\cdots;\alpha_m)^{\mathrm{T}}\in\mathbb{R}^{m\times1}$,同时结合式 (6.66) 的解释可得到 $\hat{\boldsymbol{\mu}}_0$ 和 $\hat{\boldsymbol{\mu}}_1$ 的一般形式。上式可以化简为

$$
\begin{aligned}
\boldsymbol{w}^{\mathrm{T}}\boldsymbol{S}_b^{\phi}\boldsymbol{w}&=\left(\boldsymbol{\alpha}^{\mathrm{T}}\hat{\boldsymbol{\mu}}_1-\boldsymbol{\alpha}^{\mathrm{T}}\hat{\boldsymbol{\mu}}_0\right)\cdot\left(\hat{\boldsymbol{\mu}}_1^{\mathrm{T}}\boldsymbol{\alpha}-\hat{\boldsymbol{\mu}}_0^{\mathrm{T}}\boldsymbol{\alpha}\right)\\
&=\boldsymbol{\alpha}^{\mathrm{T}}\cdot\left(\hat{\boldsymbol{\mu}}_1-\hat{\boldsymbol{\mu}}_0\right)\cdot\left(\hat{\boldsymbol{\mu}}_1^{\mathrm{T}}-\hat{\boldsymbol{\mu}}_0^{\mathrm{T}}\right)\cdot\boldsymbol{\alpha}\\
&=\boldsymbol{\alpha}^{\mathrm{T}}\cdot\left(\hat{\boldsymbol{\mu}}_1-\hat{\boldsymbol{\mu}}_0\right)\cdot\left(\hat{\boldsymbol{\mu}}_1-\hat{\boldsymbol{\mu}}_0\right)^{\mathrm{T}}\cdot\boldsymbol{\alpha}\\
&=\boldsymbol{\alpha}^{\mathrm{T}}\boldsymbol{M}\boldsymbol{\alpha}
\end{aligned}
$$

以上便是式 (6.70) 的分子部分的推导过程，下面继续推导式 (6.70) 的分母部分。将式 (6.65) 代入式 (6.60) 的分母可得

$$
\begin{aligned}
\boldsymbol{w}^{\mathrm{T}}\boldsymbol{S}_w^{\phi}\boldsymbol{w} &= \left(\sum_{i=1}^{m}\alpha_i\phi\left(\boldsymbol{x}_i\right)\right)^{\mathrm{T}}\cdot\boldsymbol{S}_w^{\phi}\cdot\sum_{i=1}^{m}\alpha_i\phi\left(\boldsymbol{x}_i\right) \\
&= \sum_{i=1}^{m}\alpha_i\phi\left(\boldsymbol{x}_i\right)^{\mathrm{T}}\cdot\boldsymbol{S}_w^{\phi}\cdot\sum_{i=1}^{m}\alpha_i\phi\left(\boldsymbol{x}_i\right)
\end{aligned}
$$

其中

$$
\begin{aligned}
\boldsymbol{S}_w^{\phi} &= \sum_{i=0}^{1}\sum_{\boldsymbol{x}\in X_i}\left(\phi(\boldsymbol{x})-\boldsymbol{\mu}_i^{\phi}\right)\left(\phi(\boldsymbol{x})-\boldsymbol{\mu}_i^{\phi}\right)^{\mathrm{T}} \\
&= \sum_{i=0}^{1}\sum_{\boldsymbol{x}\in X_i}\left(\phi(\boldsymbol{x})-\boldsymbol{\mu}_i^{\phi}\right)\left(\phi(\boldsymbol{x})^{\mathrm{T}}-\left(\boldsymbol{\mu}_i^{\phi}\right)^{\mathrm{T}}\right) \\
&= \sum_{i=0}^{1}\sum_{\boldsymbol{x}\in X_i}\left(\phi(\boldsymbol{x})\phi(\boldsymbol{x})^{\mathrm{T}}-\phi(\boldsymbol{x})\left(\boldsymbol{\mu}_i^{\phi}\right)^{\mathrm{T}}-\boldsymbol{\mu}_i^{\phi}\phi(\boldsymbol{x})^{\mathrm{T}}+\boldsymbol{\mu}_i^{\phi}\left(\boldsymbol{\mu}_i^{\phi}\right)^{\mathrm{T}}\right) \\
&= \sum_{i=0}^{1}\sum_{\boldsymbol{x}\in X_i}\phi(\boldsymbol{x})\phi(\boldsymbol{x})^{\mathrm{T}}-\sum_{i=0}^{1}\sum_{\boldsymbol{x}\in X_i}\phi(\boldsymbol{x})\left(\boldsymbol{\mu}_i^{\phi}\right)^{\mathrm{T}} \\
&\quad -\sum_{i=0}^{1}\sum_{\boldsymbol{x}\in X_i}\boldsymbol{\mu}_i^{\phi}\phi(\boldsymbol{x})^{\mathrm{T}}+\sum_{i=0}^{1}\sum_{\boldsymbol{x}\in X_i}\boldsymbol{\mu}_i^{\phi}\left(\boldsymbol{\mu}_i^{\phi}\right)^{\mathrm{T}}
\end{aligned}
$$

由于

$$
\begin{aligned}
\sum_{i=0}^{1}\sum_{\boldsymbol{x}\in X_i}\phi(\boldsymbol{x})\left(\boldsymbol{\mu}_i^{\phi}\right)^{\mathrm{T}} &= \sum_{\boldsymbol{x}\in X_0}\phi(\boldsymbol{x})\left(\boldsymbol{\mu}_0^{\phi}\right)^{\mathrm{T}}+\sum_{\boldsymbol{x}\in X_1}\phi(\boldsymbol{x})\left(\boldsymbol{\mu}_1^{\phi}\right)^{\mathrm{T}} \\
&= m_0\boldsymbol{\mu}_0^{\phi}\left(\boldsymbol{\mu}_0^{\phi}\right)^{\mathrm{T}}+m_1\boldsymbol{\mu}_1^{\phi}\left(\boldsymbol{\mu}_1^{\phi}\right)^{\mathrm{T}}
\end{aligned}
$$

且

$$
\begin{aligned}
\sum_{i=0}^{1}\sum_{\boldsymbol{x}\in X_i}\boldsymbol{\mu}_i^{\phi}\phi(\boldsymbol{x})^{\mathrm{T}} &= \sum_{i=0}^{1}\boldsymbol{\mu}_i^{\phi}\sum_{\boldsymbol{x}\in X_i}\phi(\boldsymbol{x})^{\mathrm{T}} \\
&= \boldsymbol{\mu}_0^{\phi}\sum_{\boldsymbol{x}\in X_0}\phi(\boldsymbol{x})^{\mathrm{T}}+\boldsymbol{\mu}_1^{\phi}\sum_{\boldsymbol{x}\in X_1}\phi(\boldsymbol{x})^{\mathrm{T}} \\
&= m_0\boldsymbol{\mu}_0^{\phi}\left(\boldsymbol{\mu}_0^{\phi}\right)^{\mathrm{T}}+m_1\boldsymbol{\mu}_1^{\phi}\left(\boldsymbol{\mu}_1^{\phi}\right)^{\mathrm{T}}
\end{aligned}
$$

所以

$$\begin{aligned}\boldsymbol{S}_w^{\phi} &= \sum_{\boldsymbol{x}\in D}\phi(\boldsymbol{x})\phi(\boldsymbol{x})^{\mathrm{T}} - 2\left[m_0\boldsymbol{\mu}_0^{\phi}\left(\boldsymbol{\mu}_0^{\phi}\right)^{\mathrm{T}} + m_1\boldsymbol{\mu}_1^{\phi}\left(\boldsymbol{\mu}_1^{\phi}\right)^{\mathrm{T}}\right] \\ &\quad + m_0\boldsymbol{\mu}_0^{\phi}\left(\boldsymbol{\mu}_0^{\phi}\right)^{\mathrm{T}} + m_1\boldsymbol{\mu}_1^{\phi}\left(\boldsymbol{\mu}_1^{\phi}\right)^{\mathrm{T}} \\ &= \sum_{\boldsymbol{x}\in D}\phi(\boldsymbol{x})\phi(\boldsymbol{x})^{\mathrm{T}} - m_0\boldsymbol{\mu}_0^{\phi}\left(\boldsymbol{\mu}_0^{\phi}\right)^{\mathrm{T}} - m_1\boldsymbol{\mu}_1^{\phi}\left(\boldsymbol{\mu}_1^{\phi}\right)^{\mathrm{T}}\end{aligned}$$

再将此式代回 $\boldsymbol{w}^{\mathrm{T}}\boldsymbol{S}_b^{\phi}\boldsymbol{w}$ 可得

$$\begin{aligned}\boldsymbol{w}^{\mathrm{T}}\boldsymbol{S}_w^{\phi}\boldsymbol{w} &= \sum_{i=1}^{m}\alpha_i\phi\left(\boldsymbol{x}_i\right)^{\mathrm{T}}\cdot\boldsymbol{S}_w^{\phi}\cdot\sum_{i=1}^{m}\alpha_i\phi\left(\boldsymbol{x}_i\right) \\ &= \sum_{i=1}^{m}\alpha_i\phi\left(\boldsymbol{x}_i\right)^{\mathrm{T}}\cdot\left(\sum_{\boldsymbol{x}\in D}\phi(\boldsymbol{x})\phi(\boldsymbol{x})^{\mathrm{T}} - m_0\boldsymbol{\mu}_0^{\phi}\left(\boldsymbol{\mu}_0^{\phi}\right)^{\mathrm{T}} - m_1\boldsymbol{\mu}_1^{\phi}\left(\boldsymbol{\mu}_1^{\phi}\right)^{\mathrm{T}}\right) \\ &\quad \cdot\sum_{i=1}^{m}\alpha_i\phi\left(\boldsymbol{x}_i\right) \\ &= \sum_{i=1}^{m}\sum_{j=1}^{m}\sum_{\boldsymbol{x}\in D}\alpha_i\phi\left(\boldsymbol{x}_i\right)^{\mathrm{T}}\phi(\boldsymbol{x})\phi(\boldsymbol{x})^{\mathrm{T}}\alpha_j\phi\left(\boldsymbol{x}_j\right) \\ &\quad - \sum_{i=1}^{m}\sum_{j=1}^{m}\alpha_i\phi\left(\boldsymbol{x}_i\right)^{\mathrm{T}}m_0\boldsymbol{\mu}_0^{\phi}\left(\boldsymbol{\mu}_0^{\phi}\right)^{\mathrm{T}}\alpha_j\phi\left(\boldsymbol{x}_j\right) \\ &\quad - \sum_{i=1}^{m}\sum_{j=1}^{m}\alpha_i\phi\left(\boldsymbol{x}_i\right)^{\mathrm{T}}m_1\boldsymbol{\mu}_1^{\phi}\left(\boldsymbol{\mu}_1^{\phi}\right)^{\mathrm{T}}\alpha_j\phi\left(\boldsymbol{x}_j\right)\end{aligned}$$

其中，第 1 项可以化简为

$$\begin{aligned}\sum_{i=1}^{m}\sum_{j=1}^{m}\sum_{\boldsymbol{x}\in D}\alpha_i\phi\left(\boldsymbol{x}_i\right)^{\mathrm{T}}\phi(\boldsymbol{x})\phi(\boldsymbol{x})^{\mathrm{T}}\alpha_j\phi\left(\boldsymbol{x}_j\right) &= \sum_{i=1}^{m}\sum_{j=1}^{m}\sum_{\boldsymbol{x}\in D}\alpha_i\alpha_j\kappa\left(\boldsymbol{x}_i,\boldsymbol{x}\right)\kappa\left(\boldsymbol{x}_j,\boldsymbol{x}\right) \\ &= \boldsymbol{\alpha}^{\mathrm{T}}\boldsymbol{K}\boldsymbol{K}^{\mathrm{T}}\boldsymbol{\alpha}\end{aligned}$$

第 2 项可以化简为

$$\begin{aligned}&\sum_{i=1}^{m}\sum_{j=1}^{m}\alpha_i\phi\left(\boldsymbol{x}_i\right)^{\mathrm{T}}m_0\boldsymbol{\mu}_0^{\phi}\left(\boldsymbol{\mu}_0^{\phi}\right)^{\mathrm{T}}\alpha_j\phi\left(\boldsymbol{x}_j\right) \\ &= m_0\sum_{i=1}^{m}\sum_{j=1}^{m}\alpha_i\alpha_j\phi\left(\boldsymbol{x}_i\right)^{\mathrm{T}}\boldsymbol{\mu}_0^{\phi}\left(\boldsymbol{\mu}_0^{\phi}\right)^{\mathrm{T}}\phi\left(\boldsymbol{x}_j\right)\end{aligned}$$

$$\begin{aligned}
&= m_0 \sum_{i=1}^{m}\sum_{j=1}^{m}\alpha_i\alpha_j\phi\left(\boldsymbol{x}_i\right)^{\mathrm{T}}\left[\frac{1}{m_0}\sum_{\boldsymbol{x}\in X_0}\phi(\boldsymbol{x})\right]\left[\frac{1}{m_0}\sum_{\boldsymbol{x}\in X_0}\phi(\boldsymbol{x})\right]^{\mathrm{T}}\phi\left(\boldsymbol{x}_j\right)\\
&= m_0 \sum_{i=1}^{m}\sum_{j=1}^{m}\alpha_i\alpha_j\left[\frac{1}{m_0}\sum_{\boldsymbol{x}\in X_0}\phi\left(\boldsymbol{x}_i\right)^{\mathrm{T}}\phi(\boldsymbol{x})\right]\left[\frac{1}{m_0}\sum_{\boldsymbol{x}\in X_0}\phi(\boldsymbol{x})^{\mathrm{T}}\phi\left(\boldsymbol{x}_j\right)\right]\\
&= m_0 \sum_{i=1}^{m}\sum_{j=1}^{m}\alpha_i\alpha_j\left[\frac{1}{m_0}\sum_{\boldsymbol{x}\in X_0}\kappa\left(\boldsymbol{x}_i,\boldsymbol{x}\right)\right]\left[\frac{1}{m_0}\sum_{\boldsymbol{x}\in X_0}\kappa\left(\boldsymbol{x}_j,\boldsymbol{x}\right)\right]\\
&= m_0\boldsymbol{\alpha}^{\mathrm{T}}\hat{\boldsymbol{\mu}}_0\hat{\boldsymbol{\mu}}_0^{\mathrm{T}}\boldsymbol{\alpha}
\end{aligned}$$

第 3 项可以化简为

$$\sum_{i=1}^{m}\sum_{j=1}^{m}\alpha_i\phi\left(\boldsymbol{x}_i\right)^{\mathrm{T}}m_1\boldsymbol{\mu}_1^{\phi}\left(\boldsymbol{\mu}_1^{\phi}\right)^{\mathrm{T}}\alpha_j\phi\left(\boldsymbol{x}_j\right)=m_1\boldsymbol{\alpha}^{\mathrm{T}}\hat{\boldsymbol{\mu}}_1\hat{\boldsymbol{\mu}}_1^{\mathrm{T}}\boldsymbol{\alpha}$$

将上述三项的化简结果代回可得

$$\begin{aligned}
\boldsymbol{w}^{\mathrm{T}}\boldsymbol{S}_b^{\phi}\boldsymbol{w} &= \boldsymbol{\alpha}^{\mathrm{T}}\boldsymbol{K}\boldsymbol{K}^{\mathrm{T}}\boldsymbol{\alpha}-m_0\boldsymbol{\alpha}^{\mathrm{T}}\hat{\boldsymbol{\mu}}_0\hat{\boldsymbol{\mu}}_0^{\mathrm{T}}\boldsymbol{\alpha}-m_1\boldsymbol{\alpha}^{\mathrm{T}}\hat{\boldsymbol{\mu}}_1\hat{\boldsymbol{\mu}}_1^{\mathrm{T}}\boldsymbol{\alpha}\\
&= \boldsymbol{\alpha}^{\mathrm{T}}\cdot\left(\boldsymbol{K}\boldsymbol{K}^{\mathrm{T}}-m_0\hat{\boldsymbol{\mu}}_0\hat{\boldsymbol{\mu}}_0^{\mathrm{T}}-m_1\hat{\boldsymbol{\mu}}_1\hat{\boldsymbol{\mu}}_1^{\mathrm{T}}\right)\cdot\boldsymbol{\alpha}\\
&= \boldsymbol{\alpha}^{\mathrm{T}}\cdot\left(\boldsymbol{K}\boldsymbol{K}^{\mathrm{T}}-\sum_{i=0}^{1}m_i\hat{\boldsymbol{\mu}}_i\hat{\boldsymbol{\mu}}_i^{\mathrm{T}}\right)\cdot\boldsymbol{\alpha}\\
&= \boldsymbol{\alpha}^{\mathrm{T}}\boldsymbol{N}\boldsymbol{\alpha}
\end{aligned}$$

6.6.5 核对率回归

将“对率回归与支持向量机的关系”中最后得到的对率回归重写为如下形式:

$$\min_{\boldsymbol{w},b}\frac{1}{m}\sum_{i=1}^{m}\log\left(1+\mathrm{e}^{-y_i\left(\boldsymbol{w}^{\mathrm{T}}\boldsymbol{x}_i+b\right)}\right)+\frac{\lambda}{2m}\|\boldsymbol{w}\|^2$$

其中，λ 是用来调整正则项权重的正则化常数。假设 $\boldsymbol{z}_i=\phi(\boldsymbol{x}_i)$ 是由原始空间经核函数映射到高维空间的特征向量，则

$$\min_{\boldsymbol{w},b}\frac{1}{m}\sum_{i=1}^{m}\log\left(1+\mathrm{e}^{-y_i\left(\boldsymbol{w}^{\mathrm{T}}\boldsymbol{z}_i+b\right)}\right)+\frac{\lambda}{2m}\|\boldsymbol{w}\|^2$$

注意在以上两式中，$\boldsymbol{w}$ 的维度是不同的，分别与 $\boldsymbol{x}_i$ 和 $\boldsymbol{z}_i$ 的维度一致。根据表示定理，上式的解可以写为

$$\boldsymbol{w}=\sum_{j=1}^{m}\alpha_j\boldsymbol{z}_j$$

将 $\boldsymbol{w}$ 代入对率回归可得

$$\min_{\boldsymbol{w},b}\frac{1}{m}\sum_{i=1}^{m}\log\left(1+\mathrm{e}^{-y_i\left(\sum_{j=1}^{m}\alpha_j\boldsymbol{z}_j^{\mathrm{T}}\boldsymbol{z}_i+b\right)}\right)+\frac{\lambda}{2m}\sum_{i=1}^{m}\sum_{j=1}^{m}\alpha_i\alpha_j\boldsymbol{z}_i^{\mathrm{T}}\boldsymbol{z}_j$$

用核函数 $\kappa\left(\boldsymbol{x}_i,\boldsymbol{x}_j\right)=\boldsymbol{z}_i^{\mathrm{T}}\boldsymbol{z}_j=\phi\left(\boldsymbol{x}_i\right)^{\mathrm{T}}\phi\left(\boldsymbol{x}_j\right)$ 替换上式中的内积运算：

$$\min_{\boldsymbol{w},b}\frac{1}{m}\sum_{i=1}^{m}\log\left(1+\mathrm{e}^{-y_i\left(\sum_{j=1}^{m}\alpha_j\kappa\left(\boldsymbol{x}_i,\boldsymbol{x}_j\right)+b\right)}\right)+\frac{\lambda}{2m}\sum_{i=1}^{m}\sum_{j=1}^{m}\alpha_i\alpha_j\kappa\left(\boldsymbol{x}_i,\boldsymbol{x}_j\right)$$

解出 $\boldsymbol{\alpha}=(\alpha_1,\alpha_2,\cdots,\alpha_m)$ 和 b 后，即可得到 $f(\boldsymbol{x})=\sum_{i=1}^{m}\alpha_i\kappa(\boldsymbol{x},\boldsymbol{x}_i)+b$。

参 考 文 献

[1] 王燕军. 最优化基础理论与方法 [M]. 上海：复旦大学出版社, 2011.

[2] 王书宁. 凸优化 [M]. 北京：清华大学出版社, 2013.

第 7 章　贝叶斯分类器

本章旨在从概率框架下的贝叶斯视角给出机器学习问题的建模方法，不同于前几章着重于算法的具体实现，本章的理论性会更强。朴素贝叶斯算法常用于文本分类，例如用于广告邮件检测，贝叶斯网和 EM 算法均属于概率图模型的范畴，因此可合并至第 14 章一起学习。

7.1　贝叶斯决策论

7.1.1　式 (7.5) 的推导

由式 (7.1) 和式 (7.4) 可得

$$R(c_i|\boldsymbol{x}) = 1*P(c_1|\boldsymbol{x})+\cdots+1*P(c_{i-1}|\boldsymbol{x})+0*P(c_i|\boldsymbol{x})+1*P(c_{i+1}|\boldsymbol{x})+\cdots+1*P(c_N|\boldsymbol{x})$$

又因为 $\sum_{j=1}^{N} P(c_j|\boldsymbol{x}) = 1$，所以

$$R(c_i|\boldsymbol{x}) = 1 - P(c_i|\boldsymbol{x})$$

此为式 (7.5)。

7.1.2　式 (7.6) 的推导

将式 (7.5) 代入式 (7.3) 即可推得此式。

7.1.3　判别式模型与生成式模型

对于判别式模型来说，就是在已知 $\boldsymbol{x}$ 的条件下判别其类别标记 c，即求后验概率 $P(c|\boldsymbol{x})$。前几章介绍的模型都属于判别式模型的范畴，尤其是对数几率回归最为直接明了，式 (3.23) 和式 (3.24) 直接就是后验概率的形式。

对于生成式模型来说，理解起来比较抽象，但是可通过思考以下两个问题来理解。

（1）对于数据集来说，其中的样本是如何生成的？通常假设数据集中的样本服从独立同分布，即每个样本都是按照联合概率分布 $P(\boldsymbol{x},c)$ 采样而得的，也可以描述为它们都是根据 $P(\boldsymbol{x},c)$ 生成的。

（2）若已知样本 $\boldsymbol{x}$ 和联合概率分布 $P(\boldsymbol{x},c)$，如何预测类别呢？若样本 $\boldsymbol{x}$ 和联合概率分布 $P(\boldsymbol{x},c)$ 已知，则可以分别求出 $\boldsymbol{x}$ 属于各个类别的概率，即 $P(\boldsymbol{x},c_1)$, $P(\boldsymbol{x},c_2),\cdots,P(\boldsymbol{x},c_N)$，然后选择概率最大的类别作为样本 $\boldsymbol{x}$ 的预测结果。

因此，之所以称为“生成式”模型，就是因为所求的概率 $P(\boldsymbol{x},c)$ 是生成样本 $\boldsymbol{x}$ 的概率。

7.2 极大似然估计

7.2.1 式 (7.12) 和式 (7.13) 的推导

根据式 (7.10) 和式 (7.11) 可知参数求解式为

$$\begin{aligned}\hat{\boldsymbol{\theta}}_c &= \underset{\boldsymbol{\theta}_c}{\arg\max}\ LL\left(\boldsymbol{\theta}_c\right)\\ &= \underset{\boldsymbol{\theta}_c}{\arg\min} -LL\left(\boldsymbol{\theta}_c\right)\\ &= \underset{\boldsymbol{\theta}_c}{\arg\min} -\sum_{\boldsymbol{x}\in D_c}\log P\left(\boldsymbol{x}|\boldsymbol{\theta}_c\right)\end{aligned}$$

由“西瓜书”中对应的上下文可知，此时假设概率密度函数 $p(\boldsymbol{x}|c)\sim\mathcal{N}(\boldsymbol{\mu}_c,\boldsymbol{\sigma}_c^2)$，这等价于假设

$$P\left(\boldsymbol{x}|\boldsymbol{\theta}_c\right)=P\left(\boldsymbol{x}|\boldsymbol{\mu}_c,\boldsymbol{\sigma}_c^2\right)=\frac{1}{\sqrt{(2\pi)^d|\boldsymbol{\Sigma}_c|}}\exp\left(-\frac{1}{2}(\boldsymbol{x}-\boldsymbol{\mu}_c)^{\mathrm{T}}\boldsymbol{\Sigma}_c^{-1}(\boldsymbol{x}-\boldsymbol{\mu}_c)\right)$$

其中，d 表示 $\boldsymbol{x}$ 的维数，$\boldsymbol{\Sigma}_c=\boldsymbol{\sigma}_c^2$ 为对称正定协方差矩阵，$|\boldsymbol{\Sigma}_c|$ 表示 $\boldsymbol{\Sigma}_c$ 的行列式。将其代入参数求解式可得

$$(\hat{\boldsymbol{\mu}}_c,\hat{\boldsymbol{\Sigma}}_c)=\underset{(\boldsymbol{\mu}_c,\boldsymbol{\Sigma}_c)}{\arg\min}-\sum_{\boldsymbol{x}\in D_c}\log\left[\frac{1}{\sqrt{(2\pi)^d|\boldsymbol{\Sigma}_c|}}\exp\left(-\frac{1}{2}(\boldsymbol{x}-\boldsymbol{\mu}_c)^{\mathrm{T}}\boldsymbol{\Sigma}_c^{-1}(\boldsymbol{x}-\boldsymbol{\mu}_c)\right)\right]$$

$$
\begin{aligned}
&= \underset{(\boldsymbol{\mu}_c,\boldsymbol{\Sigma}_c)}{\arg\min} - \sum_{\boldsymbol{x}\in D_c}\left[-\frac{d}{2}\log(2\pi) - \frac{1}{2}\log|\boldsymbol{\Sigma}_c| - \frac{1}{2}(\boldsymbol{x}-\boldsymbol{\mu}_c)^{\mathrm{T}}\boldsymbol{\Sigma}_c^{-1}(\boldsymbol{x}-\boldsymbol{\mu}_c)\right] \\
&= \underset{(\boldsymbol{\mu}_c,\boldsymbol{\Sigma}_c)}{\arg\min} \sum_{\boldsymbol{x}\in D_c}\left[\frac{d}{2}\log(2\pi) + \frac{1}{2}\log|\boldsymbol{\Sigma}_c| + \frac{1}{2}(\boldsymbol{x}-\boldsymbol{\mu}_c)^{\mathrm{T}}\boldsymbol{\Sigma}_c^{-1}(\boldsymbol{x}-\boldsymbol{\mu}_c)\right] \\
&= \underset{(\boldsymbol{\mu}_c,\boldsymbol{\Sigma}_c)}{\arg\min} \sum_{\boldsymbol{x}\in D_c}\left[\frac{1}{2}\log|\boldsymbol{\Sigma}_c| + \frac{1}{2}(\boldsymbol{x}-\boldsymbol{\mu}_c)^{\mathrm{T}}\boldsymbol{\Sigma}_c^{-1}(\boldsymbol{x}-\boldsymbol{\mu}_c)\right]
\end{aligned}
$$

假设此时数据集 D_c 中样本的个数为 n，即 $|D_c| = n$，则上式可以改写为

$$
\begin{aligned}
(\hat{\boldsymbol{\mu}}_c, \hat{\boldsymbol{\Sigma}}_c) &= \underset{(\boldsymbol{\mu}_c,\boldsymbol{\Sigma}_c)}{\arg\min} \sum_{i=1}^{n}\left[\frac{1}{2}\log|\boldsymbol{\Sigma}_c| + \frac{1}{2}(\boldsymbol{x}_i-\boldsymbol{\mu}_c)^{\mathrm{T}}\boldsymbol{\Sigma}_c^{-1}(\boldsymbol{x}_i-\boldsymbol{\mu}_c)\right] \\
&= \underset{(\boldsymbol{\mu}_c,\boldsymbol{\Sigma}_c)}{\arg\min} \frac{n}{2}\log|\boldsymbol{\Sigma}_c| + \sum_{i=1}^{n}\frac{1}{2}(\boldsymbol{x}_i-\boldsymbol{\mu}_c)^{\mathrm{T}}\boldsymbol{\Sigma}_c^{-1}(\boldsymbol{x}_i-\boldsymbol{\mu}_c)
\end{aligned}
$$

为了便于分别求解 $\hat{\boldsymbol{\mu}}_c$ 和 $\hat{\boldsymbol{\Sigma}}_c$，在这里，我们根据式 $\boldsymbol{x}^{\mathrm{T}}\mathbf{A}\boldsymbol{x} = \operatorname{tr}(\mathbf{A}\boldsymbol{x}\boldsymbol{x}^{\mathrm{T}})$ 和 $\bar{\boldsymbol{x}} = \frac{1}{n}\sum_{i=1}^{n}\boldsymbol{x}_i$ 对上式中的最后一项进行如下恒等变形：

$$
\begin{aligned}
&\sum_{i=1}^{n}\frac{1}{2}(\boldsymbol{x}_i-\boldsymbol{\mu}_c)^{\mathrm{T}}\boldsymbol{\Sigma}_c^{-1}(\boldsymbol{x}_i-\boldsymbol{\mu}_c) \\
=&\frac{1}{2}\operatorname{tr}\left[\boldsymbol{\Sigma}_c^{-1}\sum_{i=1}^{n}(\boldsymbol{x}_i-\boldsymbol{\mu}_c)(\boldsymbol{x}_i-\boldsymbol{\mu}_c)^{\mathrm{T}}\right] \\
=&\frac{1}{2}\operatorname{tr}\left[\boldsymbol{\Sigma}_c^{-1}\sum_{i=1}^{n}\left(\boldsymbol{x}_i\boldsymbol{x}_i^{\mathrm{T}} - \boldsymbol{x}_i\boldsymbol{\mu}_c^{\mathrm{T}} - \boldsymbol{\mu}_c\boldsymbol{x}_i^{\mathrm{T}} + \boldsymbol{\mu}_c\boldsymbol{\mu}_c^{\mathrm{T}}\right)\right] \\
=&\frac{1}{2}\operatorname{tr}\left[\boldsymbol{\Sigma}_c^{-1}\left(\sum_{i=1}^{n}\boldsymbol{x}_i\boldsymbol{x}_i^{\mathrm{T}} - n\bar{\boldsymbol{x}}\boldsymbol{\mu}_c^{\mathrm{T}} - n\boldsymbol{\mu}_c\bar{\boldsymbol{x}}^{\mathrm{T}} + n\boldsymbol{\mu}_c\boldsymbol{\mu}_c^{\mathrm{T}}\right)\right] \\
=&\frac{1}{2}\operatorname{tr}\left[\boldsymbol{\Sigma}_c^{-1}\left(\sum_{i=1}^{n}\boldsymbol{x}_i\boldsymbol{x}_i^{\mathrm{T}} - 2n\bar{\boldsymbol{x}}\boldsymbol{\mu}_c^{\mathrm{T}} + n\boldsymbol{\mu}_c\boldsymbol{\mu}_c^{\mathrm{T}} + 2n\bar{\boldsymbol{x}}\bar{\boldsymbol{x}}^{\mathrm{T}} - 2n\bar{\boldsymbol{x}}\bar{\boldsymbol{x}}^{\mathrm{T}}\right)\right] \\
=&\frac{1}{2}\operatorname{tr}\left[\boldsymbol{\Sigma}_c^{-1}\left(\left(\sum_{i=1}^{n}\boldsymbol{x}_i\boldsymbol{x}_i^{\mathrm{T}} - 2n\bar{\boldsymbol{x}}\bar{\boldsymbol{x}}^{\mathrm{T}} + n\bar{\boldsymbol{x}}\bar{\boldsymbol{x}}^{\mathrm{T}}\right) + \left(n\boldsymbol{\mu}_c\boldsymbol{\mu}_c^{\mathrm{T}} - 2n\bar{\boldsymbol{x}}\boldsymbol{\mu}_c^{\mathrm{T}} + n\bar{\boldsymbol{x}}\bar{\boldsymbol{x}}^{\mathrm{T}}\right)\right)\right] \\
=&\frac{1}{2}\operatorname{tr}\left[\boldsymbol{\Sigma}_c^{-1}\left(\sum_{i=1}^{n}(\boldsymbol{x}_i-\bar{\boldsymbol{x}})(\boldsymbol{x}_i-\bar{\boldsymbol{x}})^{\mathrm{T}} + \sum_{i=1}^{n}(\boldsymbol{\mu}_c-\bar{\boldsymbol{x}})(\boldsymbol{\mu}_c-\bar{\boldsymbol{x}})^{\mathrm{T}}\right)\right] \\
=&\frac{1}{2}\operatorname{tr}\left[\boldsymbol{\Sigma}_c^{-1}\sum_{i=1}^{n}(\boldsymbol{x}_i-\bar{\boldsymbol{x}})(\boldsymbol{x}_i-\bar{\boldsymbol{x}})^{\mathrm{T}}\right] + \frac{1}{2}\operatorname{tr}\left[\boldsymbol{\Sigma}_c^{-1}\sum_{i=1}^{n}(\boldsymbol{\mu}_c-\bar{\boldsymbol{x}})(\boldsymbol{\mu}_c-\bar{\boldsymbol{x}})^{\mathrm{T}}\right]
\end{aligned}
$$

$$
\begin{aligned}
&=\frac{1}{2}\operatorname{tr}\left[\boldsymbol{\Sigma}_c^{-1}\sum_{i=1}^{n}(\boldsymbol{x}_i-\bar{\boldsymbol{x}})(\boldsymbol{x}_i-\bar{\boldsymbol{x}})^{\mathrm{T}}\right]+\frac{1}{2}\operatorname{tr}\left[n\cdot\boldsymbol{\Sigma}_c^{-1}(\boldsymbol{\mu}_c-\bar{\boldsymbol{x}})(\boldsymbol{\mu}_c-\bar{\boldsymbol{x}})^{\mathrm{T}}\right]\\
&=\frac{1}{2}\operatorname{tr}\left[\boldsymbol{\Sigma}_c^{-1}\sum_{i=1}^{n}(\boldsymbol{x}_i-\bar{\boldsymbol{x}})(\boldsymbol{x}_i-\bar{\boldsymbol{x}})^{\mathrm{T}}\right]+\frac{n}{2}\operatorname{tr}\left[\boldsymbol{\Sigma}_c^{-1}(\boldsymbol{\mu}_c-\bar{\boldsymbol{x}})(\boldsymbol{\mu}_c-\bar{\boldsymbol{x}})^{\mathrm{T}}\right]\\
&=\frac{1}{2}\operatorname{tr}\left[\boldsymbol{\Sigma}_c^{-1}\sum_{i=1}^{n}(\boldsymbol{x}_i-\bar{\boldsymbol{x}})(\boldsymbol{x}_i-\bar{\boldsymbol{x}})^{\mathrm{T}}\right]+\frac{n}{2}(\boldsymbol{\mu}_c-\bar{\boldsymbol{x}})^{\mathrm{T}}\boldsymbol{\Sigma}_c^{-1}(\boldsymbol{\mu}_c-\bar{\boldsymbol{x}})
\end{aligned}
$$

所以

$$
\begin{aligned}
(\hat{\boldsymbol{\mu}}_c,\hat{\boldsymbol{\Sigma}}_c)=\underset{(\boldsymbol{\mu}_c,\boldsymbol{\Sigma}_c)}{\arg\min}\frac{n}{2}\log|\boldsymbol{\Sigma}_c|&+\frac{1}{2}\operatorname{tr}\left[\boldsymbol{\Sigma}_c^{-1}\sum_{i=1}^{n}(\boldsymbol{x}_i-\bar{\boldsymbol{x}})(\boldsymbol{x}_i-\bar{\boldsymbol{x}})^{\mathrm{T}}\right]\\
&+\frac{n}{2}(\boldsymbol{\mu}_c-\bar{\boldsymbol{x}})^{\mathrm{T}}\boldsymbol{\Sigma}_c^{-1}(\boldsymbol{\mu}_c-\bar{\boldsymbol{x}})
\end{aligned}
$$

观察上式可知，由于此时 $\boldsymbol{\Sigma}_c^{-1}$ 和 $\boldsymbol{\Sigma}_c$ 一样均为正定矩阵，因此当 $\boldsymbol{\mu}_c-\bar{\boldsymbol{x}}\neq\mathbf{0}$ 时，上式中的最后一项为正定二次型。根据正定二次型的性质可知，此时上式中的最后一项的取值仅与 $\boldsymbol{\mu}_c-\bar{\boldsymbol{x}}$ 相关，并有当且仅当 $\boldsymbol{\mu}_c-\bar{\boldsymbol{x}}=\mathbf{0}$ 时，上式中的最后一项取最小值 0，此时可以解得

$$
\hat{\boldsymbol{\mu}}_c=\bar{\boldsymbol{x}}=\frac{1}{n}\sum_{i=1}^{n}\boldsymbol{x}_i
$$

将求解出来的 $\hat{\boldsymbol{\mu}}_c$ 代回参数求解式可得新的参数求解式：

$$
\hat{\boldsymbol{\Sigma}}_c=\underset{\boldsymbol{\Sigma}_c}{\arg\min}\frac{n}{2}\log|\boldsymbol{\Sigma}_c|+\frac{1}{2}\operatorname{tr}\left[\boldsymbol{\Sigma}_c^{-1}\sum_{i=1}^{n}(\boldsymbol{x}_i-\bar{\boldsymbol{x}})(\boldsymbol{x}_i-\bar{\boldsymbol{x}})^{\mathrm{T}}\right]
$$

此时的参数求解式是仅与 $\boldsymbol{\Sigma}_c$ 相关的函数。

为了求解 $\hat{\boldsymbol{\Sigma}}_c$，在这里，我们不加证明地给出一个引理：设 $\boldsymbol{B}$ 为 p 阶正定矩阵，$n>0$ 为实数，对所有 p 阶正定矩阵 $\boldsymbol{\Sigma}$ 有

$$
\frac{n}{2}\log|\boldsymbol{\Sigma}|+\frac{1}{2}\operatorname{tr}\left[\boldsymbol{\Sigma}^{-1}\boldsymbol{B}\right]\geqslant\frac{n}{2}\log|\boldsymbol{B}|+\frac{pn}{2}(1-\log n)
$$

当且仅当 $\boldsymbol{\Sigma}=\frac{1}{n}\boldsymbol{B}$ 时，上式中的等号情形才成立。

引理的证明可搜索张伟平老师的“多元正态分布参数的估计和数据的清洁与变换”课件

根据此引理可知，当且仅当 $\boldsymbol{\Sigma}_c=\frac{1}{n}\sum_{i=1}^{n}(\boldsymbol{x}_i-\bar{\boldsymbol{x}})(\boldsymbol{x}_i-\bar{\boldsymbol{x}})^{\mathrm{T}}$ 时，上述参数求解式中 $\arg\min$ 后面的式子取到最小值，此时的 $\boldsymbol{\Sigma}_c$ 即我们想要求解的 $\hat{\boldsymbol{\Sigma}}_c$。

7.3 朴素贝叶斯分类器

7.3.1 式 (7.16) 和式 (7.17) 的解释

这两个公式基于大数定律的频率近似概率的思路，而该思路在本质上仍然是进行极大似然估计，下面举例说明。以投掷硬币为例，假设投掷硬币 5 次，结果依次是正面、正面、反面、正面、反面，试基于此观察结果估计硬币正面朝上的概率。

设硬币正面朝上的概率为 θ，其服从伯努利分布，因此硬币反面朝上的概率为 $1-\theta$。同时设每次投掷结果相互独立，即独立同分布，则似然为

$$
\begin{aligned}
L(\theta) &= \theta\cdot\theta\cdot(1-\theta)\cdot\theta\cdot(1-\theta) \\
&= \theta^3(1-\theta)^2
\end{aligned}
$$

对数似然为

$$
LL(\theta)=\ln L(\theta)=3\ln\theta+2\ln(1-\theta)
$$

易证 $LL(\theta)$ 是关于 θ 的凹函数，因此对其求一阶导并令导数等于 0 即可求出最大值点。

$$
\begin{aligned}
\frac{\partial LL(\theta)}{\partial\theta} &= \frac{\partial\left(3\ln\theta+2\ln(1-\theta)\right)}{\partial\theta} \\
&= \frac{3}{\theta}-\frac{2}{1-\theta} \\
&= \frac{3-5\theta}{\theta(1-\theta)}
\end{aligned}
$$

令上式等于 0 可解得 $\theta=\frac{3}{5}$，显然 $\frac{3}{5}$ 也是硬币正面朝上的频率。

7.3.2 式 (7.18) 的解释

该式所表示的正态分布并不一定是标准正态分布，因此 $p(x_i|c)$ 的取值不一定在 0 和 1 之间，但这并不妨碍我们将其用作“概率”，因为根据朴素贝叶斯的算法原理可知，$p(x_i|c)$ 的值仅仅用来比较大小，因此我们只关心相对值而不关心绝对值。

7.3.3 贝叶斯估计[1]

贝叶斯学派视角下的一类点估计法被称为贝叶斯估计，常用的贝叶斯估计有最大后验（Maximum A Posteriori，MAP）估计、后验中位数估计和后验期望值估计共 3 种参数估计方法，下面给出它们的具体定义。

设总体的概率质量函数（若总体的分布为连续型，则改为概率密度函数，此处以离散型为例）为 $P(x|\theta)$，从该总体中抽取出的 n 个独立同分布的样本构成样本集 $D=\{x_1,x_2,\cdots,x_n\}$，根据贝叶斯公式可得，在给定样本集 D 的条件下，θ 的条件概率为

$$P(\theta|D)=\frac{P(D|\theta)P(\theta)}{P(D)}=\frac{P(D|\theta)P(\theta)}{\sum\limits_{\theta}P(D|\theta)P(\theta)}$$

其中 $P(D|\theta)$ 为似然函数。由于样本集 D 中的样本是独立同分布的，因此似然函数可以进一步展开。

$$P(\theta|D)=\frac{P(D|\theta)P(\theta)}{\sum\limits_{\theta}P(D|\theta)P(\theta)}=\frac{\prod\limits_{i=1}^{n}P(x_i|\theta)P(\theta)}{\sum\limits_{\theta}\prod\limits_{i=1}^{n}P(x_i|\theta)P(\theta)}$$

根据贝叶斯学派的观点，此条件概率代表了我们在已知样本集 D 后对 θ 产生的新的认识，它综合了我们对 θ 主观预设的先验概率 $P(\theta)$ 和样本集 D 带来的信息，通常称其为 θ 的后验概率。

贝叶斯学派认为，在得到 $P(\theta|D)$ 以后，对参数 θ 的任何统计推断都只能基于 $P(\theta|D)$。至于具体如何使用它，则可以结合某种准则一起去进行，统计学家也有一定的自由度。对于点估计来说，求使得 $P(\theta|D)$ 达到最大值的 $\hat{\theta}_{\mathrm{MAP}}$ 作为 θ 的估计被称为最大后验估计，求 $P(\theta|D)$ 的中位数 $\hat{\theta}_{\mathrm{Median}}$ 作为 θ 的估计被称为后验中位数估计，求 $P(\theta|D)$ 的期望值（均值）$\hat{\theta}_{\mathrm{Mean}}$ 作为 θ 的估计被称为后验期望值估计。

7.3.4 Categorical 分布

Categorical 分布又称为广义伯努利分布，是将伯努利分布中随机变量的可取值个数由两个泛化为多个得到的分布。具体地说，设离散型随机变量 X 共有 k 种可能的取值 $\{x_1,x_2,\cdots,x_k\}$，且 X 取到每个值的概率分别为 $P(X=$

$x_1) = \theta_1, P(X = x_2) = \theta_2, \cdots, P(X = x_k) = \theta_k$，则称随机变量 X 服从参数为 $\theta_1, \theta_2, \cdots, \theta_k$ 的 Categorical 分布，其概率质量函数为

$$P(X = x_i) = p(x_i) = \theta_i$$

7.3.5 Dirichlet 分布

类似于 Categorical 分布是伯努利分布的泛化形式，Dirichlet 分布是 Beta 分布的泛化形式。对于一个 k 维随机变量 $\boldsymbol{x} = (x_1, x_2, \cdots, x_k) \in \mathbb{R}^k$，其中 $x_i(i = 1, 2, \cdots, k)$ 满足 $0 \leqslant x_i \leqslant 1$ 和 $\sum_{i=1}^{k} x_i = 1$。若 $\boldsymbol{x}$ 服从参数为 $\boldsymbol{\alpha} = (\alpha_1, \alpha_2, \cdots, \alpha_k) \in \mathbb{R}^k$ 的 Dirichlet 分布，则其概率密度函数为

$$p(\boldsymbol{x}; \boldsymbol{\alpha}) = \frac{\Gamma\left(\sum\limits_{i=1}^{k} \alpha_i\right)}{\prod\limits_{i=1}^{k} \Gamma(\alpha_i)} \prod_{i=1}^{k} x_i^{\alpha_i - 1}$$

其中 $\Gamma(z) = \displaystyle\int_0^{\infty} x^{z-1} \mathrm{e}^{-x} \mathrm{d}x$ 为 Gamma 函数，当 $\boldsymbol{\alpha} = (1, 1, \cdots, 1)$ 时，Dirichlet 分布等价于均匀分布。

7.3.6 式 (7.19) 和式 (7.20) 的推导

从贝叶斯估计的角度来说，拉普拉斯修正就等价于先验概率为 Dirichlet 分布的后验期望值估计。为了接下来叙述方便，我们重新定义一下相关数学符号。

设有包含 m 个独立同分布样本的训练集 D，D 中可能的类别数为 k，其类别的具体取值范围为 $\{c_1, c_2, \cdots, c_k\}$。若令随机变量 C 表示样本所属的类别，且 C 取到每个值的概率分别为 $P(C = c_1) = \theta_1, P(C = c_2) = \theta_2, \cdots, P(C = c_k) = \theta_k$，那么显然 C 服从参数为 $\boldsymbol{\theta} = (\theta_1, \theta_2, \cdots, \theta_k) \in \mathbb{R}^k$ 的 Categorical 分布，其概率质量函数为

$$P(C = c_i) = P(c_i) = \theta_i$$

其中 $P(c_i) = \theta_i$ 就是式 (7.9) 所要求解的 $\hat{P}(c)$。下面我们用贝叶斯估计中的后验期望值估计来估计 θ_i。根据贝叶斯估计的原理可知，在进行参数估计之前，需要先主观预设一个先验概率 $P(\boldsymbol{\theta})$，通常为了方便计算后验概率 $P(\boldsymbol{\theta}|D)$，我们会用似然函数 $P(D|\boldsymbol{\theta})$ 的共轭先验作为我们的先验概率。显然，此时的 $P(D|\boldsymbol{\theta})$ 是一

个基于 Categorical 分布的似然函数，而 Categorical 分布的共轭先验为 Dirichlet 分布，所以只需要预设先验概率 $P(\boldsymbol{\theta})$ 为 Dirichlet 分布，然后使用后验期望值估计就能估计出 θ_i。

具体地说，记 D 中样本类别取值为 c_i 的样本个数为 y_i，则似然函数 $P(D|\boldsymbol{\theta})$ 可展开为

$$P(D|\boldsymbol{\theta}) = \theta_1^{y_1} \cdots \theta_k^{y_k} = \prod_{i=1}^{k} \theta_i^{y_i}$$

后验概率为

$$\begin{aligned} P(\boldsymbol{\theta}|D) &= \frac{P(D|\boldsymbol{\theta})P(\boldsymbol{\theta})}{P(D)} \\ &= \frac{P(D|\boldsymbol{\theta})P(\boldsymbol{\theta})}{\sum\limits_{\boldsymbol{\theta}} P(D|\boldsymbol{\theta})P(\boldsymbol{\theta})} \\ &= \frac{\prod\limits_{i=1}^{k} \theta_i^{y_i} \cdot P(\boldsymbol{\theta})}{\sum\limits_{\boldsymbol{\theta}} \left[\prod\limits_{i=1}^{k} \theta_i^{y_i} \cdot P(\boldsymbol{\theta}) \right]} \end{aligned}$$

假设此时先验概率 $P(\boldsymbol{\theta})$ 是参数为 $\boldsymbol{\alpha} = (\alpha_1, \alpha_2, \cdots, \alpha_k) \in \mathbb{R}^k$ 的 Dirichlet 分布，则 $P(\boldsymbol{\theta})$ 可写为

$$P(\boldsymbol{\theta}; \boldsymbol{\alpha}) = \frac{\Gamma\left(\sum\limits_{i=1}^{k} \alpha_i\right)}{\prod\limits_{i=1}^{k} \Gamma(\alpha_i)} \prod_{i=1}^{k} \theta_i^{\alpha_i - 1}$$

将其代入 $P(D|\boldsymbol{\theta})$ 可得

$$P(\boldsymbol{\theta}|D) = \frac{\prod\limits_{i=1}^{k} \theta_i^{y_i} \cdot P(\boldsymbol{\theta})}{\sum\limits_{\boldsymbol{\theta}} \left[\prod\limits_{i=1}^{k} \theta_i^{y_i} \cdot P(\boldsymbol{\theta}) \right]}$$

$$
= \frac{\prod_{i=1}^{k} \theta_i^{y_i} \cdot \frac{\Gamma\left(\sum_{i=1}^{k} \alpha_i\right)}{\prod_{i=1}^{k} \Gamma(\alpha_i)} \prod_{i=1}^{k} \theta_i^{\alpha_i - 1}}{\sum_{\boldsymbol{\theta}} \left[\prod_{i=1}^{k} \theta_i^{y_i} \cdot \frac{\Gamma\left(\sum_{i=1}^{k} \alpha_i\right)}{\prod_{i=1}^{k} \Gamma(\alpha_i)} \prod_{i=1}^{k} \theta_i^{\alpha_i - 1}\right]}
$$

$$
= \frac{\prod_{i=1}^{k} \theta_i^{y_i} \cdot \frac{\Gamma\left(\sum_{i=1}^{k} \alpha_i\right)}{\prod_{i=1}^{k} \Gamma(\alpha_i)} \prod_{i=1}^{k} \theta_i^{\alpha_i - 1}}{\sum_{\boldsymbol{\theta}} \left[\prod_{i=1}^{k} \theta_i^{y_i} \cdot \prod_{i=1}^{k} \theta_i^{\alpha_i - 1}\right] \cdot \frac{\Gamma\left(\sum_{i=1}^{k} \alpha_i\right)}{\prod_{i=1}^{k} \Gamma(\alpha_i)}}
$$

$$
= \frac{\prod_{i=1}^{k} \theta_i^{y_i} \cdot \prod_{i=1}^{k} \theta_i^{\alpha_i - 1}}{\sum_{\boldsymbol{\theta}} \left[\prod_{i=1}^{k} \theta_i^{y_i} \cdot \prod_{i=1}^{k} \theta_i^{\alpha_i - 1}\right]}
$$

$$
= \frac{\prod_{i=1}^{k} \theta_i^{\alpha_i + y_i - 1}}{\sum_{\boldsymbol{\theta}} \left[\prod_{i=1}^{k} \theta_i^{\alpha_i + y_i - 1}\right]}
$$

此时若设 $\boldsymbol{\alpha} + \boldsymbol{y} = (\alpha_1 + y_1, \alpha_2 + y_2, \cdots, \alpha_k + y_k) \in \mathbb{R}^k$，则根据 Dirichlet 分布的定义可知

$$P(\boldsymbol{\theta};\boldsymbol{\alpha}+\boldsymbol{y})=\frac{\Gamma\left(\sum_{i=1}^{k}(\alpha_i+y_i)\right)}{\prod_{i=1}^{k}\Gamma(\alpha_i+y_i)}\prod_{i=1}^{k}\theta_i^{\alpha_i+y_i-1}$$

$$\sum_{\boldsymbol{\theta}}P(\boldsymbol{\theta};\boldsymbol{\alpha}+\boldsymbol{y})=\sum_{\boldsymbol{\theta}}\frac{\Gamma\left(\sum_{i=1}^{k}(\alpha_i+y_i)\right)}{\prod_{i=1}^{k}\Gamma(\alpha_i+y_i)}\prod_{i=1}^{k}\theta_i^{\alpha_i+y_i-1}$$

$$1=\sum_{\boldsymbol{\theta}}\frac{\Gamma\left(\sum_{i=1}^{k}(\alpha_i+y_i)\right)}{\prod_{i=1}^{k}\Gamma(\alpha_i+y_i)}\prod_{i=1}^{k}\theta_i^{\alpha_i+y_i-1}$$

$$1=\frac{\Gamma\left(\sum_{i=1}^{k}(\alpha_i+y_i)\right)}{\prod_{i=1}^{k}\Gamma(\alpha_i+y_i)}\sum_{\boldsymbol{\theta}}\left[\prod_{i=1}^{k}\theta_i^{\alpha_i+y_i-1}\right]$$

$$\frac{1}{\sum_{\boldsymbol{\theta}}\left[\prod_{i=1}^{k}\theta_i^{\alpha_i+y_i-1}\right]}=\frac{\Gamma\left(\sum_{i=1}^{k}(\alpha_i+y_i)\right)}{\prod_{i=1}^{k}\Gamma(\alpha_i+y_i)}$$

将此结论代入 $P(D|\boldsymbol{\theta})$ 可得

$$\begin{aligned}P(\boldsymbol{\theta}|D)&=\frac{\prod_{i=1}^{k}\theta_i^{\alpha_i+y_i-1}}{\sum_{\boldsymbol{\theta}}\left[\prod_{i=1}^{k}\theta_i^{\alpha_i+y_i-1}\right]}\\&=\frac{\Gamma\left(\sum_{i=1}^{k}(\alpha_i+y_i)\right)}{\prod_{i=1}^{k}\Gamma(\alpha_i+y_i)}\prod_{i=1}^{k}\theta_i^{\alpha_i+y_i-1}\end{aligned}$$

$$= P(\boldsymbol{\theta};\boldsymbol{\alpha}+\boldsymbol{y})$$

综上可知，对于服从 Categorical 分布的 $\boldsymbol{\theta}$ 来说，当假设其先验概率 $P(\boldsymbol{\theta})$ 是参数为 $\boldsymbol{\alpha}$ 的 Dirichlet 分布时，得到的后验概率 $P(\boldsymbol{\theta}|D)$ 是参数为 $\boldsymbol{\alpha}+\boldsymbol{y}$ 的 Dirichlet 分布，通常我们称这种先验概率分布和后验概率分布形式相同的这对分布为共轭分布。在推得后验概率 $P(\boldsymbol{\theta}|D)$ 的具体形式以后，根据后验期望值估计可得到 θ_i 的估计值为

$$\begin{aligned}
\theta_i &= \mathbb{E}_{P(\boldsymbol{\theta}|D)}[\theta_i] \\
&= \mathbb{E}_{P(\boldsymbol{\theta};\boldsymbol{\alpha}+\boldsymbol{y})}[\theta_i] \\
&= \frac{\alpha_i+y_i}{\sum\limits_{j=1}^{k}(\alpha_j+y_j)} \\
&= \frac{\alpha_i+y_i}{\sum\limits_{j=1}^{k}\alpha_j+\sum\limits_{j=1}^{k}y_j} \\
&= \frac{\alpha_i+y_i}{\sum\limits_{j=1}^{k}\alpha_j+m}
\end{aligned}$$

显然，式 (7.9) 是当 $\boldsymbol{\alpha}=(1,1,\cdots,1)$ 时推得的具体结果，此时等价于我们主观预设的先验概率 $P(\boldsymbol{\theta})$ 服从均匀分布，此即拉普拉斯修正。同理，当我们调整 $\boldsymbol{\alpha}$ 的取值后，即可推得其他数据平滑的公式。

7.4 半朴素贝叶斯分类器

7.4.1 式 (7.21) 的解释

在朴素贝叶斯中估计 $P(x_i|c)$ 时，先挑出类别为 c 的样本。若是离散属性，则按大数定律估计 $P(x_i|c)$；若是连续属性，则求这些样本的均值和方差，接着按正态分布估计 $P(x_i|c)$。现在估计 $P(x_i|c,pa_i)$，方法则是先挑出类别为 c 且属性 x_i 所依赖的属性为 pa_i 的样本，剩下的步骤与估计 $P(x_i|c)$ 时相同。

7.4.2 式 (7.22) 的解释

该式写为如下形式可能更容易理解一些。

$$I(x_i,x_j|y)=\sum_{n=1}^{N}P(x_i,x_j|c_n)\log\frac{P(x_i,x_j|c_n)}{P(x_i|c_n)P(x_j|c_n)}$$

其中 $i,j=1,2,\cdots,d$ 且 $i\neq j$，N 为类别个数。该式一共可以得到 $\frac{d(d-1)}{2}$ 个 $I(x_i,x_j|y)$，即每对 (x_i,x_j) 均有一个条件互信息 $I(x_i,x_j|y)$。

7.4.3 式 (7.23) 的推导

基于贝叶斯定理，式 (7.8) 将联合概率 $P(\boldsymbol{x},c)$ 写成了等价形式 $P(\boldsymbol{x}|c)P(c)$。实际上，也可将向量 $\boldsymbol{x}$ 拆开，把 $P(\boldsymbol{x},c)$ 写成 $P(x_1,x_2,\cdots,x_d,c)$ 的形式，然后利用概率公式 $P(A,B)=P(A|B)P(B)$ 对其进行恒等变形。

$$\begin{aligned}
P(\boldsymbol{x},c)&=P\left(x_1,x_2,\cdots,x_d,c\right)\\
&=P\left(x_1,x_2,\cdots,x_d\mid c\right)P(c)\\
&=P\left(x_1,\cdots,x_{i-1},x_{i+1},\cdots,x_d\mid c,x_i\right)P\left(c,x_i\right)
\end{aligned}$$

类似于式 (7.14)，也采用属性条件独立性假设，则有

$$P(x_1,\cdots,x_{i-1},x_{i+1},\cdots,x_d|c,x_i)=\prod_{j=1\ j\neq i}^{d}P(x_j|c,x_i)$$

根据式 (7.25) 可知，当 $j=i$ 时，$|D_{c,x_i}|=|D_{c,x_i,x_j}|$。若不考虑平滑项，则此时 $P(x_j|c,x_i)=1$，因此在上式的连乘项中可放开 $j\neq i$ 的约束，即

$$P(x_1,\cdots,x_{i-1},x_{i+1},\cdots,x_d|c,x_i)=\prod_{j=1}^{d}P(x_j|c,x_i)$$

综上可得：

$$\begin{aligned}
P(c|\boldsymbol{x})&=\frac{P(\boldsymbol{x},c)}{P(\boldsymbol{x})}\\
&=\frac{P\left(c,x_i\right)P\left(x_1,\cdots,x_{i-1},x_{i+1},\cdots,x_d\mid c,x_i\right)}{P(\boldsymbol{x})}\\
&\propto P\left(c,x_i\right)P\left(x_1,\cdots,x_{i-1},x_{i+1},\cdots,x_d\mid c,x_i\right)
\end{aligned}$$

$$= P\left(c,x_i\right)\prod_{j=1}^{d}P(x_j|c,x_i)$$

上式将属性 x_i 作为超父属性，AODE 尝试将每个属性作为超父属性来构建 SPODE，然后将那些具有足够训练数据支撑的 SPODE 集成起来作为最终结果。具体来说，对于总共 d 个属性来说，共有 d 个不同的上式，集成直接求和即可，因为对于不同的类别标记 c 均有 d 个不同的上式。至于如何满足“足够训练数据支撑的 SPODE”这个条件，注意式 (7.24) 和式 (7.25) 使用了 $|D_{c,x_i}|$ 和 $|D_{c,x_i,x_j}|$，若集合 D_{x_i} 中样本数量过少，则 $|D_{c,x_i}|$ 和 $|D_{c,x_i,x_j}|$ 将会更小，因此在式 (7.23) 中要求集合 D_{x_i} 中的样本数量不少于 m'。

7.4.4 式 (7.24) 和式 (7.25) 的推导

参见式 (7.19) 和式 (7.20) 的推导。

7.5 贝叶斯网

7.5.1 式 (7.27) 的解释

我们在这里补充一下对同父结构和顺序结构的推导。同父结构：在给定父节点 x_1 的条件下，x_3 和 x_4 独立。

$$\begin{aligned}
P(x_3,x_4|x_1) &= \frac{P(x_1,x_3,x_4)}{P(x_1)} \\
&= \frac{P(x_1)P(x_3|x_1)P(x_4|x_1)}{P(x_1)} \\
&= P(x_3|x_1)P(x_4|x_1)
\end{aligned}$$

顺序结构：在给定节点 x 的条件下，y 和 z 独立。

$$\begin{aligned}
P(y,z|x) &= \frac{P(x,y,z)}{P(x)} \\
&= \frac{P(z)P(x|z)P(y|x)}{P(x)} \\
&= \frac{P(z,x)P(y|x)}{P(x)}
\end{aligned}$$

$$= P(z|x)P(y|x)$$

7.6 EM 算法

“西瓜书”中仅给出了 EM 算法的运算步骤，其原理并未展开讲解。下面补充 EM 算法的推导原理，以及用到的相关数学知识。

7.6.1 Jensen 不等式

若 f 是凸函数，则下式恒成立。

$$f\left(tx_1+(1-t)x_2\right) \leqslant tf(x_1)+(1-t)f(x_2)$$

其中 $t \in [0,1]$。上述不等式在将 x 推广到 n 个时同样成立，即

$$f(t_1x_1+t_2x_2+\cdots+t_nx_n) \leqslant t_1f(x_1)+t_2f(x_2)+\cdots+t_nf(t_n)$$

其中 $t_1,t_2,\cdots,t_n \in [0,1], \sum_{i=1}^{n} t_i = 1$。此不等式在概率论中通常以如下形式出现：

$$\varphi(\mathbb{E}[X]) \leqslant \mathbb{E}[\varphi(X)]$$

其中 X 是随机变量，φ 为凸函数，$\mathbb{E}[X]$ 为随机变量 X 的期望。显然，若 f 和 φ 是凹函数，则上述不等式中的 $\leqslant$ 换成 $\geqslant$ 也恒成立。

7.6.2 EM 算法的推导

假设现有一批独立同分布的样本 $\{x_1,x_2,\cdots,x_m\}$，它们是由某个含有隐变量的概率分布 $p(x,z;\theta)$ 生成的，请尝试用极大似然估计法估计此概率分布的参数。为了便于讨论，此处假设 z 为离散型随机变量，则对数似然函数为

$$\begin{aligned}
LL(\theta) &= \sum_{i=1}^{m} \ln p(x_i;\theta) \\
&= \sum_{i=1}^{m} \ln \sum_{z_i} p(x_i,z_i;\theta)
\end{aligned}$$

显然，此时 $LL(\theta)$ 中含有未知的隐变量 z 以及求和项的对数，相较于不含隐变量的对数似然函数，该似然函数的极大值点较难求解，好在 EM 算法给出了一种迭代的方法来完成对 $LL(\theta)$ 的极大化。

下面给出两种推导方法，其中一种出自李航老师的《统计学习方法》[2]，另一种出自吴恩达老师的 CS229 课程。这两种推导方法虽然在形式上有差异，但最终的 Q 函数相等。接下来我们先讲述这两种推导方法，之后再给出 Q 函数相等的证明。

下面首先给出《统计学习方法》中的推导方法。设 $X=\{x_1,x_2,\cdots,x_m\},Z=\{z_1,z_2,\cdots,z_m\}$，则对数似然函数可以改写为

$$
\begin{aligned}
LL(\theta) &= \ln P(X|\theta) \\
&= \ln \sum_{Z} P(X,Z|\theta) \\
&= \ln \left(\sum_{Z} P(X|Z,\theta)P(Z|\theta) \right)
\end{aligned}
$$

EM 算法采用的是通过迭代逐步近似极大化 $L(\theta)$：假设第 t 次迭代时 θ 的估计值是 $\theta^{(t)}$，我们希望第 $t+1$ 次迭代时的 θ 能使 $LL(\theta)$ 增大，即 $LL(\theta)>LL(\theta^{(t)})$。为此，考虑两者的差：

$$
\begin{aligned}
LL(\theta)-LL(\theta^{(t)}) &= \ln \left(\sum_{Z} P(X|Z,\theta)P(Z|\theta) \right) - \ln P(X|\theta^{(t)}) \\
&= \ln \left(\sum_{Z} P(Z|X,\theta^{(t)}) \frac{P(X|Z,\theta)P(Z|\theta)}{P(Z|X,\theta^{(t)})} \right) - \ln P(X|\theta^{(t)})
\end{aligned}
$$

由上述 Jensen 不等式可得

$$
\begin{aligned}
LL(\theta)-LL(\theta^{(t)}) &\geqslant \sum_{Z} P(Z|X,\theta^{(t)}) \ln \frac{P(X|Z,\theta)P(Z|\theta)}{P(Z|X,\theta^{(t)})} - \ln P(X|\theta^{(t)}) \\
&= \sum_{Z} P(Z|X,\theta^{(t)}) \ln \frac{P(X|Z,\theta)P(Z|\theta)}{P(Z|X,\theta^{(t)})} - 1 \cdot \ln P(X|\theta^{(t)}) \\
&= \sum_{Z} P(Z|X,\theta^{(t)}) \ln \frac{P(X|Z,\theta)P(Z|\theta)}{P(Z|X,\theta^{(t)})} \\
&\quad - \sum_{Z} P(Z|X,\theta^{(t)}) \cdot \ln P(X|\theta^{(t)})
\end{aligned}
$$

$$
\begin{aligned}
&= \sum_{Z} P(Z|X,\theta^{(t)}) \left(\ln \frac{P(X|Z,\theta)P(Z|\theta)}{P(Z|X,\theta^{(t)})} - \ln P(X|\theta^{(t)}) \right) \\
&= \sum_{Z} P(Z|X,\theta^{(t)}) \ln \frac{P(X|Z,\theta)P(Z|\theta)}{P(Z|X,\theta^{(t)})P(X|\theta^{(t)})}
\end{aligned}
$$

令

$$
B(\theta,\theta^{(t)}) = LL(\theta^{(t)}) + \sum_{Z} P(Z|X,\theta^{(t)}) \ln \frac{P(X|Z,\theta)P(Z|\theta)}{P(Z|X,\theta^{(t)})P(X|\theta^{(t)})}
$$

则

$$
LL(\theta) \geqslant B(\theta,\theta^{(t)})
$$

即 $B(\theta,\theta^{(t)})$ 是 $LL(\theta)$ 的下界，此时若设 $\theta^{(t+1)}$ 能使得 $B(\theta,\theta^{(t)})$ 达到极大，即

$$
B(\theta^{(t+1)},\theta^{(t)}) \geqslant B(\theta,\theta^{(t)})
$$

由于 $LL(\theta^{(t)}) = B(\theta^{(t)},\theta^{(t)})$，因此可以进一步推得

$$
LL(\theta^{(t+1)}) \geqslant B(\theta^{(t+1)},\theta^{(t)}) \geqslant B(\theta^{(t)},\theta^{(t)}) = LL(\theta^{(t)})
$$

$$
LL(\theta^{(t+1)}) \geqslant LL(\theta^{(t)})
$$

因此，任何能使得 $B(\theta,\theta^{(t)})$ 增大的 θ，也都可以使得 $LL(\theta)$ 增大，于是问题就变成了求解能使得 $B(\theta,\theta^{(t)})$ 达到极大的 $\theta^{(t+1)}$，即

$$
\begin{aligned}
\theta^{(t+1)} &= \arg\max_{\theta} B(\theta,\theta^{(t)}) \\
&= \arg\max_{\theta} \left(LL(\theta^{(t)}) + \sum_{Z} P(Z|X,\theta^{(t)}) \ln \frac{P(X|Z,\theta)P(Z|\theta)}{P(Z|X,\theta^{(t)})P(X|\theta^{(t)})} \right)
\end{aligned}
$$

从中略去对 θ 极大化而言是常数的项：

$$
\begin{aligned}
\theta^{(t+1)} &= \arg\max_{\theta} \left(\sum_{Z} P(Z|X,\theta^{(t)}) \ln \left(P(X|Z,\theta)P(Z|\theta) \right) \right) \\
&= \arg\max_{\theta} \left(\sum_{Z} P(Z|X,\theta^{(t)}) \ln P(X,Z|\theta) \right) \\
&= \arg\max_{\theta} Q(\theta,\theta^{(t)})
\end{aligned}
$$

到此即完成 EM 算法的一次迭代，将求出的 $\theta^{(t+1)}$ 作为下一次迭代的初始 $\theta^{(t)}$。综上，EM 算法的“E 步”和“M 步”可总结为以下两步。

E 步：计算完全数据的对数似然函数 $\ln P(X,Z|\theta)$ 关于在给定观测数据 X 和当前参数 $\theta^{(t)}$ 下对未观测数据 Z 的条件概率分布 $P(Z|X,\theta^{(t)})$ 的期望 $Q(\theta,\theta^{(t)})$。

$$Q(\theta,\theta^{(t)})=\mathbb{E}_Z[\ln P(X,Z|\theta)|X,\theta^{(t)}]=\sum_Z P(Z|X,\theta^{(t)})\ln P(X,Z|\theta)$$

M 步：求使得 $Q(\theta,\theta^{(t)})$ 达到极大的 $\theta^{(t+1)}$。

接下来给出 CS229 课程中的推导方法。设 z_i 的概率质量函数为 $Q_i(z_i)$，对 $LL(\theta)$ 进行如下恒等变形：

$$\begin{aligned}LL(\theta)&=\sum_{i=1}^m\ln p(x_i;\theta)\\&=\sum_{i=1}^m\ln\sum_{z_i}p(x_i,z_i;\theta)\\&=\sum_{i=1}^m\ln\sum_{z_i}Q_i(z_i)\frac{p(x_i,z_i;\theta)}{Q_i(z_i)}\end{aligned}$$

其中，$\sum_{z_i}Q_i(z_i)\frac{p(x_i,z_i;\theta)}{Q_i(z_i)}$ 可以看作对 $\frac{p(x_i,z_i;\theta)}{Q_i(z_i)}$ 关于 z_i 求期望，即

$$\sum_{z_i}Q_i(z_i)\frac{p(x_i,z_i;\theta)}{Q_i(z_i)}=\mathbb{E}_{z_i}\left[\frac{p(x_i,z_i;\theta)}{Q_i(z_i)}\right]$$

由 Jensen 不等式可得

$$\ln\left(\mathbb{E}_{z_i}\left[\frac{p(x_i,z_i;\theta)}{Q_i(z_i)}\right]\right)\geqslant\mathbb{E}_{z_i}\left[\ln\left(\frac{p(x_i,z_i;\theta)}{Q_i(z_i)}\right)\right]$$

$$\ln\sum_{z_i}Q_i(z_i)\frac{p(x_i,z_i;\theta)}{Q_i(z_i)}\geqslant\sum_{z_i}Q_i(z_i)\ln\frac{p(x_i,z_i;\theta)}{Q_i(z_i)}$$

将此式代入 $LL(\theta)$ 可得

$$LL(\theta)=\sum_{i=1}^m\ln\sum_{z_i}Q_i(z_i)\frac{p(x_i,z_i;\theta)}{Q_i(z_i)}\geqslant\sum_{i=1}^m\sum_{z_i}Q_i(z_i)\ln\frac{p(x_i,z_i;\theta)}{Q_i(z_i)}\quad①$$

若令 $B(\theta)=\sum_{i=1}^m\sum_{z_i}Q_i(z_i)\ln\frac{p(x_i,z_i;\theta)}{Q_i(z_i)}$，则此时 $B(\theta)$ 为 $LL(\theta)$ 的下界函数，那么这个下界函数所能构成的最优下界是多少？即 $B(\theta)$ 的最大值是多少？如果

能使得 $B(\theta)=LL(\theta)$，则此时的 $B(\theta)$ 就取到了最大值。根据 Jensen 不等式的性质可知，如果能使得 $\frac{p(x_i,z_i;\theta)}{Q_i(z_i)}$ 恒等于某个常量 c，大于或等于号便可以取到等号。因此，只需要任意选取满足 $\frac{p(x_i,z_i;\theta)}{Q_i(z_i)}=c$ 的 $Q_i(z_i)$，就能使得 $B(\theta)$ 达到最大值。由于 $Q_i(z_i)$ 是 z_i 的概率质量函数，因此 $Q_i(z_i)$ 同时也满足约束 $0\leqslant Q_i(z_i)\leqslant 1$ 和 $\sum_{z_i}Q_i(z_i)=1$，结合 $Q_i(z_i)$ 的所有约束可以推得

$$
\begin{gathered}
\frac{p(x_i,z_i;\theta)}{Q_i(z_i)}=c \\
p(x_i,z_i;\theta)=c\cdot Q_i(z_i) \\
\sum_{z_i}p(x_i,z_i;\theta)=c\cdot\sum_{z_i}Q_i(z_i) \\
\sum_{z_i}p(x_i,z_i;\theta)=c \\
\frac{p(x_i,z_i;\theta)}{Q_i(z_i)}=\sum_{z_i}p(x_i,z_i;\theta) \\
Q_i(z_i)=\frac{p(x_i,z_i;\theta)}{\sum\limits_{z_i}p(x_i,z_i;\theta)}=\frac{p(x_i,z_i;\theta)}{p(x_i;\theta)}=p(z_i|x_i;\theta)
\end{gathered}
$$

所以，当且仅当 $Q_i(z_i)=p(z_i|x_i;\theta)$ 时 $B(\theta)$ 取到最大值，将 $Q_i(z_i)=p(z_i|x_i;\theta)$ 代回 $LL(\theta)$ 和 $B(\theta)$ 可以推得

$$
\begin{aligned}
LL(\theta)&=\sum_{i=1}^{m}\ln\sum_{z_i}Q_i(z_i)\frac{p(x_i,z_i;\theta)}{Q_i(z_i)} &&② \\
&=\sum_{i=1}^{m}\ln\sum_{z_i}p(z_i|x_i;\theta)\frac{p(x_i,z_i;\theta)}{p(z_i|x_i;\theta)} &&③ \\
&=\sum_{i=1}^{m}\sum_{z_i}p(z_i|x_i;\theta)\ln\frac{p(x_i,z_i;\theta)}{p(z_i|x_i;\theta)} &&④ \\
&=\max\{B(\theta)\} &&⑤
\end{aligned}
$$

其中，式 ④ 是式 ① 中的不等式取等号时的情形。由以上推导可知，此时对数似然函数 $LL(\theta)$ 等价于其下界函数的最大值 $\max\{B(\theta)\}$，所以要想极大化 $LL(\theta)$，可通过极大化 $\max\{B(\theta)\}$ 来间接极大化 $LL(\theta)$。下面考虑如何极大化 $\max\{B(\theta)\}$。

假设已知第 t 次迭代的参数为 $\theta^{(t)}$，而第 $t+1$ 次迭代的参数 $\theta^{(t+1)}$ 可通过如下方式求得

$$
\begin{aligned}
\theta^{(t+1)} &= \arg\max_{\theta} \max\{B(\theta)\} &⑥\\
&= \arg\max_{\theta} \sum_{i=1}^{m}\sum_{z_i} p(z_i|x_i;\theta^{(t)}) \ln \frac{p(x_i,z_i;\theta)}{p(z_i|x_i;\theta^{(t)})} &⑦\\
&= \arg\max_{\theta} \sum_{i=1}^{m}\sum_{z_i} p(z_i|x_i;\theta^{(t)}) \ln p(x_i,z_i;\theta) &⑧
\end{aligned}
$$

将 $\theta^{(t+1)}$ 代入 $LL(\theta)$ 可推得

$$
\begin{aligned}
LL(\theta^{(t+1)}) &= \max\{B(\theta^{(t+1)})\} &⑨\\
&= \sum_{i=1}^{m}\sum_{z_i} p(z_i|x_i;\theta^{(t+1)}) \ln \frac{p(x_i,z_i;\theta^{(t+1)})}{p(z_i|x_i;\theta^{(t+1)})} &⑩\\
&\geqslant \sum_{i=1}^{m}\sum_{z_i} p(z_i|x_i;\theta^{(t)}) \ln \frac{p(x_i,z_i;\theta^{(t+1)})}{p(z_i|x_i;\theta^{(t)})} &⑪\\
&\geqslant \sum_{i=1}^{m}\sum_{z_i} p(z_i|x_i;\theta^{(t)}) \ln \frac{p(x_i,z_i;\theta^{(t)})}{p(z_i|x_i;\theta^{(t)})} &⑫\\
&= \max\{B(\theta^{(t)})\} &⑬\\
&= LL(\theta^{(t)}) &⑭
\end{aligned}
$$

其中，式 ⑨ 和式⑩分别由式 ⑤ 和式 ④ 推得，式⑪由式 ① 推得，式⑫由式 ⑦ 推得，式⑬和式⑭由式 ② ~ 式 ⑤ 推得。若令

$$
Q(\theta,\theta^{(t)}) = \sum_{i=1}^{m}\sum_{z_i} p(z_i|x_i;\theta^{(t)}) \ln p(x_i,z_i;\theta)
$$

由式 ⑨ ~ 式⑭可知，凡是能使得 $Q(\theta,\theta^{(t)})$ 达到极大的 $\theta^{(t+1)}$，也一定能使得 $LL(\theta^{(t+1)}) \geqslant LL(\theta^{(t)})$。综上，EM 算法的“E 步”和“M 步”可总结为以下两步。

E 步：令 $Q_i(z_i) = p(z_i|x_i;\theta)$ 并写出 $Q(\theta,\theta^{(t)})$。

M 步：求使得 $Q(\theta,\theta^{(t)})$ 到达极大的 $\theta^{(t+1)}$。

以上便是 EM 算法的两种推导方法。下面证明这两种推导方法中的 Q 函数相等。

$$
\begin{aligned}
Q(\theta|\theta^{(t)}) &= \sum_{Z} P(Z|X,\theta^{(t)}) \ln P(X,Z|\theta) \\
&= \sum_{z_1,z_2,\cdots,z_m} \left\{ \prod_{i=1}^{m} P(z_i|x_i,\theta^{(t)}) \ln \left[\prod_{i=1}^{m} P(x_i,z_i|\theta) \right] \right\} \\
&= \sum_{z_1,z_2,\cdots,z_m} \left\{ \prod_{i=1}^{m} P(z_i|x_i,\theta^{(t)}) \left[\sum_{i=1}^{m} \ln P(x_i,z_i|\theta) \right] \right\} \\
&= \sum_{z_1,z_2,\cdots,z_m} \left\{ \prod_{i=1}^{m} P(z_i|x_i,\theta^{(t)}) [\ln P(x_1,z_1|\theta) \right. \\
&\quad \left. + \ln P(x_2,z_2|\theta) + \cdots + \ln P(x_m,z_m|\theta)] \right\} \\
&= \sum_{z_1,z_2,\cdots,z_m} \left[\prod_{i=1}^{m} P(z_i|x_i,\theta^{(t)}) \cdot \ln P(x_1,z_1|\theta) \right] + \cdots \\
&\quad + \sum_{z_1,z_2,\cdots,z_m} \left[\prod_{i=1}^{m} P(z_i|x_i,\theta^{(t)}) \cdot \ln P(x_m,z_m|\theta) \right]
\end{aligned}
$$

其中，$\sum_{z_1,z_2,\cdots,z_m} \left[\prod_{i=1}^{m} P(z_i|x_i,\theta^{(t)}) \cdot \ln P(x_1,z_1|\theta) \right]$ 允许进行如下恒等变形：

$$
\begin{aligned}
&\sum_{z_1,z_2,\cdots,z_m} \left[\prod_{i=1}^{m} P(z_i|x_i,\theta^{(t)}) \cdot \ln P(x_1,z_1|\theta) \right] \\
&= \sum_{z_1,z_2,\cdots,z_m} \left[\prod_{i=2}^{m} P(z_i|x_i,\theta^{(t)}) \cdot P(z_1|x_1,\theta^{(t)}) \cdot \ln P(x_1,z_1|\theta) \right] \\
&= \sum_{z_1} \sum_{z_2,\cdots,z_m} \left[\prod_{i=2}^{m} P(z_i|x_i,\theta^{(t)}) \cdot P(z_1|x_1,\theta^{(t)}) \cdot \ln P(x_1,z_1|\theta) \right] \\
&= \sum_{z_1} P(z_1|x_1,\theta^{(t)}) \ln P(x_1,z_1|\theta) \sum_{z_2,\cdots,z_m} \left[\prod_{i=2}^{m} P(z_i|x_i,\theta^{(t)}) \right] \\
&= \sum_{z_1} P(z_1|x_1,\theta^{(t)}) \ln P(x_1,z_1|\theta) \sum_{z_2,\cdots,z_m} \left[\prod_{i=3}^{m} P(z_i|x_i,\theta^{(t)}) \cdot P(z_2|x_2,\theta^{(t)}) \right]
\end{aligned}
$$

$$
\begin{aligned}
&= \sum_{z_1} P(z_1|x_1,\theta^{(t)}) \ln P(x_1,z_1|\theta) \left\{ \sum_{z_2} \sum_{z_3,\cdots,z_m} \left[\prod_{i=3}^{m} P(z_i|x_i,\theta^{(t)}) \cdot P(z_2|x_2,\theta^{(t)}) \right] \right\} \\
&= \sum_{z_1} P(z_1|x_1,\theta^{(t)}) \ln P(x_1,z_1|\theta) \left\{ \sum_{z_2} P(z_2|x_2,\theta^{(t)}) \sum_{z_3,\cdots,z_m} \left[\prod_{i=3}^{m} P(z_i|x_i,\theta^{(t)}) \right] \right\} \\
&= \sum_{z_1} P(z_1|x_1,\theta^{(t)}) \ln P(x_1,z_1|\theta) \left\{ \sum_{z_2} P(z_2|x_2,\theta^{(t)}) \right. \\
&\quad \left. \times \sum_{z_3} P(z_3|x_3,\theta^{(t)}) \times \cdots \times \sum_{z_m} P(z_m|x_m,\theta^{(t)}) \right\} \\
&= \sum_{z_1} P(z_1|x_1,\theta^{(t)}) \ln P(x_1,z_1|\theta) \times \{1 \times 1 \times \cdots \times 1\} \\
&= \sum_{z_1} P(z_1|x_1,\theta^{(t)}) \ln P(x_1,z_1|\theta)
\end{aligned}
$$

所以

$$
\sum_{z_1,z_2,\cdots,z_m} \left[\prod_{i=1}^{m} P(z_i|x_i,\theta^{(t)}) \cdot \ln P(x_1,z_1|\theta) \right] = \sum_{z_1} P(z_1|x_1,\theta^{(t)}) \ln P(x_1,z_1|\theta)
$$

同理可得

$$
\begin{gathered}
\sum_{z_1,z_2,\cdots,z_m} \left[\prod_{i=1}^{m} P(z_i|x_i,\theta^{(t)}) \cdot \ln P(x_2,z_2|\theta) \right] = \sum_{z_2} P(z_2|x_2,\theta^{(t)}) \ln P(x_2,z_2|\theta) \\
\vdots \\
\sum_{z_1,z_2,\cdots,z_m} \left[\prod_{i=1}^{m} P(z_i|x_i,\theta^{(t)}) \cdot \ln P(x_m,z_m|\theta) \right] = \sum_{z_m} P(z_m|x_m,\theta^{(t)}) \ln P(x_m,z_m|\theta)
\end{gathered}
$$

将上式代入 $Q(\theta|\theta^{(t)})$ 可得

$$
\begin{aligned}
Q(\theta|\theta^{(t)}) &= \sum_{z_1,z_2,\cdots,z_m} \left[\prod_{i=1}^{m} P(z_i|x_i,\theta^{(t)}) \cdot \ln P(x_1,z_1|\theta) \right] + \cdots \\
&\quad + \sum_{z_1,z_2,\cdots,z_m} \left[\prod_{i=1}^{m} P(z_i|x_i,\theta^{(t)}) \cdot \ln P(x_m,z_m|\theta) \right] \\
&= \sum_{z_1} P(z_1|x_1,\theta^{(t)}) \ln P(x_1,z_1|\theta) + \cdots
\end{aligned}
$$

$$
\begin{aligned}
&+\sum_{z_m} P(z_m|x_m,\theta^{(t)})\ln P(x_m,z_m|\theta) \\
&=\sum_{i=1}^{m}\sum_{z_i} P(z_i|x_i,\theta^{(t)})\ln P(x_i,z_i|\theta)
\end{aligned}
$$

参 考 文 献

[1] 陈希孺. 概率论与数理统计 [M]. 合肥：中国科学技术大学出版社, 2009.

[2] 李航. 统计学习方法 [M]. 北京：清华大学出版社, 2012.

第 8 章　集成学习

集成学习 (ensemble learning) 描述的是组合多个基础的学习器（模型）的结果以达到更加鲁棒、效果更好的学习器。在“西瓜书”作者周志华教授的谷歌学术主页的 top 10 引用文章（见图 8-1）中，很大一部分就和集成学习有关。

TITLE	CITED BY	YEAR
Top 10 algorithms in data mining X Wu, V Kumar, JR Quinlan, J Ghosh, Q Yang, H Motoda, GJ McLachlan, ... Knowledge and information systems 14 (1), 1-37	6810	2008
Isolation forest FT Liu, KM Ting, ZH Zhou ICDM, 413-422	4057	2008
Ensemble Methods: Foundations and Algorithms ZH Zhou Chapman & Hall/CRC Press	3403	2012
ML-KNN: A lazy learning approach to multi-label learning ML Zhang, ZH Zhou Pattern recognition 40 (7), 2038-2048	3373	2007
A Review on Multi-Label Learning Algorithms ML Zhang, ZH Zhou IEEE Trans. Knowledge and Data Engineering 26 (8), 1819-1837	2796	2014
Ensembling neural networks: many could be better than all ZH Zhou, J Wu, W Tang Artificial intelligence 137 (1-2), 239-263	2536	2002
Exploratory undersampling for class-imbalance learning XY Liu, J Wu, ZH Zhou IEEE Trans. Systems, Man, and Cybernetics, Part B: Cybernetics 39 (2), 539-550	2462	2009
Training cost-sensitive neural networks with methods addressing the class imbalance problem ZH Zhou, XY Liu IEEE Trans. Knowledge and Data Engineering 18 (1), 63-77	1443	2006
Isolation-based anomaly detection FT Liu, KM Ting, ZH Zhou ACM TKDD 6 (1)	1406	2012
Multilabel neural networks with applications to functional genomics and text categorization ML Zhang, ZH Zhou IEEE Trans. Knowledge and Data Engineering 18 (10), 1338-1351	1392	2006

图 8-1　周志华教授的谷歌学术主页的 top 10 引用文章 (截至 2023-02-19)

在引用次数前 10 的文章中，第 1 名“Top 10 algorithms in data mining”是在 ICDM'06 中投票选出的数据挖掘十大算法，每个提名算法均由业内专家代表阐述，然后进行投票，其中最终得票排名第 7 位的“AdaBoost”即由周志华教授作为代表进行阐述；第 2 名“Isolation forest”旨在通过集成学习技术进行异常检测；第 3 名“Ensemble Methods: Foundations and Algorithms”则是周志华教授所著的集成学习专著；第 6 名“Ensembing neural networks: many could be better than all”催生了基于优化的集成修剪 (ensemble pruning) 技术；第 7 名“Exploratory undersampling for class-imbalance learning”旨在以集成学习技术解决类别不平衡问题。

毫不夸张地说，周志华教授在集成学习领域深耕了很多年，是绝对的权威专家；而集成学习也是经受住了时间考验的非常有效的算法，常常被各位竞赛同学作为涨点提分的制胜法宝。下面就让我们一起认真享受“西瓜书”作者最拿手的集成学习章节吧！

8.1 个体与集成

基学习器 (base learner) 的概念在论文中经常出现，可留意一下；另外，本节提到的投票法有两种，除了本节介绍的多数投票 (majority voting) 之外，还有概率投票 (probability voting)，这两点在 8.4 节中均会提及，即硬投票和软投票。

8.1.1 式 (8.1) 的解释

$h_i(\boldsymbol{x})$ 是编号为 i 的基分类器给 $\boldsymbol{x}$ 的预测标记，$f(\boldsymbol{x})$ 是 $\boldsymbol{x}$ 的真实标记，它们之间不一致的概率被记为 ϵ。

8.1.2 式 (8.2) 的解释

注意当前仅针对二分类问题 $y \in \{-1,+1\}$, 即预测标记 $h_i(\boldsymbol{x}) \in \{-1,+1\}$。对各个基分类器 h_i 的分类结果进行求和，求和结果的正、负或 0 代表投票法产生的结果，即“少数服从多数”。符号函数 sign 能将正数变成 1，将负数变成 -1，0 保持不变，所以 $H(\boldsymbol{x})$ 是由投票法产生的分类结果。

8.1.3 式 (8.3) 的推导

基分类器相互独立，假设随机变量 X 为 T 个基分类器分类正确的次数，因此随机变量 X 服从二项分布：$X \sim \mathcal{B}(T, 1-\epsilon)$。设 x_i 为每一个分类器分类正确的次数，则 $x_i \sim \mathcal{B}(1, 1-\epsilon), i = 1,2,3,\cdots,T$，于是有

$$
\begin{aligned}
X &= \sum_{i=1}^{T} x_i \\
\mathbb{E}(X) &= \sum_{i=1}^{T} \mathbb{E}(x_i) = (1-\epsilon)T
\end{aligned}
$$

证明过程如下：

$$
\begin{aligned}
P(H(\boldsymbol{x}) \neq f(\boldsymbol{x})) &= P(X \leqslant \lfloor T/2 \rfloor) \\
&\leqslant P(X \leqslant T/2) \\
&= P\left[X - (1-\epsilon)T \leqslant \frac{T}{2} - (1-\epsilon)T\right] \\
&= P\left[X - (1-\epsilon)T \leqslant -\frac{T}{2}(1-2\epsilon)\right] \\
&= P\left[\sum_{i=1}^{T} x_i - \sum_{i=1}^{T} \mathbb{E}(x_i) \leqslant -\frac{T}{2}(1-2\epsilon)\right] \\
&= P\left[\frac{1}{T}\sum_{i=1}^{T} x_i - \frac{1}{T}\sum_{i=1}^{T} \mathbb{E}(x_i) \leqslant -\frac{1}{2}(1-2\epsilon)\right]
\end{aligned}
$$

根据 Hoeffding 不等式可知

$$
P\left(\frac{1}{m}\sum_{i=1}^{m} x_i - \frac{1}{m}\sum_{i=1}^{m} \mathbb{E}\left(x_i\right) \leqslant -\delta\right) \leqslant \exp\left(-2m\delta^2\right)
$$

令 $\delta = \frac{(1-2\epsilon)}{2}$、$m = T$ 可得

$$
\begin{aligned}
P(H(\boldsymbol{x}) \neq f(\boldsymbol{x})) &= \sum_{k=0}^{\lfloor T/2 \rfloor} \binom{T}{k} (1-\epsilon)^k \epsilon^{T-k} \\
&\leqslant \exp\left(-\frac{1}{2}T(1-2\epsilon)^2\right)
\end{aligned}
$$

8.2 Boosting

注意“西瓜书”8.1 节的最后一段提到：根据个体学习器的生成方式，目前的集成学习方法大致可分为两大类，即个体学习器间存在强依赖关系、必须串行生成的序列化方法，以及个体学习器间不存在强依赖关系、可同时生成的并行化方法。

Boosting 为前者的代表，AdaBoost 则是 Boosting 族算法的代表。

8.2.1 式 (8.4) 的解释

这个式子是集成学习的加性模型，加性模型不采用梯度下降的思想，而是让 $H(\boldsymbol{x})=\sum_{t=1}^{T-1}\alpha_t h_t(\boldsymbol{x})+\alpha_T h_T(\boldsymbol{x})$，共迭代 T 次，每次更新时都求解一个理论上最优的 h_T 和 α_T。

h_T 和 α_T 的定义参见式 (8.18) 和式 (8.11)

8.2.2 式 (8.5) 的解释

参见"西瓜书"中的图 6.5

我们先考虑指数损失函数 $\mathrm{e}^{-f(\boldsymbol{x})H(\boldsymbol{x})}$ 的含义：f 为真实函数，对于样本 $\boldsymbol{x}$ 来说，$f(\boldsymbol{x})\in\{+1,-1\}$ 只能取 $+1$ 和 -1，而 $H(\boldsymbol{x})$ 是一个实数。

当 $H(\boldsymbol{x})$ 的符号与 $f(\boldsymbol{x})$ 一致时，$f(\boldsymbol{x})H(\boldsymbol{x})>0$，因此 $\mathrm{e}^{-f(\boldsymbol{x})H(\boldsymbol{x})}=\mathrm{e}^{-|H(\boldsymbol{x})|}<1$，且 $|H(\boldsymbol{x})|$ 越大，指数损失函数 $\mathrm{e}^{-f(\boldsymbol{x})H(\boldsymbol{x})}$ 越小。这很合理，此时 $|H(\boldsymbol{x})|$ 越大意味着分类器本身对预测结果的信心越大，损失应该越小；若 $|H(\boldsymbol{x})|$ 在 0 附近，则虽然预测正确，但表示分类器本身对预测结果的信心很小，损失应该较大。

当 $H(\boldsymbol{x})$ 的符号与 $f(\boldsymbol{x})$ 不一致时，$f(\boldsymbol{x})H(\boldsymbol{x})<0$，因此 $\mathrm{e}^{-f(\boldsymbol{x})H(\boldsymbol{x})}=\mathrm{e}^{|H(\boldsymbol{x})|}>1$，且 $|H(\boldsymbol{x})|$ 越大，指数损失函数越大。这也很合理，此时 $|H(\boldsymbol{x})|$ 越大意味着分类器本身对预测结果的信心越大，但预测结果是错的，因此损失应该越大；若 $|H(\boldsymbol{x})|$ 在 0 附近，则虽然预测错误，但表示分类器本身对预测结果的信心很小，虽然错了，损失应该较小。

接下来我们解释符号 $\mathbb{E}_{\boldsymbol{x}\sim\mathcal{D}}[\cdot]$ 的含义：$\mathcal{D}$ 为概率分布，可简单理解为在数据集 D 中进行一次随机抽样，每个样本被取到的概率；$\mathbb{E}[\cdot]$ 为经典的期望。因此综合起来，$\mathbb{E}_{\boldsymbol{x}\sim\mathcal{D}}[\cdot]$ 表示在概率分布 $\mathcal{D}$ 上的期望，可简单理解为对数据集 D 以概率 $\mathcal{D}$ 进行加权后的期望。

综上，若数据集 D 中样本 $\boldsymbol{x}$ 的权值分布为 $\mathcal{D}(\boldsymbol{x})$，则式 (8.5) 可写为

$$
\begin{aligned}
\ell_{\exp}(H\mid\mathcal{D})&=\mathbb{E}_{\boldsymbol{x}\sim\mathcal{D}}\left[\mathrm{e}^{-f(\boldsymbol{x})H(\boldsymbol{x})}\right]\\
&=\sum_{\boldsymbol{x}\in D}\mathcal{D}(\boldsymbol{x})\mathrm{e}^{-f(\boldsymbol{x})H(\boldsymbol{x})}\\
&=\sum_{\boldsymbol{x}\in D}\mathcal{D}(\boldsymbol{x})\left(\mathrm{e}^{-H(\boldsymbol{x})}\mathbb{I}(f(\boldsymbol{x})=1)+\mathrm{e}^{H(\boldsymbol{x})}\mathbb{I}(f(\boldsymbol{x})=-1)\right)
\end{aligned}
$$

特别地, 针对任意样本 $\boldsymbol{x}$, 若分布 $\mathcal{D}(\boldsymbol{x})=\frac{1}{|D|}$, 其中 $|D|$ 为数据集 D 中样本的个数，则有

$$
\ell_{\exp}(H\mid\mathcal{D})=\mathbb{E}_{\boldsymbol{x}\sim\mathcal{D}}\left[\mathrm{e}^{-f(\boldsymbol{x})H(\boldsymbol{x})}\right]=\frac{1}{|D|}\sum_{\boldsymbol{x}\in D}\mathrm{e}^{-f(\boldsymbol{x})H(\boldsymbol{x})}
$$

而这就是在求传统平均值。

8.2.3 式 (8.6) 的推导

由式 (8.5) 中对于符号 $\mathbb{E}_{\boldsymbol{x}\sim\mathcal{D}}[\cdot]$ 的解释可知

$$
\begin{aligned}
\ell_{\exp}(H|\mathcal{D}) &= \mathbb{E}_{\boldsymbol{x}\sim\mathcal{D}}\left[\mathrm{e}^{-f(\boldsymbol{x})H(\boldsymbol{x})}\right]\\
&=\sum_{\boldsymbol{x}\in D}\mathcal{D}(\boldsymbol{x})\mathrm{e}^{-f(\boldsymbol{x})H(\boldsymbol{x})}\\
&=\sum_{i=1}^{|D|}\mathcal{D}\left(\boldsymbol{x}_i\right)\left(\mathrm{e}^{-H(\boldsymbol{x}_i)}\mathbb{I}\left(f\left(\boldsymbol{x}_i\right)=1\right)+\mathrm{e}^{H(\boldsymbol{x}_i)}\mathbb{I}\left(f\left(\boldsymbol{x}_i\right)=-1\right)\right)\\
&=\sum_{i=1}^{|D|}\left(\mathrm{e}^{-H(\boldsymbol{x}_i)}\mathcal{D}\left(\boldsymbol{x}_i\right)\mathbb{I}\left(f\left(\boldsymbol{x}_i\right)=1\right)+\mathrm{e}^{H(\boldsymbol{x}_i)}\mathcal{D}\left(\boldsymbol{x}_i\right)\mathbb{I}\left(f\left(\boldsymbol{x}_i\right)=-1\right)\right)\\
&=\sum_{i=1}^{|D|}\left(\mathrm{e}^{-H(\boldsymbol{x}_i)}P\left(f\left(\boldsymbol{x}_i\right)=1\mid\boldsymbol{x}_i\right)+\mathrm{e}^{H(\boldsymbol{x}_i)}P\left(f\left(\boldsymbol{x}_i\right)=-1\mid\boldsymbol{x}_i\right)\right)
\end{aligned}
$$

其中的 $\mathcal{D}\left(\boldsymbol{x}_i\right)\mathbb{I}\left(f\left(\boldsymbol{x}_i\right)=1\right)=P\left(f\left(\boldsymbol{x}_i\right)=1\mid\boldsymbol{x}_i\right)$ 可以这样理解：$\mathcal{D}(\boldsymbol{x}_i)$ 表示在数据集 D 中进行一次随机抽样，样本 $\boldsymbol{x}_i$ 被取到的概率；$\mathcal{D}\left(\boldsymbol{x}_i\right)\mathbb{I}\left(f\left(\boldsymbol{x}_i\right)=1\right)$ 表示在数据集 D 中进行一次随机抽样，使得 $f(\boldsymbol{x}_i)=1$ 的样本 $\boldsymbol{x}_i$ 被抽到的概率，即 $P\left(f\left(\boldsymbol{x}_i\right)=1\mid\boldsymbol{x}_i\right)$。

当对 $H(\boldsymbol{x}_i)$ 进行求导时，求和符号中只有含 $\boldsymbol{x}_i$ 的项不为 0。根据求导公式

$$
\frac{\partial\mathrm{e}^{-H(\boldsymbol{x})}}{\partial H(\boldsymbol{x})}=-\mathrm{e}^{-H(\boldsymbol{x})}\qquad\frac{\partial\mathrm{e}^{H(\boldsymbol{x})}}{\partial H(\boldsymbol{x})}=\mathrm{e}^{H(\boldsymbol{x})}
$$

有

$$
\frac{\partial\ell_{\exp}(H|\mathcal{D})}{\partial H(\boldsymbol{x})}=-\mathrm{e}^{-H(\boldsymbol{x})}P(f(\boldsymbol{x})=1|\boldsymbol{x})+\mathrm{e}^{H(\boldsymbol{x})}P(f(\boldsymbol{x})=-1|\boldsymbol{x})
$$

8.2.4 式 (8.7) 的推导

令式 (8.6) 等于 0:

$$
-\mathrm{e}^{-H(\boldsymbol{x})}P(f(\boldsymbol{x})=1\mid\boldsymbol{x})+\mathrm{e}^{H(\boldsymbol{x})}P(f(\boldsymbol{x})=-1\mid\boldsymbol{x})=0
$$

移项：

$$
\mathrm{e}^{H(\boldsymbol{x})}P(f(\boldsymbol{x})=-1\mid\boldsymbol{x})=\mathrm{e}^{-H(\boldsymbol{x})}P(f(\boldsymbol{x})=1\mid\boldsymbol{x})
$$

两边同乘 $\frac{\mathrm{e}^{H(\boldsymbol{x})}}{P(f(\boldsymbol{x})=-1|\boldsymbol{x})}$：

$$\mathrm{e}^{2H(\boldsymbol{x})}=\frac{P(f(\boldsymbol{x})=1\mid\boldsymbol{x})}{P(f(\boldsymbol{x})=-1\mid\boldsymbol{x})}$$

取 $\ln(\cdot)$：

$$2H(\boldsymbol{x})=\ln\frac{P(f(\boldsymbol{x})=1\mid\boldsymbol{x})}{P(f(\boldsymbol{x})=-1\mid\boldsymbol{x})}$$

两边同除 $\frac{1}{2}$ 便可得到式 (8.7)。

8.2.5 式 (8.8) 的推导

$$\begin{aligned}\operatorname{sign}(H(\boldsymbol{x}))&=\operatorname{sign}\left(\frac{1}{2}\ln\frac{P(f(\boldsymbol{x})=1|\boldsymbol{x})}{P(f(\boldsymbol{x})=-1|\boldsymbol{x})}\right)\\&=\begin{cases}1, & P(f(\boldsymbol{x})=1|\boldsymbol{x})>P(f(\boldsymbol{x})=-1|\boldsymbol{x})\\-1, & P(f(\boldsymbol{x})=1|\boldsymbol{x})<P(f(\boldsymbol{x})=-1|\boldsymbol{x})\end{cases}\\&=\underset{y\in\{-1,1\}}{\arg\max}\ P(f(\boldsymbol{x})=y|\boldsymbol{x})\end{aligned}$$

第一行到第二行显然成立，第二行到第三行则利用了 $\arg\max$ 函数的定义。$\underset{y\in\{-1,1\}}{\arg\max}P(f(\boldsymbol{x})=y|\boldsymbol{x})$ 表示使得函数 $P(f(\boldsymbol{x})=y|\boldsymbol{x})$ 取得最大值的 y 值，展开后刚好是第二行的式子。

这里解释一下贝叶斯错误率的概念。这来源于“西瓜书”中的式 (7.6) 所代表的贝叶斯最优分类器。可以发现，式 (8.8) 的最终结果是式 (7.6) 的二分类特殊形式。

至此，本节证明了指数损失函数是分类任务中 0/1 损失函数的一致的替代损失函数，而指数损失函数有更好的数学性质，例如它是连续可微函数，因此接下来的式 (8.9) ~ 式 (8.19) 基于指数损失函数推导 AdaBoost 的理论细节。

替代损失函数参见“西瓜书”中的图 6.5

8.2.6 式 (8.9) 的推导

$$\begin{aligned}\ell_{\exp}(\alpha_t h_t|\mathcal{D}_t)&=\mathbb{E}_{\boldsymbol{x}\sim\mathcal{D}_t}\left[\mathrm{e}^{-f(\boldsymbol{x})\alpha_t h_t(\boldsymbol{x})}\right] & ①\\&=\mathbb{E}_{\boldsymbol{x}\sim\mathcal{D}_t}\left[\mathrm{e}^{-\alpha_t}\mathbb{I}(f(\boldsymbol{x})=h_t(\boldsymbol{x}))+\mathrm{e}^{\alpha_t}\mathbb{I}(f(\boldsymbol{x})\neq h_t(\boldsymbol{x}))\right] & ②\\&=\mathrm{e}^{-\alpha_t}P_{\boldsymbol{x}\sim\mathcal{D}_t}(f(\boldsymbol{x})=h_t(\boldsymbol{x}))+\mathrm{e}^{\alpha_t}P_{\boldsymbol{x}\sim\mathcal{D}_t}(f(\boldsymbol{x})\neq h_t(\boldsymbol{x})) & ③\end{aligned}$$

$$= \mathrm{e}^{-\alpha_t}(1-\epsilon_t) + \mathrm{e}^{\alpha_t}\epsilon_t \qquad ④$$

乍一看，本式有些问题, 为什么要最小化 $\ell_{\exp}(\alpha_t h_t \mid \mathcal{D}_t)$? 在“西瓜书”的图 8.3 中，第 3 行的表达式 $h_t = \mathfrak{L}(D, \mathcal{D}_t)$ 不是代表应该最小化 $\ell_{\exp}(h_t \mid \mathcal{D}_t)$ 吗? 或者从整体上看, 第 t 轮迭代也应该最小化 $\ell_{\exp}(H_t \mid \mathcal{D}) = \ell_{\exp}(H_{t-1} + \alpha_t h_t \mid \mathcal{D})$, 这样在经过最终 T 轮迭代后得到的式 (8.4) 就可以最小化 $\ell_{\exp}(H \mid \mathcal{D})$ 了。实际上，在理解了 AdaBoost 之后就会发现, $\ell_{\exp}(\alpha_t h_t \mid \mathcal{D}_t)$ 与 $\ell_{\exp}(H_t \mid \mathcal{D})$ 是等价的, 详见后面的 8.2.16 小节“AdaBoost 的个人推导”。另外, $h_t = \mathfrak{L}(D, \mathcal{D}_t)$ 也是推导的结论之一, 而不是无缘无故靠直觉利用 $\mathfrak{L}(D, \mathcal{D}_t)$ 得到 h_t。

暂且不管以上疑问, 权且按作者的思路推导一下。

式 ① 与式 (8.5) 的区别仅在于到底针对 $\alpha_t h_t(\boldsymbol{x})$ 还是 $H(\boldsymbol{x})$, 代入即可。

式 ② 则考虑到 $h_t(\boldsymbol{x})$ 和 $f(\boldsymbol{x})$ 均只能取 -1 和 $+1$ 两个值, 其中 $\mathbb{I}(\cdot)$ 为指示函数。

式 ③ 对中括号中的两项分别求 $\mathbb{E}_{\boldsymbol{x}\sim\mathcal{D}_t}[\cdot]$, 而 e^{α_t} 和 $\mathrm{e}^{-\alpha_t}$ 与 $\boldsymbol{x}$ 无关, 可以作为常数项拿到 $\mathbb{E}_{\boldsymbol{x}\sim\mathcal{D}_t}[.]$ 的外面。$\mathbb{E}_{\boldsymbol{x}\sim\mathcal{D}_t}[\mathbb{I}(f(\boldsymbol{x}) = h_t(\boldsymbol{x}))]$ 表示在数据集 D 上、样本权值分布为 $\mathcal{D}_t$ 时 $f(\boldsymbol{x})$ 和 $h_t(\boldsymbol{x})$ 相等次数的期望, 即 $P_{\boldsymbol{x}\sim\mathcal{D}_t}(f(\boldsymbol{x}) = h_t(\boldsymbol{x}))$, 也就是正确率, 即 $(1-\epsilon_t)$; 同理, $\mathbb{E}_{\boldsymbol{x}\sim\mathcal{D}_t}[\mathbb{I}(f(\boldsymbol{x}) \neq h_t(\boldsymbol{x}))]$ 表示在数据集 D 上且样本权值分布为 $\mathcal{D}_t$ 时 $f(\boldsymbol{x})$ 和 $h_t(\boldsymbol{x})$ 不相等次数的期望, 即 $P_{\boldsymbol{x}\sim\mathcal{D}_t}(f(\boldsymbol{x}) \neq h_t(\boldsymbol{x}))$, 也就是错误率 ϵ_t。

式 ④ 是将 $P_{\boldsymbol{x}\sim\mathcal{D}_t}(f(\boldsymbol{x}) = h_t(\boldsymbol{x}))$ 替换为 $(1-\epsilon_t)$，并将 $P_{\boldsymbol{x}\sim\mathcal{D}_t}(f(\boldsymbol{x}) \neq h_t(\boldsymbol{x}))$ 替换为 ϵ_t 的结果。

如前所述，式 (8.4) 中的 $H(\boldsymbol{x})$ 是连续实值函数, 但“西瓜书”中图 8.3 最后一行的输出 $H(\boldsymbol{x})$ 明显只能取 -1 和 $+1$ 两个值 [与式 (8.2) 相同]。这里除了“西瓜书”中图 8.3 最后一行的输出之外, $H(\boldsymbol{x})$ 均以式 (8.4) 中的连续实值函数为准。

8.2.7 式 (8.10) 的解释

用指数损失函数对 α_t 求偏导，是为了得到损失函数取最小值时 α_t 的值。

8.2.8 式 (8.11) 的推导

令式 (8.10) 等于 0，移项即可得到式 (8.11)。此时，α_t 的取值能使得该基分类器经 α_t 加权后的损失函数最小。

8.2.9 式 (8.12) 的解释

本式的推导和原始论文[1] 中的推导略有差异，但这并不影响后面式 (8.18) 以及式 (8.19) 的推导结果。AdaBoost 的第 t 轮迭代应该求解如下优化问题，从而得到 α_t 和 $h_t(\boldsymbol{x})$。

$$(\alpha_t, h_t(\boldsymbol{x})) = \underset{\alpha, h}{\arg\min}\ \ell_{\exp}\left(H_{t-1} + \alpha h \mid \mathcal{D}\right)$$

对于该问题, 先对于固定的任意 $\alpha > 0$ 求解 $h_t(\boldsymbol{x})$，得到 $h_t(\boldsymbol{x})$ 后再求 α_t。

在原始论文的第 346 页，对式 (8.12) 的推导如图 8-2 所示。可以发现，原始论文中保留了参数 c (即 α)。当然, 对于任意 $\alpha > 0$, 这都不影响推导结果。

RESULT 1. *The Discrete AdaBoost algorithm (population version) builds an additive logistic regression model via Newton-like updates for minimizing* $E(\mathrm{e}^{-yF(x)})$.

PROOF. Let $J(F) = E[\mathrm{e}^{-yF(x)}]$. Suppose we have a current estimate $F(x)$ and seek an improved estimate $F(x) + cf(x)$. For fixed c (and x), we expand $J(F(x) + cf(x))$ to second order about $f(x) = 0$.

$$\begin{aligned} J(F + cf) &= E[\mathrm{e}^{-y(F(x)+cf(x))}] \\ &\approx E[\mathrm{e}^{-yF(x)}(1 - ycf(x) + c^2y^2f(x)^2/2)] \\ &= E[\mathrm{e}^{-yF(x)}(1 - ycf(x) + c^2/2)] \end{aligned}$$

since $y^2 = 1$ and $f(x)^2 = 1$. Minimizing pointwise with respect to $f(x) \in \{-1, 1\}$, we write

$$f(x) = \arg\min_f E_w(1 - ycf(x) + c^2/2|x). \tag{16}$$

图 8-2 原始论文对式 (8.12) 的相关推导

如果暂且不管以上差异，并按照作者的思路进行推导，将 $H_t(\boldsymbol{x}) = H_{t-1}(\boldsymbol{x}) + h_t(\boldsymbol{x})$ 代入式 (8.5) 即可。因为理想的 h_t 可以纠正 H_{t-1} 的全部错误，所以这里指定权重系数 α_t 为 1。当权重系数 α_t 是常数时，将不影响后续结果。

8.2.10 式 (8.13) 的推导

由 e^x 的二阶泰勒展开为 $1 + x + \frac{x^2}{2} + o(x^2)$ 可以得到

$$\begin{aligned} \ell_{\exp}\left(H_{t-1} + h_t|\mathcal{D}\right) &= \mathbb{E}_{\boldsymbol{x}\sim\mathcal{D}}\left[\mathrm{e}^{-f(\boldsymbol{x})H_{t-1}(\boldsymbol{x})}\mathrm{e}^{-f(\boldsymbol{x})h_t(\boldsymbol{x})}\right] \\ &\simeq \mathbb{E}_{\boldsymbol{x}\sim\mathcal{D}}\left[\mathrm{e}^{-f(\boldsymbol{x})H_{t-1}(\boldsymbol{x})}\left(1 - f(\boldsymbol{x})h_t(\boldsymbol{x}) + \frac{f^2(\boldsymbol{x})h_t^2(\boldsymbol{x})}{2}\right)\right] \end{aligned}$$

因为 $f(\boldsymbol{x})$ 与 $h_t(\boldsymbol{x})$ 的取值都为 1 或 -1，所以 $f^2(\boldsymbol{x})=h_t^2(\boldsymbol{x})=1$，于是有

$$\ell_{\exp}\left(H_{t-1}+h_t|\mathcal{D}\right)=\mathbb{E}_{\boldsymbol{x}\sim\mathcal{D}}\left[\mathrm{e}^{-f(\boldsymbol{x})H_{t-1}(\boldsymbol{x})}\left(1-f(\boldsymbol{x})h_t(\boldsymbol{x})+\frac{1}{2}\right)\right]$$

实际上，此处保留一阶泰勒展开项即可，后面提到的 Gradient Boosting 理论框架就只使用了一阶泰勒展开；当然，二阶项为常数并不影响推导结果，原始论文中也保留了二阶项。

8.2.11 式 (8.14) 的推导

$$\begin{aligned}
h_t(\boldsymbol{x}) &= \underset{h}{\arg\min}\ \ell_{\exp}\left(H_{t-1}+h|\mathcal{D}\right) & ①\\
&= \underset{h}{\arg\min}\ \mathbb{E}_{\boldsymbol{x}\sim\mathcal{D}}\left[\mathrm{e}^{-f(\boldsymbol{x})H_{t-1}(\boldsymbol{x})}\left(1-f(\boldsymbol{x})h(\boldsymbol{x})+\frac{1}{2}\right)\right] & ②\\
&= \underset{h}{\arg\max}\ \mathbb{E}_{\boldsymbol{x}\sim\mathcal{D}}\left[\mathrm{e}^{-f(\boldsymbol{x})H_{t-1}(\boldsymbol{x})}f(\boldsymbol{x})h(\boldsymbol{x})\right] & ③\\
&= \underset{h}{\arg\max}\ \mathbb{E}_{\boldsymbol{x}\sim\mathcal{D}}\left[\frac{\mathrm{e}^{-f(\boldsymbol{x})H_{t-1}(\boldsymbol{x})}}{\mathbb{E}_{\boldsymbol{x}\sim\mathcal{D}}\left[\mathrm{e}^{-f(\boldsymbol{x})H_{t-1}(\boldsymbol{x})}\right]}f(\boldsymbol{x})h(\boldsymbol{x})\right] & ④
\end{aligned}$$

理想的 $h_t(\boldsymbol{x})$ 应使得 $H_t(\boldsymbol{x})$ 的指数损失函数取得最小值，式 (8.14) 将此转成了某个期望的最大值，其中：

式 ② 是将式 (8.13) 代入的结果。

式 ③ 是因为

$$\begin{aligned}
&\mathbb{E}_{\boldsymbol{x}\sim\mathcal{D}}\left[\mathrm{e}^{-f(\boldsymbol{x})H_{t-1}(\boldsymbol{x})}\left(1-f(\boldsymbol{x})h(\boldsymbol{x})+\frac{1}{2}\right)\right]\\
=\ &\mathbb{E}_{\boldsymbol{x}\sim\mathcal{D}}\left[\frac{3}{2}\mathrm{e}^{-f(\boldsymbol{x})H_{t-1}(\boldsymbol{x})}-\mathrm{e}^{-f(\boldsymbol{x})H_{t-1}(\boldsymbol{x})}f(\boldsymbol{x})h(\boldsymbol{x})\right]\\
=\ &\mathbb{E}_{\boldsymbol{x}\sim\mathcal{D}}\left[\frac{3}{2}\mathrm{e}^{-f(\boldsymbol{x})H_{t-1}(\boldsymbol{x})}\right]-\mathbb{E}_{\boldsymbol{x}\sim\mathcal{D}}\left[\mathrm{e}^{-f(\boldsymbol{x})H_{t-1}(\boldsymbol{x})}f(\boldsymbol{x})h(\boldsymbol{x})\right]
\end{aligned}$$

自变量为 $h(\boldsymbol{x})$；而 $\mathbb{E}_{\boldsymbol{x}\sim\mathcal{D}}\left[\frac{3}{2}\mathrm{e}^{-f(\boldsymbol{x})H_{t-1}(\boldsymbol{x})}\right]$ 与 $h(\boldsymbol{x})$ 无关, 是一个常数。因此，只需要最小化如下第二项即可。

$$-\mathbb{E}_{\boldsymbol{x}\sim\mathcal{D}}\left[\mathrm{e}^{-f(\boldsymbol{x})H_{t-1}(\boldsymbol{x})}f(\boldsymbol{x})h(\boldsymbol{x})\right]$$

将负号去掉, 原最小化问题变为最大化问题。

式 ④ 是因为 $\mathbb{E}_{\boldsymbol{x}\sim\mathcal{D}}\left[\mathrm{e}^{-f(\boldsymbol{x})H_{t-1}(\boldsymbol{x})}\right]$ 是与自变量 $h(\boldsymbol{x})$ 无关的正常数 [因为指数函数与原问题等价，例如 $\arg\max_x\left(1-x^2\right)$ 与 $\arg\max_x 2\left(1-x^2\right)$ 的结果均为 $x=0$]。

8.2.12 式 (8.16) 的推导

我们首先解释一下符号 $\mathbb{E}_{\boldsymbol{x}\sim\mathcal{D}}$ 的含义。注意本章中有两个符号——D 和 $\mathcal{D}$，其中 D 表示数据集；而 $\mathcal{D}$ 表示数据集 D 的样本分布，可理解为在数据集 D 上进行一次随机采样，样本 $\boldsymbol{x}$ 被抽到的概率是 $\mathcal{D}(\boldsymbol{x})$。因此，符号 $\mathbb{E}_{\boldsymbol{x}\sim\mathcal{D}}$ 表示的是在概率分布 $\mathcal{D}$ 上的期望，可简单地理解为对数据集 D 以概率 $\mathcal{D}$ 加权之后的期望，于是有

$$\mathbb{E}(g(\boldsymbol{x}))=\sum_{i=1}^{|D|} f(\boldsymbol{x}_i)g(\boldsymbol{x}_i)$$

进而得到

$$\mathbb{E}_{\boldsymbol{x}\sim\mathcal{D}}\left[\mathrm{e}^{-f(\boldsymbol{x})H(\boldsymbol{x})}\right]=\sum_{i=1}^{|D|}\mathcal{D}\left(\boldsymbol{x}_i\right)\mathrm{e}^{-f(\boldsymbol{x}_i)H(\boldsymbol{x}_i)}$$

由式 (8.15) 可知

$$\mathcal{D}_t\left(\boldsymbol{x}_i\right)=\mathcal{D}\left(\boldsymbol{x}_i\right)\frac{\mathrm{e}^{-f(\boldsymbol{x}_i)H_{t-1}(\boldsymbol{x}_i)}}{\mathbb{E}_{\boldsymbol{x}\sim\mathcal{D}}\left[\mathrm{e}^{-f(\boldsymbol{x})H_{t-1}(\boldsymbol{x})}\right]}$$

所以式 (8.16) 可以表示为

$$\begin{aligned}
&\mathbb{E}_{\boldsymbol{x}\sim\mathcal{D}}\left[\frac{\mathrm{e}^{-f(\boldsymbol{x})H_{t-1}(\boldsymbol{x})}}{\mathbb{E}_{\boldsymbol{x}\sim\mathcal{D}}\left[\mathrm{e}^{-f(\boldsymbol{x})H_{t-1}(\boldsymbol{x})}\right]}f(\boldsymbol{x})h(\boldsymbol{x})\right]\\
&=\sum_{i=1}^{|D|}\mathcal{D}\left(\boldsymbol{x}_i\right)\frac{\mathrm{e}^{-f(\boldsymbol{x}_i)H_{t-1}(\boldsymbol{x}_i)}}{\mathbb{E}_{\boldsymbol{x}\sim\mathcal{D}}\left[\mathrm{e}^{-f(\boldsymbol{x})H_{t-1}(\boldsymbol{x})}\right]}f(\boldsymbol{x}_i)h(\boldsymbol{x}_i)\\
&=\sum_{i=1}^{|D|}\mathcal{D}_t\left(\boldsymbol{x}_i\right)f\left(\boldsymbol{x}_i\right)h\left(\boldsymbol{x}_i\right)\\
&=\mathbb{E}_{\boldsymbol{x}\sim\mathcal{D}_t}[f(\boldsymbol{x})h(\boldsymbol{x})]
\end{aligned}$$

8.2.13 式 (8.17) 的推导

当 $f(\boldsymbol{x})=h(\boldsymbol{x})$ 时，$\mathbb{I}(f(\boldsymbol{x})\neq h(\boldsymbol{x}))=0$，$f(\boldsymbol{x})h(\boldsymbol{x})=1$，$1-2\mathbb{I}(f(\boldsymbol{x})\neq h(\boldsymbol{x}))=1$；

当 $f(\boldsymbol{x}) \neq h(\boldsymbol{x})$ 时，$\mathbb{I}(f(\boldsymbol{x}) \neq h(\boldsymbol{x})) = 1$，$f(\boldsymbol{x})h(\boldsymbol{x}) = -1$，$1 - 2\mathbb{I}(f(\boldsymbol{x}) \neq h(\boldsymbol{x})) = -1$。

综上，左右两式相等。

8.2.14 式 (8.18) 的推导

本式基于式 (8.17) 的恒等关系，由式 (8.16) 推导而来。

$$\begin{aligned}
\mathbb{E}_{\boldsymbol{x}\sim\mathcal{D}_t}[f(\boldsymbol{x})h(\boldsymbol{x})] &= \mathbb{E}_{\boldsymbol{x}\sim\mathcal{D}_t}[1 - 2\mathbb{I}(f(\boldsymbol{x}) \neq h(\boldsymbol{x}))] \\
&= \mathbb{E}_{\boldsymbol{x}\sim\mathcal{D}_t}[1] - 2\mathbb{E}_{\boldsymbol{x}\sim\mathcal{D}_t}[\mathbb{I}(f(\boldsymbol{x}) \neq h(\boldsymbol{x}))] \\
&= 1 - 2\mathbb{E}_{\boldsymbol{x}\sim\mathcal{D}_t}[\mathbb{I}(f(\boldsymbol{x}) \neq h(\boldsymbol{x}))]
\end{aligned}$$

类似于式 (8.14) 的第 3 和第 4 个等号，由式 (8.16) 的结果开始推导：

$$\begin{aligned}
h_t(\boldsymbol{x}) &= \arg\max_h \mathbb{E}_{\boldsymbol{x}\sim\mathcal{D}_t}[f(\boldsymbol{x})h(\boldsymbol{x})] \\
&= \arg\max_h \left(1 - 2\mathbb{E}_{\boldsymbol{x}\sim\mathcal{D}_t}[\mathbb{I}(f(\boldsymbol{x}) \neq h(\boldsymbol{x}))]\right) \\
&= \arg\max_h \left(-2\mathbb{E}_{\boldsymbol{x}\sim\mathcal{D}_t}[\mathbb{I}(f(\boldsymbol{x}) \neq h(\boldsymbol{x}))]\right) \\
&= \arg\min \mathbb{E}_{\boldsymbol{x}\sim\mathcal{D}_t}[\mathbb{I}(f(\boldsymbol{x}) \neq h(\boldsymbol{x}))]
\end{aligned}$$

此式表示理想的 $h_t(\boldsymbol{x})$ 在分布 $\mathcal{D}_t$ 下最小化分类误差, 因此有“西瓜书”中图 8.3 的第 3 行 $h_t(\boldsymbol{x}) = \mathfrak{L}(D, \mathcal{D}_t)$, 即分类器 $h_t(\boldsymbol{x})$ 可以基于分布 $\mathcal{D}_t$ 从数据集 D 中训练而得。而我们在训练分类器时, 一般来说，最小化的损失函数就是分类误差。

8.2.15 式 (8.19) 的推导

$$\begin{aligned}
\mathcal{D}_{t+1}(\boldsymbol{x}) &= \frac{\mathcal{D}(\boldsymbol{x})\mathrm{e}^{-f(\boldsymbol{x})H_t(\boldsymbol{x})}}{\mathbb{E}_{\boldsymbol{x}\sim\mathcal{D}}\left[\mathrm{e}^{-f(\boldsymbol{x})H_t(\boldsymbol{x})}\right]} \\
&= \frac{\mathcal{D}(\boldsymbol{x})\mathrm{e}^{-f(\boldsymbol{x})H_{t-1}(\boldsymbol{x})}\mathrm{e}^{-f(\boldsymbol{x})\alpha_t h_t(\boldsymbol{x})}}{\mathbb{E}_{\boldsymbol{x}\sim\mathcal{D}}\left[\mathrm{e}^{-f(\boldsymbol{x})H_t(\boldsymbol{x})}\right]} \\
&= \mathcal{D}_t(\boldsymbol{x}) \cdot \mathrm{e}^{-f(\boldsymbol{x})\alpha_t h_t(\boldsymbol{x})} \frac{\mathbb{E}_{\boldsymbol{x}\sim\mathcal{D}}\left[\mathrm{e}^{-f(\boldsymbol{x})H_{t-1}(\boldsymbol{x})}\right]}{\mathbb{E}_{\boldsymbol{x}\sim\mathcal{D}}\left[\mathrm{e}^{-f(\boldsymbol{x})H_t(\boldsymbol{x})}\right]}
\end{aligned}$$

第 1 个等号的右侧是将式 (8.15) 中的 t 换为 $t+1$ (同时将 $t-1$ 换为 t) 而得。第 2 个等号的右侧是将 $H_t(\boldsymbol{x}) = H_{t-1}(\boldsymbol{x}) + \alpha_t h_t(\boldsymbol{x})$ 代入分子而得。

第 3 个等号的右侧是乘以 $\frac{\mathbb{E}_{\boldsymbol{x}\sim\mathcal{D}}\left[\mathrm{e}^{-f(\boldsymbol{x})H_{t-1}(\boldsymbol{x})}\right]}{\mathbb{E}_{\boldsymbol{x}\sim\mathcal{D}}\left[\mathrm{e}^{-f(\boldsymbol{x})H_{t-1}(\boldsymbol{x})}\right]}$, 凑出式 (8.15) 的 $\mathcal{D}_t(\boldsymbol{x})$ 表达式, 以符号 $\mathcal{D}_t(\boldsymbol{x})$ 替换而得。至此，我们得到 $\mathcal{D}_{t+1}(\boldsymbol{x})$ 与 $\mathcal{D}_t(\boldsymbol{x})$ 的关系, 但为了确保 $\mathcal{D}_{t+1}(\boldsymbol{x})$ 是一个分布, 还需要对得到的 $\mathcal{D}_{t+1}(\boldsymbol{x})$ 进行规范化, 即“西瓜书”中图 8.3 的第 7 行中的 Z_t。式 (8.19) 的第 3 行中的最后一个分式将在规范化过程中被吸收。

Boosting 算法根据调整后的样本来训练下一个基分类器，这就是“重赋权法”的样本分布的调整公式。

8.2.16 AdaBoost 的个人推导

“西瓜书”中对 AdaBoost 的推导和原始论文[1] 在有些地方有差异，综合原始论文和一些参考资料，这里给出一版更易于理解的推导，读者亦可参见我们的视频教程。

AdaBoost 的目标是学得 T 个 $h_t(\boldsymbol{x})$ 和相应的 T 个 α_t, 得到式 (8.4) 的 $H(\boldsymbol{x})$, 并使式 (8.5) 的指数损失函数 $\ell_{\exp}(H \mid \mathcal{D})$ 最小, 这就是求解所谓的“加性模型”。特别强调一下, 分类器 $h_t(\boldsymbol{x})$ 如何得到及相应的权重 α_t 等于多少也都是需要求解的。$h_t(\boldsymbol{x}) = \mathfrak{L}(D, \mathcal{D}_t)$, 即基于分布 $\mathcal{D}_t$ 从数据集 D 中经过最小化训练误差训练出分类器 h_t, 也就是式 (8.18), α_t 参见式 (8.11)。

“通常这是一个复杂的优化问题（同时学得 T 个 $h_t(\boldsymbol{x})$ 和相应的 T 个 α_t 很困难)。前向分步算法求解这一优化问题的思路是：因为学习的是加法模型, 所以如果能够从前向后, 每一步只学习一个基函数 $h_t(\boldsymbol{x})$ 及其系数 α_t, 逐步逼近最小化指数损失函数 $\ell_{\exp}(H \mid \mathcal{D})$, 那么就可以简化优化的复杂度。”

摘自李航《统计学习方法》[2] 第 144 页，略有改动

因此, AdaBoost 在每轮迭代中只需要得到一个基分类器及其投票权重。设第 t 轮迭代需要得到基分类器 $h_t(\boldsymbol{x})$, 对应的投票权重为 α_t, 则集成分类器 $H_t(\boldsymbol{x}) = H_{t-1}(\boldsymbol{x}) + \alpha_t h_t(\boldsymbol{x})$, 其中 $H_0(\boldsymbol{x}) = 0$。为了使表达式简洁, 我们常常将 $h_t(\boldsymbol{x})$ 简写为 h_t，并将 $H_t(\boldsymbol{x})$ 简写为 H_t。AdaBoost 的第 t 轮迭代实际为如下优化问题（式 (8.4) $\sim$ 式 (8.8) 已经证明了指数损失函数是分类任务中 0/1 损失函数的一致替代损失函数):

$$(\alpha_t, h_t) = \underset{\alpha, h}{\arg\min}\ \ell_{\exp}\left(H_{t-1} + \alpha h \mid \mathcal{D}\right)$$

这表示每轮迭代得到的基分类器 $h_t(\boldsymbol{x})$ 和对应的权重 α_t 是最小化集成分类器 $H_t = H_{t-1} + \alpha_t h_t$ 在数据集 D 上，样本权值分布为 $\mathcal{D}$ (即初始化样本权值分

布, 也就是 $\mathcal{D}_1$) 时的指数损失函数 $\ell_{\exp}(H_{t-1}+\alpha h \mid \mathcal{D})$ 的结果。这就是使用前向分步算法求解加性模型的思路。根据式 (8.5) 将指数损失函数表达式代入, 得到

$$\begin{aligned}
\ell_{\exp}(H_{t-1}+\alpha h \mid \mathcal{D}) &= \mathbb{E}_{\boldsymbol{x}\sim\mathcal{D}}\left[\mathrm{e}^{-f(\boldsymbol{x})(H_{t-1}(\boldsymbol{x})+\alpha h(\boldsymbol{x}))}\right] \\
&= \sum_{i=1}^{|D|} \mathcal{D}(\boldsymbol{x}_i)\,\mathrm{e}^{-f(\boldsymbol{x}_i)(H_{t-1}(\boldsymbol{x}_i)+\alpha h(\boldsymbol{x}_i))} \\
&= \sum_{i=1}^{|D|} \mathcal{D}(\boldsymbol{x}_i)\,\mathrm{e}^{-f(\boldsymbol{x}_i)H_{t-1}(\boldsymbol{x}_i)}\mathrm{e}^{-f(\boldsymbol{x}_i)\alpha h(\boldsymbol{x}_i)} \\
&= \sum_{i=1}^{|D|} \mathcal{D}(\boldsymbol{x}_i)\,\mathrm{e}^{-f(\boldsymbol{x}_i)H_{t-1}(\boldsymbol{x}_i)} \\
&\quad \cdot \left(\mathrm{e}^{-\alpha}\mathbb{I}(f(\boldsymbol{x}_i)=h(\boldsymbol{x}_i)) + \mathrm{e}^{\alpha}\mathbb{I}(f(\boldsymbol{x}_i)\neq h(\boldsymbol{x}_i))\right)
\end{aligned}$$

在上面的推导中, 由于 $f(\boldsymbol{x}_i)$ 和 $h(\boldsymbol{x}_i)$ 均只能取 -1 和 $+1$ 两个值, 因此当 $f(\boldsymbol{x}_i)=h(\boldsymbol{x}_i)$ 时, $f(\boldsymbol{x}_i)h(\boldsymbol{x}_i)=1$; 当 $f(\boldsymbol{x}_i)\neq h(\boldsymbol{x}_i)$ 时, $f(\boldsymbol{x}_i)h(\boldsymbol{x}_i)=-1$。另外, $f(\boldsymbol{x}_i)$ 和 $h(\boldsymbol{x}_i)$ 要么相等, 要么不相等, 二者只能有一个为真, 因此以下等式恒成立:

$$\mathbb{I}(f(\boldsymbol{x}_i)=h(\boldsymbol{x}_i)) + \mathbb{I}(f(\boldsymbol{x}_i)\neq h(\boldsymbol{x}_i)) = 1$$

于是有

$$\begin{aligned}
&\mathrm{e}^{-\alpha}\mathbb{I}(f(\boldsymbol{x}_i)=h(\boldsymbol{x}_i)) + \mathrm{e}^{\alpha}\mathbb{I}(f(\boldsymbol{x}_i)\neq h(\boldsymbol{x}_i)) \\
&= \mathrm{e}^{-\alpha}\mathbb{I}(f(\boldsymbol{x}_i)=h(\boldsymbol{x}_i)) + \mathrm{e}^{-\alpha}\mathbb{I}(f(\boldsymbol{x}_i)\neq h(\boldsymbol{x}_i)) \\
&\quad - \mathrm{e}^{-\alpha}\mathbb{I}(f(\boldsymbol{x}_i)\neq h(\boldsymbol{x}_i)) + \mathrm{e}^{\alpha}\mathbb{I}(f(\boldsymbol{x}_i)\neq h(\boldsymbol{x}_i)) \\
&= \mathrm{e}^{-\alpha}\left(\mathbb{I}(f(\boldsymbol{x}_i)=h(\boldsymbol{x}_i)) + \mathbb{I}(f(\boldsymbol{x}_i)\neq h(\boldsymbol{x}_i))\right) + \left(\mathrm{e}^{\alpha}-\mathrm{e}^{-\alpha}\right)\mathbb{I}(f(\boldsymbol{x}_i)\neq h(\boldsymbol{x}_i)) \\
&= \mathrm{e}^{-\alpha} + \left(\mathrm{e}^{\alpha}-\mathrm{e}^{-\alpha}\right)\mathbb{I}(f(\boldsymbol{x}_i)\neq h(\boldsymbol{x}_i))
\end{aligned}$$

以下表达式在后面求解权重 α_t 时仍会被用到

将此结果代入 $\ell_{\exp}(H_{t-1}+\alpha h \mid \mathcal{D})$, 得到

$$\begin{aligned}
&\ell_{\exp}(H_{t-1}+\alpha h \mid \mathcal{D}) \\
&= \sum_{i=1}^{|D|} \mathcal{D}(\boldsymbol{x}_i)\,\mathrm{e}^{-f(\boldsymbol{x}_i)H_{t-1}(\boldsymbol{x}_i)}\left(\mathrm{e}^{-\alpha} + \left(\mathrm{e}^{\alpha}-\mathrm{e}^{-\alpha}\right)\mathbb{I}(f(\boldsymbol{x}_i)\neq h(\boldsymbol{x}_i))\right) \\
&= \sum_{i=1}^{|D|} \mathcal{D}(\boldsymbol{x}_i)\,\mathrm{e}^{-f(\boldsymbol{x}_i)H_{t-1}(\boldsymbol{x}_i)}\mathrm{e}^{-\alpha}
\end{aligned}$$

$$
\begin{aligned}
&+\sum_{i=1}^{|D|}\mathcal{D}\left(\boldsymbol{x}_i\right)\mathrm{e}^{-f\left(\boldsymbol{x}_i\right)H_{t-1}\left(\boldsymbol{x}_i\right)}\left(\mathrm{e}^{\alpha}-\mathrm{e}^{-\alpha}\right)\mathbb{I}\left(f\left(\boldsymbol{x}_i\right)\neq h\left(\boldsymbol{x}_i\right)\right)\\
=&\,\mathrm{e}^{-\alpha}\sum_{i=1}^{|D|}\mathcal{D}_t'\left(\boldsymbol{x}_i\right)+\left(\mathrm{e}^{\alpha}-\mathrm{e}^{-\alpha}\right)\sum_{i=1}^{|D|}\mathcal{D}_t'\left(\boldsymbol{x}_i\right)\mathbb{I}\left(f\left(\boldsymbol{x}_i\right)\neq h\left(\boldsymbol{x}_i\right)\right)
\end{aligned}
$$

由于 $\mathrm{e}^{-\alpha}\sum_{i=1}^{|D|}\mathcal{D}_t'\left(\boldsymbol{x}_i\right)$ 与 $h(\boldsymbol{x})$ 无关, 因此对于任意 $\alpha>0$, 要使 $\ell_{\exp}(H_{t-1}+\alpha h\mid\mathcal{D})$ 最小的 $h(\boldsymbol{x})$ 只需要使第二项最小即可, 即

$$
h_t=\underset{h}{\arg\min}\left(\mathrm{e}^{\alpha}-\mathrm{e}^{-\alpha}\right)\sum_{i=1}^{|D|}\mathcal{D}_t'\left(\boldsymbol{x}_i\right)\mathbb{I}\left(f\left(\boldsymbol{x}_i\right)\neq h\left(\boldsymbol{x}_i\right)\right)
$$

对于任意 $\alpha>0$, 有 $\mathrm{e}^{\alpha}-\mathrm{e}^{-\alpha}>0$, 所以上式中与 $h(\boldsymbol{x})$ 无关的正系数可以省略:

$$
h_t=\underset{h}{\arg\min}\sum_{i=1}^{|D|}\mathcal{D}_t'\left(\boldsymbol{x}_i\right)\mathbb{I}\left(f\left(\boldsymbol{x}_i\right)\neq h\left(\boldsymbol{x}_i\right)\right)
$$

此为式 (8.18) 的另一种表达形式。注意, 为了确保 $\mathcal{D}_t'(\boldsymbol{x})$ 是一个分布, 需要对其进行规范化, 即 $\mathcal{D}_t(\boldsymbol{x})=\frac{\mathcal{D}_t'(\boldsymbol{x})}{Z_t}$。然而规范化因子 $Z_t=\sum_{i=1}^{|D|}\mathcal{D}_t'\left(\boldsymbol{x}_i\right)$ 为常数, 并不影响最小化的求解。正是基于此结论, AdaBoost 通过 $h_t=\mathfrak{L}\left(D,\mathcal{D}_t\right)$ 得到了第 t 轮迭代的基分类器。

"西瓜书"中图 8.3 的第 3 行

$$
\begin{aligned}
\mathcal{D}_{t+1}\left(\boldsymbol{x}_i\right)&=\mathcal{D}\left(\boldsymbol{x}_i\right)\mathrm{e}^{-f\left(\boldsymbol{x}_i\right)H_t\left(\boldsymbol{x}_i\right)}\\
&=\mathcal{D}\left(\boldsymbol{x}_i\right)\mathrm{e}^{-f\left(\boldsymbol{x}_i\right)\left(H_{t-1}\left(\boldsymbol{x}_i\right)+\alpha_t h_t\left(\boldsymbol{x}_i\right)\right)}\\
&=\mathcal{D}\left(\boldsymbol{x}_i\right)\mathrm{e}^{-f\left(\boldsymbol{x}_i\right)H_{t-1}\left(\boldsymbol{x}_i\right)}\mathrm{e}^{-f\left(\boldsymbol{x}_i\right)\alpha_t h_t\left(\boldsymbol{x}_i\right)}\\
&=\mathcal{D}_t\left(\boldsymbol{x}_i\right)\mathrm{e}^{-f\left(\boldsymbol{x}_i\right)\alpha_t h_t\left(\boldsymbol{x}_i\right)}
\end{aligned}
$$

此为类似于式 (8.19) 的分布权重更新公式。

现在只差权重 α_t 的表达式待求。对指数损失函数 $\ell_{\exp}\left(H_{t-1}+\alpha h_t\mid\mathcal{D}\right)$ 求导, 得到

$$
\begin{aligned}
&\frac{\partial\ell_{\exp}\left(H_{t-1}+\alpha h_t\mid\mathcal{D}\right)}{\partial\alpha}\\
=&\frac{\partial\left(\mathrm{e}^{-\alpha}\sum_{i=1}^{|D|}\mathcal{D}_t'\left(\boldsymbol{x}_i\right)+\left(\mathrm{e}^{\alpha}-\mathrm{e}^{-\alpha}\right)\sum_{i=1}^{|D|}\mathcal{D}_t'\left(\boldsymbol{x}_i\right)\mathbb{I}\left(f\left(\boldsymbol{x}_i\right)\neq h\left(\boldsymbol{x}_i\right)\right)\right)}{\partial\alpha}
\end{aligned}
$$

$$= -\mathrm{e}^{-\alpha}\sum_{i=1}^{|D|}\mathcal{D}_t'(\boldsymbol{x}_i) + \left(\mathrm{e}^{\alpha}+\mathrm{e}^{-\alpha}\right)\sum_{i=1}^{|D|}\mathcal{D}_t'(\boldsymbol{x}_i)\,\mathbb{I}\left(f(\boldsymbol{x}_i)\neq h(\boldsymbol{x}_i)\right)$$

令导数等于 0, 得到

$$\begin{aligned}\frac{\mathrm{e}^{-\alpha}}{\mathrm{e}^{\alpha}+\mathrm{e}^{-\alpha}} &= \frac{\sum_{i=1}^{|D|}\mathcal{D}_t'(\boldsymbol{x}_i)\,\mathbb{I}\left(f(\boldsymbol{x}_i)\neq h(\boldsymbol{x}_i)\right)}{\sum_{i=1}^{|D|}\mathcal{D}_t'(\boldsymbol{x}_i)} = \sum_{i=1}^{|D|}\frac{\mathcal{D}_t'(\boldsymbol{x}_i)}{Z_t}\mathbb{I}\left(f(\boldsymbol{x}_i)\neq h(\boldsymbol{x}_i)\right)\\ &= \sum_{i=1}^{|D|}\mathcal{D}_t(\boldsymbol{x}_i)\,\mathbb{I}\left(f(\boldsymbol{x}_i)\neq h(\boldsymbol{x}_i)\right) = \mathbb{E}_{\boldsymbol{x}\sim\mathcal{D}_t}\left[\mathbb{I}\left(f(\boldsymbol{x}_i)\neq h(\boldsymbol{x}_i)\right)\right]\\ &= \epsilon_t\end{aligned}$$

对上述等式进行化简, 得到

$$\begin{aligned}\frac{\mathrm{e}^{-\alpha}}{\mathrm{e}^{\alpha}+\mathrm{e}^{-\alpha}} = \frac{1}{\mathrm{e}^{2\alpha}+1} \Rightarrow \mathrm{e}^{2\alpha}+1 = \frac{1}{\epsilon_t} \Rightarrow \mathrm{e}^{2\alpha} = \frac{1-\epsilon_t}{\epsilon_t} \Rightarrow 2\alpha = \ln\left(\frac{1-\epsilon_t}{\epsilon_t}\right)\\ \Rightarrow \alpha_t = \frac{1}{2}\ln\left(\frac{1-\epsilon_t}{\epsilon_t}\right)\end{aligned}$$

此为式 (8.11)。从该式可以发现, 当 $\epsilon_t = 1$ 时, $\alpha_t \to \infty$, 此时集成分类器将由基分类器 h_t 决定, 而这很可能是过拟合产生的结果, 例如不剪枝决策树。如果一直分下去, 那么一般情况下总能得到在训练集上分类误差很小甚至为 0 的分类器, 但这并没有什么意义。所以，我们一般在 AdaBoost 中使用弱分类器, 如决策树桩 (即单层决策树)。

另外, 由以上指数损失函数 $\ell_{\exp}(H_{t-1}+\alpha h \mid \mathcal{D})$ 的推导可以发现

$$\begin{aligned}\ell_{\exp}(H_{t-1}+\alpha h \mid \mathcal{D}) &= \sum_{i=1}^{|D|}\mathcal{D}(\boldsymbol{x}_i)\,\mathrm{e}^{-f(\boldsymbol{x}_i)H_{t-1}(\boldsymbol{x}_i)}\mathrm{e}^{-f(\boldsymbol{x}_i)\alpha h(\boldsymbol{x}_i)}\\ &= \sum_{i=1}^{|D|}\mathcal{D}_t'(\boldsymbol{x}_i)\,\mathrm{e}^{-f(\boldsymbol{x}_i)\alpha h(\boldsymbol{x}_i)}\end{aligned}$$

这与指数损失函数 $\ell_{\exp}(\alpha_t h_t \mid \mathcal{D}_t)$ 的表达式基本一致。

$$\begin{aligned}\ell_{\exp}(\alpha_t h_t \mid \mathcal{D}_t) &= \mathbb{E}_{\boldsymbol{x}\sim\mathcal{D}_t}\left[\mathrm{e}^{-f(\boldsymbol{x})\alpha_t h_t(\boldsymbol{x})}\right]\\ &= \sum_{i=1}^{|D|}\mathcal{D}_t(\boldsymbol{x}_i)\,\mathrm{e}^{-f(\boldsymbol{x}_i)\alpha_t h_t(\boldsymbol{x}_t)}\end{aligned}$$

而 $\mathcal{D}_t'(\boldsymbol{x})$ 的规范化过程并不影响对 $\ell_{\exp}(H_{t-1}+\alpha h \mid \mathcal{D})$ 进行最小化, 因此最小化式 (8.9) 等价于最小化 $\ell_{\exp}(H_{t-1}+\alpha h \mid \mathcal{D})$, 这就是式 (8.9) 的来历，故并无问题。

到此为止, 我们逐一完成了对“西瓜书”中图 8.3 的第 3 行中 h_t 的训练 (并计算训练误差)、第 6 行中权重 α_t 的计算公式以及第 7 行中分布 $\mathcal{D}_t$ 的更新公式来历的理论推导。

8.2.17 进一步理解权重更新公式

AdaBoost 原始论文[1] 的第 12 页有一个推论，如图 8-3 所示。

COROLLARY 2. *After each update to the weights, the* weighted *misclassification error of the most recent weak learner is 50%.*

PROOF. This follows by noting that the c that minimizes $J(F+cf)$ satisfies

$$\frac{\partial J(F+cf)}{\partial c}=-E[\mathrm{e}^{-y(F(x)+cf(x))}yf(x)]=0. \tag{21}$$

图 8-3 AdaBoost 原始论文中的推论 2

即 $P_{\boldsymbol{x}\sim\mathcal{D}_t}(h_{t-1}(\boldsymbol{x})\neq f(\boldsymbol{x}))=0.5$。换言之, h_{t-1} 在数据集 D 上、分布为 $\mathcal{D}_t$ 时的分类误差为 0.5, 相当于随机猜测 (最糟糕的二分类器的分类误差为 0.5, 当二分类器的分类误差为 1 时，相当于分类误差为 0, 因为将预测结果反过来用就行了)。h_t 可以由式 (8.18) 得到:

$$h_t=\underset{h}{\arg\min}\ \mathbb{E}_{\boldsymbol{x}\sim\mathcal{D}_t}[\mathbb{I}(f(\boldsymbol{x})\neq h(\boldsymbol{x}))]=\underset{h}{\arg\min}\ P_{\boldsymbol{x}\sim\mathcal{D}_t}(h(\boldsymbol{x})\neq f(\boldsymbol{x}))$$

即 h_t 是在数据集 D 上、分布为 $\mathcal{D}_t$ 时分类误差最小的分类器, 因此在数据集 D 上、分布为 $\mathcal{D}_t$ 时, h_t 是最好的分类器, 而 h_{t-1} 是最差的分类器, 故二者差别最大。“西瓜书”中 8.1 节的图 8.2 形象地说明了“集成个体应‘好而不同’”, 此时可以说 h_{t-1} 和 h_t 非常“不同”。证明如下。

对于 h_{t-1} 来说, 分类误差 ϵ_{t-1} 为

$$\begin{aligned}\epsilon_{t-1}&=P_{\boldsymbol{x}\sim\mathcal{D}_{t-1}}(h_{t-1}(\boldsymbol{x})\neq f(\boldsymbol{x}))=\mathbb{E}_{\boldsymbol{x}\sim\mathcal{D}_{t-1}}[\mathbb{I}(h_{t-1}(\boldsymbol{x})\neq f(\boldsymbol{x}))]\\&=\sum_{i=1}^{|D|}\mathcal{D}_{t-1}(\boldsymbol{x}_i)\,\mathbb{I}(h_{t-1}(\boldsymbol{x})\neq f(\boldsymbol{x}))\end{aligned}$$

$$
= \frac{\sum_{i=1}^{|D|} \mathcal{D}_{t-1}(\boldsymbol{x}_i)\mathbb{I}(h_{t-1}(\boldsymbol{x}) \neq f(\boldsymbol{x}))}{\sum_{i=1}^{|D|} \mathcal{D}_{t-1}(\boldsymbol{x}_i)\mathbb{I}(h_{t-1}(\boldsymbol{x}) = f(\boldsymbol{x})) + \sum_{i=1}^{|D|} \mathcal{D}_{t-1}(\boldsymbol{x}_i)\mathbb{I}(h_{t-1}(\boldsymbol{x}) \neq f(\boldsymbol{x}))}
$$

在第 t 轮迭代中, 根据分布更新公式 [见式 (8.19)] 或“西瓜书”中图 8.3 的第 7 行 (规范化因子 Z_{t-1} 为常量):

$$
\mathcal{D}_t = \frac{\mathcal{D}_{t-1}}{Z_{t-1}} \mathrm{e}^{-f(\boldsymbol{x})\alpha_{t-1}h_{t-1}(\boldsymbol{x})}
$$

并根据式 (8.11), 将第 $t-1$ 轮的权重

$$
\alpha_{t-1} = \frac{1}{2}\ln\frac{1-\epsilon_{t-1}}{\epsilon_{t-1}} = \ln\sqrt{\frac{1-\epsilon_{t-1}}{\epsilon_{t-1}}}
$$

代入 $\mathcal{D}_t$ 的表达式, 得到

$$
\mathcal{D}_t = \begin{cases} \dfrac{\mathcal{D}_{t-1}}{Z_{t-1}} \cdot \sqrt{\dfrac{\epsilon_{t-1}}{1-\epsilon_{t-1}}}, & \text{如果 } h_{t-1}(\boldsymbol{x}) = f(\boldsymbol{x}) \text{ 的话} \\ \dfrac{\mathcal{D}_{t-1}}{Z_{t-1}} \cdot \sqrt{\dfrac{1-\epsilon_{t-1}}{\epsilon_{t-1}}}, & \text{如果 } h_{t-1}(\boldsymbol{x}) \neq f(\boldsymbol{x}) \text{ 的话} \end{cases}
$$

那么 h_{t-1} 在数据集 D 上、分布为 $\mathcal{D}_t$ 时的分类误差 $P_{\boldsymbol{x}\sim\mathcal{D}_t}(h_{t-1}(\boldsymbol{x}) \neq f(\boldsymbol{x}))$ 为 (注意, 下式第二行的分母等于 1, 因为 $\mathbb{I}(h_{t-1}(\boldsymbol{x}) = f(\boldsymbol{x})) + \mathbb{I}(h_{t-1}(\boldsymbol{x}) \neq f(\boldsymbol{x})) = 1$)

$$
\begin{aligned}
P_{\boldsymbol{x}\sim\mathcal{D}_t}(h_{t-1}(\boldsymbol{x}) \neq f(\boldsymbol{x})) &= \mathbb{E}_{\boldsymbol{x}\sim\mathcal{D}_t}[\mathbb{I}(h_{t-1}(\boldsymbol{x}) \neq f(\boldsymbol{x}))] \\
&= \frac{\sum_{i=1}^{|D|} \mathcal{D}_t(\boldsymbol{x}_i)\mathbb{I}(h_{t-1}(\boldsymbol{x}_i) \neq f(\boldsymbol{x}_i))}{\sum_{i=1}^{|D|} \mathcal{D}_t(\boldsymbol{x}_i)\mathbb{I}(h_{t-1}(\boldsymbol{x}_i) = f(\boldsymbol{x}_i)) + \sum_{i=1}^{|D|} \mathcal{D}_t(\boldsymbol{x}_i)\mathbb{I}(h_{t-1}(\boldsymbol{x}_i) \neq f(\boldsymbol{x}_i))} \\
&= \frac{\sum_{i=1}^{|D|} \dfrac{\mathcal{D}_{t-1}(\boldsymbol{x}_i)}{Z_{t-1}}}{\sum_{i=1}^{|D|} \dfrac{\mathcal{D}_{t-1}(\boldsymbol{x}_i)}{Z_{t-1}} \cdot \sqrt{\dfrac{\epsilon_{t-1}}{1-\epsilon_{t-1}}}\mathbb{I}(h_{t-1}(\boldsymbol{x}_i) = f(\boldsymbol{x}_i))} \rightarrow
\end{aligned}
$$

$$
\leftarrow \frac{\cdot\sqrt{\frac{1-\epsilon_{t-1}}{\epsilon_{t-1}}}\mathbb{I}\left(h_{t-1}\left(\boldsymbol{x}_i\right) \neq f\left(\boldsymbol{x}_i\right)\right)}{+\sum_{i=1}^{|D|} \frac{\mathcal{D}_{t-1}\left(\boldsymbol{x}_i\right)}{Z_{t-1}} \cdot \sqrt{\frac{1-\epsilon_{t-1}}{\epsilon_{t-1}}}\mathbb{I}\left(h_{t-1}\left(\boldsymbol{x}_i\right) \neq f\left(\boldsymbol{x}_i\right)\right)}
$$

$$
=\frac{\sqrt{\frac{1-\epsilon_{t-1}}{\epsilon_{t-1}}}}{\sqrt{\frac{\epsilon_{t-1}}{1-\epsilon_{t-1}}} \cdot \sum_{i=1}^{|D|} \mathcal{D}_{t-1}\left(\boldsymbol{x}_i\right) \mathbb{I}\left(h_{t-1}\left(\boldsymbol{x}_i\right)=f\left(\boldsymbol{x}_i\right)\right)} \rightarrow
$$

$$
\leftarrow \frac{\cdot \sum_{i=1}^{|D|} \mathcal{D}_{t-1}\left(\boldsymbol{x}_i\right) \mathbb{I}\left(h_{t-1}\left(\boldsymbol{x}_i\right) \neq f\left(\boldsymbol{x}_i\right)\right)}{+\sqrt{\frac{1-\epsilon_{t-1}}{\epsilon_{t-1}}} \cdot \sum_{i=1}^{|D|} \mathcal{D}_{t-1}\left(\boldsymbol{x}_i\right) \mathbb{I}\left(h_{t-1}\left(\boldsymbol{x}_i\right) \neq f\left(\boldsymbol{x}_i\right)\right)}
$$

$$
=\frac{\sqrt{\frac{1-\epsilon_{t-1}}{\epsilon_{t-1}}} \cdot \epsilon_{t-1}}{\sqrt{\frac{\epsilon_{t-1}}{1-\epsilon_{t-1}}} \cdot\left(1-\epsilon_{t-1}\right)+\sqrt{\frac{1-\epsilon_{t-1}}{\epsilon_{t-1}}} \cdot \epsilon_{t-1}}=\frac{1}{2}
$$

8.2.18 能够接受带权样本的基学习算法

在 AdaBoost 的推导过程中，我们发现能够接受并利用带权样本的算法才能很好地被嵌入 AdaBoost 的框架中作为基学习器。因此这里举一些能够接受带权样本的基学习算法的例子，比如 SVM 和基于随机梯度下降 (SGD) 的对率回归。

原理其实很简单。对于 SVM 来说, 针对“西瓜书”中第 130 页的优化目标 [见式 (6.29)] 来说, 第二项为损失项, 此时每个样本的损失 $\ell_{0/1}\left(y_i\left(\boldsymbol{w}^{\mathrm{T}}\boldsymbol{x}_i+b\right)-1\right)$ 直接相加, 即样本权值分布为 $\mathcal{D}\left(\boldsymbol{x}_i\right)=\frac{1}{m}$, 其中 m 为数据集 D 中样本的个数。若样本权值更新为 $\mathcal{D}_t\left(\boldsymbol{x}_i\right)$, 则此时损失求和项应该变为

$$
\sum_{i=1}^{m} m\mathcal{D}_t\left(\boldsymbol{x}_i\right) \cdot \ell_{0/1}\left(y_i\left(\boldsymbol{w}^{\mathrm{T}}\boldsymbol{x}_i+b\right)-1\right)
$$

若用 $\mathcal{D}\left(\boldsymbol{x}_i\right)=\frac{1}{m}$ 替换 $\mathcal{D}_t\left(\boldsymbol{x}_i\right)$, 则相当于将每个样本的损失 $\ell_{0/1}(y_i(\boldsymbol{w}^{\mathrm{T}}\boldsymbol{x}_i+b)-1)$ 直接相加。如此更改后, 最终推导结果影响的是式 (6.39), 它将由 $C=\alpha_i+\mu_i$

变为

$$C \cdot m\mathcal{D}_t(\boldsymbol{x}_i) = \alpha_i + \mu_i$$

进而由 $\alpha_i, \mu_i \geqslant 0$ 导出 $0 \leqslant \alpha_i \leqslant C \cdot m\mathcal{D}_t(\boldsymbol{x}_i)$。

对于基于随机梯度下降 (SGD) 的对率回归, 每次随机选择一个样本进行梯度下降, 总体上的期望损失即为式 (3.27), 此时每个样本被选到的概率相同, 相当于 $\mathcal{D}(\boldsymbol{x}_i) = \frac{1}{m}$。若样本权值更新为 $\mathcal{D}_t(\boldsymbol{x}_i)$, 则类似于 SVM, 针对式 (3.27) 只需要给第 i 项乘以 $m\mathcal{D}_t(\boldsymbol{x}_i)$ 即可, 相当于每次随机梯度下降选择样本时以概率 $\mathcal{D}_t(\boldsymbol{x}_i)$ 选择样本 $\boldsymbol{x}_i$ 即可。

注意在这里，总的损失中出现了样本个数 m。这是因为在定义损失时未求均值, 若对式 (6.29) 的第二项和式 (3.27) 乘以 $\frac{1}{m}$，则可以将 m 消掉。然而常数项对于最小化式 (3.27) 实际上并不影响什么, 对于式 (6.29) 来说，只要在选择平衡参数 C 时选为原来的 m 倍即可。

当然, 正如“西瓜书”中第 177 页的第三段所述, “对无法接受带权样本的基学习算法, 则可通过‘重采样法’来处理, 即在每一轮学习中, 根据样本分布对训练集重新进行采样, 再用重采样而得的样本集对基学习器进行训练”。

8.3 Bagging 与随机森林

8.3.1 式 (8.20) 的解释

$\mathbb{I}(h_t(\boldsymbol{x}) = y)$ 表示对 T 个基学习器中的每一个都判断结果是否与 y 一致，y 的取值一般是 -1 和 1。如果基学习器的结果与 y 一致，则 $\mathbb{I}(h_t(\boldsymbol{x}) = y) = 1$；如果样本不在训练集内，则 $\mathbb{I}(\boldsymbol{x} \notin D_t) = 1$。综合起来看就是，对包外的数据，用“投票法”选择包外估计的结果，即 1 或 -1。

8.3.2 式 (8.21) 的推导

由式 (8.20) 可知，$H^{\text{oob}}(\boldsymbol{x})$ 是对包外的估计，式 (8.21) 表示将估计错误的个数除以总的个数，即可得到泛化误差的包外估计。注意式 (8.21) 直接除以 $\mid D \mid$ (训练集 D 中样本的个数), 也就是说，此处假设 T 个基分类器各自的包外样本的并集一定为训练集 D。实际上, 这个事实成立的概率也是比较大的, 不妨计算一下: 如果样本属于包内的概率为 0.632, 那么 T 次独立的随机采样均属于包内的概

率为 0.632^T。当 $T=5$ 时, $0.632^T \approx 0.1$；当 $T=10$ 时, $0.632^T \approx 0.01$。这么来看的话，T 个基分类器各自的包外样本的并集为训练集 D 的概率的确比较大。

8.3.3 随机森林的解释

“西瓜书”中 8.3.2 小节开篇的第一句话就解释了随机森林的概念：随机森林是 Bagging 的一个扩展变体，它在以决策树为基学习器构建 Bagging 集成的基础上，进一步在决策树的训练过程中引入了随机属性选择。

完整版的随机森林当然更复杂，这时只需要知道两个重点：（1）以决策树为基学习器；（2）在基学习器的训练过程中，当选择划分属性时只使用当前节点属性集合的一个子集。

8.4 结合策略

8.4.1 式 (8.22) 的解释

$$H(\boldsymbol{x})=\frac{1}{T}\sum_{i=1}^{T}h_i(\boldsymbol{x})$$

这表示对基分类器的结果进行简单的平均。

8.4.2 式 (8.23) 的解释

$$H(\boldsymbol{x})=\sum_{i=1}^{T}w_ih_i(\boldsymbol{x})$$

这表示对基分类器的结果进行加权平均。

8.4.3 硬投票和软投票的解释

“西瓜书”中的第 183 页提到了硬投票 (hard voting) 和软投票 (soft voting)，该页的左侧注释提到多数投票法的英文术语使用不太一致，有文献称为 majority voting。在有些文献中，硬投票使用 majority voting（多数投票），软投票使用 probability voting（概率投票），所以具体问题具体分析比较稳妥。

8.4.4 式 (8.24) 的解释

$$H(\boldsymbol{x})=\begin{cases}c_j & \text{如果 } \sum_{i=1}^{T}h_i^j(\boldsymbol{x})>0.5\sum_{k=1}^{N}\sum_{i=1}^{T}h_i^k(\boldsymbol{x}) \text{ 的话}\\ \text{拒绝预测} & \text{其他}\end{cases}$$

当某个类别 j 的基分类器的结果之和大于所有结果之和的 $\frac{1}{2}$ 时，就选择类别 j 作为最终结果。

8.4.5 式 (8.25) 的解释

$$H(\boldsymbol{x})=c_{\underset{j}{\arg\max}\sum_{i=1}^{T}h_i^j(\boldsymbol{x})}$$

相较于其他类别，类别 j 的基分类器的结果之和最大，此时选择类别 j 作为最终结果。

8.4.6 式 (8.26) 的解释

$$H(\boldsymbol{x})=c_{\underset{j}{\arg\max}\sum_{i=1}^{T}w_ih_i^j(\boldsymbol{x})}$$

相较于其他类别，类别 j 的基分类器的结果之和最大，选择类别 j 作为最终结果。与式 (8.25) 不同的是，式 (8.26) 在基分类器的前面乘上了一个权重系数，该系数大于或等于 0，且 T 个权重之和为 1。

8.4.7 元学习器的解释

“西瓜书”中第 183 页的最后一行提到了元学习器 (meta-learner)，我们简单解释一下，因为理解 meta 的含义有时对于理解论文中的核心思想很有帮助。

元 (meta) 这个概念非常抽象，元学习器的含义是次级学习器，或者说基于学习器结果的学习器。另外还有元语言，就是描述计算机语言的语言，以及元数学（研究数学的数学）等。

此外，论文中经常出现的还有 meta-strategy，即元策略或元方法。假设你研究的问题是多分类问题，你提出了一种方法，首先对输入特征进行变换（或对输出类别做某种变换），然后基于普通的多分类方法进行预测，你的这种方法可以看成一种通用的框架。它虽然针对多分类问题而开发，但它需要某个具体的多分类方法配合才能实现。你的这种方法作为一种更高层级的方法，就可以被称作一种 meta-strategy。

8.4.8 Stacking 算法的解释

该算法其实非常简单，对于数据集，试想你现在有了基分类器的预测结果。也就是说，数据集中的每个样本均有一个预测结果，那么怎么结合这个预测结果呢？

“西瓜书”的 8.4 节“结合策略”旨在告诉你各种结合方法，但其实最简单的方法就是基于这个预测结果再进行一次学习，即针对每个样本，将这个预测结果作为输入特征，类别仍为原来的类别。既然无法选择如何对这些结果进行结合，那么就“学习”一下吧。

“西瓜书”中图 8.9 所示伪代码的第 9 行旨在对样本进行变换，特征为基学习器的输出，类别标记仍为原来的不变。在对训练集中的所有样本进行转换并得到新的数据集后，再进行一次学习即可，这就是 Stacking 算法。

至于说“西瓜书”中图 8.9 所示伪代码的第 1 行到第 3 行使用的数据集与第 5 行到第 10 行使用的数据集之间的关系，“西瓜书”中图 8.9 下方的一段话有详细的讨论，这里不再赘述。

8.5 多 样 性

8.5.1 式 (8.27) 的解释

$$A\left(h_i|\boldsymbol{x}\right)=\left(h_i(\boldsymbol{x})-H(\boldsymbol{x})\right)^2$$

该式表示个体学习器结果与预测结果的差值的平方，即个体学习器的“分歧”。

8.5.2 式 (8.28) 的解释

$$\begin{aligned}\bar{A}(h|\boldsymbol{x})&=\sum_{i=1}^{T}w_iA\left(h_i|\boldsymbol{x}\right)\\&=\sum_{i=1}^{T}w_i\left(h_i(\boldsymbol{x})-H(\boldsymbol{x})\right)^2\end{aligned}$$

该式表示对各个个体学习器的“分歧”加权平均的结果，即集成的“分歧”。

8.5.3 式 (8.29) 的解释

$$E\left(h_i|\boldsymbol{x}\right)=\left(f(\boldsymbol{x})-h_i(\boldsymbol{x})\right)^2$$

该式表示个体学习器与真实值之间差值的平方，即个体学习器的平方误差。

8.5.4 式 (8.30) 的解释

$$E(H|\boldsymbol{x})=(f(\boldsymbol{x})-H(\boldsymbol{x}))^2$$

该式表示集成与真实值之间差值的平方，即集成的平方误差。

8.5.5 式 (8.31) 的推导

由式 (8.28) 可知

$$\begin{aligned}
\bar{A}(h|\boldsymbol{x})&=\sum_{i=1}^{T}w_i\left(h_i(\boldsymbol{x})-H(\boldsymbol{x})\right)^2\\
&=\sum_{i=1}^{T}w_i(h_i(\boldsymbol{x})^2-2h_i(\boldsymbol{x})H(\boldsymbol{x})+H(\boldsymbol{x})^2)\\
&=\sum_{i=1}^{T}w_ih_i(\boldsymbol{x})^2-H(\boldsymbol{x})^2
\end{aligned}$$

又因为

$$\begin{aligned}
&\sum_{i=1}^{T}w_iE\left(h_i|\boldsymbol{x}\right)-E(H|\boldsymbol{x})\\
&=\sum_{i=1}^{T}w_i\left(f(\boldsymbol{x})-h_i(\boldsymbol{x})\right)^2-\left(f(\boldsymbol{x})-H(\boldsymbol{x})\right)^2\\
&=\sum_{i=1}^{T}w_ih_i(\boldsymbol{x})^2-H(\boldsymbol{x})^2
\end{aligned}$$

所以

$$\bar{A}(h|\boldsymbol{x})=\sum_{i=1}^{T}w_iE\left(h_i|\boldsymbol{x}\right)-E(H|\boldsymbol{x})$$

8.5.6 式 (8.32) 的解释

$$\sum_{i=1}^{T}w_i\int A\left(h_i|\boldsymbol{x}\right)p(\boldsymbol{x})\mathrm{d}\boldsymbol{x}=\sum_{i=1}^{T}w_i\int E\left(h_i|\boldsymbol{x}\right)p(\boldsymbol{x})\mathrm{d}\boldsymbol{x}-\int E(H|\boldsymbol{x})p(\boldsymbol{x})\mathrm{d}\boldsymbol{x}$$

$\int A\left(h_i|\boldsymbol{x}\right)p(\boldsymbol{x})\mathrm{d}\boldsymbol{x}$ 表示个体学习器在全样本上的“分歧”，$\sum_{i=1}^{T}w_i\int A\left(h_i|\boldsymbol{x}\right)p(\boldsymbol{x})\mathrm{d}\boldsymbol{x}$ 表示集成在全样本上的“分歧”。式 (8.31) 的意义在于，对于样本 $\boldsymbol{x}$ 有

$\bar{A}(h \mid \boldsymbol{x}) = \bar{E}(h \mid \boldsymbol{x}) - E(H \mid \boldsymbol{x})$ 成立, 即个体学习器分歧的加权均值等于个体学习器误差的加权均值减去集成 $H(\boldsymbol{x})$ 的误差。

将这个结论应用到全样本上, 即为式 (8.32)。

例如 $A_i = \int A\left(h_i \mid \boldsymbol{x}\right) p(\boldsymbol{x}) \mathrm{d}\boldsymbol{x}$, 这是将 $\boldsymbol{x}$ 作为连续变量来处理的, 所以这里是概率密度 $p(\boldsymbol{x})$ 和积分号; 若按离散变量来处理, 则变为 $A_i = \sum_{\boldsymbol{x} \in D} A\left(h_i \mid \boldsymbol{x}\right) p_{\boldsymbol{x}}$。其实高等数学中讲过, 积分就是连续求和。

8.5.7 式 (8.33) 的解释

$$E_i = \int E\left(h_i|\boldsymbol{x}\right) p(\boldsymbol{x}) \mathrm{d}\boldsymbol{x}$$

这表示个体学习器在全样本上的泛化误差。

8.5.8 式 (8.34) 的解释

$$A_i = \int A\left(h_i|\boldsymbol{x}\right) p(\boldsymbol{x}) \mathrm{d}\boldsymbol{x}$$

这表示个体学习器在全样本上的分歧。

8.5.9 式 (8.35) 的解释

$$E = \int E(H|\boldsymbol{x}) p(\boldsymbol{x}) \mathrm{d}\boldsymbol{x}$$

这表示集成在全样本上的泛化误差。

8.5.10 式 (8.36) 的解释

$$E = \bar{E} - \bar{A}$$

$\bar{E}$ 表示个体学习器泛化误差的加权均值，$\bar{A}$ 表示个体学习器分歧项的加权均值，该式又称为“误差–分歧分解”。

8.5.11 式 (8.40) 的解释

当 $p_1 = p_2$ 时, $\kappa = 0$; 当 $p_1 = 1$ 时, $\kappa = 1$; 一般来说 $p_1 \geqslant p_2$, 即 $\kappa \geqslant 0$, 但偶尔也有 $p_1 < p_2$ 的情况, 此时 $\kappa < 0$。有关 p_1、p_2 的意义参见式 (8.41) 和式 (8.42) 的解释。

8.5.12 式 (8.41) 的解释

分子 $a+d$ 为分类器 h_i 与 h_j 在数据集 D 上预测结果相同的样本数目，分母为数据集 D 的总样本数目，因此 p_1 为两个分类器 h_i 与 h_j 预测结果相同的概率。

若 $a+d=m$，即分类器 h_i 与 h_j 对数据集 D 中所有样本的预测结果均相同，则 $p_1=1$。

8.5.13 式 (8.42) 的解释

将式 (8.42) 拆分为如下形式，这有助于我们理解其含义。

$$p_2=\frac{a+b}{m}\cdot\frac{a+c}{m}+\frac{c+d}{m}\cdot\frac{b+d}{m}$$

其中 $\frac{a+b}{m}$ 为分类器 h_i 将样本预测为 +1 的概率, $\frac{a+c}{m}$ 为分类器 h_j 将样本预测为 +1 的概率, $\frac{a+b}{m}\cdot\frac{a+c}{m}$ 可理解为分类器 h_i 与 h_j 将样本预测为 +1 的概率; $\frac{c+d}{m}$ 为分类器 h_i 将样本预测为 -1 的概率, $\frac{b+d}{m}$ 为分类器 h_j 将样本预测为 -1 的概率, $\frac{c+d}{m}\cdot\frac{b+d}{m}$ 可理解为分类器 h_i 与 h_j 将样本预测为 -1 的概率。

请注意 $\frac{a+b}{m}\cdot\frac{a+c}{m}$ 与 $\frac{a}{m}$ 的不同, 以及 $\frac{c+d}{m}\cdot\frac{b+d}{m}$ 与 $\frac{d}{m}$ 的不同。

$$\begin{aligned}\frac{a+b}{m}\cdot\frac{a+c}{m}=p\left(h_i=+1\right)p\left(h_j=+1\right),\frac{a}{m}=p\left(h_i=+1,h_j=+1\right)\\\frac{c+d}{m}\cdot\frac{b+d}{m}=p\left(h_i=-1\right)p\left(h_j=-1\right),\frac{d}{m}=p\left(h_i=-1,h_j=-1\right)\end{aligned}$$

即 $\frac{a+b}{m}\cdot\frac{a+c}{m}$ 和 $\frac{c+d}{m}\cdot\frac{b+d}{m}$ 是分别考虑分类器 h_i 与 h_j 时的概率 (h_i 与 h_j 独立), 而 $\frac{a}{m}$ 和 $\frac{d}{m}$ 是同时考虑 h_i 与 h_j 时的概率 (联合概率)。

8.5.14 多样性增强的解释

“西瓜书”的 8.5.3 小节介绍了 4 种多样性增强的方法, 通俗易懂, 几乎不需要什么注解, 仅强调了几个概念。

(1) 数据样本扰动中提到了“不稳定基学习器”(例如决策树、神经网络等) 和“稳定基学习器”(例如线性学习器、支持向量机、朴素贝叶斯、k 近邻学习器等), 对稳定基学习器进行集成时数据样本扰动技巧效果有限。这也就可以解释为什么随机森林和 GBDT 等以决策树为基学习器的集成方法很成功, Gradient Boosting 和 Bagging 都是以数据样本扰动来增强多样性的; 而且在掌握这个经验后，在实际工程应用中就可以排除一些候选基分类器, 但我们在论文中的确经常见到以支持向量机为基分类器的 Bagging 实现, 这可能是由于 LIBSVM 简单易用。

(2)“西瓜书”中图 8.11 所示的随机子空间算法, 针对每个基分类器 h_t 在训练时使用了原数据集的部分输入属性(未必是初始属性, 详见“西瓜书”第 189 页左上方的注释), 因此在最终集成时也需要使用相同的部分属性。

“西瓜书”中图 8.11 的最后一行

(3)输出表示扰动中提到了“翻转法”(Flipping Output), 它看起来是一个并没有道理的技巧, 为什么要改变训练样本的标记呢? 若认为原训练样本标记是完全可靠的, 这不是人为地加入噪声吗? 但“西瓜书”的作者在 2017 年提出的深度森林[3] 模型中也用到了该技巧。“多样性增强”虽然从局部来看引入了标记噪声, 但从模型集成的角度来看是有益的。

8.6 Gradient Boosting、GBDT、XGBoost 的联系与区别

在集成学习中，梯度提升 (Gradient Boosting, GB) 和梯度提升树 (GB Decision Tree, GBDT) 很常见，尤其近几年非常流行的 XGBoost 很是耀眼，此处单独介绍并对比这些概念。

8.6.1 从梯度下降的角度解释 AdaBoost

AdaBoost 会在进行第 t 轮迭代时最小化式 (8.5) 所示的指数损失函数。

$$\ell_{\exp}(H_t \mid \mathcal{D}) = \mathbb{E}_{\boldsymbol{x}\sim\mathcal{D}}\left[\mathrm{e}^{-f(\boldsymbol{x})H_t(\boldsymbol{x})}\right] = \sum_{\boldsymbol{x}\in D}\mathcal{D}(\boldsymbol{x})\mathrm{e}^{-f(\boldsymbol{x})H_t(\boldsymbol{x})}$$

对 $\ell_{\exp}(H_t \mid \mathcal{D})$ 中的每一项在 H_{t-1} 处进行泰勒展开：

$$\begin{aligned}
\ell_{\exp}(H_t \mid \mathcal{D}) &\approx \sum_{\boldsymbol{x}\in D}\mathcal{D}(\boldsymbol{x})\left(\mathrm{e}^{-f(\boldsymbol{x})H_{t-1}(\boldsymbol{x})} - f(\boldsymbol{x})\mathrm{e}^{-f(\boldsymbol{x})H_{t-1}(\boldsymbol{x})}\left(H_t(\boldsymbol{x}) - H_{t-1}(\boldsymbol{x})\right)\right) \\
&= \sum_{\boldsymbol{x}\in D}\mathcal{D}(\boldsymbol{x})\left(\mathrm{e}^{-f(\boldsymbol{x})H_{t-1}(\boldsymbol{x})} - \mathrm{e}^{-f(\boldsymbol{x})H_{t-1}(\boldsymbol{x})}f(\boldsymbol{x})\alpha_t h_t(\boldsymbol{x})\right) \\
&= \mathbb{E}_{\boldsymbol{x}\sim\mathcal{D}}\left[\mathrm{e}^{-f(\boldsymbol{x})H_{t-1}(\boldsymbol{x})} - \mathrm{e}^{-f(\boldsymbol{x})H_{t-1}(\boldsymbol{x})}f(\boldsymbol{x})\alpha_t h_t(\boldsymbol{x})\right]
\end{aligned}$$

其中 $H_t = H_{t-1} + \alpha_t h_t$。注意：$\alpha_t$ 和 h_t 是第 t 轮待解的变量。另外补充一下, 上述泰勒展开中的变量为 $H_t(\boldsymbol{x})$, 在 H_{t-1} 处的一阶导数为

$$\left.\frac{\partial \mathrm{e}^{-f(\boldsymbol{x})H_t(\boldsymbol{x})}}{\partial H_t(\boldsymbol{x})}\right|_{H_t(\boldsymbol{x})=H_{t-1}(\boldsymbol{x})} = -f(\boldsymbol{x})\mathrm{e}^{-f(\boldsymbol{x})H_{t-1}(\boldsymbol{x})}$$

如果不习惯上述泰勒展开过程, 可令变量 $z = H_t(\boldsymbol{x})$ 和函数 $g(z) = \mathrm{e}^{-f(\boldsymbol{x})z}$, 对 $g(z)$ 在 $z_0 = H_{t-1}(\boldsymbol{x})$ 处进行泰勒展开:

$$\begin{aligned}
g(z) &\approx g\left(z_0\right) + g'\left(z_0\right)\left(z - z_0\right) \\
&= g\left(z_0\right) - f(\boldsymbol{x})\mathrm{e}^{-f(\boldsymbol{x})z_0}\left(z - z_0\right) \\
&= \mathrm{e}^{-f(\boldsymbol{x})H_{t-1}(\boldsymbol{x})} - \mathrm{e}^{-f(\boldsymbol{x})H_{t-1}(\boldsymbol{x})} f(\boldsymbol{x})\left(H_t(\boldsymbol{x}) - H_{t-1}(\boldsymbol{x})\right) \\
&= \mathrm{e}^{-f(\boldsymbol{x})H_{t-1}(\boldsymbol{x})} - \mathrm{e}^{-f(\boldsymbol{x})H_{t-1}(\boldsymbol{x})} f(\boldsymbol{x})\alpha_t h_t(\boldsymbol{x})
\end{aligned}$$

注意此处 $h_t(\boldsymbol{x}) \in \{-1, +1\}$, 类似于 3.3.2 节梯度下降法中的约束 $\left\|\boldsymbol{d}^t\right\| = 1$。类似于使用梯度下降法求解下降最快的方向 $\boldsymbol{d}^t$, 此处先求 h_t (先不管 α_t):

$$h_t = \underset{h}{\arg\min} \sum_{\boldsymbol{x} \in D} \mathcal{D}(\boldsymbol{x})\left(-\mathrm{e}^{-f(\boldsymbol{x})H_{t-1}(\boldsymbol{x})} f(\boldsymbol{x})h(\boldsymbol{x})\right) \quad \text{s.t. } h(\boldsymbol{x}) \in \{-1, +1\}$$

将负号去掉, 最小化问题变为最大化问题:

$$\begin{aligned}
h_t &= \underset{h}{\arg\max} \sum_{\boldsymbol{x} \in D} \mathcal{D}(\boldsymbol{x})\left(\mathrm{e}^{-f(\boldsymbol{x})H_{t-1}(\boldsymbol{x})} f(\boldsymbol{x})h(\boldsymbol{x})\right) \\
&= \underset{h}{\arg\max}\ \mathbb{E}_{\boldsymbol{x} \sim \mathcal{D}}\left[\mathrm{e}^{-f(\boldsymbol{x})H_{t-1}(\boldsymbol{x})} f(\boldsymbol{x})h(\boldsymbol{x})\right] \quad \text{s.t. } h(\boldsymbol{x}) \in \{-1, +1\}
\end{aligned}$$

这就是式 (8.14) 的第 3 个等号的结果, 因此其余推导参见 8.2.16 小节即可。由于这里的 $h(\boldsymbol{x})$ 约束较强, 因此不能直接取负梯度方向, “西瓜书”经过推导得到了 $h_t(\boldsymbol{x})$ 的表达式, 即式 (8.18)。实际上, 此结果可理解为满足约束条件的最快下降方向。在求得 $h_t(\boldsymbol{x})$ 之后，再求 α_t (详见 8.2.16 小节“AdaBoost 的个人推导”，尤其是 $\ell_{\exp}\left(H_{t-1} + \alpha h_t \mid \mathcal{D}\right)$ 表达式的由来):

$$\alpha_k = \underset{\alpha}{\arg\min} \ell_{\exp}\left(H_{t-1} + \alpha h_t \mid \mathcal{D}\right)$$

对指数损失函数 $\ell_{\exp}\left(H_{t-1} + \alpha h_t \mid \mathcal{D}\right)$ 求导, 得到

$$\begin{aligned}
&\frac{\partial \ell_{\exp}\left(H_{t-1} + \alpha h_t \mid \mathcal{D}\right)}{\partial \alpha} \\
&= \frac{\partial\left(\mathrm{e}^{-\alpha} \sum_{i=1}^{|D|} \mathcal{D}_t'\left(\boldsymbol{x}_i\right) + \left(\mathrm{e}^{\alpha} - \mathrm{e}^{-\alpha}\right) \sum_{i=1}^{|D|} \mathcal{D}_t'\left(\boldsymbol{x}_i\right) \mathbb{I}\left(f\left(\boldsymbol{x}_i\right) \neq h\left(\boldsymbol{x}_i\right)\right)\right)}{\partial \alpha}
\end{aligned}$$

$$= -\mathrm{e}^{-\alpha}\sum_{i=1}^{|D|}\mathcal{D}_t'(\boldsymbol{x}_i) + \left(\mathrm{e}^{\alpha}+\mathrm{e}^{-\alpha}\right)\sum_{i=1}^{|D|}\mathcal{D}_t'(\boldsymbol{x}_i)\,\mathbb{I}\left(f(\boldsymbol{x}_i)\neq h(\boldsymbol{x}_i)\right)$$

令导数等于 0, 得到

$$\begin{aligned}
\frac{\mathrm{e}^{-\alpha}}{\mathrm{e}^{\alpha}+\mathrm{e}^{-\alpha}} &= \frac{\displaystyle\sum_{i=1}^{|D|}\mathcal{D}_t'(\boldsymbol{x}_i)\,\mathbb{I}\left(f(\boldsymbol{x}_i)\neq h(\boldsymbol{x}_i)\right)}{\displaystyle\sum_{i=1}^{|D|}\mathcal{D}_t'(\boldsymbol{x}_i)} = \sum_{i=1}^{|D|}\frac{\mathcal{D}_t'(\boldsymbol{x}_i)}{Z_t}\mathbb{I}\left(f(\boldsymbol{x}_i)\neq h(\boldsymbol{x}_i)\right) \\
&= \sum_{i=1}^{|D|}\mathcal{D}_t(\boldsymbol{x}_i)\,\mathbb{I}\left(f(\boldsymbol{x}_i)\neq h(\boldsymbol{x}_i)\right) = \mathbb{E}_{\boldsymbol{x}\sim\mathcal{D}_t}\left[\mathbb{I}\left(f(\boldsymbol{x}_i)\neq h(\boldsymbol{x}_i)\right)\right] \\
&= \epsilon_t
\end{aligned}$$

对上述等式进行化简, 得到

$$\begin{aligned}
\frac{\mathrm{e}^{-\alpha}}{\mathrm{e}^{\alpha}+\mathrm{e}^{-\alpha}} = \frac{1}{\mathrm{e}^{2\alpha}+1} \Rightarrow \mathrm{e}^{2\alpha}+1 = \frac{1}{\epsilon_t} \Rightarrow \mathrm{e}^{2\alpha} = \frac{1-\epsilon_t}{\epsilon_t} \Rightarrow 2\alpha = \ln\left(\frac{1-\epsilon_t}{\epsilon_t}\right) \\
\Rightarrow \alpha_t = \frac{1}{2}\ln\left(\frac{1-\epsilon_t}{\epsilon_t}\right)
\end{aligned}$$

此为式 (8.11)。通过以上推导可以发现: AdaBoost 的每一轮迭代就是基于梯度下降法求解损失函数为指数损失函数的二分类问题 。

约束条件 $h_t(\boldsymbol{x}) \in \{-1,+1\}$

8.6.2 梯度提升

如果将 AdaBoost 的问题一般化, 既不限定损失函数为指数损失函数, 也不局限于二分类问题, 则可以将式 (8.5) 写为更一般化的形式:

$$\begin{aligned}
\ell(H_t \mid \mathcal{D}) &= \mathbb{E}_{\boldsymbol{x}\sim\mathcal{D}}\left[\operatorname{err}\left(H_t(\boldsymbol{x}), f(\boldsymbol{x})\right)\right] \\
&= \mathbb{E}_{\boldsymbol{x}\sim\mathcal{D}}\left[\operatorname{err}\left(H_{t-1}(\boldsymbol{x})+\alpha_t h_t(\boldsymbol{x}), f(\boldsymbol{x})\right)\right]
\end{aligned}$$

其中, $f(\boldsymbol{x}) \in \mathbb{R}$, 损失函数可使用平方损失 $\operatorname{err}\left(H_t(\boldsymbol{x}), f(\boldsymbol{x})\right) = \left(H_t(\boldsymbol{x}) - f(\boldsymbol{x})\right)^2$。针对一般化的损失函数和一般的学习问题, 可通过 T 轮迭代得到学习器

$$H(\boldsymbol{x}) = \sum_{t=1}^{T}\alpha_t h_t(\boldsymbol{x})$$

类似于 AdaBoost, 为了在第 t 轮得到 α_t 和 $h_t(\boldsymbol{x})$, 可先对损失函数在 $H_{t-1}(\boldsymbol{x})$ 处进行泰勒展开：

$$\begin{aligned}
&\ell\left(H_t \mid \mathcal{D}\right) \\
&\approx \mathbb{E}_{\boldsymbol{x}\sim\mathcal{D}}\Bigg[\operatorname{err}\left(H_{t-1}(\boldsymbol{x}), f(\boldsymbol{x})\right)+\left.\frac{\partial \operatorname{err}\left(H_t(\boldsymbol{x}), f(\boldsymbol{x})\right)}{\partial H_t(\boldsymbol{x})}\right|_{H_t(\boldsymbol{x})=H_{t-1}(\boldsymbol{x})} \\
&\quad \cdot\left(H_t(\boldsymbol{x})-H_{t-1}(\boldsymbol{x})\right)\Bigg] \\
&=\mathbb{E}_{\boldsymbol{x}\sim\mathcal{D}}\left[\operatorname{err}\left(H_{t-1}(\boldsymbol{x}), f(\boldsymbol{x})\right)+\left.\frac{\partial \operatorname{err}\left(H_t(\boldsymbol{x}), f(\boldsymbol{x})\right)}{\partial H_t(\boldsymbol{x})}\right|_{H_t(\boldsymbol{x})=H_{t-1}(\boldsymbol{x})} \alpha_t h_t(\boldsymbol{x})\right] \\
&=\mathbb{E}_{\boldsymbol{x}\sim\mathcal{D}}\left[\operatorname{err}\left(H_{t-1}(\boldsymbol{x}), f(\boldsymbol{x})\right)\right]+\mathbb{E}_{\boldsymbol{x}\sim\mathcal{D}}\left[\left.\frac{\partial \operatorname{err}\left(H_t(\boldsymbol{x}), f(\boldsymbol{x})\right)}{\partial H_t(\boldsymbol{x})}\right|_{H_t(\boldsymbol{x})=H_{t-1}(\boldsymbol{x})} \alpha_t h_t(\boldsymbol{x})\right]
\end{aligned}$$

注意, 上述泰勒展开中的变量为 $H_t(\boldsymbol{x})$, 且有 $H_t(\boldsymbol{x})=H_{t-1}(\boldsymbol{x})+\alpha_t h_t(\boldsymbol{x})$ (类似于梯度下降法中的 $\boldsymbol{x}=\boldsymbol{x}_k+\alpha_k\boldsymbol{d}_k$)。在上述泰勒展开中，中括号内的第 1 项为常量 $\ell\left(H_{t-1} \mid \mathcal{D}\right)$, 要最小化 $\ell\left(H_t \mid \mathcal{D}\right)$，只需要最小化第 2 项即可。先不考虑权重 α_t, 求解如下优化问题可得到 $h_t(\boldsymbol{x})$:

$$\begin{gathered}
h_t(\boldsymbol{x})=\underset{h}{\arg\min}\ \mathbb{E}_{\boldsymbol{x}\sim\mathcal{D}}\left[\left.\frac{\partial \operatorname{err}\left(H_t(\boldsymbol{x}), f(\boldsymbol{x})\right)}{\partial H_t(\boldsymbol{x})}\right|_{H_t(\boldsymbol{x})=H_{t-1}(\boldsymbol{x})} h(\boldsymbol{x})\right] \\
\text{s.t. constraints for } h(\boldsymbol{x})
\end{gathered}$$

在求得 $h_t(\boldsymbol{x})$ 之后, 再求解如下优化问题可得到权重 α_t:

$$\alpha_t=\underset{\alpha}{\arg\min}\ \mathbb{E}_{\boldsymbol{x}\sim\mathcal{D}}\left[\operatorname{err}\left(H_{t-1}(\boldsymbol{x})+\alpha h_t(\boldsymbol{x}), f(\boldsymbol{x})\right)\right]$$

以上就是梯度提升 (Gradient Boosting) 的理论框架, 即每轮都通过梯度 (Gradient) 下降的方式将 T 个弱学习器提升 (Boosting) 为强学习器。可以看出，AdaBoost 是其特殊形式。

Gradient Boosting 算法的官方版本见参考文献 [4] 的第 5 页和第 6 页，其中算法部分见算法 8-1。

算法 8-1： Gradient_Boost(A, p, r)

1: $F_0(\boldsymbol{x})=\arg\min_{\rho} \sum_{i=1}^{N} L\left(y_i, \rho\right)$

2: **for** $m=1$ **do** M

3: $\quad \tilde{y}_i=-\left[\frac{\partial L\left(y_i, F\left(\boldsymbol{x}_j\right)\right)}{\partial F\left(\boldsymbol{x}_i\right)}\right]_{F(\boldsymbol{x})=F_{m-1}(\boldsymbol{x})}, \quad i=1, N$

4: $\quad \boldsymbol{a}_m=\arg\min_{\boldsymbol{a}, \beta} \sum_{i=1}^{N}\left[\tilde{y}_i-\beta h\left(\boldsymbol{x}_i ; \boldsymbol{a}\right)\right]^2$

5: $\quad \rho_m=\arg\min_{\rho} \sum_{i=1}^{N} L\left(y_i, F_{m-1}\left(\boldsymbol{x}_i\right)+\rho h\left(\boldsymbol{x}_i ; \boldsymbol{a}_m\right)\right)$

6: $\quad F_m(\boldsymbol{x})=F_{m-1}(\boldsymbol{x})+\rho_m h\left(\boldsymbol{x} ; \boldsymbol{a}_m\right)$

我们认为上述伪代码针对的仍是任意损失函数 $L\left(y_i, F\left(\boldsymbol{x}_i\right)\right)$ 下的回归问题。其中，第 3 步和第 4 步的意思是用 $\beta h\left(\boldsymbol{x}_i, \boldsymbol{a}\right)$ 拟合 $F(\boldsymbol{x})=F_{m-1}(\boldsymbol{x})$ 处的负梯度，但第 4 步的意思是只求参数 $\boldsymbol{a}_m$，第 5 步则单独求解参数 ρ_m。这里的疑问是，为什么第 4 步要用最小二乘法（即 3.2 节的线性回归）去拟合负梯度（又称伪残差）?

我们可以简单理解如下：第 4 步要解的 $h\left(\boldsymbol{x}_i, \boldsymbol{a}\right)$ 相当于梯度下降法中待解的下降方向 $\boldsymbol{d}$。我们在梯度下降法中已提到不必严格限制 $\|\boldsymbol{d}\|_2=1$，长度可以由步长 α 调节 (参见例 8-1，若直接取 $d_k=-f'\left(x_k\right)=-4$，则可得 $\alpha_k=0.5$，仍有 $\Delta x=\alpha_k d_k=-2$)，因此第 4 步直接用 $h\left(\boldsymbol{x}_i, \boldsymbol{a}\right)$ 拟合负梯度，与梯度下降中约束 $\|\boldsymbol{d}\|_2=1$ 的区别仅在于未对负梯度除以其模值进行归一化而已。

那么为什么不直接令 $h\left(\boldsymbol{x}_i, \boldsymbol{a}\right)$ 等于负梯度呢？因为这里实际是求假设函数 h，目的是将数据集中所有的 $\boldsymbol{x}_i$ 经假设函数 h 映射到对应的伪残差 (负梯度) $\tilde{y}_i$，所以只能做线性回归。

参考文献 [2] 的 8.4.3 小节中的算法 8.4 并未显式地体现参数 ρ_m，这应该是由该算法第 2 步的 (c) 步完成的，因为 (b) 步只是拟合一棵回归树 (相当于算法 8-1 中的第 4 步解得 $h\left(\boldsymbol{x}_i, \boldsymbol{a}\right)$)，而 (c) 步才确定每个叶节点的取值 (相当于算法 8-1 中的第 5 步解得 ρ_m，只是每个叶节点均对应一个 ρ_m)；而且回归问题中的基函数为实值函数，可将参数 ρ_m 吸收到基函数中。

8.6.3 梯度提升树 (GBDT)

本节仅仅梳理 GBDT 的概念，具体内容可参考给出的资源。

对于 GBDT，一般资料是按 Gradient Boosting + CART 处理回归问题讲解的，如林轩田老师的《机器学习技法》课程第 11 讲。但是，分类问题也可以用回归来处理，例如 3.3 节的对率回归，只需要将平方损失换成对率损失 [参见式 (3.27) 和式 (6.33)，二者的关系可参见第 3 章中有关式 (3.27) 的推导] 即可。细节可以搜索林轩田老师的《机器学习基石》和《机器学习技法》两门课程以及配套的视频。

8.6.4 XGBoost

本节仅仅梳理 XGBoost 的概念，具体内容可参考给出的资源。

首先，XGBoost 是 eXtreme Gradient Boosting 的简称。其次，XGBoost 与 GBDT 的关系可大致类比为 LIBSVM 与 SVM（或 SMO）算法的关系。LIBSVM 是 SVM 算法的一种高效实现软件包，XGBoost 则是 GBDT 的一种高效实现；在实现层面，LIBSVM 对 SMO 算法进行了许多改进，XGBoost 也对 GBDT 进行了许多改进。另外，LIBSVM 扩展了许多 SVM 变体，XGBoost 也不再仅仅是标准的 GBDT，而是也扩展了一些其他功能。最后，XGBoost 是由陈天奇开发的；XGBoost 论文参见参考文献 [5]，XGBoost 工具包、文档和源码等均可以在 GitHub 上搜索到。

参考文献

[1] Jerome Friedman, Trevor Hastie, and Robert Tibshirani. Additive logistic regression: a statistical view of boosting (with discussion and a rejoinder by the authors). *Annals of Statistics*, 28(2): 337–407, 2000.

[2] 李航. 统计学习方法 [M]. 北京：清华大学出版社, 2012.

[3] Zhi-Hua Zhou and Ji Feng. Deep forest: Towards an alternative to deep neural networks. In IJCAI, pages 3553–3559, 2017.

[4] Jerome H Friedman. Greedy function approximation: a gradient boosting machine. *Annals of Statistics*, pages 1189–1232, 2001.

[5] Tianqi Chen and Carlos Guestrin. XGBoost: A scalable tree boosting system. In Proceedings of the 22nd acm sigkdd international conference on knowledge discovery and data mining, pages 785–794, 2016.

第 9 章 聚　　类

到目前为止,前面章节介绍的方法都是针对监督学习 (supervised learning) 的，本章介绍的聚类 (clustering) 和第 10 章介绍的降维属于无监督学习 (unsupervised learning)。

9.1 聚 类 任 务

单词“cluster”既是动词也是名词，作为名词时翻译为“簇”，即聚类得到的子集；一般谈到“聚类”这个概念时，对应的动名词形式是“clustering”。

9.2 性 能 度 量

本节给出了聚类性能度量的三种外部指标和两种内部指标，其中式 (9.5) ~ 式 (9.7) 是基于式 (9.1) ~ 式 (9.4) 导出的三种外部指标，而式 (9.12) 和式 (9.13) 是基于式 (9.8) ~ 式 (9.11) 导出的两种内部指标。在阅读本节内容时需要心里清楚的一点：本节给出的指标仅是该领域的前辈们定义的指标，在个人研究过程中，可以根据需要自己定义，说不定就会被业内同行广泛使用。

9.2.1 式 (9.5) 的解释

给定两个集合 A 和 B，Jaccard 系数被定义为

$$\mathrm{JC}=\frac{|A\bigcap B|}{|A\bigcup B|}=\frac{|A\bigcap B|}{|A|+|B|-|A\bigcap B|}$$

Jaccard 系数可以用来描述两个集合的相似程度。推论：假设全集 U 共有 n 个元素，且 $A\subseteq U$，$B\subseteq U$，则每一个元素的位置共有 4 种情况：

（1） 元素同时在集合 A 和 B 中，这样的元素个数记为 M_{11}；

（2） 元素出现在集合 A 中，但没有出现在集合 B 中，这样的元素个数记为 M_{10}；

（3） 元素没有出现在集合 A 中，但出现在集合 B 中，这样的元素个数记为 M_{01}；

（4） 元素既没有出现在集合 A 中，也没有出现在集合 B 中，这样的元素个数记为 M_{00}。

根据 Jaccard 系数的定义，此时的 Jaccard 系数为

$$\mathrm{JC}=\frac{M_{11}}{M_{11}+M_{10}+M_{01}}$$

由于聚类属于无监督学习，我们事先并不知道聚类后样本所属类别的类别标记所代表的意义。即便参考模型的类别标记意义是已知的，我们也无法知道聚类后的类别标记与参考模型的类别标记是如何对应的，况且聚类后的类别总数与参考模型的类别总数还可能不一样，因此只用单个样本无法衡量聚类性能的好坏。

由于外部指标的基本思想就是以参考模型的类别划分为参照，因此如果某个样本对中的两个样本在聚类结果中属于同一个类，在参考模型中也属于同一个类，或者这两个样本在聚类结果中不属于同一个类，并且在参考模型中也不同属于一个类，那么对于这两个样本来说，这是一个好的聚类结果。

总的来说，所有样本对中的两个样本共存在 4 种情况：

（1） 样本对中的两个样本在聚类结果中属于同一个类，在参考模型中也属于同一个类；

（2） 样本对中的两个样本在聚类结果中属于同一个类，在参考模型中不属于同一个类；

（3） 样本对中的两个样本在聚类结果中不属于同一个类，在参考模型中属于同一个类；

（4） 样本对中的两个样本在聚类结果中不属于同一个类，在参考模型中也不属于同一个类。

综上所述，所有样本对存在着式 (9.1) $\sim$ 式 (9.4) 的 4 种情况。现在假设集合 A 中存放着两个样本都同属于聚类结果的同一个类的样本对，即 $A=\mathrm{SS}\bigcup\mathrm{SD}$，并假设集合 B 中存放着两个样本都同属于参考模型的同一个类的样本对，即 $B=$

$\mathrm{SS}\bigcup\mathrm{DS}$，那么根据 Jaccard 系数的定义，有

$$\mathrm{JC}=\frac{|A\bigcap B|}{|A\bigcup B|}=\frac{|\mathrm{SS}|}{|\mathrm{SS}\bigcup\mathrm{SD}\bigcup\mathrm{DS}|}=\frac{a}{a+b+c}$$

也可直接对式 (9.1) ~ 式 (9.4) 的 4 种情况进行类比推论，即 $M_{11}=a$，$M_{10}=b$，$M_{01}=c$，所以

$$\mathrm{JC}=\frac{M_{11}}{M_{11}+M_{10}+M_{01}}=\frac{a}{a+b+c}$$

9.2.2 式 (9.6) 的解释

式 (9.6) 中的 $\frac{a}{a+b}$ 和 $\frac{a}{a+c}$ 为 Wallace 提出的两个非对称指标，a 代表两个样本在聚类结果和参考模型中均属于同一类的样本对的个数，$a+b$ 代表两个样本在聚类结果中属于同一类的样本对的个数，$a+c$ 代表两个样本在参考模型中属于同一类的样本对的个数。这两个非对称指标均可理解为样本对中的两个样本在聚类结果和参考模型中均属于同一类的概率。由于指标的非对称性，这两个概率值往往不一样，因此 Fowlkes 和 Mallows 提出利用几何平均数将这两个非对称指标转换为一个对称指标，即 FM 指数（Fowlkes and Mallows Index, FMI）。

9.2.3 式 (9.7) 的解释

Rand 指数定义如下：

$$\mathrm{RI}=\frac{a+d}{a+b+c+d}=\frac{a+d}{m(m-1)/2}=\frac{2(a+d)}{m(m-1)}$$

由第一个等号可知 RI 肯定不大于 1。之所以 $a+b+c+d=m(m-1)/2$, 是因为式 (9.1) ~ 式 (9.4) 遍历了所有 $(\boldsymbol{x}_i,\boldsymbol{x}_j)$ 组合对 $(i\neq j)$。其中，当 $i=1$ 时 j 可以取 2 到 m 共 $m-1$ 个值, 当 $i=2$ 时 j 可以取 3 到 m 共 $m-2$ 个值, $\cdots$, 当 $i=m-1$ 时 j 仅可以取 m 共 1 个值, 因此 $(\boldsymbol{x}_i,\boldsymbol{x}_j)$ 组合对的个数为从 1 到 $m-1$ 求和, 根据等差数列求和公式可得 $m(m-1)/2$。

这个指标可理解为两个样本都属于聚类结果和参考模型中的同一类的样本对的个数，与两个样本都分别不属于聚类结果和参考模型中的同一类的样本对的个数的总和，在所有样本对中出现的频率，这可以简单理解为聚类结果与参考模型的一致性。

9.2.4 式 (9.8) 的解释

这是簇内距离的定义式。求和符号的左边是 $(\boldsymbol{x}_i, \boldsymbol{x}_j)$ 组合对个数的倒数，右边是这些组合的距离和，所以将两者的乘积定义为平均距离。

9.2.5 式 (9.12) 的解释

该式中的 k 表示聚类结果中簇的个数。该式的 DBI 值越小越好, 因为我们希望“物以类聚”, 同一簇的样本尽可能彼此相似, $\operatorname{avg}(C_i)$ 和 $\operatorname{avg}(C_j)$ 越小越好; 我们希望不同簇的样本尽可能不同, $d_{\text{cen}}\ (C_i, C_j)$ 越大越好。

勘误：“西瓜书”已在第 25 次印刷时将分母 $d_{\text{cen}}\ (\boldsymbol{\mu}_i, \boldsymbol{\mu}_j)$ 纠正为 $d_{\text{cen}}\ (C_i, C_j)$

9.3 距离计算

距离计算在各种算法中都很常见，本节介绍的距离计算方式和“西瓜书”10.6 节介绍的马氏距离基本囊括了一般的距离计算方法。另外，我们可能还会碰到“西瓜书”10.5 节介绍的测地线距离。

本节有很多概念和名词十分常见，比如本节开篇介绍的距离度量的 4 个基本性质、闵可夫斯基距离、欧氏距离、曼哈顿距离、切比雪夫距离、数值属性、离散属性、有序属性、无序属性、非度量距离等，注意对应的中文和英文。

9.3.1 式 (9.21) 的解释

该式符号较为抽象, 下面计算“西瓜书”第 76 页的表 4.1 所示西瓜数据集 2.0 中属性“根蒂”上“蜷缩”和“稍蜷”两个离散值之间的距离。

此时, u 为“根蒂”, a 为属性“根蒂”上取值为“蜷缩”, b 为属性“根蒂”上取值为“稍蜷”。根据边注, 此时样本类别已知 (好瓜/坏瓜), 因此 $k=2$。

从“西瓜书”的表 4.1 中可知, 根蒂为蜷缩的样本共有 8 个 (编号 1 ~ 5、编号 12、编号 16 和编号 17), 即 $m_{u,a}=8$; 根蒂为稍蜷的样本共有 7 个 (编号 6 ~ 9 和编号 13 ~ 15), 即 $m_{u,b}=7$。设 $i=1$ 对应好瓜, $i=2$ 对应坏瓜, 好瓜中根蒂为蜷缩的样本共有 5 个（编号 1 ~ 5), 即 $m_{u,a,1}=5$; 好瓜中根蒂为稍蜷的样本共有 3 个 (编号 6 ~ 8), 即 $m_{u,b,1}=3$; 坏瓜中根蒂为蜷缩的样本共有 3 个 (编号 12、编号 16 和编号 17), 即 $m_{u,a,2}=3$; 坏瓜中根蒂为稍蜷的样本共有 4 个（编号 9 和编号 13 ~ 15), 即 $m_{u,b,2}=4$。因此，VDM 距离为

$$
\begin{aligned}
\mathrm{VDM}_p(a,b) &= \left|\frac{m_{u,a,1}}{m_{u,a}} - \frac{m_{u,b,1}}{m_{u,b}}\right|^p + \left|\frac{m_{u,a,2}}{m_{u,a}} - \frac{m_{u,b,2}}{m_{u,b}}\right|^p \\
&= \left|\frac{5}{8} - \frac{3}{7}\right|^p + \left|\frac{3}{8} - \frac{4}{7}\right|^p
\end{aligned}
$$

9.4 原型聚类

本节介绍了三个原型聚类算法, 其中 k 均值算法最为经典, 几乎成了聚类的代名词, MATLAB、scikit-learn 等主流的科学计算包中均有 kmeans 函数供调用。学习向量量化也是无监督聚类的一种方式, 在向量检索的引擎（比如 facebook faiss）中发挥了重要的应用。

前两个聚类算法比较易懂, 下面主要推导第三个聚类算法：高斯混合聚类。

9.4.1 式 (9.28) 的解释

该式就是多元高斯分布概率密度函数的定义式：

$$
p(\boldsymbol{x}) = \frac{1}{(2\pi)^{\frac{n}{2}}|\boldsymbol{\Sigma}|^{\frac{1}{2}}}\mathrm{e}^{-\frac{1}{2}(\boldsymbol{x}-\boldsymbol{\mu})^{\mathrm{T}}\boldsymbol{\Sigma}^{-1}(\boldsymbol{x}-\boldsymbol{\mu})}
$$

对应到我们常见的一元高斯分布概率密度函数的定义式：

$$
p(x) = \frac{1}{\sqrt{2\pi}\sigma}\mathrm{e}^{-\frac{(x-\mu)^2}{2\sigma^2}}
$$

其中 $\sqrt{2\pi} = (2\pi)^{\frac{1}{2}}$ 对应 $(2\pi)^{\frac{n}{2}}$, σ 对应 $|\boldsymbol{\Sigma}|^{\frac{1}{2}}$。在指数项中，分母中的方差 σ^2 对应协方差矩阵 $\boldsymbol{\Sigma}$, $\frac{(x-\mu)^2}{\sigma^2}$ 对应 $(\boldsymbol{x}-\boldsymbol{\mu})^{\mathrm{T}}\boldsymbol{\Sigma}^{-1}(\boldsymbol{x}-\boldsymbol{\mu})$。

概率密度函数 $p(\boldsymbol{x})$ 是 $\boldsymbol{x}$ 的函数。其中对于某个特定的 $\boldsymbol{x}$ 来说, 函数值 $p(\boldsymbol{x})$ 就是一个数。若 $\boldsymbol{x}$ 的维度为 2 , 则可以将函数 $p(\boldsymbol{x})$ 的图像可视化, 结果是三维空间中的一个曲面。类似于一元高斯分布 $p(x)$ 与横轴 $p(x)=0$ 之间的面积等于 1 [即 $\int p(x)\mathrm{d}x = 1$]，$p(\boldsymbol{x})$ 曲面与平面 $p(\boldsymbol{x})=0$ 之间的体积等于 1 [即 $\int p(\boldsymbol{x})\mathrm{d}\boldsymbol{x} = 1$]。

注意，“西瓜书”会在后面将 $p(\boldsymbol{x})$ 记为 $p(\boldsymbol{x} \mid \boldsymbol{\mu}, \boldsymbol{\Sigma})$。

9.4.2 式 (9.29) 的解释

对于该式所表达的高斯混合分布概率密度函数 $p_{\mathcal{M}}(\boldsymbol{x})$, 与式 (9.28) 中的 $p(\boldsymbol{x})$ 不同的是, 前者由 k 个不同的多元高斯分布加权而来。具体来说, $p(\boldsymbol{x})$ 仅由参数 $\boldsymbol{\mu}$ 和 $\boldsymbol{\Sigma}$ 确定, 而 $p_{\mathcal{M}}(\boldsymbol{x})$ 由 k 个“混合系数” α_i 以及 k 组的参数 $\boldsymbol{\mu}_i$ 和 $\boldsymbol{\Sigma}_i$ 确定。

在“西瓜书”中，该式的下方 (第 207 页的最后一段) 介绍了样本的生成过程,这实际也反映了“混合系数” α_i 的含义, 即 α_i 为选择第 i 个混合成分的概率；或者反过来说, α_i 为样本属于第 i 个混合成分的概率。

下面我们重新描述一下样本生成过程。首先根据先验分布 $\alpha_1,\alpha_2,\cdots,\alpha_k$ 选择其中一个高斯混合成分 (即第 i 个高斯混合成分被选到的概率为 α_i), 假设选到了第 i 个高斯混合成分, 其参数为 $\boldsymbol{\mu}_i$ 和 $\boldsymbol{\Sigma}_i$。然后根据概率密度函数 $p\,(\boldsymbol{x}\mid\boldsymbol{\mu}_i,\boldsymbol{\Sigma}_i)$ [也就是将式 (9.28) 中的 $\boldsymbol{\mu}$ 和 $\boldsymbol{\Sigma}$ 替换为 $\boldsymbol{\mu}_i$ 和 $\boldsymbol{\Sigma}_i$] 进行采样，生成样本 $\boldsymbol{x}$。这两个步骤的区别在于，第 1 步在选择高斯混合成分时，是从 k 个候选项中选择其一 (相当于概率密度函数是离散的)；而第 2 步在生成样本时，是从 $\boldsymbol{x}$ 的定义域中根据 $p\,(\boldsymbol{x}\mid\boldsymbol{\mu}_i,\boldsymbol{\Sigma}_i)$ 选择其中一个样本, 样本 $\boldsymbol{x}$ 被选中的概率即为 $p\,(\boldsymbol{x}\mid\boldsymbol{\mu}_i,\boldsymbol{\Sigma}_i)$。换言之，第 1 步对应于离散型随机变量, 第 2 步对应于连续型随机变量。

9.4.3 式 (9.30) 的解释

若由上述样本生成方式得到训练集 $D=\{\boldsymbol{x}_1,\boldsymbol{x}_2,\cdots,\boldsymbol{x}_m\}$, 现在的问题是，对于给定样本 $\boldsymbol{x}_j$, 它是由哪个高斯混合成分生成的呢? 该问题即求后验概率 $p_{\mathcal{M}}\,(z_j\mid\boldsymbol{x}_j)$, 其中 $z_j\in\{1,2,\cdots,k\}$。下面对式 (9.30) 进行推导。

对于任意样本, 如果在不考虑样本本身之前 (即先验), 先猜一下它由第 i 个高斯混合成分生成的概率 $P\,(z_j=i)$, 那么我们肯定按先验概率 $\alpha_1,\alpha_2,\cdots,\alpha_k$ 进行猜测, 即 $P\,(z_j=i)=\alpha_i$。如果考虑了样本本身带来的信息 (即后验), 再猜一下它由第 i 个高斯混合成分生成的概率 $p_{\mathcal{M}}\,(z_j=i\mid\boldsymbol{x}_j)$；则根据贝叶斯公式, 后验概率 $p_{\mathcal{M}}\,(z_j=i\mid\boldsymbol{x}_j)$ 可写为

$$p_{\mathcal{M}}\,(z_j=i\mid\boldsymbol{x}_j)=\frac{P\,(z_j=i)\cdot p_{\mathcal{M}}\,(\boldsymbol{x}_j\mid z_j=i)}{p_{\mathcal{M}}\,(\boldsymbol{x}_j)}$$

分子中的第 1 项 $P\,(z_j=i)=\alpha_i$; 第 2 项即第 i 个高斯混合成分生成样本 $\boldsymbol{x}_j$ 的概率 $p\,(\boldsymbol{x}_j\mid\boldsymbol{\mu}_i,\boldsymbol{\Sigma}_i)$, 根据式 (9.28)，将 $\boldsymbol{x}$、$\boldsymbol{\mu}$、$\boldsymbol{\Sigma}$ 替换为 $\boldsymbol{x}_j$、$\boldsymbol{\mu}_i$、$\boldsymbol{\Sigma}_i$ 即得。对于分母 $p_{\mathcal{M}}\,(\boldsymbol{x}_j)$，将 $\boldsymbol{x}_j$ 代入式 (9.29) 即得。

注意，“西瓜书”会在后面将 $p_{\mathcal{M}}\,(z_j=i\mid\boldsymbol{x}_j)$ 记为 γ_{ji}, 其中 $1\leqslant j\leqslant m,1\leqslant i\leqslant k$。

9.4.4 式 (9.31) 的解释

将所有 γ_{ji} 组成一个矩阵 $\boldsymbol{\Gamma}$, 其中 γ_{ji} 为第 j 行第 i 列的元素, 矩阵 $\boldsymbol{\Gamma}$ 的大小为 $m \times k$, 即

$$\boldsymbol{\Gamma}=\begin{bmatrix}\gamma_{11} & \gamma_{12} & \cdots & \gamma_{1k}\\ \gamma_{21} & \gamma_{22} & \cdots & \gamma_{2k}\\ \vdots & \vdots & \ddots & \vdots\\ \gamma_{m1} & \gamma_{m2} & \cdots & \gamma_{mk}\end{bmatrix}_{m\times k}$$

其中，m 为训练集中样本的个数, k 为高斯混合模型包含的混合模型的个数。可以看出, 式 (9.31) 旨在找出矩阵 $\boldsymbol{\Gamma}$ 的第 j 行的所有 k 个元素中最大那个元素的位置。

9.4.5 式 (9.32) 的解释

对于训练集 $D=\{\boldsymbol{x}_1,\boldsymbol{x}_2,\cdots,\boldsymbol{x}_m\}$, 假设要把 m 个样本划分为 k 个簇, 即认为训练集 D 中的样本是根据 k 个不同的多元高斯分布加权而得的高斯混合模型生成的。

现在的问题是, k 个不同的多元高斯分布的参数 $\{(\boldsymbol{\mu}_i,\boldsymbol{\Sigma}_i)\mid 1\leqslant i\leqslant k\}$ 以及它们各自的权重 $\alpha_1,\alpha_2,\cdots,\alpha_k$ 不知道, m 个样本到底属于哪个簇也不知道, 该怎么办呢?

其实这跟 k 均值算法类似, 开始时既不知道 k 个簇的均值向量, 也不知道 m 个样本到底属于哪个簇, 最后我们采用了贪心策略, 通过迭代优化来近似求解式 (9.24)。

本节的高斯混合聚类算法与 k 均值算法类似, 只是具体问题具体解法不同, 从整体上来说, 它们都应用了 7.6 节的期望最大化算法 (EM 算法)。

具体来说, 假设已知式 (9.30) 的后验概率, 此时即可通过式 (9.31) 知道 m 个样本到底属于哪个簇, 接下来求解参数 $\{(\alpha_i,\boldsymbol{\mu}_i,\boldsymbol{\Sigma}_i)\mid 1\leqslant i\leqslant k\}$, 怎么求解呢? 对于每个样本 $\boldsymbol{x}_j$ 来说, 它出现的概率是 $p_{\mathcal{M}}(\boldsymbol{x}_j)$。既然现在训练集 D 中确实出现了 $\boldsymbol{x}_j$, 我们当然希望待求解的参数 $\{(\alpha_i,\boldsymbol{\mu}_i,\boldsymbol{\Sigma}_i)\mid 1\leqslant i\leqslant k\}$ 能够使这种可能性 $p_{\mathcal{M}}(\boldsymbol{x}_j)$ 最大; 又因为我们假设 m 个样本是独立的, 所以它们恰好一起出现的概率就是 $\prod_{j=1}^{m} p_{\mathcal{M}}(\boldsymbol{x}_j)$, 即所谓的似然函数。一般来说, 连乘容易造成下溢 (m 个大

于 0 且小于 1 的数相乘, 当 m 较大时, 乘积会非常非常小, 以至于计算机无法表达这么小的数, 产生下溢), 所以常用对数似然 [即式 (9.32)] 替代。

9.4.6 式 (9.33) 的推导

根据式 (9.28) 可知

$$p\left(\boldsymbol{x}_j|\boldsymbol{\mu}_i,\boldsymbol{\Sigma}_i\right)=\frac{1}{(2\pi)^{\frac{n}{2}}\left|\boldsymbol{\Sigma}_i\right|^{\frac{1}{2}}}\exp\left(-\frac{1}{2}\left(\boldsymbol{x}_j-\boldsymbol{\mu}_i\right)^{\mathrm{T}}\boldsymbol{\Sigma}_i^{-1}\left(\boldsymbol{x}_j-\boldsymbol{\mu}_i\right)\right)$$

又根据式 (9.32)，有

$$\frac{\partial LL(D)}{\partial\boldsymbol{\mu}_i}=\frac{\partial LL(D)}{\partial p\left(\boldsymbol{x}_j|\boldsymbol{\mu}_i,\boldsymbol{\Sigma}_i\right)}\cdot\frac{\partial p\left(\boldsymbol{x}_j|\boldsymbol{\mu}_i,\boldsymbol{\Sigma}_i\right)}{\partial\boldsymbol{\mu}_i}=0$$

其中

$$\begin{aligned}\frac{\partial LL(D)}{\partial p\left(\boldsymbol{x}_j|\boldsymbol{\mu}_i,\ {}_i\right)}&=\frac{\partial\sum\limits_{j=1}^{m}\ln\left(\sum\limits_{l=1}^{k}\alpha_l\cdot p\left(\boldsymbol{x}_j|\boldsymbol{\mu}_l,\boldsymbol{\Sigma}_l\right)\right)}{\partial p\left(\boldsymbol{x}_j|\boldsymbol{\mu}_i,\boldsymbol{\Sigma}_i\right)}\\&=\sum_{j=1}^{m}\frac{\partial\ln\left(\sum\limits_{l=1}^{k}\alpha_l\cdot p\left(\boldsymbol{x}_j|\boldsymbol{\mu}_l,\boldsymbol{\Sigma}_l\right)\right)}{\partial p\left(\boldsymbol{x}_j|\boldsymbol{\mu}_i,\boldsymbol{\Sigma}_i\right)}\\&=\sum_{j=1}^{m}\frac{\alpha_i}{\sum\limits_{l=1}^{k}\alpha_l\cdot p\left(\boldsymbol{x}_j|\boldsymbol{\mu}_l,\boldsymbol{\Sigma}_l\right)}\end{aligned}$$

$$\begin{aligned}\frac{\partial p\left(\boldsymbol{x}_j|\boldsymbol{\mu}_i,\boldsymbol{\Sigma}_i\right)}{\partial\boldsymbol{\mu}_i}&=\frac{\partial\frac{1}{(2\pi)^{\frac{n}{2}}\left|\Sigma_i\right|^{\frac{1}{2}}}\exp\left(-\frac{1}{2}\left(\boldsymbol{x}_j-\boldsymbol{\mu}_i\right)^{\mathrm{T}}\boldsymbol{\Sigma}_i^{-1}\left(\boldsymbol{x}_j-\boldsymbol{\mu}_i\right)\right)}{\partial\boldsymbol{\mu}_i}\\&=\frac{1}{(2\pi)^{\frac{n}{2}}\left|\boldsymbol{\Sigma}_i\right|^{\frac{1}{2}}}\cdot\frac{\partial\exp\left(-\frac{1}{2}\left(\boldsymbol{x}_j-\boldsymbol{\mu}_i\right)^{\mathrm{T}}\boldsymbol{\Sigma}_i^{-1}\left(\boldsymbol{x}_j-\boldsymbol{\mu}_i\right)\right)}{\partial\boldsymbol{\mu}_i}\\&=\frac{1}{(2\pi)^{\frac{n}{2}}\left|\boldsymbol{\Sigma}_i\right|^{\frac{1}{2}}}\cdot\exp\left(-\frac{1}{2}\left(\boldsymbol{x}_j-\boldsymbol{\mu}_i\right)^{\mathrm{T}}\boldsymbol{\Sigma}_i^{-1}\left(\boldsymbol{x}_j-\boldsymbol{\mu}_i\right)\right)\cdot\end{aligned}$$

$$
\begin{aligned}
&-\frac{1}{2}\frac{\partial\left(\boldsymbol{x}_j-\boldsymbol{\mu}_i\right)^{\mathrm{T}}\boldsymbol{\Sigma}_i^{-1}\left(\boldsymbol{x}_j-\boldsymbol{\mu}_i\right)}{\partial\boldsymbol{\mu}_i}\\
&=\frac{1}{(2\pi)^{\frac{n}{2}}\left|\boldsymbol{\Sigma}_i\right|^{\frac{1}{2}}}\cdot\exp\left(-\frac{1}{2}\left(\boldsymbol{x}_j-\boldsymbol{\mu}_i\right)^{\mathrm{T}}\boldsymbol{\Sigma}_i^{-1}\left(\boldsymbol{x}_j-\boldsymbol{\mu}_i\right)\right)\\
&\quad\cdot\boldsymbol{\Sigma}_i^{-1}\left(\boldsymbol{x}_j-\boldsymbol{\mu}_i\right)\\
&=p\left(\boldsymbol{x}_j|\boldsymbol{\mu}_i,\boldsymbol{\Sigma}_i\right)\cdot\boldsymbol{\Sigma}_i^{-1}\left(\boldsymbol{x}_j-\boldsymbol{\mu}_i\right)
\end{aligned}
$$

其中，由矩阵求导的法则 $\frac{\partial\boldsymbol{a}^{\mathrm{T}}\boldsymbol{X}\boldsymbol{a}}{\partial\boldsymbol{a}}=2\boldsymbol{X}\boldsymbol{a}$ 可得

$$
\begin{aligned}
-\frac{1}{2}\frac{\partial\left(\boldsymbol{x}_j-\boldsymbol{\mu}_i\right)^{\mathrm{T}}\boldsymbol{\Sigma}_i^{-1}\left(\boldsymbol{x}_j-\boldsymbol{\mu}_i\right)}{\partial\boldsymbol{\mu}_i}&=-\frac{1}{2}\cdot2\boldsymbol{\Sigma}_i^{-1}\left(\boldsymbol{\mu}_i-\boldsymbol{x}_j\right)\\
&=\boldsymbol{\Sigma}_i^{-1}\left(\boldsymbol{x}_j-\boldsymbol{\mu}_i\right)
\end{aligned}
$$

因此有

$$
\frac{\partial LL(D)}{\partial\boldsymbol{\mu}_i}=\sum_{j=1}^{m}\frac{\alpha_i}{\sum\limits_{l=1}^{k}\alpha_l\cdot p\left(\boldsymbol{x}_j|\boldsymbol{\mu}_l,\ {}_l\right)}\cdot p\left(\boldsymbol{x}_j|\boldsymbol{\mu}_i,\boldsymbol{\Sigma}_i\right)\cdot\boldsymbol{\Sigma}_i^{-1}\left(\boldsymbol{x}_j-\boldsymbol{\mu}_i\right)=0
$$

9.4.7 式 (9.34) 的推导

由式 (9.30) 可知

$$
\gamma_{ji}=p_{\mathcal{M}}\left(z_j=i|\boldsymbol{X}_j\right)=\frac{\alpha_i\cdot p\left(\boldsymbol{X}_j|\boldsymbol{\mu}_i,\boldsymbol{\Sigma}_i\right)}{\sum\limits_{l=1}^{k}\alpha_l\cdot p\left(\boldsymbol{X}_j|\boldsymbol{\mu}_l,\boldsymbol{\Sigma}_l\right)}
$$

代入式 (9.33) 可得

$$
\sum_{j=1}^{m}\gamma_{ji}\left(\boldsymbol{X}_j-\boldsymbol{\mu}_i\right)=0
$$

移项可得

$$
\sum_{j=1}^{m}\gamma_{ji}\boldsymbol{x}_j=\sum_{j=1}^{m}\gamma_{ji}\boldsymbol{\mu}_i=\boldsymbol{\mu}_i\cdot\sum_{j=1}^{m}\gamma_{ji}
$$

第二个等号是由于 $\boldsymbol{\mu}_i$ 对于求和变量 j 来说是常量, 因此可以提到求和符号的

外面。最后得到

$$\boldsymbol{\mu}_i = \frac{\sum_{j=1}^{m} \gamma_{ji} \boldsymbol{x}_j}{\sum_{j=1}^{m} \gamma_{ji}}$$

9.4.8 式 (9.35) 的推导

根据式 (9.28) 可知

$$p(\boldsymbol{x}_j|\boldsymbol{\mu}_i, \boldsymbol{\Sigma}_i) = \frac{1}{(2\pi)^{\frac{n}{2}} |\boldsymbol{\Sigma}_i|^{\frac{1}{2}}} \exp\left(-\frac{1}{2}(\boldsymbol{x}_j - \boldsymbol{\mu}_i)^{\mathrm{T}} \boldsymbol{\Sigma}_i^{-1} (\boldsymbol{x}_j - \boldsymbol{\mu}_i)\right)$$

又根据式 (9.32)，由

$$\frac{\partial LL(D)}{\partial \boldsymbol{\Sigma}_i} = 0$$

可得

$$\begin{aligned}
\frac{\partial LL(D)}{\partial \boldsymbol{\Sigma}_i} &= \frac{\partial}{\partial \boldsymbol{\Sigma}_i} \left[\sum_{j=1}^{m} \ln\left(\sum_{i=1}^{k} \alpha_i \cdot p(\boldsymbol{x}_j|\boldsymbol{\mu}_i, \boldsymbol{\Sigma}_i)\right)\right] \\
&= \sum_{j=1}^{m} \frac{\partial}{\partial \boldsymbol{\Sigma}_i} \left[\ln\left(\sum_{i=1}^{k} \alpha_i \cdot p(\boldsymbol{x}_j|\boldsymbol{\mu}_i, \boldsymbol{\Sigma}_i)\right)\right] \\
&= \sum_{j=1}^{m} \frac{\alpha_i \cdot \frac{\partial}{\partial \boldsymbol{\Sigma}_i} (p(\boldsymbol{x}_j|\boldsymbol{\mu}_i, \boldsymbol{\Sigma}_i))}{\sum_{l=1}^{k} \alpha_l \cdot p(\boldsymbol{x}_j|\boldsymbol{\mu}_l, \boldsymbol{\Sigma}_l)}
\end{aligned}$$

其中

$$\begin{aligned}
&\frac{\partial}{\partial \boldsymbol{\Sigma}_i} (p(\boldsymbol{x}_j|\boldsymbol{\mu}_i, \boldsymbol{\Sigma}_i)) \\
&= \frac{\partial}{\partial \boldsymbol{\Sigma}_i} \left[\frac{1}{(2\pi)^{\frac{n}{2}} |\boldsymbol{\Sigma}_i|^{\frac{1}{2}}} \exp\left(-\frac{1}{2}(\boldsymbol{x}_j - \boldsymbol{\mu}_i)^{\mathrm{T}} \boldsymbol{\Sigma}_i^{-1} (\boldsymbol{x}_j - \boldsymbol{\mu}_i)\right)\right] \\
&= \frac{\partial}{\partial \boldsymbol{\Sigma}_i} \left\{\exp\left[\ln\left(\frac{1}{(2\pi)^{\frac{n}{2}} |\boldsymbol{\Sigma}_i|^{\frac{1}{2}}} \exp\left(-\frac{1}{2}(\boldsymbol{x}_j - \boldsymbol{\mu}_i)^{\mathrm{T}} \boldsymbol{\Sigma}_i^{-1} (\boldsymbol{x}_j - \boldsymbol{\mu}_i)\right)\right)\right]\right\} \\
&= p(\boldsymbol{x}_j|\boldsymbol{\mu}_i, \boldsymbol{\Sigma}_i) \cdot \frac{\partial}{\partial \boldsymbol{\Sigma}_i} \left[\ln\left(\frac{1}{(2\pi)^{\frac{n}{2}} |\boldsymbol{\Sigma}_i|^{\frac{1}{2}}} \exp\left(-\frac{1}{2}(\boldsymbol{x}_j - \boldsymbol{\mu}_i)^{\mathrm{T}} \boldsymbol{\Sigma}_i^{-1} (\boldsymbol{x}_j - \boldsymbol{\mu}_i)\right)\right)\right]
\end{aligned}$$

$$
\begin{aligned}
&= p(\boldsymbol{x}_j|\boldsymbol{\mu}_i,\boldsymbol{\Sigma}_i)\cdot\frac{\partial}{\partial\boldsymbol{\Sigma}_i}\left[\ln\frac{1}{(2\pi)^{\frac{n}{2}}}-\frac{1}{2}\ln|\boldsymbol{\Sigma}_i|-\frac{1}{2}(\boldsymbol{x}_j-\boldsymbol{\mu}_i)^{\mathrm{T}}\boldsymbol{\Sigma}_i^{-1}(\boldsymbol{x}_j-\boldsymbol{\mu}_i)\right]\\
&= p(\boldsymbol{x}_j|\boldsymbol{\mu}_i,\boldsymbol{\Sigma}_i)\cdot\left[-\frac{1}{2}\frac{\partial\left(\ln|\boldsymbol{\Sigma}_i|\right)}{\partial\boldsymbol{\Sigma}_i}-\frac{1}{2}\frac{\partial\left[(\boldsymbol{x}_j-\boldsymbol{\mu}_i)^{\mathrm{T}}\boldsymbol{\Sigma}_i^{-1}(\boldsymbol{x}_j-\boldsymbol{\mu}_i)\right]}{\partial\boldsymbol{\Sigma}_i}\right]
\end{aligned}
$$

由矩阵微分公式 $\frac{\partial|\boldsymbol{X}|}{\partial\boldsymbol{X}}=|\boldsymbol{X}|\cdot(\boldsymbol{X}^{-1})^{\mathrm{T}}$ 和 $\frac{\partial\boldsymbol{a}^{\mathrm{T}}\boldsymbol{X}^{-1}\boldsymbol{B}}{\partial\boldsymbol{X}}=-\boldsymbol{X}^{-\mathrm{T}}\boldsymbol{a}\boldsymbol{b}^{\mathrm{T}}\boldsymbol{X}^{-\mathrm{T}}$ 可得

$$
\frac{\partial}{\partial\boldsymbol{\Sigma}_i}\left(p(\boldsymbol{x}_j|\boldsymbol{\mu}_i,\boldsymbol{\Sigma}_i)\right)=p(\boldsymbol{x}_j|\boldsymbol{\mu}_i,\boldsymbol{\Sigma}_i)\cdot\left[-\frac{1}{2}\boldsymbol{\Sigma}_i^{-1}+\frac{1}{2}\boldsymbol{\Sigma}_i^{-1}(\boldsymbol{x}_j-\boldsymbol{\mu}_i)(\boldsymbol{x}_j-\boldsymbol{\mu}_i)^{\mathrm{T}}\boldsymbol{\Sigma}_i^{-1}\right]
$$

将此式代回 $\frac{\partial LL(D)}{\partial\boldsymbol{\Sigma}_i}$ 可得

$$
\frac{\partial LL(D)}{\partial\boldsymbol{\Sigma}_i}=\sum_{j=1}^{m}\frac{\alpha_i\cdot p(\boldsymbol{x}_j|\boldsymbol{\mu}_i,\boldsymbol{\Sigma}_i)}{\sum\limits_{l=1}^{k}\alpha_l\cdot p(\boldsymbol{x}_j|\boldsymbol{\mu}_l,\boldsymbol{\Sigma}_l)}\cdot\left[-\frac{1}{2}\boldsymbol{\Sigma}_i^{-1}+\frac{1}{2}\boldsymbol{\Sigma}_i^{-1}(\boldsymbol{x}_j-\boldsymbol{\mu}_i)(\boldsymbol{x}_j-\boldsymbol{\mu}_i)^{\mathrm{T}}\boldsymbol{\Sigma}_i^{-1}\right]
$$

又由式 (9.30) 可知 $\frac{\alpha_i\cdot p(\boldsymbol{x}_j|\boldsymbol{\mu}_i,\boldsymbol{\Sigma}_i)}{\sum_{l=1}^{k}\alpha_l\cdot p(\boldsymbol{x}_j|\boldsymbol{\mu}_l,\boldsymbol{\Sigma}_l)}=\gamma_{ji}$，所以上式可进一步化简为

$$
\frac{\partial LL(D)}{\partial\boldsymbol{\Sigma}_i}=\sum_{j=1}^{m}\gamma_{ji}\cdot\left[-\frac{1}{2}\boldsymbol{\Sigma}_i^{-1}+\frac{1}{2}\boldsymbol{\Sigma}_i^{-1}(\boldsymbol{x}_j-\boldsymbol{\mu}_i)(\boldsymbol{x}_j-\boldsymbol{\mu}_i)^{\mathrm{T}}\boldsymbol{\Sigma}_i^{-1}\right]
$$

令上式等于 0 可得

$$
\frac{\partial LL(D)}{\partial\boldsymbol{\Sigma}_i}=\sum_{j=1}^{m}\gamma_{ji}\cdot\left[-\frac{1}{2}\boldsymbol{\Sigma}_i^{-1}+\frac{1}{2}\boldsymbol{\Sigma}_i^{-1}(\boldsymbol{x}_j-\boldsymbol{\mu}_i)(\boldsymbol{x}_j-\boldsymbol{\mu}_i)^{\mathrm{T}}\boldsymbol{\Sigma}_i^{-1}\right]=0
$$

移项推导可得

$$
\begin{aligned}
\sum_{j=1}^{m}\gamma_{ji}\cdot\left[-\boldsymbol{I}+(\boldsymbol{x}_j-\boldsymbol{\mu}_i)(\boldsymbol{x}_j-\boldsymbol{\mu}_i)^{\mathrm{T}}\boldsymbol{\Sigma}_i^{-1}\right]&=0\\
\sum_{j=1}^{m}\gamma_{ji}(\boldsymbol{x}_j-\boldsymbol{\mu}_i)(\boldsymbol{x}_j-\boldsymbol{\mu}_i)^{\mathrm{T}}\boldsymbol{\Sigma}_i^{-1}&=\sum_{j=1}^{m}\gamma_{ji}\boldsymbol{I}\\
\sum_{j=1}^{m}\gamma_{ji}(\boldsymbol{x}_j-\boldsymbol{\mu}_i)(\boldsymbol{x}_j-\boldsymbol{\mu}_i)^{\mathrm{T}}&=\sum_{j=1}^{m}\gamma_{ji}\boldsymbol{\Sigma}_i\\
\boldsymbol{\Sigma}_i^{-1}\cdot\sum_{j=1}^{m}\gamma_{ji}(\boldsymbol{x}_j-\boldsymbol{\mu}_i)(\boldsymbol{x}_j-\boldsymbol{\mu}_i)^{\mathrm{T}}&=\sum_{j=1}^{m}\gamma_{ji}
\end{aligned}
$$

$$
\boldsymbol{\Sigma}_i=\frac{\sum_{j=1}^m \gamma_{ji}(\boldsymbol{x}_j-\boldsymbol{\mu}_i)(\boldsymbol{x}_j-\boldsymbol{\mu}_i)^{\mathrm{T}}}{\sum_{j=1}^m \gamma_{ji}}
$$

此为式 (9.35)。

9.4.9 式 (9.36) 的解释

该式即 $LL(D)$ 添加了等式约束 $\sum_{i=1}^k \alpha_i=1$ 的拉格朗日形式。

9.4.10 式 (9.37) 的推导

重写式 (9.32):

$$
LL(D)=\sum_{j=1}^m \ln\left(\sum_{l=1}^k \alpha_l \cdot p\left(\boldsymbol{x}_j \mid \boldsymbol{\mu}_l, \boldsymbol{\Sigma}_l\right)\right)
$$

这里将第 2 个求和符号的求和变量由式 (9.32) 的 i 改成了 l, 这是为了避免在对 α_i 求导时与变量 i 弄混淆。将式 (9.36) 中的两项分别对 α_i 求导可得

$$
\begin{aligned}
\frac{\partial LL(D)}{\partial \alpha_i}&=\frac{\partial \sum_{j=1}^m \ln\left(\sum_{l=1}^k \alpha_l \cdot p\left(\boldsymbol{x}_j \mid \boldsymbol{\mu}_l, \boldsymbol{\Sigma}_l\right)\right)}{\partial \alpha_i}\\
&=\sum_{j=1}^m \frac{1}{\sum_{l=1}^k \alpha_l \cdot p\left(\boldsymbol{x}_j \mid \boldsymbol{\mu}_l, \boldsymbol{\Sigma}_l\right)} \cdot \frac{\partial \sum_{l=1}^k \alpha_l \cdot p\left(\boldsymbol{x}_j \mid \boldsymbol{\mu}_l, \boldsymbol{\Sigma}_l\right)}{\partial \alpha_i}\\
&=\sum_{j=1}^m \frac{1}{\sum_{l=1}^k \alpha_l \cdot p\left(\boldsymbol{x}_j \mid \boldsymbol{\mu}_l, \boldsymbol{\Sigma}_l\right)} \cdot p\left(\boldsymbol{x}_j \mid \boldsymbol{\mu}_i, \boldsymbol{\Sigma}_i\right)
\end{aligned}
$$

$$
\frac{\partial\left(\sum_{l=1}^k \alpha_l-1\right)}{\partial \alpha_i}=\frac{\partial\left(\alpha_1+\alpha_2+\cdots+\alpha_i+\cdots+\alpha_k-1\right)}{\partial \alpha_i}=1
$$

综合两项求导结果, 并令导数等于 0 即得式 (9.37)。

9.4.11 式 (9.38) 的推导

注意，“西瓜书”在进行第 14 次印刷时对式 (9.38) 上方的一行话进行了勘误：“两边同乘以 α_i, 对所有混合成分求和可知 $\lambda = -m$”。原来的“样本”被纠正为“混合成分”。

对式 (9.37) 的两边同时乘以 α_i 可得

$$\sum_{j=1}^{m} \frac{\alpha_i \cdot p(\boldsymbol{x}_j|\boldsymbol{\mu}_i, \boldsymbol{\Sigma}_i)}{\sum\limits_{l=1}^{k} \alpha_l \cdot p(\boldsymbol{x}_j|\boldsymbol{\mu}_l, \boldsymbol{\Sigma}_l)} + \lambda\alpha_i = 0$$

$$\sum_{j=1}^{m} \frac{\alpha_i \cdot p(\boldsymbol{x}_j|\boldsymbol{\mu}_i, \boldsymbol{\Sigma}_i)}{\sum\limits_{l=1}^{k} \alpha_l \cdot p(\boldsymbol{x}_j|\boldsymbol{\mu}_l, \boldsymbol{\Sigma}_l)} = -\lambda\alpha_i$$

在两边对所有混合成分求和可得

$$\sum_{i=1}^{k}\sum_{j=1}^{m} \frac{\alpha_i \cdot p(\boldsymbol{x}_j|\boldsymbol{\mu}_i, \boldsymbol{\Sigma}_i)}{\sum\limits_{l=1}^{k} \alpha_l \cdot p(\boldsymbol{x}_j|\boldsymbol{\mu}_l, \boldsymbol{\Sigma}_l)} = -\lambda\sum_{i=1}^{k}\alpha_i$$

$$\sum_{j=1}^{m}\sum_{i=1}^{k} \frac{\alpha_i \cdot p(\boldsymbol{x}_j|\boldsymbol{\mu}_i, \boldsymbol{\Sigma}_i)}{\sum\limits_{l=1}^{k} \alpha_l \cdot p(\boldsymbol{x}_j|\boldsymbol{\mu}_l, \boldsymbol{\Sigma}_l)} = -\lambda\sum_{i=1}^{k}\alpha_i$$

因为

$$\sum_{i=1}^{k} \frac{\alpha_i \cdot p(\boldsymbol{x}_j|\boldsymbol{\mu}_i,\ _i)}{\sum\limits_{l=1}^{k} \alpha_l \cdot p(\boldsymbol{x}_j|\boldsymbol{\mu}_l,\ _l)} = \frac{\sum\limits_{i=1}^{k} \alpha_i \cdot p(\boldsymbol{x}_j|\boldsymbol{\mu}_i,\ _i)}{\sum\limits_{l=1}^{k} \alpha_l \cdot p(\boldsymbol{x}_j|\boldsymbol{\mu}_l,\ _l)} = 1$$

且 $\sum_{i=1}^{k}\alpha_i = 1$，所以有 $m = -\lambda$。由于

$$\sum_{j=1}^{m} \frac{\alpha_i \cdot p(\boldsymbol{x}_j|\boldsymbol{\mu}_i, \boldsymbol{\Sigma}_i)}{\sum\limits_{l=1}^{k} \alpha_l \cdot p(\boldsymbol{x}_j|\boldsymbol{\mu}_l, \boldsymbol{\Sigma}_l)} = -\lambda\alpha_i = m\alpha_i$$

因此

$$\alpha_i = \frac{1}{m}\sum_{j=1}^{m}\frac{\alpha_i \cdot p(\boldsymbol{x}_j|\boldsymbol{\mu}_i, \boldsymbol{\Sigma}_i)}{\sum\limits_{l=1}^{k}\alpha_l \cdot p(\boldsymbol{x}_j|\boldsymbol{\mu}_l, \boldsymbol{\Sigma}_l)}$$

又由式 (9.30) 可知 $\frac{\alpha_i \cdot p(\boldsymbol{x}_j|\boldsymbol{\mu}_i, \boldsymbol{\Sigma}_i)}{\sum_{l=1}^{k}\alpha_l \cdot p(\boldsymbol{x}_j|\boldsymbol{\mu}_l, \boldsymbol{\Sigma}_l)} = \gamma_{ji}$，所以上式可进一步化简为

$$\alpha_i = \frac{1}{m}\sum_{j=1}^{m}\gamma_{ji}$$

此为式 (9.38)。

9.4.12 图 9.6 的解释

在图 9.6 中，第 1 行旨在初始化参数, 接下来是按如下策略进行初始化的：混合系数 $\alpha_i = \frac{1}{k}$; 任选训练集中的 k 个样本分别初始化 k 个均值向量 $\boldsymbol{\mu}_i (1 \leqslant i \leqslant k)$; 使用对角元素为 0.1 的对角阵初始化 k 个协方差矩阵 $\boldsymbol{\Sigma}_i (1 \leqslant i \leqslant k)$。

第 3 ~ 5 行根据式 (9.30) 计算 $m \times k$ 个 γ_{ji}。

第 6 ~ 10 行分别根据式 (9.34)、式 (9.35)、式 (9.38) 使用刚刚计算得到的 γ_{ji} 更新均值向量、协方差矩阵、混合系数; 注意第 8 行在计算协方差矩阵时使用的是第 7 行计算得到的均值向量, 这并没有错, 因为协方差矩阵 $\boldsymbol{\Sigma}_i'$ 与均值向量 $\boldsymbol{\mu}_i'$ 是对应的, 而非对应 $\boldsymbol{\mu}_i$; 第 7 行的 $\boldsymbol{\mu}_i'$ 在第 8 行被使用之后，会在下一轮迭代中，在第 4 行计算 γ_{ji} 时再次被使用。

整体来说, 第 2 ~ 12 行就是一个 EM 算法的具体使用例子, 仅仅学习 7.6 节“EM 算法”可能根本无法理解其思想。此例中有两组变量, 分别是 γ_{ji} 和 $(\alpha_i, \boldsymbol{\mu}_i, \boldsymbol{\Sigma}_i)$, 它们之间相互影响, 但都是未知的, 因此 EM 算法就有了用武之地：初始化其中一组变量 $(\alpha_i, \boldsymbol{\mu}_i, \boldsymbol{\Sigma}_i)$, 计算 γ_{ji}; 然后根据 γ_{ji} 以及根据最大似然推导出的公式更新 $(\alpha_i, \boldsymbol{\mu}_i, \boldsymbol{\Sigma}_i)$, 反复迭代, 直至满足停止条件。

9.5 密度聚类

本节介绍的 DBSCAN 算法并不难懂，只是本节在最后举例时并没有说清楚密度聚类算法与前面原型聚类算法的区别，当然这也可能是作者有意为之，因为“西瓜书”的习题 9.7 提到了“凸聚类”的概念。具体来说，前面介绍的聚类算

法只能产生“凸聚类”，而本节介绍的 DBSCAN 算法则能产生“非凸聚类”。至于本质原因，笔者认为在于聚类时使用的距离度量，均值算法使用欧氏距离，而 DBSCAN 算法使用的距离度量类似于测地线距离（只是类似，并不相同，测地线距离参见“西瓜书”的 10.5 节），因此可以产生图 9-1 所示的聚类结果（中间为典型的非凸聚类）。

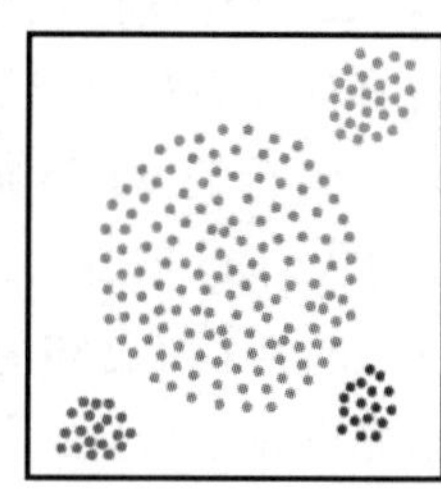
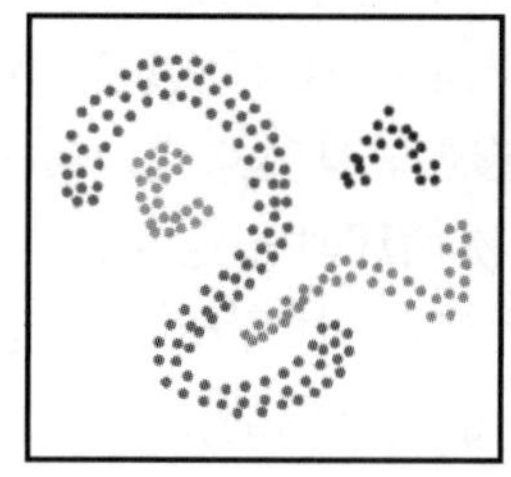
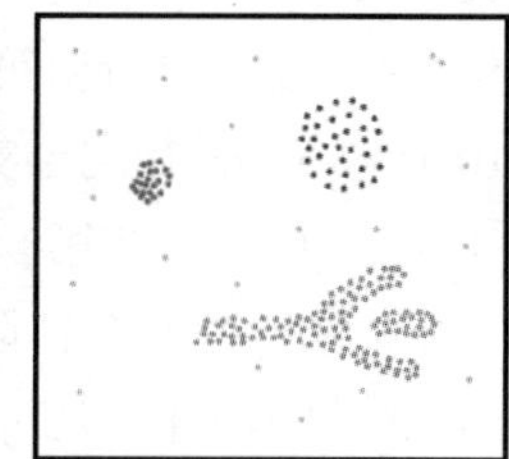

图 9-1 DBSCAN 算法的聚类结果

注意，虽然左图为“凸聚类”（4 个簇都有一个凸包），但均值算法无法产生此结果，因为最大的簇太大了，其外围样本与另外三个小簇的中心之间的距离更近。因此，中间最大的簇肯定会被均值算法划分到不同的簇之中，这显然不是我们希望的结果。

密度聚类算法可以产生任意形状的簇，不需要事先指定聚类个数 k，并且对噪声鲁棒。

9.5.1 密度直达、密度可达与密度相连

$\boldsymbol{x}_j$ 由 $\boldsymbol{x}_i$ 密度直达, 该概念最易理解, 但要特别注意: 密度直达除了要求 $\boldsymbol{x}_j$ 位于 $\boldsymbol{x}_i$ 的 ϵ-邻域的条件之外, 还额外要求 $\boldsymbol{x}_i$ 是核心对象; ϵ-邻域满足对称性, 但 $\boldsymbol{x}_j$ 不一定为核心对象, 因此密度直达关系一般不满足对称性。

$\boldsymbol{x}_j$ 由 $\boldsymbol{x}_i$ 密度可达，该概念基于密度直达，因此样本序列 $\boldsymbol{p}_1,\boldsymbol{p}_2,\cdots,\boldsymbol{p}_n$ 中除了 $\boldsymbol{p}_n=\boldsymbol{x}_j$ 之外, 其余样本均为核心对象 (当然也包括 $\boldsymbol{p}_1=\boldsymbol{x}_i$), 所以同理, 密度可达关系一般不满足对称性。

在以上两个概念中, 若 $\boldsymbol{x}_j$ 为核心对象, 已知 $\boldsymbol{x}_j$ 由 $\boldsymbol{x}_i$ 密度直达/可达, 则 $\boldsymbol{x}_i$ 由 $\boldsymbol{x}_j$ 密度直达/ 可达, 即满足对称性 (也就是说, 核心对象之间的密度直达/可达关系满足对称性)。

$\boldsymbol{x}_i$ 与 $\boldsymbol{x}_j$ 密度相连, 不要求 $\boldsymbol{x}_i$ 与 $\boldsymbol{x}_j$ 为核心对象, 所以满足对称性。

9.5.2 图 9.9 的解释

观察图 9.9,在第 1 ~ 7 行中, DBSCAN 算法先根据给定的邻域参数 $(\epsilon, \mathrm{MinPts})$ 找出所有核心对象, 并存于集合 Ω 之中; 第 4 行的 if 判断语句旨在判别 $\boldsymbol{x}_j$ 是否为核心对象。

在第 10 ~ 24 行中, 以任一核心对象为出发点 (由第 12 行实现), 找出其密度可达的样本并生成聚类簇 (由第 14 ~ 21 行实现), 直到所有核心对象被访问过为止(由第 10 行和第 23 行配合实现)。具体来说，第 14 ~ 21 行的 while 循环中的 if 判断语句（第 16 行）在第一次循环时一定为真（因为队列 Q 在第 12 行被初始化为某核心对象), 此时会往队列 Q 中加入 $\boldsymbol{q}$ 密度直达的样本 (已知 $\boldsymbol{q}$ 为核心对象, $\boldsymbol{q}$ 的 ϵ-邻域中的样本是 $\boldsymbol{q}$ 密度直达的), 队列遵循先进先出规则。接下来的循环将依次判别 $\boldsymbol{q}$ 的 ϵ-邻域中的样本是否为核心对象 (第 16 行), 若为核心对象, 则将密度直达的样本 (ϵ-邻域中的样本) 加入队列 Q。根据密度可达的概念, while 循环中的 if 判断语句（第 16 行）所找出的核心对象之间一定是相互密度可达的, 非核心对象一定是密度相连的。

第 14 ~ 21 行的 while 循环每跳出一次, 即生成一个聚类簇。在每次生成聚类簇 $\varGamma$ 之前, 记录当前未访问过的样本的集合 (第 11 行的 $\varGamma_{\mathrm{old}} = \varGamma$), 然后当前要生成的聚类簇每决定吸收一个样本后，就将该样本从 $\varGamma$ 中去除 (第 13 行和第 19 行)。因此，第 14 ~ 21 行的 while 循环每跳出一次后, $\varGamma_{\mathrm{old}}$ 与 $\varGamma$ 的差集即为聚类簇的样本成员 (第 22 行), 将该聚类簇中的核心对象从第 1 ~ 7 行生成的核心对象集合 Ω 中去除。

符号“\”用于集合求差。例如，若集合 $A = \{a, b, c, d, e, f\}, B = \{a, d, f, g, h\}$, 则 $A \backslash B = \{b, c, e\}$, 也就是将集合 A 和 B 中所有相同的元素从集合 A 中去除。

9.6 层次聚类

本节主要介绍了层次聚类的代表性算法 AGNES。

式 (9.41) ~ 式 (9.43) 介绍了三种距离计算方式, 这与“西瓜书”9.3 节介绍的距离计算的不同之处在于, 此三种距离计算面向集合之间, 而 9.3 节介绍的距离计算则面向两点之间。正如“西瓜书”第 215 页的左上边注所述, 集合间的距离计算常采用豪斯多夫距离 (Hausdorff distance)。

AGNES 算法很简单，就是不断重复执行合并距离最近的两个聚类簇。“西瓜书”中的图 9.11 展示了具体实现方法，核心就是在合并两个聚类簇后更新距离矩阵（第 11 ~ 23 行）。之所以看起来复杂，是因为该实现只更新原先距离矩阵中发生变化的行和列，因此需要做一些调整。

在第 1 ~ 9 行，AGNES 算法先对仅含一个样本的初始聚类簇和相应的距离矩阵进行初始化。注意在距离矩阵中，第 i 行为聚类簇 C_i 到各个其他聚类簇的距离，第 i 列为各个其他聚类簇到聚类簇 C_i 的距离。由第 7 行可知，距离矩阵为对称矩阵，所使用的集合间的距离计算方法满足对称性。

第 18 ~ 21 行旨在更新距离矩阵 $\boldsymbol{M}$ 的第 i^* 行与第 i^* 列，由于此时的聚类簇 C_{i^*} 已经合并了聚类簇 C_{j^*}，因此与其余聚类簇之间的距离也都发生了变化，需要更新。

第 10 章　降维与度量学习

10.1　预 备 知 识

由于本章要求具备较多的线性代数和矩阵分析基础知识，因此我们将相关的预备知识整体整理如下。

10.1.1　符号约定

向量元素之间的分号“;”表示列元素分隔符, 如 $\boldsymbol{\alpha}=(a_1;a_2;\cdots;a_i;\cdots;a_m)$ 表示 $m\times 1$ 的列向量; 而逗号“,”表示行元素分隔符, 如 $\boldsymbol{\alpha}=(a_1,a_2,\cdots,a_i,\cdots,a_m)$ 表示 $1\times m$ 的行向量。

10.1.2　矩阵与单位阵、向量的乘法

结论如下。

（1）矩阵左乘对角阵相当于矩阵每行乘以对应对角阵的对角线元素, 例如：

$$\begin{bmatrix}\lambda_1 & & \\ & \lambda_2 & \\ & & \lambda_3\end{bmatrix}\begin{bmatrix}x_{11} & x_{12} & x_{13}\\ x_{21} & x_{22} & x_{23}\\ x_{31} & x_{32} & x_{33}\end{bmatrix}=\begin{bmatrix}\lambda_1x_{11} & \lambda_1x_{12} & \lambda_1x_{13}\\ \lambda_2x_{21} & \lambda_2x_{22} & \lambda_2x_{23}\\ \lambda_3x_{31} & \lambda_3x_{32} & \lambda_3x_{33}\end{bmatrix}$$

（2）矩阵右乘对角阵相当于矩阵每列乘以对应对角阵的对角线元素, 例如：

$$\begin{bmatrix}x_{11} & x_{12} & x_{13}\\ x_{21} & x_{22} & x_{23}\\ x_{31} & x_{32} & x_{33}\end{bmatrix}\begin{bmatrix}\lambda_1 & & \\ & \lambda_2 & \\ & & \lambda_3\end{bmatrix}=\begin{bmatrix}\lambda_1x_{11} & \lambda_2x_{12} & \lambda_3x_{13}\\ \lambda_1x_{21} & \lambda_2x_{22} & \lambda_3x_{23}\\ \lambda_1x_{31} & \lambda_2x_{32} & \lambda_3x_{33}\end{bmatrix}$$

（3）矩阵左乘行向量相当于矩阵每行乘以对应行向量的元素之和, 例如：

$$
\begin{aligned}
&\left[\begin{array}{lll}\lambda_1 & \lambda_2 & \lambda_3\end{array}\right]\left[\begin{array}{lll}x_{11} & x_{12} & x_{13} \\ x_{21} & x_{22} & x_{23} \\ x_{31} & x_{32} & x_{33}\end{array}\right] \\
&=\lambda_1\left[\begin{array}{lll}x_{11} & x_{12} & x_{13}\end{array}\right]+\lambda_2\left[\begin{array}{lll}x_{21} & x_{22} & x_{23}\end{array}\right]+\lambda_3\left[\begin{array}{lll}x_{31} & x_{32} & x_{33}\end{array}\right] \\
&=\left(\begin{array}{l}\lambda_1 x_{11}+\lambda_2 x_{21}+\lambda_3 x_{31}, \lambda_1 x_{12}+\lambda_2 x_{22}+\lambda_3 x_{32}, \lambda_1 x_{13}+\lambda_2 x_{23}+\lambda_3 x_{33}\end{array}\right)
\end{aligned}
$$

（4）矩阵右乘列向量相当于矩阵每列乘以对应列向量的元素之和, 例如：

$$
\begin{aligned}
&\left[\begin{array}{lll}x_{11} & x_{12} & x_{13} \\ x_{21} & x_{22} & x_{23} \\ x_{31} & x_{32} & x_{33}\end{array}\right]\left[\begin{array}{l}\lambda_1 \\ \lambda_2 \\ \lambda_3\end{array}\right] \\
&=\lambda_1\left[\begin{array}{l}x_{11} \\ x_{21} \\ x_{31}\end{array}\right]+\lambda_2\left[\begin{array}{l}x_{12} \\ x_{22} \\ x_{32}\end{array}\right]+\lambda_3\left[\begin{array}{l}x_{13} \\ x_{23} \\ x_{33}\end{array}\right]=\sum_{i=1}^3\left(\lambda_i\left[\begin{array}{l}x_{1 i} \\ x_{2 i} \\ x_{3 i}\end{array}\right]\right) \\
&=\left(\lambda_1 x_{11}+\lambda_2 x_{12}+\lambda_3 x_{13} ; \lambda_1 x_{21}+\lambda_2 x_{22}+\lambda_3 x_{23} ; \lambda_1 x_{31}+\lambda_2 x_{32}+\lambda_3 x_{33}\right)
\end{aligned}
$$

综上, 左乘是对矩阵的行操作, 而右乘是对矩阵的列操作, 以上结论中的（2）和（4）在后面推导过程中的灵活应用较多。

10.2 矩阵的 F 范数与迹

（1）对于矩阵 $\boldsymbol{A} \in \mathbb{R}^{m \times n}$, 其 Frobenius 范数 (简称 F 范数) $\|\boldsymbol{A}\|_F$ 被定义为

$$
\|\boldsymbol{A}\|_F=\left(\sum_{i=1}^m \sum_{j=1}^n\left|a_{i j}\right|^2\right)^{\frac{1}{2}}
$$

其中 a_{ij} 为矩阵 $\boldsymbol{A}$ 中第 i 行第 j 列的元素, 即

$$
\boldsymbol{A}=\begin{bmatrix}
a_{11} & a_{12} & \cdots & a_{1j} & \cdots & a_{1n}\\
a_{21} & a_{22} & \cdots & a_{2j} & \cdots & a_{2n}\\
\vdots & \vdots & \ddots & \vdots & \ddots & \vdots\\
a_{i1} & a_{i2} & \cdots & a_{ij} & \cdots & a_{in}\\
\vdots & \vdots & \ddots & \vdots & \ddots & \vdots\\
a_{m1} & a_{m2} & \cdots & a_{mj} & \cdots & a_{mn}
\end{bmatrix}
$$

（2）若 $\boldsymbol{A}=(\boldsymbol{\alpha}_1,\boldsymbol{\alpha}_2,\cdots,\boldsymbol{\alpha}_j,\cdots,\boldsymbol{\alpha}_n)$, 其中 $\boldsymbol{\alpha}_j=(a_{1j};a_{2j};\cdots;a_{ij};\cdots;a_{mj})$ 为其列向量, $\boldsymbol{A}\in\mathbb{R}^{m\times n},\boldsymbol{\alpha}_j\in\mathbb{R}^{m\times 1}$, 则 $\|\boldsymbol{A}\|_F^2=\sum_{j=1}^{n}\|\boldsymbol{\alpha}_j\|_2^2$;

同理, 若 $\boldsymbol{A}=(\boldsymbol{\beta}_1;\boldsymbol{\beta}_2;\cdots;\boldsymbol{\beta}_i;\cdots;\boldsymbol{\beta}_m)$, 其中 $\boldsymbol{\beta}_i=(a_{i1},a_{i2},\cdots,a_{ij},\cdots,a_{in})$ 为其行向量, $\boldsymbol{A}\in\mathbb{R}^{m\times n},\boldsymbol{\beta}_i\in\mathbb{R}^{1\times n}$, 则 $\|\boldsymbol{A}\|_F^2=\sum_{i=1}^{m}\|\boldsymbol{\beta}_i\|_2^2$。

证明:该结论是显而易见的, 因为 $\|\boldsymbol{\alpha}_j\|_2^2=\sum_{i=1}^{m}|a_{ij}|^2$, 而 $\|\boldsymbol{A}\|_F^2=\sum_{i=1}^{m}\sum_{j=1}^{n}|a_{ij}|^2$。

（3）假设 $\lambda_j\left(\boldsymbol{A}^{\mathrm{T}}\boldsymbol{A}\right)$ 表示 n 阶方阵 $\boldsymbol{A}^{\mathrm{T}}\boldsymbol{A}$ 的第 j 个特征值, $\operatorname{tr}\left(\boldsymbol{A}^{\mathrm{T}}\boldsymbol{A}\right)$ 是 $\boldsymbol{A}^{\mathrm{T}}\boldsymbol{A}$ 的迹（对角线元素之和）; 并且假设 $\lambda_i\left(\boldsymbol{A}\boldsymbol{A}^{\mathrm{T}}\right)$ 表示 m 阶方阵 $\boldsymbol{A}\boldsymbol{A}^{\mathrm{T}}$ 的第 i 个特征值, $\operatorname{tr}\left(\boldsymbol{A}\boldsymbol{A}^{\mathrm{T}}\right)$ 是 $\boldsymbol{A}\boldsymbol{A}^{\mathrm{T}}$ 的迹, 则

$$
\begin{aligned}
\|\boldsymbol{A}\|_F^2=\operatorname{tr}\left(\boldsymbol{A}^{\mathrm{T}}\boldsymbol{A}\right)&=\sum_{j=1}^{n}\lambda_j\left(\boldsymbol{A}^{\mathrm{T}}\boldsymbol{A}\right)\\
=\operatorname{tr}\left(\boldsymbol{A}\boldsymbol{A}^{\mathrm{T}}\right)&=\sum_{i=1}^{m}\lambda_i\left(\boldsymbol{A}\boldsymbol{A}^{\mathrm{T}}\right)
\end{aligned}
$$

证明：下面先证 $\|\boldsymbol{A}\|_F^2=\operatorname{tr}\left(\boldsymbol{A}^{\mathrm{T}}\boldsymbol{A}\right)$。令 $\boldsymbol{B}=\boldsymbol{A}^{\mathrm{T}}\boldsymbol{A}\in\mathbb{R}^{n\times n},b_{ij}$ 表示 $\boldsymbol{B}$ 中第 i 行第 j 列的元素, $\operatorname{tr}(\boldsymbol{B})=\sum_{j=1}^{n}b_{jj}$。

$$
\begin{aligned}
&\boldsymbol{B}=\boldsymbol{A}^{\mathrm{T}}\boldsymbol{A}\\
&=\begin{bmatrix}
a_{11} & a_{21} & \cdots & a_{i1} & \cdots & a_{m1}\\
a_{12} & a_{22} & \cdots & a_{i2} & \cdots & a_{m2}\\
\vdots & \vdots & \ddots & \vdots & \ddots & \vdots\\
a_{1j} & a_{2j} & \cdots & a_{ij} & \cdots & a_{mj}\\
\vdots & \vdots & \ddots & \vdots & \ddots & \vdots\\
a_{1n} & a_{2n} & \cdots & a_{in} & \cdots & a_{mn}
\end{bmatrix}
\begin{bmatrix}
a_{11} & a_{12} & \cdots & a_{1j} & \cdots & a_{1n}\\
a_{21} & a_{22} & \cdots & a_{2j} & \cdots & a_{2n}\\
\vdots & \vdots & \ddots & \vdots & \ddots & \vdots\\
a_{i1} & a_{i2} & \cdots & a_{ij} & \cdots & a_{in}\\
\vdots & \vdots & \ddots & \vdots & \ddots & \vdots\\
a_{m1} & a_{m2} & \cdots & a_{mj} & \cdots & a_{mn}
\end{bmatrix}
\end{aligned}
$$

由矩阵运算规则可知, b_{jj} 等于 $\boldsymbol{A}^{\mathrm{T}}$ 的第 j 行与 $\boldsymbol{A}$ 的第 j 列的内积, 因此

$$\operatorname{tr}(\boldsymbol{B})=\sum_{j=1}^{n} b_{jj}=\sum_{j=1}^{n}\left(\sum_{i=1}^{m}\left|a_{ij}\right|^{2}\right)=\sum_{i=1}^{m} \sum_{j=1}^{n}\left|a_{ij}\right|^{2}=\|\boldsymbol{A}\|_{F}^{2}$$

以上第三个等号交换了求和符号的次序（类似于交换积分符号的次序）, 显然这不影响求和结果。

同理, 接下来可证 $\|\boldsymbol{A}\|_{F}^{2}=\operatorname{tr}\left(\boldsymbol{A} \boldsymbol{A}^{\mathrm{T}}\right)$:

$$\begin{aligned}
\boldsymbol{C} &= \boldsymbol{A}\boldsymbol{A}^{\mathrm{T}} \\
&= \left[\begin{array}{cccccc}
a_{11} & a_{12} & \cdots & a_{1j} & \cdots & a_{1n} \\
a_{21} & a_{22} & \cdots & a_{2j} & \cdots & a_{2n} \\
\vdots & \vdots & \ddots & \vdots & \ddots & \vdots \\
a_{i1} & a_{i2} & \cdots & a_{ij} & \cdots & a_{in} \\
\vdots & \vdots & \ddots & \vdots & \ddots & \vdots \\
a_{m1} & a_{m2} & \cdots & a_{mj} & \cdots & a_{mn}
\end{array}\right]\left[\begin{array}{cccccc}
a_{11} & a_{21} & \cdots & a_{i1} & \cdots & a_{m1} \\
a_{12} & a_{22} & \cdots & a_{i2} & \cdots & a_{m2} \\
\vdots & \vdots & \ddots & \vdots & \ddots & \vdots \\
a_{1j} & a_{2j} & \cdots & a_{ij} & \cdots & a_{mj} \\
\vdots & \vdots & \ddots & \vdots & \ddots & \vdots \\
a_{1n} & a_{2n} & \cdots & a_{in} & \cdots & a_{mn}
\end{array}\right]
\end{aligned}$$

由矩阵运算规则可知, c_{ii} 等于 $\boldsymbol{A}$ 的第 i 行与 $\boldsymbol{A}^{\mathrm{T}}$ 的第 i 列的内积, 因此

$$\operatorname{tr}(\boldsymbol{C})=\sum_{i=1}^{m} c_{ii}=\sum_{i=1}^{m}\left(\sum_{j=1}^{n}\left|a_{ij}\right|^{2}\right)=\sum_{i=1}^{m} \sum_{j=1}^{n}\left|a_{ij}\right|^{2}=\|\boldsymbol{A}\|_{F}^{2}$$

有关方阵的特征值之和等于对角线元素之和, 可以参见线性代数方面的教材。

10.3 k 近邻学习

10.3.1 式 (10.1) 的解释

$$P(\mathrm{err})=1-\sum_{c \in \mathcal{Y}} P(c \mid \boldsymbol{x}) P(c \mid \boldsymbol{z})$$

首先, $P(c \mid \boldsymbol{x})$ 表示样本 $\boldsymbol{x}$ 为类别 c 的后验概率, $P(c \mid \boldsymbol{z})$ 表示样本 $\boldsymbol{z}$ 为类别 c 的后验概率。

其次, $P(c \mid \boldsymbol{x}) P(c \mid \boldsymbol{z})$ 表示样本 $\boldsymbol{x}$ 和样本 $\boldsymbol{z}$ 同时为类别 c 的概率。

再次, $\sum_{c\in\mathcal{Y}} P(c \mid \boldsymbol{x})P(c \mid \boldsymbol{z})$ 表示样本 $\boldsymbol{x}$ 和样本 $\boldsymbol{z}$ 类别相同的概率。关于这一点，下面进行进一步解释。设 $\mathcal{Y}=\{c_1,c_2,\cdots,c_N\}$, 则该求和式变为

$$P\left(c_1 \mid \boldsymbol{x}\right) P\left(c_1 \mid \boldsymbol{z}\right)+P\left(c_2 \mid \boldsymbol{x}\right) P\left(c_2 \mid \boldsymbol{z}\right)+\cdots+P\left(c_N \mid \boldsymbol{x}\right) P\left(c_N \mid \boldsymbol{z}\right)$$

样本 $\boldsymbol{x}$ 和样本 $\boldsymbol{z}$ 同时为类别 c_1 的概率, 加上它们同时为类别 c_2 的概率, $\cdots$, 加上它们同时为类别 c_N 的概率, 即样本 $\boldsymbol{x}$ 和样本 $\boldsymbol{z}$ 类别相同的概率。

最后, $P(\mathrm{err})$ 表示样本 $\boldsymbol{x}$ 和样本 $\boldsymbol{z}$ 类别不相同的概率, 用 1 减去它们类别相同的概率即可。

10.3.2 式 (10.2) 的推导

关于式 (10.2) 的推导，关键在于理解第 2 行的“约等”($\simeq$) 关系和第 3 行的“小于或等于”($\leqslant$) 关系。

第 2 行的“约等”($\simeq$) 关系的依据在于该式前面的一段话:“假设样本独立同分布, 且对任意 $\boldsymbol{x}$ 和任意小正数 δ, 在 $\boldsymbol{x}$ 附近 δ 距离范围内总能找到一个训练样本”, 这意味着对于任意测试样本，在训练集中都可以找出一个与其非常像 (任意小正数 δ) 的近邻。这里还有一个假设“西瓜书”中未提及：$P(c \mid \boldsymbol{x})$ 必须是连续函数 [对于连续函数 $f(x)$ 和任意小正数 δ, $f(x) \simeq f(x+\delta)$]。换言之，对于两个非常像的样本 $\boldsymbol{z}$ 与 $\boldsymbol{x}$，有 $P(c \mid \boldsymbol{x}) \simeq P(c \mid \boldsymbol{z})$, 即

$$\sum_{c\in\mathcal{Y}} P(c \mid \boldsymbol{x})P(c \mid \boldsymbol{z}) \simeq \sum_{c\in\mathcal{Y}} P^2(c \mid \boldsymbol{x})$$

第 3 行的“小于或等于”($\leqslant$) 关系更简单：由于 $c^*\in\mathcal{Y}$, 因此 $P^2\left(c^* \mid \boldsymbol{x}\right) \leqslant \sum_{c\in\mathcal{Y}} P^2(c \mid \boldsymbol{x})$。也就是说，“小于或等于”($\leqslant$) 符号的左边只是右边的一部分, 所以它们肯定是小于或等于的关系。

第 4 行就是数学公式 $a^2-b^2=(a+b)(a-b)$。

第 5 行则是由于 $1+P\left(c^* \mid \boldsymbol{x}\right) \leqslant 2$, 注意概率值 $P\left(c^* \mid \boldsymbol{x}\right) \leqslant 1$。

经过以上推导, 本节最后得出一个惊人的结论：最近邻分类器虽简单, 但它的泛化错误率不超过贝叶斯最优分类器的错误率的两倍!

然而这是一个没有实际用途的结论, 因为这个结论必须满足两个假设条件, 且不说 $P(c \mid \boldsymbol{x})$ 是连续函数（第一个假设）是否满足, 单单“对任意 $\boldsymbol{x}$ 和任意小正数 δ, 在 $\boldsymbol{x}$ 附近 δ 距离范围内总能找到一个训练样本”(第二个假设) 就是不可能

满足的。这也就有了“西瓜书”10.2 节开头一段的讨论, 抛开“任意小正数 δ ”不谈, 具体到 $\delta=0.001$ 是不现实的。

10.4 低维嵌入

10.4.1 图 10.2 的解释

只要注意一点就行：在图 10.2(a) 所示的三维空间中，红色线是弯曲的，但在去掉高度这一维（竖着的坐标轴）后，红色线变成直线，而直线更容易学习。

10.4.2 式 (10.3) 的推导

已知 $\boldsymbol{Z}=\{\boldsymbol{z}_1,\boldsymbol{z}_2,\cdots,\boldsymbol{z}_i,\cdots,\boldsymbol{z}_m\}\in\mathbb{R}^{d'\times m}$, 其中 $\boldsymbol{z}_i=(z_{i1};z_{i2};\cdots;z_{id'})\in\mathbb{R}^{d'\times 1}$; 降维后的内积矩阵 $\boldsymbol{B}=\boldsymbol{Z}^{\mathrm{T}}\boldsymbol{Z}\in\mathbb{R}^{m\times m}$, b_{ij} 代表其中第 i 行第 j 列的元素, 特别地

$$b_{ii}=\boldsymbol{z}_i^{\mathrm{T}}\boldsymbol{z}_i=\|\boldsymbol{z}_i\|^2,b_{jj}=\boldsymbol{z}_j^{\mathrm{T}}\boldsymbol{z}_j=\|\boldsymbol{z}_j\|^2,b_{ij}=\boldsymbol{z}_i^{\mathrm{T}}\boldsymbol{z}_j$$

MDS 算法的目标是使 $\|\boldsymbol{z}_i-\boldsymbol{z}_j\|=\mathrm{dist}_{ij}=\|\boldsymbol{x}_i-\boldsymbol{x}_j\|$, 即保持样本的欧氏距离在 d' 维空间和原始 d 维空间中相同 $(d'\leqslant d)$。

$$\begin{aligned}
\mathrm{dist}_{ij}^2&=\|\boldsymbol{z}_i-\boldsymbol{z}_j\|^2=(z_{i1}-z_{j1})^2+(z_{i2}-z_{j2})^2+\cdots+(z_{id'}-z_{jd'})^2\\
&=\left(z_{i1}^2-2z_{i1}z_{j1}+z_{j1}^2\right)+\left(z_{i2}^2-2z_{i2}z_{j2}+z_{j2}^2\right)+\cdots+\left(z_{id'}^2-2z_{id'}z_{jd'}+z_{jd'}^2\right)\\
&=\left(z_{i1}^2+z_{i2}^2+\cdots+z_{id'}^2\right)+\left(z_{j1}^2+z_{j2}^2+\cdots+z_{jd'}^2\right)\\
&-2\left(z_{i1}z_{j1}+z_{i2}z_{j2}+\cdots+z_{id'}z_{jd'}\right)\\
&=\|\boldsymbol{z}_i\|^2+\|\boldsymbol{z}_j\|^2-2\boldsymbol{z}_i^{\mathrm{T}}\boldsymbol{z}_j\\
&=b_{ii}+b_{jj}-2b_{ij}
\end{aligned}$$

本章的矩阵运算非常多, 刚才是矩阵元素层面的推导; 实际可发现，上式的运算结果基本与标量运算规则相同, 因此我们后面尽可能不再从元素层面进行推导。具体来说：

$$\begin{aligned}
\mathrm{dist}_{ij}^2&=\|\boldsymbol{z}_i-\boldsymbol{z}_j\|^2=(\boldsymbol{z}_i-\boldsymbol{z}_j)^{\mathrm{T}}(\boldsymbol{z}_i-\boldsymbol{z}_j)\\
&=\boldsymbol{z}_i^{\mathrm{T}}\boldsymbol{z}_i-\boldsymbol{z}_i^{\mathrm{T}}\boldsymbol{z}_j-\boldsymbol{z}_j^{\mathrm{T}}\boldsymbol{z}_i+\boldsymbol{z}_j^{\mathrm{T}}\boldsymbol{z}_j
\end{aligned}$$

$$
\begin{aligned}
&= \boldsymbol{z}_i^{\mathrm{T}}\boldsymbol{z}_i + \boldsymbol{z}_j^{\mathrm{T}}\boldsymbol{z}_j - 2\boldsymbol{z}_i^{\mathrm{T}}\boldsymbol{z}_j \\
&= \|\boldsymbol{z}_i\|^2 + \|\boldsymbol{z}_j\|^2 - 2\boldsymbol{z}_i^{\mathrm{T}}\boldsymbol{z}_j \\
&= b_{ii} + b_{jj} - 2b_{ij}
\end{aligned}
$$

上式第三个等号是由于内积 $\boldsymbol{z}_i^{\mathrm{T}}\boldsymbol{z}_j$ 和 $\boldsymbol{z}_j^{\mathrm{T}}\boldsymbol{z}_i$ 均为标量, 因此转置完等于本身。

10.4.3 式 (10.4) 的推导

我们首先解释两个条件。

（1）令降维后的样本集合 $\boldsymbol{Z}$ 被中心化, 即 $\sum_{i=1}^{m}\boldsymbol{z}_i = \boldsymbol{0}$，注意 $\boldsymbol{Z} \in \mathbb{R}^{d' \times m}$, d' 是样本维度 (属性个数), m 是样本个数。易知 $\boldsymbol{Z}$ 的每一行有 m 个元素 (每行表示样本集的一维属性), $\boldsymbol{Z}$ 的每一列有 d' 个元素 (每列表示一个样本)。

$\sum_{i=1}^{m}\boldsymbol{z}_i = \boldsymbol{0}$ 中的 $\boldsymbol{z}_i$ 明显表示的是第 i 列, m 列相加便得到一个零向量 $\boldsymbol{0}_{d' \times 1}$, 意思是样本集合中所有样本的每一维属性之和均等于 0, 因此被中心化的意思是将样本集合 $\boldsymbol{Z}$ 中的每一行（属性）减去该行的均值。

（2）显然, 矩阵 $\boldsymbol{B}$ 的行与列之和均为 0, 即 $\sum_{i=1}^{m} b_{ij} = \sum_{j=1}^{m} b_{ij} = 0$。

注意 $b_{ij} = \boldsymbol{z}_i^{\mathrm{T}}\boldsymbol{z}_j$ (也可以写成 $b_{ij} = \boldsymbol{z}_j^{\mathrm{T}}\boldsymbol{z}_i$, 其实就是先将对应元素相乘, 再求和)。

$$
\begin{aligned}
\sum_{i=1}^{m} b_{ij} = \sum_{i=1}^{m} \boldsymbol{z}_j^{\mathrm{T}}\boldsymbol{z}_i = \boldsymbol{z}_j^{\mathrm{T}}\sum_{i=1}^{m}\boldsymbol{z}_i = \boldsymbol{z}_j^{\mathrm{T}} \cdot \boldsymbol{0}_{d' \times 1} = 0 \\
\sum_{j=1}^{m} b_{ij} = \sum_{j=1}^{m} \boldsymbol{z}_i^{\mathrm{T}}\boldsymbol{z}_j = \boldsymbol{z}_i^{\mathrm{T}}\sum_{j=1}^{m}\boldsymbol{z}_j = \boldsymbol{z}_i^{\mathrm{T}} \cdot \boldsymbol{0}_{d' \times 1} = 0
\end{aligned}
$$

接下来推导式 (10.4), 将式 (10.3) 的 dist_{ij}^2 表达式代入：

$$
\begin{aligned}
\sum_{i=1}^{m}\mathrm{dist}_{ij}^2 &= \sum_{i=1}^{m}\left(\|\boldsymbol{z}_i\|^2 + \|\boldsymbol{z}_j\|^2 - 2\boldsymbol{z}_i^{\mathrm{T}}\boldsymbol{z}_j\right) \\
&= \sum_{i=1}^{m}\|\boldsymbol{z}_i\|^2 + \sum_{i=1}^{m}\|\boldsymbol{z}_j\|^2 - 2\sum_{i=1}^{m}\boldsymbol{z}_i^{\mathrm{T}}\boldsymbol{z}_j
\end{aligned}
$$

根据定义：

$$
\sum_{i=1}^{m}\|\boldsymbol{z}_i\|^2 = \sum_{i=1}^{m}\boldsymbol{z}_i^{\mathrm{T}}\boldsymbol{z}_i = \sum_{i=1}^{m} b_{ii} = \mathrm{tr}(\boldsymbol{B})
$$

$$\sum_{i=1}^{m}\left\|\boldsymbol{z}_j\right\|^2=\left\|\boldsymbol{z}_j\right\|^2\sum_{i=1}^{m}1=m\left\|\boldsymbol{z}_j\right\|^2=m\boldsymbol{z}_j^{\mathrm{T}}\boldsymbol{z}_j=mb_{jj}$$

根据前面的结果：

$$\sum_{i=1}^{m}\boldsymbol{z}_i^{\mathrm{T}}\boldsymbol{z}_j=\left(\sum_{i=1}^{m}\boldsymbol{z}_i^{\mathrm{T}}\right)\boldsymbol{z}_j=\mathbf{0}_{1\times d'}\cdot\boldsymbol{z}_j=0$$

代入上式即得：

$$\begin{aligned}\sum_{i=1}^{m}\mathrm{dist}_{ij}^2&=\sum_{i=1}^{m}\left\|\boldsymbol{z}_i\right\|^2+\sum_{i=1}^{m}\left\|\boldsymbol{z}_j\right\|^2-2\sum_{i=1}^{m}\boldsymbol{z}_i^{\mathrm{T}}\boldsymbol{z}_j\\&=\mathrm{tr}(\boldsymbol{B})+mb_{jj}\end{aligned}$$

10.4.4 式 (10.5) 的推导

与式 (10.4) 的推导类似：

$$\begin{aligned}\sum_{j=1}^{m}\mathrm{dist}_{ij}^2&=\sum_{j=1}^{m}\left(\left\|\boldsymbol{z}_i\right\|^2+\left\|\boldsymbol{z}_j\right\|^2-2\boldsymbol{z}_i^{\mathrm{T}}\boldsymbol{z}_j\right)\\&=\sum_{j=1}^{m}\left\|\boldsymbol{z}_i\right\|^2+\sum_{j=1}^{m}\left\|\boldsymbol{z}_j\right\|^2-2\sum_{j=1}^{m}\boldsymbol{z}_i^{\mathrm{T}}\boldsymbol{z}_j\\&=mb_{ii}+\mathrm{tr}(\boldsymbol{B})\end{aligned}$$

10.4.5 式 (10.6) 的推导

$$\begin{aligned}\sum_{i=1}^{m}\sum_{j=1}^{m}\mathrm{dist}_{ij}^2&=\sum_{i=1}^{m}\sum_{j=1}^{m}\left(\left\|z_i\right\|^2+\left\|\boldsymbol{z}_j\right\|^2-2\boldsymbol{z}_i^{\mathrm{T}}\boldsymbol{z}_j\right)\\&=\sum_{i=1}^{m}\sum_{j=1}^{m}\left\|\boldsymbol{z}_i\right\|^2+\sum_{i=1}^{m}\sum_{j=1}^{m}\left\|\boldsymbol{z}_j\right\|^2-2\sum_{i=1}^{m}\sum_{j=1}^{m}\boldsymbol{z}_i^{\mathrm{T}}\boldsymbol{z}_j\end{aligned}$$

其中各子项的推导如下：

$$\sum_{i=1}^{m}\sum_{j=1}^{m}\left\|\boldsymbol{z}_i\right\|^2=m\sum_{i=1}^{m}\left\|\boldsymbol{z}_i\right\|^2=m\,\mathrm{tr}(\boldsymbol{B})$$

$$\sum_{i=1}^{m}\sum_{j=1}^{m}\left\|\boldsymbol{z}_j\right\|^2=m\sum_{j=1}^{m}\left\|\boldsymbol{z}_j\right\|^2=m\,\mathrm{tr}(\boldsymbol{B})$$

$$\sum_{i=1}^{m}\sum_{j=1}^{m}\boldsymbol{z}_i^{\mathrm{T}}\boldsymbol{z}_j=0$$

上面的最后一个式子来自“西瓜书”中的假设：假设降维后的样本集合 $\boldsymbol{Z}$ 被中心化。

10.4.6 式 (10.10) 的推导

由式 (10.3) 可得

$$b_{ij}=-\frac{1}{2}(\mathrm{dist}_{ij}^2-b_{ii}-b_{jj})$$

由式 (10.6) 和式 (10.9) 可得

$$\begin{aligned}tr(\boldsymbol{B})&=\frac{1}{2m}\sum_{i=1}^{m}\sum_{j=1}^{m}\mathrm{dist}_{ij}^2\\&=\frac{m}{2}\mathrm{dist}_{\cdot\cdot}^2\end{aligned}$$

由式 (10.4) 和式 (10.8) 可得

$$\begin{aligned}b_{jj}&=\frac{1}{m}\sum_{i=1}^{m}\mathrm{dist}_{ij}^2-\frac{1}{m}\mathrm{tr}(\boldsymbol{B})\\&=\mathrm{dist}_{\cdot j}^2-\frac{1}{2}\mathrm{dist}_{\cdot\cdot}^2\end{aligned}$$

由式 (10.5) 和式 (10.7) 可得

$$\begin{aligned}b_{ii}&=\frac{1}{m}\sum_{j=1}^{m}\mathrm{dist}_{ij}^2-\frac{1}{m}\mathrm{tr}(\boldsymbol{B})\\&=\mathrm{dist}_{i\cdot}^2-\frac{1}{2}\mathrm{dist}_{\cdot\cdot}^2\end{aligned}$$

综合可得

$$\begin{aligned}b_{ij}&=-\frac{1}{2}(\mathrm{dist}_{ij}^2-b_{ii}-b_{jj})\\&=-\frac{1}{2}\left(\mathrm{dist}_{ij}^2-\mathrm{dist}_{i\cdot}^2+\frac{1}{2}\mathrm{dist}_{\cdot\cdot}^2-\mathrm{dist}_{\cdot j}^2+\frac{1}{2}\mathrm{dist}_{\cdot\cdot}^2\right)\\&=-\frac{1}{2}(\mathrm{dist}_{ij}^2-\mathrm{dist}_{i\cdot}^2-\mathrm{dist}_{\cdot j}^2+\mathrm{dist}_{\cdot\cdot}^2)\end{aligned}$$

在“西瓜书”中，式 (10.10) 的后面紧跟着一句话：“由此即可通过降维前后保持不变的距离矩阵 $\boldsymbol{D}$ 求取内积矩阵 $\boldsymbol{B}$”。下面我们解释一下这句话。

我们首先解释式 (10.10) 等号右侧的变量的含义：$\operatorname{dist}_{ij}=\|\boldsymbol{z}_i-\boldsymbol{z}_j\|$ 表示降维后 $\boldsymbol{z}_i$ 与 $\boldsymbol{z}_j$ 的欧氏距离, 注意这同时也应该是原始空间 $\boldsymbol{x}_i$ 与 $\boldsymbol{x}_j$ 的距离, 因为降维的目标（即约束条件）是“任意两个样本在 d' 维空间中的欧氏距离等于它们在原始 d 维空间中的距离”。其次, 式 (10.10) 等号左侧的 b_{ij} 是降维后内积矩阵 $\boldsymbol{B}$ 的元素, b_{ij} 可以用距离矩阵 $\boldsymbol{D}$ 来表达求取。

10.4.7 式 (10.11) 的解释

由题设可知，d^* 为 $\boldsymbol{V}$ 的非零特征值，因此 $\boldsymbol{B}=\boldsymbol{V}\boldsymbol{\Lambda}\boldsymbol{V}^{\mathrm{T}}$ 可以写成 $\boldsymbol{B}=\boldsymbol{V}_*\boldsymbol{\Lambda}_*\boldsymbol{V}_*^{\mathrm{T}}$，其中 $\boldsymbol{\Lambda}_*\in\mathbb{R}^{d\times d}$ 是由 d 个非零特征值构成的特征值对角矩阵，而 $\boldsymbol{V}_*\in\mathbb{R}^{m\times d}$ 为 $\boldsymbol{\Lambda}_*\in\mathbb{R}^{d\times d}$ 对应的特征值向量矩阵，因此有

$$\boldsymbol{B}=\left(\boldsymbol{V}_*\boldsymbol{\Lambda}_*^{1/2}\right)\left(\boldsymbol{\Lambda}_*^{1/2}\boldsymbol{V}_*^{\mathrm{T}}\right)$$

故而 $\boldsymbol{Z}=\boldsymbol{\Lambda}_*^{1/2}\boldsymbol{V}_*^{\mathrm{T}}\in\mathbb{R}^{d\times m}$。

10.4.8 图 10.3 关于 MDS 算法的解释

首先要清楚此处的降维算法所要完成的任务：获得 d 维空间的样本集合 $\boldsymbol{X}\in\mathbb{R}^{d\times m}$ 在 d' 维空间的表示 $\boldsymbol{Z}\in\mathbb{R}^{d'\times m}$, 并且保证距离矩阵 $\boldsymbol{D}\in\mathbb{R}^{m\times m}$ 相同, 其中 $d'<d, m$ 为样本个数, 距离矩阵即样本之间的欧氏距离。那么，怎么由 $\boldsymbol{X}\in\mathbb{R}^{d\times m}$ 得到 $\boldsymbol{Z}\in\mathbb{R}^{d'\times m}$ 呢?

经过推导发现 [见式 (10.3) ~ 式 (10.10)], 在保证距离矩阵 $\boldsymbol{D}\in\mathbb{R}^{m\times m}$ 相同的前提下, d' 维空间的样本集合 $\boldsymbol{Z}\in\mathbb{R}^{d'\times m}$ 的内积矩阵 $\boldsymbol{B}=\boldsymbol{Z}^{\mathrm{T}}\boldsymbol{Z}\in\mathbb{R}^{m\times m}$ 可以由距离矩阵 $\boldsymbol{D}\in\mathbb{R}^{m\times m}$ 得到 [参见式 (10.10)], 此时只要对 $\boldsymbol{B}$ 进行矩阵分解即可得到 $\boldsymbol{Z}$。具体来说, 对 $\boldsymbol{B}$ 进行特征值分解可得 $\boldsymbol{B}=\boldsymbol{V}\boldsymbol{\Lambda}\boldsymbol{V}^{\mathrm{T}}$, 其中 $\boldsymbol{V}\in\mathbb{R}^{m\times m}$ 为特征值向量矩阵, $\boldsymbol{\Lambda}\in\mathbb{R}^{m\times m}$ 为特征值构成的对角矩阵。

（1）当 $d>m$ 时, 即样本属性比样本个数还要多。此时, 样本集合 $\boldsymbol{X}\in\mathbb{R}^{d\times m}$ 的 d 维属性一定是线性相关的, 因为矩阵 $\boldsymbol{X}$ 的秩不会大于 m (此处假设矩阵 $\boldsymbol{X}$ 的秩恰好等于 m), 因此 $\boldsymbol{\Lambda}\in\mathbb{R}^{m\times m}$ 的主对角线上有 m 个非零值, 进而 $\boldsymbol{B}=\left(\boldsymbol{V}\boldsymbol{\Lambda}^{1/2}\right)\left(\boldsymbol{\Lambda}^{1/2}\boldsymbol{V}^{\mathrm{T}}\right)$, 得到的 $\boldsymbol{Z}=\boldsymbol{\Lambda}^{1/2}\boldsymbol{V}^{\mathrm{T}}\in\mathbb{R}^{d'\times m}$ 实际将 d 维属性降成了 $d'=m$ 维属性。

（2）当 $d<m$ 时, 即样本个数比样本属性多，这是现实中最为常见的一种情况。此时，$\boldsymbol{\Lambda}\in\mathbb{R}^{m\times m}$ 至多有 d 个非零值（此处假设恰有 d 个非零值), 因此 $\boldsymbol{B}=\boldsymbol{V}\boldsymbol{\Lambda}\boldsymbol{V}^{\mathrm{T}}$ 可以写成 $\boldsymbol{B}=\boldsymbol{V}_*\boldsymbol{\Lambda}_*\boldsymbol{V}_*^{\mathrm{T}}$。其中 $\boldsymbol{\Lambda}_*\in\mathbb{R}^{d\times d}$ 是由 d 个非零特征值构成的特征值对角矩阵, $\boldsymbol{V}_*\in\mathbb{R}^{m\times d}$ 为 $\boldsymbol{\Lambda}_*\in\mathbb{R}^{d\times d}$ 相应的特征值向量矩阵, 进而 $\boldsymbol{B}=\left(\boldsymbol{V}_*\boldsymbol{\Lambda}_*^{1/2}\right)\left(\boldsymbol{\Lambda}_*^{1/2}\boldsymbol{V}_*^{\mathrm{T}}\right)$, 求得 $\boldsymbol{Z}=\boldsymbol{\Lambda}_*^{1/2}\boldsymbol{V}_*^{\mathrm{T}}\in\mathbb{R}^{d\times m}$。此时属性没有冗杂, 因此按降维的规则（降维后距离矩阵不变）并不能实现有效降维。

由以上分析可以看出, 降维后的维度 d' 实际为 $\boldsymbol{B}$ 特征值分解后非零特征值的个数。

10.5 主成分分析

注意,“西瓜书”的作者在数次印刷中对本节符号进行了修订，详见勘误信息，直接搜索页码即可。此处仅按个人推导需求定义符号，可能与不同印次“西瓜书”中的符号不一致。

10.5.1 式 (10.14) 的推导

在一个坐标系中, 任意向量都等于其在各个坐标轴的坐标值乘以相应坐标轴单位向量之和。例如, 在二维直角坐标系中, x 轴和 y 轴的单位向量分别为 $\boldsymbol{v}_1=(1;0)$ 和 $\boldsymbol{v}_2=(0;1)$, 向量 $\boldsymbol{r}=(2;3)$ 可以表示为 $\boldsymbol{r}=2\boldsymbol{v}_1+3\boldsymbol{v}_2$。其实，$\boldsymbol{v}_1=(1;0)$ 和 $\boldsymbol{v}_2=(0;1)$ 只是二维平面的一组标准正交基, 但二维平面实际有无数标准正交基, 如 $\boldsymbol{v}_1'=\left(\frac{1}{\sqrt{2}};\frac{1}{\sqrt{2}}\right)$ 和 $\boldsymbol{v}_2'=\left(-\frac{1}{\sqrt{2}};\frac{1}{\sqrt{2}}\right)$, 此时向量 $\boldsymbol{r}=\frac{5}{\sqrt{2}}\boldsymbol{v}_1'+\frac{1}{\sqrt{2}}\boldsymbol{v}_2'$, 其中 $\frac{5}{\sqrt{2}}=(\boldsymbol{v}_1')^{\mathrm{T}}\boldsymbol{r}, \frac{1}{\sqrt{2}}=(\boldsymbol{v}_2')^{\mathrm{T}}\boldsymbol{r}$, 它们是新坐标系中的坐标。

下面开始推导。对于 d 维空间 $\mathbb{R}^{d\times 1}$ 来说, 传统的坐标系为 $\{\boldsymbol{v}_1,\boldsymbol{v}_2,\cdots,\boldsymbol{v}_k,\cdots,\boldsymbol{v}_d\}$, 其中 $\boldsymbol{v}_k$ 为除第 k 个元素为 1 外，其余元素均为 0 的 d 维列向量; 此时对于样本点 $\boldsymbol{x}_i=(x_{i1};x_{i2};\cdots;x_{id})\in\mathbb{R}^{d\times 1}$ 来说，亦可表示为 $\boldsymbol{x}_i=x_{i1}\boldsymbol{v}_1+x_{i2}\boldsymbol{v}_2+\cdots+x_{id}\boldsymbol{v}_d$。

假定投影变换后得到的新坐标系为 $\{\boldsymbol{w}_1,\boldsymbol{w}_2,\cdots,\boldsymbol{w}_k,\cdots,\boldsymbol{w}_d\}$（即一组新的标准正交基), 则 $\boldsymbol{x}_i$ 在新坐标系中的坐标为 $\left(\boldsymbol{w}_1^{\mathrm{T}}\boldsymbol{x}_i;\boldsymbol{w}_2^{\mathrm{T}}\boldsymbol{x}_i;\cdots;\boldsymbol{w}_d^{\mathrm{T}}\boldsymbol{x}_i\right)$。若丢弃新坐标系中的部分坐标, 也就是将维度降低到 $d'<d$ (为了不失一般性, 假设丢掉的是后 $d-d'$ 维坐标), 并令

$$\boldsymbol{W}=(\boldsymbol{w}_1,\boldsymbol{w}_2,\cdots,\boldsymbol{w}_{d'})\in\mathbb{R}^{d\times d'}$$

则 $\boldsymbol{x}_i$ 在低维坐标系中的投影为

$$\begin{aligned}\boldsymbol{z}_i &= (z_{i1}; z_{i2}; \cdots; z_{id'}) = \left(\boldsymbol{w}_1^{\mathrm{T}}\boldsymbol{x}_i; \boldsymbol{w}_2^{\mathrm{T}}\boldsymbol{x}_i; \cdots; \boldsymbol{w}_{d'}^{\mathrm{T}}\boldsymbol{x}_i\right) \\ &= \mathbf{W}^{\mathrm{T}}\boldsymbol{x}_i\end{aligned}$$

若基于 $\boldsymbol{z}_i$ 重构 $\boldsymbol{x}_i$, 则会得到 $\hat{\boldsymbol{x}}_i = \sum_{j=1}^{d'} z_{ij}\boldsymbol{w}_j = \mathbf{W}\boldsymbol{z}_i$ (见“西瓜书”第 230 页的第 11 行)。

有了以上符号基础, 接下来将式 (10.14) 化简成式 (10.15) 的目标函数形式 (可逐一核对各项维数以验证推导是否有误):

$$\begin{aligned}\sum_{i=1}^{m}\left\|\sum_{j=1}^{d'} z_{ij}\boldsymbol{w}_j - \boldsymbol{x}_i\right\|_2^2 &= \sum_{i=1}^{m}\left\|\mathbf{W}\boldsymbol{z}_i - \boldsymbol{x}_i\right\|_2^2 & ① \\ &= \sum_{i=1}^{m}\left\|\mathbf{W}\mathbf{W}^{\mathrm{T}}\boldsymbol{x}_i - \boldsymbol{x}_i\right\|_2^2 & ② \\ &= \sum_{i=1}^{m}\left(\mathbf{W}\mathbf{W}^{\mathrm{T}}\boldsymbol{x}_i - \boldsymbol{x}_i\right)^{\mathrm{T}}\left(\mathbf{W}\mathbf{W}^{\mathrm{T}}\boldsymbol{x}_i - \boldsymbol{x}_i\right) & ③ \\ &= \sum_{i=1}^{m}\left(\boldsymbol{x}_i^{\mathrm{T}}\mathbf{W}\mathbf{W}^{\mathrm{T}}\mathbf{W}\mathbf{W}^{\mathrm{T}}\boldsymbol{x}_i - 2\boldsymbol{x}_i^{\mathrm{T}}\mathbf{W}\mathbf{W}^{\mathrm{T}}\boldsymbol{x}_i + \boldsymbol{x}_i^{\mathrm{T}}\boldsymbol{x}_i\right) & ④ \\ &= \sum_{i=1}^{m}\left(\boldsymbol{x}_i^{\mathrm{T}}\mathbf{W}\mathbf{W}^{\mathrm{T}}\boldsymbol{x}_i - 2\boldsymbol{x}_i^{\mathrm{T}}\mathbf{W}\mathbf{W}^{\mathrm{T}}\boldsymbol{x}_i + \boldsymbol{x}_i^{\mathrm{T}}\boldsymbol{x}_i\right) & ⑤ \\ &= \sum_{i=1}^{m}\left(-\boldsymbol{x}_i^{\mathrm{T}}\mathbf{W}\mathbf{W}^{\mathrm{T}}\mathbf{x}_i + \boldsymbol{x}_i^{\mathrm{T}}\boldsymbol{x}_i\right) & ⑥ \\ &= \sum_{i=1}^{m}\left(-\left(\mathbf{W}^{\mathrm{T}}\boldsymbol{x}_i\right)^{\mathrm{T}}\left(\mathbf{W}^{\mathrm{T}}\boldsymbol{x}_i\right) + \boldsymbol{x}_i^{\mathrm{T}}\boldsymbol{x}_i\right) & ⑦ \\ &= \sum_{i=1}^{m}\left(-\left\|\mathbf{W}^{\mathrm{T}}\boldsymbol{x}_i\right\|_2^2 + \boldsymbol{x}_i^{\mathrm{T}}\boldsymbol{x}_i\right) & ⑧ \\ &\propto -\sum_{i=1}^{m}\left\|\mathbf{W}^{\mathrm{T}}\boldsymbol{x}_i\right\|_2^2 & ⑨\end{aligned}$$

③ → ④ 是由于 $\left(\mathbf{W}\mathbf{W}^{\mathrm{T}}\right)^{\mathrm{T}} = \left(\mathbf{W}^{\mathrm{T}}\right)^{\mathrm{T}}(\mathbf{W})^{\mathrm{T}} = \mathbf{W}\mathbf{W}^{\mathrm{T}}$, 因此 $\left(\mathbf{W}\mathbf{W}^{\mathrm{T}}\boldsymbol{x}_i\right)^{\mathrm{T}} = \boldsymbol{x}_i^{\mathrm{T}}\left(\mathbf{W}\mathbf{W}^{\mathrm{T}}\right)^{\mathrm{T}} = \boldsymbol{x}_i^{\mathrm{T}}\mathbf{W}\mathbf{W}^{\mathrm{T}}$，代入即得 ④。

④ → ⑤ 是由于 $\boldsymbol{w}_i^{\mathrm{T}}\boldsymbol{w}_j = 0(i \neq j), \|\boldsymbol{w}_i\| = 1$, 因此 $\mathbf{W}^{\mathrm{T}}\mathbf{W} = \mathbf{I} \in \mathbb{R}^{d'\times d'}$, 代入即得 ⑤。由于最终目标是寻找 $\mathbf{W}$ 以使目标函数 [见式 (10.14)] 最小, 而 $\boldsymbol{x}_i^{\mathrm{T}}\boldsymbol{x}_i$

与 $\boldsymbol{W}$ 无关, 因此在优化时可以去掉。令 $\boldsymbol{X}=(\boldsymbol{x}_1,\boldsymbol{x}_2,\cdots,\boldsymbol{x}_m)\in\mathbb{R}^{d\times m}$, 即每列为一个样本, 则式 (10.14) 可继续化简为 (参见 10.2 节)

$$
\begin{aligned}
-\sum_{i=1}^{m}\left\|\boldsymbol{W}^{\mathrm{T}}\boldsymbol{x}_i\right\|_2^2 &= -\left\|\boldsymbol{W}^{\mathrm{T}}\boldsymbol{X}\right\|_F^2 \\
&= -\operatorname{tr}\left(\left(\boldsymbol{W}^{\mathrm{T}}\boldsymbol{X}\right)\left(\boldsymbol{W}^{\mathrm{T}}\boldsymbol{X}\right)^{\mathrm{T}}\right) \\
&= -\operatorname{tr}\left(\boldsymbol{W}^{\mathrm{T}}\boldsymbol{X}\boldsymbol{X}^{\mathrm{T}}\boldsymbol{W}\right)
\end{aligned}
$$

其中 $\boldsymbol{W}^{\mathrm{T}}\boldsymbol{x}_i=\boldsymbol{z}_i$, 这里仅仅是为了得到式 (10.15) 的目标函数形式才最终保留 $\boldsymbol{W}$ 和 $\boldsymbol{x}_i$ 的。若令 $\boldsymbol{Z}=(\boldsymbol{z}_1,\boldsymbol{z}_2,\cdots,\boldsymbol{z}_m)\in\mathbb{R}^{d'\times m}$ 为低维坐标系中的样本集合, 则 $\boldsymbol{Z}=\boldsymbol{W}^{\mathrm{T}}\boldsymbol{X}$, 即 $\boldsymbol{z}_i$ 为矩阵 $\boldsymbol{Z}$ 的第 i 列; 而 $\sum_{i=1}^{m}\left\|\boldsymbol{W}^{\mathrm{T}}\boldsymbol{x}_i\right\|_2^2=\sum_{i=1}^{m}\|\boldsymbol{z}_i\|_2^2$ 表示 $\boldsymbol{Z}$ 中所有列向量 2 范数的平方, 也就是 $\boldsymbol{Z}$ 中所有元素的平方和, 即 $\|\boldsymbol{Z}\|_F^2$, 此为第一个等号的由来; 而根据 10.2 节中的第 3 个结论, 即对于矩阵 $\boldsymbol{Z}$ 有 $\|\boldsymbol{Z}\|_F^2=\operatorname{tr}\left(\boldsymbol{Z}^{\mathrm{T}}\boldsymbol{Z}\right)=\operatorname{tr}\left(\boldsymbol{Z}\boldsymbol{Z}^{\mathrm{T}}\right)$, 其中 $\operatorname{tr}(\cdot)$ 表示求矩阵的迹, 即对角线元素之和, 此为第二个等号的由来; 至于第三个等号，将转置化简即得。

到此即得式 (10.15) 的目标函数形式, 约束条件 $\boldsymbol{W}^{\mathrm{T}}\boldsymbol{W}=\boldsymbol{I}$ 已在推导中说明。

式 (10.15) 的目标函数形式与式 (10.14) 最后的结果略有差异, 接下来推导 $\sum_{i=1}^{m}\boldsymbol{x}_i\boldsymbol{x}_i^{\mathrm{T}}=\boldsymbol{X}\boldsymbol{X}^{\mathrm{T}}$ 以弥补这个差异（这个结论可以记下来)。

先化简 $\sum_{i=1}^{m}\boldsymbol{x}_i\boldsymbol{x}_i^{\mathrm{T}}$:

$$
\boldsymbol{x}_i\boldsymbol{x}_i^{\mathrm{T}}=\begin{bmatrix} x_{i1} \\ x_{i2} \\ \vdots \\ x_{id} \end{bmatrix}\begin{bmatrix} x_{i1} & x_{i2} & \cdots & x_{id} \end{bmatrix}=\begin{bmatrix} x_{i1}x_{i1} & x_{i1}x_{i2} & \cdots & x_{i1}x_{id} \\ x_{i2}x_{i1} & x_{i2}x_{i2} & \cdots & x_{i2}x_{id} \\ \vdots & \vdots & \ddots & \vdots \\ x_{id}x_{i1} & x_{id}x_{i2} & \cdots & x_{id}x_{id} \end{bmatrix}_{d\times d}
$$

整体代入求和符号 $\sum_{i=1}^{m}\boldsymbol{x}_i\boldsymbol{x}_i^{\mathrm{T}}$, 得到

$$
\sum_{i=1}^{m}\boldsymbol{x}_i\boldsymbol{x}_i^{\mathrm{T}}=\sum_{i=1}^{m}\begin{bmatrix} x_{i1}x_{i1} & x_{i1}x_{i2} & \cdots & x_{i1}x_{id} \\ x_{i2}x_{i1} & x_{i2}x_{i2} & \cdots & x_{i2}x_{id} \\ \vdots & \vdots & \ddots & \vdots \\ x_{id}x_{i1} & x_{id}x_{i2} & \cdots & x_{id}x_{id} \end{bmatrix}_{d\times d}
$$

$$
= \begin{bmatrix} \sum_{i=1}^{m} x_{i1}x_{i1} & \sum_{i=1}^{m} x_{i1}x_{i2} & \cdots & \sum_{i=1}^{m} x_{i1}x_{id} \\ \sum_{i=1}^{m} x_{i2}x_{i1} & \sum_{i=1}^{m} x_{i2}x_{i2} & \cdots & \sum_{i=1}^{m} x_{i2}x_{id} \\ \vdots & \vdots & \ddots & \vdots \\ \sum_{i=1}^{m} x_{id}x_{i1} & \sum_{i=1}^{m} x_{id}x_{i2} & \cdots & \sum_{i=1}^{m} x_{id}x_{id} \end{bmatrix}_{d\times d}
$$

再化简 $\boldsymbol{X}\boldsymbol{X}^{\mathrm{T}} \in \mathbb{R}^{d\times d}$，得到

$$
\boldsymbol{X}\boldsymbol{X}^{\mathrm{T}} = \begin{bmatrix} \boldsymbol{x}_1 & \boldsymbol{x}_2 & \cdots & \boldsymbol{x}_d \end{bmatrix} \begin{bmatrix} \boldsymbol{x}_1^{\mathrm{T}} \\ \boldsymbol{x}_2^{\mathrm{T}} \\ \vdots \\ \boldsymbol{x}_d^{\mathrm{T}} \end{bmatrix}
$$

将列向量 $\boldsymbol{x}_i = (x_{i1}; x_{i2}; \cdots; x_{id}) \in \mathbb{R}^{d\times 1}$ 代入，得到

$$
\boldsymbol{X}\boldsymbol{X}^{\mathrm{T}} = \begin{bmatrix} x_{11} & x_{21} & \cdots & x_{m1} \\ x_{12} & x_{22} & \cdots & x_{m2} \\ \vdots & \vdots & \ddots & \vdots \\ x_{1d} & x_{2d} & \cdots & x_{md} \end{bmatrix}_{d\times m} \cdot \begin{bmatrix} x_{11} & x_{12} & \cdots & x_{1d} \\ x_{21} & x_{22} & \cdots & x_{2d} \\ \vdots & \vdots & \ddots & \vdots \\ x_{m1} & x_{m2} & \cdots & x_{md} \end{bmatrix}_{m\times d}
$$

$$
= \begin{bmatrix} \sum_{i=1}^{m} x_{i1}x_{i1} & \sum_{i=1}^{m} x_{i1}x_{i2} & \cdots & \sum_{i=1}^{m} x_{i1}x_{id} \\ \sum_{i=1}^{m} x_{i2}x_{i1} & \sum_{i=1}^{m} x_{i2}x_{i2} & \cdots & \sum_{i=1}^{m} x_{i2}x_{id} \\ \vdots & \vdots & \ddots & \vdots \\ \sum_{i=1}^{m} x_{id}x_{i1} & \sum_{i=1}^{m} x_{id}x_{i2} & \cdots & \sum_{i=1}^{m} x_{id}x_{id} \end{bmatrix}_{d\times d}
$$

综合 $\sum_{i=1}^{m} \boldsymbol{x}_i\boldsymbol{x}_i^{\mathrm{T}}$ 和 $\boldsymbol{X}\boldsymbol{X}^{\mathrm{T}}$ 的化简结果, 得到 $\sum_{i=1}^{m} \boldsymbol{x}_i\boldsymbol{x}_i^{\mathrm{T}} = \boldsymbol{X}\boldsymbol{X}^{\mathrm{T}}$ (协方差矩阵)。根据刚刚推导得到的结论, 式 (10.14) 最后的结果即可化为式 (10.15) 的目标函数形式。

$$
\mathrm{tr}\left(\boldsymbol{W}^{\mathrm{T}}\left(\sum_{i=1}^{m}\boldsymbol{x}_i\boldsymbol{x}_i^{\mathrm{T}}\right)\boldsymbol{W}\right) = \mathrm{tr}\left(\boldsymbol{W}^{\mathrm{T}}\boldsymbol{X}\boldsymbol{X}^{\mathrm{T}}\boldsymbol{W}\right)
$$

式 (10.15) 描述的优化问题的求解详见式 (10.17) 最后的解释。

10.5.2 式 (10.16) 的解释

我们首先解释什么是方差。对于包含 n 个样本的一组数据 $X=\{x_1,x_2,\cdots,x_n\}$ 来说, 均值 M 为

$$M=\frac{x_1+x_2+\cdots+x_n}{n}=\sum_{i=1}^{n}x_i$$

方差 σ^2 为

$$\begin{aligned}\sigma^2&=\frac{(x_1-M)^2+(x_2-M)^2+\cdots+(x_n-M)^2}{n}\\&=\frac{1}{n}\sum_{i=1}^{n}(x_i-M)^2\end{aligned}$$

方差衡量了该组数据偏离均值的程度，样本越分散, 方差越大。

接下来我们解释什么是协方差。若还有包含 n 个样本的另一组数据 $X'=\{x_1',x_2',\cdots,x_n'\}$, 均值为 M', 则下式被称为两组数据的协方差。

$$\begin{aligned}\sigma_{XX'}^2&=\frac{(x_1-M)(x_1'-M')+(x_2-M)(x_2'-M')+\cdots+(x_n-M)(x_n'-M')}{n}\\&=\frac{1}{n}\sum_{i=1}^{n}(x_i-M)(x_i'-M')\end{aligned}$$

$\sigma_{XX'}^2$ 能说明第一组数据 $x_1,x_2,\cdots,x_n$ 和第二组数据 $x_1',x_2',\cdots,x_n'$ 的变化情况。具体来说, 如果两组数据总是同时大于或小于自己的均值, 则 $(x_i-M)(x_i'-M')>0$, 此时 $\sigma_{XX'}^2>0$; 如果两组数据总是其中一组大于 (或小于) 自己的均值，而另一组小于 (或大于) 自己的均值, 则 $(x_i-M)(x_i'-M')<0$, 此时 $\sigma_{XX'}^2<0$; 如果两组数据与自己的均值的大小关系无规律, 则 $(x_i-M)(x_i'-M')$ 的正负号随机变化, 此时 $\sigma_{XX'}^2$ 趋近于 0。从直观上讲, 协方差表示的是两个变量总体误差的期望。如果两个变量的变化趋势一致, 也就是说，如果其中一个大于自身的期望值，并且另一个也大于自身的期望值, 那么这两个变量之间的协方差就是正值; 如果两个变量的变化趋势相反, 即其中一个变量大于自身的期望值，另一个却小于自身的期望值, 那么这两个变量之间的协方差就是负值。如果两个变量是统计独立的, 那么二者之间的协方差就是 0, 但是反过来并不成立。协方差为 0 的两个随机变量被称为是不相关的。

最后我们解释一下什么是协方差矩阵。对于如下矩阵：

$$\boldsymbol{X}=(\boldsymbol{x}_1,\boldsymbol{x}_2,\cdots,\boldsymbol{x}_m)=\begin{bmatrix} x_{11} & x_{21} & \cdots & x_{m1} \\ x_{12} & x_{22} & \cdots & x_{m2} \\ \vdots & \vdots & \ddots & \vdots \\ x_{1d} & x_{2d} & \cdots & x_{md} \end{bmatrix}_{d\times m}$$

其中的每一行表示一维特征, 每一列表示数据集的一个样本; 而本节已假定对数据样本进行了中心化, 即 $\sum_{i=1}^m x_i=0\in\mathbb{R}^{d\times 1}$ (中心化过程可通过 $\boldsymbol{X}\left(\boldsymbol{I}-\frac{1}{m}\mathbf{1}\mathbf{1}^{\mathrm{T}}\right)$ 来实现, 其中 $\boldsymbol{I}\in\mathbb{R}^{m\times m}$ 为单位阵, $\mathbf{1}\in\mathbb{R}^{m\times 1}$ 为全 1 列向量, 参见习题 10.3)。因此，上述矩阵每一行的平均值等于 0 (其实就是分别对所有 $\boldsymbol{x}_i$ 的每一维坐标进行中心化, 而不是分别对单个样本 $\boldsymbol{x}_i$ 进行中心化)。对于包含 d 个特征的特征空间（又称 d 维特征空间）来说, 每一维特征可以看成一个随机变量, 而 $\boldsymbol{X}$ 中包含 m 个样本, 也就是说，每个随机变量有 m 个数据。根据前面 $\frac{1}{m}\boldsymbol{X}\boldsymbol{X}^{\mathrm{T}}$ 的矩阵表达形式:

$$\frac{1}{m}\boldsymbol{X}\boldsymbol{X}^{\mathrm{T}}=\frac{1}{m}\begin{bmatrix} \sum\limits_{i=1}^m x_{i1}x_{i1} & \sum\limits_{i=1}^m x_{i1}x_{i2} & \cdots & \sum\limits_{i=1}^m x_{i1}x_{id} \\ \sum\limits_{i=1}^m x_{i2}x_{i1} & \sum\limits_{i=1}^m x_{i2}x_{i2} & \cdots & \sum\limits_{i=1}^m x_{i2}x_{id} \\ \vdots & \vdots & \ddots & \vdots \\ \sum\limits_{i=1}^m x_{id}x_{i1} & \sum\limits_{i=1}^m x_{id}x_{i2} & \cdots & \sum\limits_{i=1}^m x_{id}x_{id} \end{bmatrix}_{d\times d}$$

$\frac{1}{m}\boldsymbol{X}\boldsymbol{X}^{\mathrm{T}}$ 中第 i 行第 j 列的元素表示 $\boldsymbol{X}$ 中第 i 行与 $\boldsymbol{X}^{\mathrm{T}}$ 中第 j 列（即 $\boldsymbol{X}$ 中的第 j 行）的方差 $(i=j)$ 或协方差 $(i\neq j)$。注意：协方差矩阵的对角线元素为各行的方差。

接下来正式解释式 (10.16)。对于 $\boldsymbol{X}=(\boldsymbol{x}_1,\boldsymbol{x}_2,\cdots,\boldsymbol{x}_m)\in\mathbb{R}^{d\times m}$, 将其投影为 $\boldsymbol{Z}=(\boldsymbol{z}_1,\boldsymbol{z}_2,\cdots,\boldsymbol{z}_m)\in\mathbb{R}^{d'\times m}$。从最大可分性出发, 我们希望在新空间的每一维坐标轴上，样本都尽可能分散 (即每维特征尽可能分散, 也就是使 $\boldsymbol{Z}$ 的各行方差最大; 参见图 10.4, 原始空间只有两维, 现考虑降至一维, 我们希望在新坐标系下样本尽可能分散, 图 10.4 给出了一种映射后的坐标系, 显然橘红色坐标方向样本更分散, 方差更大), 即寻找 $\boldsymbol{W}\in\mathbb{R}^{d\times d'}$，使协方差矩阵 $\frac{1}{m}\boldsymbol{Z}\boldsymbol{Z}^{\mathrm{T}}$ 对角线元素之和 (矩阵的迹）最大（也就是使 $\boldsymbol{Z}$ 的各行方差之和最大)。由于 $\boldsymbol{Z}=\boldsymbol{W}^{\mathrm{T}}\boldsymbol{X}$, 而常

系数 $\frac{1}{m}$ 在最大化时并不发生影响, 矩阵对角线元素之和即为矩阵的迹, 综上即得式 (10.16)。

另外, 中心化后，$\boldsymbol{X}$ 的各行均值为 0, 而变换后，$\boldsymbol{Z}=\boldsymbol{W}^{\mathrm{T}}\boldsymbol{X}$ 的各行均值仍为 0, 这是因为 $\boldsymbol{Z}$ 的第 i 行 $(1 \leqslant i \leqslant d')$ 为 $\left\{\boldsymbol{w}_i^{\mathrm{T}}\boldsymbol{x}_1, \boldsymbol{w}_i^{\mathrm{T}}\boldsymbol{x}_2, \cdots, \boldsymbol{w}_i^{\mathrm{T}}\boldsymbol{x}_m\right\}$, 该行之和 $\boldsymbol{w}_i^{\mathrm{T}}\sum_{j=1}^{m}\boldsymbol{x}_j=\boldsymbol{w}_i^{\mathrm{T}}\mathbf{0}=0$。

最后, 有关方差的公式, 有人认为应该除以样本数量 m, 还有人认为应该除以样本数量减 1（即 $m-1$）。简单来说, 若根据总体样本集求方差，就除以总体样本数量；若根据抽样样本集求方差，就除以抽样样本数量减 1。总体样本集是真正想调查的样本组成的集合, 而抽样样本集是从总体样本集中选出来的部分样本组成的集合, 用来估计总体样本集的方差。一般来说, 总体样本集是不可得的, 我们拿到的都是抽样样本集。严格来说，样本方差应该除以 $n-1$ 才会得到总体样本的无偏估计；若除以 n，则得到的是有偏估计。

式 (10.16) 描述的优化问题的求解详见式 (10.17) 最后的解释。

10.5.3　式 (10.17) 的推导

由式（10.15）可知，主成分分析的优化目标为

$$\begin{aligned}\min_{\boldsymbol{W}} \quad & -\operatorname{tr}\left(\boldsymbol{W}^{\mathrm{T}}\boldsymbol{X}\boldsymbol{X}^{\mathrm{T}}\boldsymbol{W}\right)\\ \text{s.t.} \quad & \boldsymbol{W}^{\mathrm{T}}\boldsymbol{W}=\boldsymbol{I}\end{aligned}$$

其中，$\boldsymbol{X}=(\boldsymbol{x}_1, \boldsymbol{x}_2, \cdots, \boldsymbol{x}_m) \in \mathbb{R}^{d\times m}, \boldsymbol{W}=(\boldsymbol{w}_1, \boldsymbol{w}_2, \cdots, \boldsymbol{w}_{d'}) \in \mathbb{R}^{d\times d'}$，$\boldsymbol{I} \in \mathbb{R}^{d'\times d'}$ 为单位矩阵。对于带矩阵约束的优化问题，根据参考文献 [1] 中讲述的方法可得到优化目标的拉格朗日函数为

$$\begin{aligned}L(\boldsymbol{W}, \boldsymbol{\Theta}) &= -\operatorname{tr}\left(\boldsymbol{W}^{\mathrm{T}}\boldsymbol{X}\boldsymbol{X}^{\mathrm{T}}\boldsymbol{W}\right)+\langle\boldsymbol{\Theta}, \boldsymbol{W}^{\mathrm{T}}\boldsymbol{W}-\boldsymbol{I}\rangle\\ &= -\operatorname{tr}\left(\boldsymbol{W}^{\mathrm{T}}\boldsymbol{X}\boldsymbol{X}^{\mathrm{T}}\boldsymbol{W}\right)+\operatorname{tr}\left(\boldsymbol{\Theta}^{\mathrm{T}}(\boldsymbol{W}^{\mathrm{T}}\boldsymbol{W}-\boldsymbol{I})\right)\end{aligned}$$

其中，$\boldsymbol{\Theta} \in \mathbb{R}^{d'\times d'}$ 为拉格朗日乘子矩阵，其维度恒等于约束条件的维度，且其中的每个元素均为未知的拉格朗日乘子，$\langle\boldsymbol{\Theta}, \boldsymbol{W}^{\mathrm{T}}\boldsymbol{W}-\boldsymbol{I}\rangle=\operatorname{tr}\left(\boldsymbol{\Theta}^{\mathrm{T}}(\boldsymbol{W}^{\mathrm{T}}\boldsymbol{W}-\boldsymbol{I})\right)$ 为矩阵的内积[2]。若此时仅考虑约束 $\boldsymbol{w}_i^{\mathrm{T}}\boldsymbol{w}_i=1 (i=1,2,\cdots,d')$，则拉格朗日乘子矩阵 $\boldsymbol{\Theta}$ 此时为对角矩阵。令新的拉格朗日乘子矩阵为 $\boldsymbol{\Lambda}=\operatorname{diag}(\lambda_1, \lambda_2, \cdots, \lambda_{d'}) \in \mathbb{R}^{d'\times d'}$，则新的拉格朗日函数为

$$L(\boldsymbol{W}, \boldsymbol{\Lambda})=-\operatorname{tr}\left(\boldsymbol{W}^{\mathrm{T}}\boldsymbol{X}\boldsymbol{X}^{\mathrm{T}}\boldsymbol{W}\right)+\operatorname{tr}\left(\boldsymbol{\Lambda}^{\mathrm{T}}(\boldsymbol{W}^{\mathrm{T}}\boldsymbol{W}-\boldsymbol{I})\right)$$

对拉格朗日函数关于 $\boldsymbol{W}$ 求导可得

$$\begin{aligned}\frac{\partial L(\boldsymbol{W},\boldsymbol{\Lambda})}{\partial \boldsymbol{W}}&=\frac{\partial}{\partial \boldsymbol{W}}\left[-\operatorname{tr}\left(\boldsymbol{W}^{\mathrm{T}}\boldsymbol{X}\boldsymbol{X}^{\mathrm{T}}\boldsymbol{W}\right)+\operatorname{tr}\left(\boldsymbol{\Lambda}^{\mathrm{T}}(\boldsymbol{W}^{\mathrm{T}}\boldsymbol{W}-\boldsymbol{I})\right)\right]\\&=-\frac{\partial}{\partial \boldsymbol{W}}\operatorname{tr}\left(\boldsymbol{W}^{\mathrm{T}}\boldsymbol{X}\boldsymbol{X}^{\mathrm{T}}\boldsymbol{W}\right)+\frac{\partial}{\partial \boldsymbol{W}}\operatorname{tr}\left(\boldsymbol{\Lambda}^{\mathrm{T}}(\boldsymbol{W}^{\mathrm{T}}\boldsymbol{W}-\boldsymbol{I})\right)\end{aligned}$$

由矩阵微分公式 $\frac{\partial}{\partial \boldsymbol{X}}\operatorname{tr}\left(\boldsymbol{X}^{\mathrm{T}}\boldsymbol{B}\boldsymbol{X}\right)=\boldsymbol{B}\boldsymbol{X}+\boldsymbol{B}^{\mathrm{T}}\boldsymbol{X}$ 和 $\frac{\partial}{\partial \boldsymbol{X}}\operatorname{tr}\left(\boldsymbol{B}\boldsymbol{X}^{\mathrm{T}}\boldsymbol{X}\right)=\boldsymbol{X}\boldsymbol{B}^{\mathrm{T}}+\boldsymbol{X}\boldsymbol{B}$ 可得

$$\begin{aligned}\frac{\partial L(\boldsymbol{W},\boldsymbol{\Lambda})}{\partial \boldsymbol{W}}&=-2\boldsymbol{X}\boldsymbol{X}^{\mathrm{T}}\boldsymbol{W}+\boldsymbol{W}\boldsymbol{\Lambda}+\boldsymbol{W}\boldsymbol{\Lambda}^{\mathrm{T}}\\&=-2\boldsymbol{X}\boldsymbol{X}^{\mathrm{T}}\boldsymbol{W}+\boldsymbol{W}(\boldsymbol{\Lambda}+\boldsymbol{\Lambda}^{\mathrm{T}})\\&=-2\boldsymbol{X}\boldsymbol{X}^{\mathrm{T}}\boldsymbol{W}+2\boldsymbol{W}\boldsymbol{\Lambda}\end{aligned}$$

令 $\frac{\partial L(\boldsymbol{W},\boldsymbol{\Lambda})}{\partial \boldsymbol{W}}=\mathbf{0}$ 可得

$$\begin{aligned}-2\boldsymbol{X}\boldsymbol{X}^{\mathrm{T}}\boldsymbol{W}+2\boldsymbol{W}\boldsymbol{\Lambda}&=\mathbf{0}\\\boldsymbol{X}\boldsymbol{X}^{\mathrm{T}}\boldsymbol{W}&=\boldsymbol{W}\boldsymbol{\Lambda}\end{aligned}$$

将 $\boldsymbol{W}$ 和 $\boldsymbol{\Lambda}$ 展开可得

$$\boldsymbol{X}\boldsymbol{X}^{\mathrm{T}}\boldsymbol{w}_i=\lambda_i\boldsymbol{w}_i,\quad i=1,2,\cdots,d'$$

显然，此式为矩阵特征值和特征向量的定义式，其中 λ_i 和 $\boldsymbol{w}_i$ 分别表示矩阵 $\boldsymbol{X}\boldsymbol{X}^{\mathrm{T}}$ 的特征值和单位特征向量。由于以上是仅考虑约束 $\boldsymbol{w}_i^{\mathrm{T}}\boldsymbol{w}_i=1$ 时求得的结果，因此 $\boldsymbol{w}_i$ 还需要满足约束 $\boldsymbol{w}_i^{\mathrm{T}}\boldsymbol{w}_j=0(i\neq j)$。观察 $\boldsymbol{X}\boldsymbol{X}^{\mathrm{T}}$ 的定义可知，$\boldsymbol{X}\boldsymbol{X}^{\mathrm{T}}$ 是一个实对称矩阵。实对称矩阵的不同特征值所对应的特征向量之间相互正交，同一特征值的不同特征向量可以通过施密特正交化而变得相互正交，所以通过上式求得的 $\boldsymbol{w}_i$ 可以同时满足约束 $\boldsymbol{w}_i^{\mathrm{T}}\boldsymbol{w}_i=1$ 和 $\boldsymbol{w}_i^{\mathrm{T}}\boldsymbol{w}_j=0(i\neq j)$。根据拉格朗日乘子法的原理可知，此时求得的结果仅是最优解的必要条件，而且 $\boldsymbol{X}\boldsymbol{X}^{\mathrm{T}}$ 有 d 个相互正交的单位特征向量，所以还需要从这 d 个特征向量里找出 d' 个能使得目标函数达到最优值的特征向量作为最优解。将 $\boldsymbol{X}\boldsymbol{X}^{\mathrm{T}}\boldsymbol{w}_i=\lambda_i\boldsymbol{w}_i$ 代入目标函数可得

$$\min_{\boldsymbol{W}}-\operatorname{tr}\left(\boldsymbol{W}^{\mathrm{T}}\boldsymbol{X}\boldsymbol{X}^{\mathrm{T}}\boldsymbol{W}\right)=\max_{\boldsymbol{W}}\operatorname{tr}\left(\boldsymbol{W}^{\mathrm{T}}\boldsymbol{X}\boldsymbol{X}^{\mathrm{T}}\boldsymbol{W}\right)$$

$$
\begin{aligned}
&= \max_{\boldsymbol{W}} \sum_{i=1}^{d'} \boldsymbol{w}_i^{\mathrm{T}} \boldsymbol{X}\boldsymbol{X}^{\mathrm{T}} \boldsymbol{w}_i \\
&= \max_{\boldsymbol{W}} \sum_{i=1}^{d'} \boldsymbol{w}_i^{\mathrm{T}} \cdot \lambda_i \boldsymbol{w}_i \\
&= \max_{\boldsymbol{W}} \sum_{i=1}^{d'} \lambda_i \boldsymbol{w}_i^{\mathrm{T}} \boldsymbol{w}_i \\
&= \max_{\boldsymbol{W}} \sum_{i=1}^{d'} \lambda_i
\end{aligned}
$$

显然，此时只需要令 $\lambda_1, \lambda_2, \cdots, \lambda_{d'}$ 和 $\boldsymbol{w}_1, \boldsymbol{w}_2, \cdots, \boldsymbol{w}_{d'}$ 分别为矩阵 $\boldsymbol{X}\boldsymbol{X}^{\mathrm{T}}$ 的前 d' 个最大的特征值和单位特征向量，就能使得目标函数达到最优值。

10.5.4 根据式 (10.17) 求解式 (10.16)

注意式 (10.16) 中的 $\boldsymbol{W} \in \mathbb{R}^{d \times d'}$ 只有 d' 列, 而式 (10.17) 可以得到 d 列, 如何根据式 (10.17) 求解式 (10.16) 呢? 对 $\boldsymbol{X}\boldsymbol{X}^{\mathrm{T}}\boldsymbol{W} = \boldsymbol{W}\boldsymbol{\Lambda}$ 两边同乘 $\boldsymbol{W}^{\mathrm{T}}$ 可得

$$
\boldsymbol{W}^{\mathrm{T}}\boldsymbol{X}\boldsymbol{X}^{\mathrm{T}}\boldsymbol{W} = \boldsymbol{W}^{\mathrm{T}}\boldsymbol{W}\boldsymbol{\Lambda} = \boldsymbol{\Lambda}
$$

注意这里使用了约束条件 $\boldsymbol{W}^{\mathrm{T}}\boldsymbol{W} = \boldsymbol{I}$; 上式的左边与式 (10.16) 的优化目标对应矩阵相同, 而上式的右边 $\boldsymbol{\Lambda} \in \mathbb{R}^{d' \times d'}$ 是由 $\boldsymbol{X}\boldsymbol{X}\boldsymbol{X}^{\mathrm{T}}$ 的 d' 个特征值组成的对角阵。对两边同时取矩阵的迹：

$$
\operatorname{tr}\left(\boldsymbol{W}^{\mathrm{T}}\boldsymbol{X}\boldsymbol{X}^{\mathrm{T}}\boldsymbol{W}\right) = \operatorname{tr}(\boldsymbol{\Lambda}) = \sum_{i=1}^{d'} \lambda_i
$$

此时当然是取出最大的前 d' 个特征值, 而 $\boldsymbol{W}$ 即特征值对应的标准化特征向量组成的矩阵。

请特别注意, 图 10.5 只是得到了投影矩阵 $\boldsymbol{W}$, 而降维后的样本集合为 $\boldsymbol{Z} = \boldsymbol{W}^{\mathrm{T}}\boldsymbol{X}$。

10.6 核化线性降维

注意, “西瓜书”在进行第 14 次印刷时对本节符号进行了修订, 另外有一点需要注意，10.5 节用 $\boldsymbol{z}_i$ 表示 $\boldsymbol{x}_i$ 降维后的像, 而本节用 $\boldsymbol{z}_i$ 表示 $\boldsymbol{x}_i$ 在高维特征空

间中的像。

本节的推导实际上有一个前提, 以式 (10.19) 为例 [式 (10.21) 仅将 $\boldsymbol{z}_i$ 换成了 $\phi(\boldsymbol{x}_i)$ 而已], 那就是 $\boldsymbol{z}_i$ 已被中心化 [计算方差要用样本减去均值, 式 (10.19) 是均值为 0 时的特殊形式, 详见式 (10.16) 的解释], 但 $\boldsymbol{z}_i=\phi(\boldsymbol{x}_i)$ 是 $\boldsymbol{x}_i$ 在高维特征空间中的像, 即使 $\boldsymbol{x}_i$ 已进行中心化, 但 $\boldsymbol{z}_i$ 不一定是中心化的, 此时本节的推导均不再成立。推广工作详见 KPCA[3] 的附录 A。

10.6.1 式 (10.19) 的解释

首先, 从式 (10.14) 的推导的后半部分内容可知 $\sum_{i=1}^{m}\boldsymbol{z}_i\boldsymbol{z}_i^{\mathrm{T}}=\boldsymbol{Z}\boldsymbol{Z}^{\mathrm{T}}$, 其中 $\boldsymbol{Z}$ 的每一列为一个样本。设高维空间的维度为 h, 则 $\boldsymbol{Z}\in\mathbb{R}^{h\times m}$, 其中 m 为数据集中的样本数量。

其次, 式 (10.19) 中的 $\boldsymbol{W}$ 是从高维空间降至低维 (维度为 d) 后的正交基。"西瓜书"在进行第 14 次印刷时加入了表述 $\boldsymbol{W}=(\boldsymbol{w}_1,\boldsymbol{w}_2,\cdots,\boldsymbol{w}_d)$, 其中 $\boldsymbol{W}\in\mathbb{R}^{h\times d}$, 降维过程为 $\boldsymbol{X}=\boldsymbol{W}^{\mathrm{T}}\boldsymbol{Z}$。

最后, 式 (10.19) 类似于式 (10.17), 是为了求解降维投影矩阵 $\boldsymbol{W}=(\boldsymbol{w}_1,\boldsymbol{w}_2,\cdots,\boldsymbol{w}_d)$。但问题在于 $\boldsymbol{Z}\boldsymbol{Z}^{\mathrm{T}}\in\mathbb{R}^{h\times h}$, 当维度 h 很大时 (注意 10.6 节的主题为核化线性降维, 而核方法中的高斯核会把样本映射至无穷维), 此时根本无法求解 $\boldsymbol{Z}^{\mathrm{T}}$ 的特征值和特征向量，因此才有了后面的式 (10.20)。

在第 14 次印刷及之后印次的“西瓜书”中, 式 (10.19) 为 $\left(\sum_{i=1}^{m}\boldsymbol{z}_i\boldsymbol{z}_i^{\mathrm{T}}\right)\boldsymbol{w}_j=\lambda_j\boldsymbol{w}_j$, 而式 (10.19) 在之前的印次中表达有误, 实际应该为 $\left(\sum_{i=1}^{m}\boldsymbol{z}_i\boldsymbol{z}_i^{\mathrm{T}}\right)\boldsymbol{W}=\boldsymbol{W}\boldsymbol{\Lambda}$, 类似于式 (10.17)。这两种表达在本质上相同, $\lambda_j\boldsymbol{w}_j$ 为 $\boldsymbol{W}\boldsymbol{\Lambda}$ 的第 j 列, 仅此而已。

10.6.2 式 (10.20) 的解释

10.6 节的主题为核化线性降维, 而式 (10.19) 是为了在维度为 h 的高维空间中进行运算, 式 (10.20) 变形（乍一看似乎有点无厘头) 的目的是避免直接在高维空间中进行运算, 即想办法使用式 (6.22) 的核技巧, 也就是后面的式 (10.24)。

在第 14 次印刷及之后印次的“西瓜书”中，该式没问题, 之前的式 (10.20) 应该是

$$\boldsymbol{W}=\left(\sum_{i=1}^{m}\boldsymbol{z}_i\boldsymbol{z}_i^{\mathrm{T}}\right)\boldsymbol{W}\boldsymbol{\Lambda}^{-1}=\sum_{i=1}^{m}\left(\boldsymbol{z}_i\left(\boldsymbol{z}_i^{\mathrm{T}}\boldsymbol{W}\boldsymbol{\Lambda}^{-1}\right)\right)$$

$$=\sum_{i=1}^{m}\left(\boldsymbol{z}_i\boldsymbol{\alpha}_i\right)$$

其中 $\boldsymbol{\alpha}_i=\boldsymbol{z}_i^{\mathrm{T}}\boldsymbol{W}\boldsymbol{\Lambda}^{-1}\in\mathbb{R}^{1\times d},\boldsymbol{z}_i^{\mathrm{T}}\in\mathbb{R}^{1\times h},\boldsymbol{W}\in\mathbb{R}^{h\times d},\boldsymbol{\Lambda}\in\mathbb{R}^{d\times d}$ 为对角阵。这个结果看似等号右侧也包含 $\boldsymbol{W}$, 但将此式代入式 (10.19) 后，经化简便可避免在高维空间中进行运算, 从而将目标转为求低维空间的 $\boldsymbol{\alpha}_i\in\mathbb{R}^{1\times d}$, 详见式 (10.24) 的推导。

10.6.3 式 (10.21) 的解释

该式即为将式 (10.19) 中的 $\boldsymbol{z}_i$ 换为 $\phi\left(\boldsymbol{x}_i\right)$ 的结果。

10.6.4 式 (10.22) 的解释

该式即为将式 (10.20) 中的 $\boldsymbol{z}_i$ 换为 $\phi\left(\boldsymbol{x}_i\right)$ 的结果。

10.6.5 式 (10.24) 的推导

已知 $\boldsymbol{z}_i=\phi(\boldsymbol{x}_i)$,类比 $\boldsymbol{X}=\{\boldsymbol{x}_1,\boldsymbol{x}_2,\cdots,\boldsymbol{x}_m\}$ 可以构造 $\boldsymbol{Z}=\{\boldsymbol{z}_1,\boldsymbol{z}_2,\cdots,\boldsymbol{z}_m\}$,所以式 (10.21) 可变换为

$$\left(\sum_{i=1}^{m}\phi(\boldsymbol{x}_i)\phi(\boldsymbol{x}_i)^{\mathrm{T}}\right)\boldsymbol{w}_j=\left(\sum_{i=1}^{m}\boldsymbol{z}_i\boldsymbol{z}_i^{\mathrm{T}}\right)\boldsymbol{w}_j=\boldsymbol{Z}\boldsymbol{Z}^{\mathrm{T}}\boldsymbol{w}_j=\lambda_j\boldsymbol{w}_j$$

又由式 (10.22) 可知

$$\boldsymbol{w}_j=\sum_{i=1}^{m}\phi\left(\boldsymbol{x}_i\right)\alpha_i^j=\sum_{i=1}^{m}\boldsymbol{z}_i\alpha_i^j=\boldsymbol{Z}\boldsymbol{\alpha}^j$$

其中，$\boldsymbol{\alpha}^j=(\alpha_1^j;\alpha_2^j;\cdots;\alpha_m^j)\in\mathbb{R}^{m\times 1}$，所以式 (10.21) 可以进一步变换为

$$\boldsymbol{Z}\boldsymbol{Z}^{\mathrm{T}}\boldsymbol{Z}\boldsymbol{\alpha}^j=\lambda_j\boldsymbol{Z}\boldsymbol{\alpha}^j$$
$$\boldsymbol{Z}\boldsymbol{Z}^{\mathrm{T}}\boldsymbol{Z}\boldsymbol{\alpha}^j=\boldsymbol{Z}\lambda_j\boldsymbol{\alpha}^j$$

由于此时的目标是求出 $\boldsymbol{w}_j$，也就等价于求出满足上式的 $\boldsymbol{\alpha}^j$。显然，此时满足 $\boldsymbol{Z}^{\mathrm{T}}\boldsymbol{Z}\boldsymbol{\alpha}^j=\lambda_j\boldsymbol{\alpha}^j$ 的 $\boldsymbol{\alpha}^j$ 一定满足上式，所以问题变成了求解满足下式的 $\boldsymbol{\alpha}^j$：

$$\boldsymbol{Z}^{\mathrm{T}}\boldsymbol{Z}\boldsymbol{\alpha}^j=\lambda_j\boldsymbol{\alpha}^j$$

令 $\boldsymbol{Z}^{\mathrm{T}}\boldsymbol{Z}=\boldsymbol{K}$，那么上式可化为

$$\boldsymbol{K}\boldsymbol{\alpha}^j=\lambda_j\boldsymbol{\alpha}^j$$

此为式 (10.24)，其中矩阵 $\boldsymbol{K}$ 的第 i 行第 j 列的元素 $\boldsymbol{K}_{ij}=\boldsymbol{z}_i^{\mathrm{T}}\boldsymbol{z}_j=\phi(\boldsymbol{x}_i)^{\mathrm{T}}\phi(\boldsymbol{x}_j)=\kappa\left(\boldsymbol{x}_i,\boldsymbol{x}_j\right)$。

10.6.6 式 (10.25) 的解释

在第 14 次印刷及之后印次的“西瓜书”中，将式 (10.22) 的 $\boldsymbol{w}_j$ 表达式转置后代入即可得到式 (10.25)。

该式的意义在于执行新样本 $\boldsymbol{x}\in\mathbb{R}^{d\times 1}$ 被映射至高维空间 $\phi(\boldsymbol{x})\in\mathbb{R}^{h\times 1}$ 后，再降至低维空间 $\mathbb{R}^{h\times 1}$ 的运算。但是由于此处没有类似第 6 章支持向量的概念，可以发现式 (10.25) 在计算时需要对所有样本进行求和，因此计算开销比较大。

注意，此处符号的使用略有混乱，因为在式 (10.19) 中，$\boldsymbol{z}_i$ 表示 $\boldsymbol{x}_i$ 在高维特征空间中的像，而此处又用 z_j 表示新样本 $\boldsymbol{x}$ 在被映射至高维空间 $\phi(\boldsymbol{x})$ 后，再降维至 $\mathbb{R}^{d'\times 1}$ 空间时的第 j 维坐标。

10.7 流形学习

不要被“流形学习”的名字所欺骗，本节开篇就明确说了，这只是一类借鉴了拓扑流形概念的降维方法而已，因此被称为“流形学习”。MDS 算法的降维准则是要求原始空间中样本之间的距离在低维空间中得以保持，PCA 算法的降维准则是要求低维子空间对样本具有最大可分性。因为它们都是基于线性变换来进行降维的算法 [参见式 (10.13)]，所以被称为线性降维算法。

10.7.1 等度量映射 (Isomap) 的解释

如“西瓜书”中的图 10.8 所示，Isomap 算法与 MDS 算法的区别仅在于距离矩阵 $\boldsymbol{D}\in\mathbb{R}^{m\times m}$ 的计算方法不同。在 MDS 算法中，距离矩阵 $\boldsymbol{D}\in\mathbb{R}^{m\times m}$ 即为普通样本之间的欧氏距离；而在 Isomap 算法中，距离矩阵 $\boldsymbol{D}\in\mathbb{R}^{m\times m}$ 由“西瓜书”中图 10.8 的步骤 $1\sim 5$ 生成，即遵循流形假设。当然，这两种算法在对新样本进行降维时也有所不同，这在“西瓜书”中图 10.8 下方的一段话中已阐明。

下面我们解释一下测地线距离。欧氏距离即两点之间的直线距离, 而测地线距离是实际中可以到达的路径, 参见“西瓜书”的图 10.7(a) 中的黑线 (欧氏距离) 和红线 (测地线距离)。

10.7.2 式 (10.28) 的推导

$$w_{ij}=\frac{\sum\limits_{k\in Q_i}C_{jk}^{-1}}{\sum\limits_{l,s\in Q_i}C_{ls}^{-1}}$$

由“西瓜书”中的上下文可知，式 (10.28) 是如下优化问题的解。

$$\begin{aligned}\min_{\boldsymbol{w}_1,\boldsymbol{w}_2,\cdots,\boldsymbol{w}_m}\sum_{i=1}^{m}\left\|\boldsymbol{x}_i-\sum_{j\in Q_i}w_{ij}\boldsymbol{x}_j\right\|_2^2\\ \text{s.t.}\ \sum_{j\in Q_i}w_{ij}=1\end{aligned}$$

若令 $\boldsymbol{x}_i\in\mathbb{R}^{d\times 1},Q_i=\{q_i^1,q_i^2,\cdots,q_i^n\}$，则上述优化问题的目标函数可以进行如下恒等变形

$$\begin{aligned}\sum_{i=1}^{m}\left\|\boldsymbol{x}_i-\sum_{j\in Q_i}w_{ij}\boldsymbol{x}_j\right\|_2^2&=\sum_{i=1}^{m}\left\|\sum_{j\in Q_i}w_{ij}\boldsymbol{x}_i-\sum_{j\in Q_i}w_{ij}\boldsymbol{x}_j\right\|_2^2\\&=\sum_{i=1}^{m}\left\|\sum_{j\in Q_i}w_{ij}(\boldsymbol{x}_i-\boldsymbol{x}_j)\right\|_2^2\\&=\sum_{i=1}^{m}\|\boldsymbol{X}_i\boldsymbol{w_i}\|_2^2\\&=\sum_{i=1}^{m}\boldsymbol{w_i}^{\mathrm{T}}\boldsymbol{X}_i^{\mathrm{T}}\boldsymbol{X}_i\boldsymbol{w_i}\end{aligned}$$

其中 $\boldsymbol{w_i}=(w_{iq_i^1},w_{iq_i^2},\cdots,w_{iq_i^n})\in\mathbb{R}^{n\times 1}$, $\boldsymbol{X}_i=\left(\boldsymbol{x}_i-\boldsymbol{x}_{q_i^1},\boldsymbol{x}_i-\boldsymbol{x}_{q_i^2},\cdots,\boldsymbol{x}_i-\boldsymbol{x}_{q_i^n}\right)\in\mathbb{R}^{d\times n}$。同理，约束条件也可以进行如下恒等变形：

$$\sum_{j\in Q_i}w_{ij}=\boldsymbol{w_i}^{\mathrm{T}}\boldsymbol{I}=1$$

其中 $\boldsymbol{I}=(1,1,\cdots,1)\in\mathbb{R}^{n\times 1}$ 为 n 行 1 列的元素值全为 1 的向量。因此，上述优化问题可以重写为

$$\min_{\boldsymbol{w}_1,\boldsymbol{w}_2,\cdots,\boldsymbol{w}_m}\sum_{i=1}^{m}\boldsymbol{w_i}^{\mathrm{T}}\boldsymbol{X}_i^{\mathrm{T}}\boldsymbol{X}_i\boldsymbol{w_i}$$
$$\text{s.t. } \boldsymbol{w_i}^{\mathrm{T}}\boldsymbol{I}=1$$

显然，此问题为带约束的优化问题，因此可以考虑使用拉格朗日乘子法来进行求解。由拉格朗日乘子法可得此优化问题的拉格朗日函数为

$$L(\boldsymbol{w}_1,\boldsymbol{w}_2,\cdots,\boldsymbol{w}_m,\lambda)=\sum_{i=1}^{m}\boldsymbol{w_i}^{\mathrm{T}}\boldsymbol{X}_i^{\mathrm{T}}\boldsymbol{X}_i\boldsymbol{w_i}+\lambda\left(\boldsymbol{w_i}^{\mathrm{T}}\boldsymbol{I}-1\right)$$

对拉格朗日函数关于 $\boldsymbol{w_i}$ 求偏导并令结果等于 0 可得

$$\begin{aligned}\frac{\partial L(\boldsymbol{w}_1,\boldsymbol{w}_2,\cdots,\boldsymbol{w}_m,\lambda)}{\partial\boldsymbol{w_i}}&=\frac{\partial\left[\sum\limits_{i=1}^{m}\boldsymbol{w_i}^{\mathrm{T}}\boldsymbol{X}_i^{\mathrm{T}}\boldsymbol{X}_i\boldsymbol{w_i}+\lambda\left(\boldsymbol{w_i}^{\mathrm{T}}\boldsymbol{I}-1\right)\right]}{\partial\boldsymbol{w_i}}=0\\&=\frac{\partial\left[\boldsymbol{w_i}^{\mathrm{T}}\boldsymbol{X}_i^{\mathrm{T}}\boldsymbol{X}_i\boldsymbol{w_i}+\lambda\left(\boldsymbol{w_i}^{\mathrm{T}}\boldsymbol{I}-1\right)\right]}{\partial\boldsymbol{w_i}}=0\end{aligned}$$

又由矩阵微分公式 $\frac{\partial\boldsymbol{x}^{\mathrm{T}}\boldsymbol{B}\boldsymbol{x}}{\partial\boldsymbol{x}}=\left(\boldsymbol{B}+\boldsymbol{B}^{\mathrm{T}}\right)\boldsymbol{x}$ 和 $\frac{\partial\boldsymbol{x}^{\mathrm{T}}\boldsymbol{a}}{\partial\boldsymbol{x}}=\boldsymbol{a}$ 可得

$$\frac{\partial\left[\boldsymbol{w_i}^{\mathrm{T}}\boldsymbol{X}_i^{\mathrm{T}}\boldsymbol{X}_i\boldsymbol{w_i}+\lambda\left(\boldsymbol{w_i}^{\mathrm{T}}\boldsymbol{I}-1\right)\right]}{\partial\boldsymbol{w_i}}=2\boldsymbol{X}_i^{\mathrm{T}}\boldsymbol{X}_i\boldsymbol{w_i}+\lambda\boldsymbol{I}=0$$
$$\boldsymbol{X}_i^{\mathrm{T}}\boldsymbol{X}_i\boldsymbol{w_i}=-\frac{1}{2}\lambda\boldsymbol{I}$$

若 $\boldsymbol{X}_i^{\mathrm{T}}\boldsymbol{X}_i$ 可逆，则

$$\boldsymbol{w_i}=-\frac{1}{2}\lambda(\boldsymbol{X}_i^{\mathrm{T}}\boldsymbol{X}_i)^{-1}\boldsymbol{I}$$

又因为 $\boldsymbol{w_i}^{\mathrm{T}}\boldsymbol{I}=\boldsymbol{I}^{\mathrm{T}}\boldsymbol{w_i}=1$，对上式左右两边同时左乘 $\boldsymbol{I}^{\mathrm{T}}$ 可得

$$\boldsymbol{I}^{\mathrm{T}}\boldsymbol{w_i}=-\frac{1}{2}\lambda\boldsymbol{I}^{\mathrm{T}}(\boldsymbol{X}_i^{\mathrm{T}}\boldsymbol{X}_i)^{-1}\boldsymbol{I}=1$$
$$-\frac{1}{2}\lambda=\frac{1}{\boldsymbol{I}^{\mathrm{T}}(\boldsymbol{X}_i^{\mathrm{T}}\boldsymbol{X}_i)^{-1}\boldsymbol{I}}$$

将其代回 $\boldsymbol{w_i}=-\frac{1}{2}\lambda(\boldsymbol{X}_i^{\mathrm{T}}\boldsymbol{X}_i)^{-1}\boldsymbol{I}$ 即可解得

$$\boldsymbol{w_i}=\frac{(\boldsymbol{X}_i^{\mathrm{T}}\boldsymbol{X}_i)^{-1}\boldsymbol{I}}{\boldsymbol{I}^{\mathrm{T}}(\boldsymbol{X}_i^{\mathrm{T}}\boldsymbol{X}_i)^{-1}\boldsymbol{I}}$$

令矩阵 $(\boldsymbol{X}_i^{\mathrm{T}}\boldsymbol{X}_i)^{-1}$ 中第 j 行第 k 列的元素为 C_{jk}^{-1}，则

$$w_{ij}=w_{iq_i^j}=\frac{\sum\limits_{k\in Q_i}C_{jk}^{-1}}{\sum\limits_{l,s\in Q_i}C_{ls}^{-1}}$$

此为式 (10.28)。显然，若 $\boldsymbol{X}_i^{\mathrm{T}}\boldsymbol{X}_i$ 可逆，此优化问题即为凸优化问题，且此时用拉格朗日乘子法求得的 $\boldsymbol{w_i}$ 为全局最优解。

10.7.3 式 (10.31) 的推导

以下推导需要使用预备知识中的 10.2 节“矩阵的 F 范数与迹”。

观察式 (10.29), 求和符号内实际是一个列向量的 2 范数平方, 令 $\boldsymbol{v}_i=\boldsymbol{z}_i-\sum_{j\in Q_i}w_{ij}\boldsymbol{z}_j$, $\boldsymbol{v}_i$ 的维度与 $\boldsymbol{z}_i$ 的维度相同, $\boldsymbol{v}_i\in\mathbb{R}^{d'\times 1}$, 式 (10.29) 可重写为

$$\begin{aligned}\min_{\boldsymbol{z}_1,\boldsymbol{z}_2,\cdots,\boldsymbol{z}_m}&\sum_{i=1}^{m}\|\boldsymbol{v}_i\|_2^2\\ \text{s.t. }&\boldsymbol{v}_i=\boldsymbol{z}_i-\sum_{j\in Q_i}w_{ij}\boldsymbol{z}_j,\quad i=1,2,\cdots,m\end{aligned}$$

令 $\boldsymbol{Z}=(\boldsymbol{z}_1,\boldsymbol{z}_2,\cdots,\boldsymbol{z}_i,\cdots,\boldsymbol{z}_m)\in\mathbb{R}^{d'\times m}$, $\boldsymbol{I}_i=(0;0;\cdots;1;\cdots;0)\in\mathbb{R}^{m\times 1}$, 即 $\boldsymbol{I}_i$ 为 $m\times 1$ 的列向量, 其中除了第 i 个元素等于 1 之外其余元素均为 0, 因此

$$\boldsymbol{z}_i=\boldsymbol{Z}\boldsymbol{I}_i$$

令 $(\boldsymbol{W})_{ij}=w_{ij}$ （见“西瓜书”第 237 页的第 1 行), 即 $\boldsymbol{W}=(\boldsymbol{w}_1,\boldsymbol{w}_2,\cdots,\boldsymbol{w}_i,\cdots,\boldsymbol{w}_m)^{\mathrm{T}}\in\mathbb{R}^{m\times m}$。也就是说，$\boldsymbol{W}$ 的第 i 行（没错, 就是第 i 行）的转置对应 $\boldsymbol{w}_i$ （这里的符号之所以别扭，是因为 w_{ij} 已被用来表示列向量 $\boldsymbol{w}_i$ 的第 j 个元素, 但为了与习惯保持一致，即 w_{ij} 表示 $\boldsymbol{W}$ 的第 i 行第 j 列元素, 此处只能如此)，即

$$\boldsymbol{W}=(\boldsymbol{w}_1,\boldsymbol{w}_2,\cdots,\boldsymbol{w}_i,\cdots,\boldsymbol{w}_m)^{\mathrm{T}}=\begin{bmatrix}w_{11}&w_{21}&\cdots&w_{i1}&\cdots&w_{m1}\\w_{12}&w_{22}&\cdots&w_{i2}&\cdots&w_{m2}\\\vdots&\vdots&\ddots&\vdots&\ddots&\vdots\\w_{1j}&w_{2j}&\cdots&w_{ij}&\cdots&w_{mj}\\\vdots&\vdots&\ddots&\vdots&\ddots&\vdots\\w_{1m}&w_{2m}&\cdots&w_{im}&\cdots&w_{mm}\end{bmatrix}^{\mathrm{T}}$$

对于 $\boldsymbol{w}_i \in \mathbb{R}^{m\times 1}$ 来说, 只有 $\boldsymbol{x}_i$ 的 K 个近邻样本对应的下标对应的 $w_{ij} \neq 0, j \in Q_i$, 且它们的和等于 1。由于

$$\sum_{j\in Q_i} w_{ij}\boldsymbol{z}_j = \boldsymbol{Z}\boldsymbol{w}_i$$

因此

$$\boldsymbol{v}_i = \boldsymbol{z}_i - \sum_{j\in Q_i} w_{ij}\boldsymbol{z}_j = \boldsymbol{Z}\boldsymbol{I}_i - \boldsymbol{Z}\boldsymbol{w}_i = \boldsymbol{Z}\left(\boldsymbol{I}_i - \boldsymbol{w}_i\right)$$

令 $\boldsymbol{V} = (\boldsymbol{v}_1, \boldsymbol{v}_2, \cdots, \boldsymbol{v}_i, \cdots, \boldsymbol{v}_m) \in \mathbb{R}^{d'\times m}, \boldsymbol{I} = (\boldsymbol{I}_1, \boldsymbol{I}_2, \cdots, \boldsymbol{I}_i, \cdots, \boldsymbol{I}_m) \in \mathbb{R}^{m\times m}$, 则

$$\boldsymbol{V} = \boldsymbol{Z}\left(\boldsymbol{I} - \boldsymbol{W}^{\mathrm{T}}\right) = \boldsymbol{Z}\left(\boldsymbol{I}^{\mathrm{T}} - \boldsymbol{W}^{\mathrm{T}}\right) = \boldsymbol{Z}(\boldsymbol{I} - \boldsymbol{W})^{\mathrm{T}}$$

根据前面的预备知识并将上式和式 (10.30) 代入, 即可得到式 (10.31) 的目标函数形式。

$$\begin{aligned}\sum_{i=1}^{m} \|\boldsymbol{v}_i\|_2^2 = \|\boldsymbol{V}\|_F^2 & \\ &= \operatorname{tr}\left(\boldsymbol{V}\boldsymbol{V}^{\mathrm{T}}\right) \\ &= \operatorname{tr}\left(\left(\boldsymbol{Z}(\boldsymbol{I}-\boldsymbol{W})^{\mathrm{T}}\right)\left(\boldsymbol{Z}(\boldsymbol{I}-\boldsymbol{W})^{\mathrm{T}}\right)^{\mathrm{T}}\right) \\ &= \operatorname{tr}\left(\boldsymbol{Z}(\boldsymbol{I}-\boldsymbol{W})^{\mathrm{T}}(\boldsymbol{I}-\boldsymbol{W})\boldsymbol{Z}^{\mathrm{T}}\right) \\ &= \operatorname{tr}\left(\boldsymbol{Z}\boldsymbol{M}\boldsymbol{Z}\boldsymbol{Z}^{\mathrm{T}}\right)\end{aligned}$$

接下来求解式 (10.31)。

参考式 (10.17) 的推导, 应用拉格朗日乘子法, 先写出拉格朗日函数:

$$L(\boldsymbol{Z}, \boldsymbol{\Lambda}) = \operatorname{tr}\left(\boldsymbol{Z}\boldsymbol{M}\boldsymbol{Z}^{\mathrm{T}}\right) + \left(\boldsymbol{Z}\boldsymbol{Z}^{\mathrm{T}} - \boldsymbol{I}\right)\boldsymbol{\Lambda}$$

令 $\boldsymbol{P} = \boldsymbol{Z}^{\mathrm{T}}$ (否则有点别扭), 则拉格朗日函数变为

$$L(\boldsymbol{P}, \boldsymbol{\Lambda}) = \operatorname{tr}\left(\boldsymbol{P}^{\mathrm{T}}\boldsymbol{M}\boldsymbol{P}\right) + \left(\boldsymbol{P}^{\mathrm{T}}\boldsymbol{P} - \boldsymbol{I}\right)\boldsymbol{\Lambda}$$

求导并令导数等于 0：

$$\frac{\partial L(\boldsymbol{P}, \boldsymbol{\Lambda})}{\partial \boldsymbol{P}} = \frac{\partial \operatorname{tr}\left(\boldsymbol{P}^{\mathrm{T}}\boldsymbol{M}\boldsymbol{P}\right)}{\partial \boldsymbol{P}} + \frac{\partial\left(\boldsymbol{P}^{\mathrm{T}}\boldsymbol{P} - \boldsymbol{I}\right)}{\partial \boldsymbol{P}}\boldsymbol{\Lambda}$$

$$= 2\boldsymbol{M}\boldsymbol{P} - 2\boldsymbol{P}\boldsymbol{\Lambda} = \mathbf{0}$$

移项可得特征值对角阵,对左右两边同时左乘 $\boldsymbol{P}^{\mathrm{T}}$ 并取矩阵的迹, 注意 $\boldsymbol{P}^{\mathrm{T}}\boldsymbol{P} = \boldsymbol{I} \in \mathbb{R}^{d'\times d'}$, 得到 $\operatorname{tr}\left(\boldsymbol{P}^{\mathrm{T}}\boldsymbol{M}\boldsymbol{P}\right) = \operatorname{tr}\left(\boldsymbol{P}^{\mathrm{T}}\boldsymbol{P}\boldsymbol{\Lambda}\right) = \operatorname{tr}(\boldsymbol{\Lambda})$。因此, $\boldsymbol{P} = \boldsymbol{Z}^{\mathrm{T}}$ 是由 $\boldsymbol{M} \in \mathbb{R}^{m\times m}$ 的最小的 d' 个特征值对应的特征向量组成的矩阵。

10.8 度量学习

Isomap 算法与 MDS 算法的区别在于距离矩阵的计算方法不同，Isomap 算法在计算样本间距离时使用的是（近似）测地线距离，而 MDS 算法使用的是欧氏距离。也就是说，二者的距离度量不同。

10.8.1 式 (10.34) 的解释

为了推导方便, 令 $\boldsymbol{u} = (u_1; u_2; \cdots; u_d) = \boldsymbol{x}_i - \boldsymbol{x}_j \in \mathbb{R}^{d\times 1}$, 其中 $u_k = x_{ik} - x_{jk}$, 则式 (10.34) 可以重写为 $\boldsymbol{u}^{\mathrm{T}}\boldsymbol{M}\boldsymbol{u} = \|\boldsymbol{u}\|_{\boldsymbol{M}}^2$, 其中 $\boldsymbol{M} \in \mathbb{R}^{d\times d}$, 具体到元素级别的表达如下：

$$\begin{aligned}
\boldsymbol{u}^{\mathrm{T}}\boldsymbol{M}\boldsymbol{u} &= \begin{bmatrix} u_1 & u_2 & \cdots & u_d \end{bmatrix} \begin{bmatrix} m_{11} & m_{12} & \cdots & m_{1d} \\ m_{21} & m_{22} & \cdots & m_{2d} \\ \vdots & \vdots & \ddots & \vdots \\ m_{d1} & m_{d2} & \cdots & m_{dd} \end{bmatrix} \begin{bmatrix} u_1 \\ u_2 \\ \vdots \\ u_d \end{bmatrix} \\
&= \begin{bmatrix} u_1 & u_2 & \cdots & u_d \end{bmatrix} \begin{bmatrix} u_1 m_{11} + u_2 m_{12} + \cdots + u_d m_{1d} \\ u_1 m_{21} + u_2 m_{22} + \cdots + u_d m_{2d} \\ \vdots \\ u_1 m_{d1} + u_2 m_{d2} + \cdots + u_d m_{dd} \end{bmatrix} \\
&= u_1u_1m_{11} + u_1u_2m_{12} + \cdots + u_1u_dm_{1d} \\
&+ u_2u_1m_{21} + u_2u_2m_{22} + \cdots + u_2u_dm_{2d} \\
&\cdots \\
&+ u_du_1m_{d1} + u_du_2m_{d2} + \cdots + u_du_dm_{dd}
\end{aligned}$$

注意, 式 (10.33) 的结果即为上面最后一个等式的对角线部分, 即

$$u_1u_1m_{11} + u_2u_2m_{22} + \cdots + u_du_dm_{dd}$$

而式 (10.32) 的结果则更进一步, 相当于去除对角线部分的权重 $m_{ii}(1 \leqslant i \leqslant d)$ 部分, 即

$$u_1u_1 + u_2u_2 + \cdots + u_du_d$$

对比以上三个结果, 即式 (10.32) 的平方欧氏距离, 式 (10.33) 的加权平方欧氏距离, 以及式 (10.34) 的马氏距离, 细细体会度量矩阵究竟带来了什么。

因此, 所谓"度量学习", 就是将系统中的平方欧氏距离换为式 (10.34) 的马氏距离, 通过优化某个目标函数, 得到最恰当的度量矩阵 $\boldsymbol{M}$（新的距离度量计算方法）的过程。"西瓜书"利用式 (10.34) ~ 式 (10.38) 介绍的 NCA 即为一个具体的例子, 我们可以从中品味"度量学习"的本质。

对于度量矩阵 $\boldsymbol{M}$ 要求半正定, "西瓜书"中提到必有正交基 $\boldsymbol{P}$ 使得 $\boldsymbol{M}$ 能写为 $\boldsymbol{M} = \boldsymbol{P}\boldsymbol{P}^{\mathrm{T}}$, 此时马氏距离 $\boldsymbol{u}^{\mathrm{T}}\boldsymbol{M}\boldsymbol{u} = \boldsymbol{u}^{\mathrm{T}}\boldsymbol{P}\boldsymbol{P}^{\mathrm{T}}\boldsymbol{u} = \left\|\boldsymbol{P}^{\mathrm{T}}\boldsymbol{u}\right\|_2^2$。

10.8.2 式 (10.35) 的解释

这只是一种定义而已，没什么别的意思。传统近邻分类器使用多数投票法，有投票权的样本为 $\boldsymbol{x}_i$ 最近的 K 个近邻, 即 KNN; 但也可以将投票范围扩大到整个样本集, 但每个样本的投票权重不一样，距离 $\boldsymbol{x}_i$ 越近的样本投票权重越大。例如，投票权重可取为式 (5.19) 在 $\beta_i = 1$ 时的高斯径向基函数 $\exp\left(-\|\boldsymbol{x}_i - \boldsymbol{x}_j\|^2\right)$。从中可以看出, 若 $\boldsymbol{x}_j$ 与 $\boldsymbol{x}_i$ 重合, 则投票权重为 1 , 距离越大，该值越小。式 (10.35) 的分母旨在将所有投票值规一化至 $[0,1]$ 范围, 使之成为概率值。

读者可能会有疑问：式 (10.35) 的分母中的求和变量 l 是否应该包含 $\boldsymbol{x}_i$ 的下标（即 $l = i$）？其实无所谓, 进一步说，其实是否进行规一化也无所谓。熟悉 KNN 的读者都知道, 在预测时是比较各类投票数的相对大小, 各类样本对 $\boldsymbol{x}_i$ 的投票权重的分母在式 (10.35) 中相同, 因此不影响相对大小。

注意, 这里在计算投票权重时用到了距离度量, 所以可进一步将其换为马氏距离, 从而通过优化某个目标 [见式 (10.38)] 得到最优的度量矩阵 $\boldsymbol{M}$。

10.8.3 式 (10.36) 的解释

我们先来简单解释留一法 (LOO)。KNN 旨在选出样本 $\boldsymbol{x}_i$ 在样本集合中最近的 K 个近邻, 现在将范围扩大, 使用样本集合中的所有样本进行投票, 每个样本的投票权重为式 (10.35)。将各类样本的投票权重分别求和, 注意 $\boldsymbol{x}_i$ 自己的类别肯定

与自己相同（现在是训练阶段, 还没有到对未见样本的预测阶段, 训练集中样本的类别信息均已知), 但因为自己不能为自己投票, 所以要将自己排除, 此为留一法。

假设训练集共有 N 个类别, Ω_n 表示第 n 类样本的下标集合 $(1 \leqslant n \leqslant N)$。对于样本 $\boldsymbol{x}_i$ 来说, 可以分别计算 N 个概率：

$$p_n^{\boldsymbol{x}_i} = \sum_{j \in \Omega_n} p_{ij}, 1 \leqslant n \leqslant N$$

注意, 若样本 $\boldsymbol{x}_i$ 的类别为 n_*, 则在根据上式计算 $p_{n_*}^{\boldsymbol{x}_i}$ 时需要将 $\boldsymbol{x}_i$ 的下标去除, 详见刚刚解释过的留一法 (自己不能为自己投票)。$p_{n_*}^{\boldsymbol{x}_i}$ 为训练集将样本 $\boldsymbol{x}_i$ 预测为第 n_* 类的概率, 若 $p_{n_*}^{\boldsymbol{x}_i}$ 在所有的 $p_n^{\boldsymbol{x}_i}(1 \leqslant n \leqslant N)$ 中最大, 则预测正确, 反之预测错误。

$p_{n_*}^{\boldsymbol{x}_i}$ 即为式 (10.36)。

10.8.4 式 (10.37) 的解释

换为刚才式 (10.36) 的符号, 式 (10.37) 即为 $\sum_{i=1}^m p_{n_*}^{\boldsymbol{x}_i}$, 也就是所有训练样本被训练集预测正确的概率之和。我们当然希望这个概率和最大, 但若采用平方欧氏距离, 则对于某个训练集来说，这个概率和是固定的; 但若采用马氏距离, 则这个概率和与度量矩阵 $\boldsymbol{M}$ 有关。

10.8.5 式 (10.38) 的解释

刚才我们在式 (10.37) 的解释中提到，我们希望寻找一个度量矩阵 $\boldsymbol{M}$，使训练样本被训练集预测正确的概率之和最大, 即 $\max_{\boldsymbol{M}} \sum_{i=1}^m p_{n_*}^{\boldsymbol{x}_i}$。但因为我们求解优化问题的习惯是最小化, 所以改为 $\min_{\boldsymbol{M}} -\sum_{i=1}^m p_{n_*}^{\boldsymbol{x}_i}$ 即可。而式 (10.38) 所示目标函数中的常数 1 并不影响优化结果, 有没有无所谓。

式 (10.38) 中有关将 $\boldsymbol{M} = \boldsymbol{P}\boldsymbol{P}^{\mathrm{T}}$ 代入的形式，参见前面式 (10.34) 的解释的最后一段。

10.8.6 式 (10.39) 的解释

式 (10.39) 是“度量学习”的另一个具体例子。优化目标函数是要求“必连”约束集合 $\mathcal{M}$ 中的样本对之间的距离之和尽可能小，而约束条件则是要求“勿连”约束集合 $\mathcal{C}$ 中的样本对之间的距离之和大于 1。

这里的“1”应该类似于第 6 章所讲的间隔大于“1”, 纯属约定, 没有推导。

参 考 文 献

[1] Michael Grant. Lagrangian optimization with matrix constrains, 2015.

[2] Wikipedia contributors. Frobenius inner product, 2020.

[3] Bernhard Schölkopf, Alexander Smola, and Klaus-Robert Müller. Kernel principal component analysis. In Artificial Neural Networks—ICANN'97: 7th International Conference Lausanne, Switzerland, October 8–10, 1997 Proceeedings, pages 583–588. Springer, 2005.

第 11 章　特征选择与稀疏学习

11.1　子集搜索与评价

“西瓜书”的 11.1 节开篇给出了“特征选择”的概念, 并谈到特征选择与第 10 章的降维有相似的动机。特征选择与降维的区别在于，特征选择是从所有特征中简单地选出相关特征, 选出来的特征就是原来的特征; 降维则对原来的特征进行了映射变换, 降维后的特征均不再是原来的特征。

本节涉及“子集评价”的式 (14.1) 和式 (14.2) 与第 4 章的式 (4.2) 和式 (4.1) 相同, 这是因为“决策树算法在构建树的同时也可看作进行了特征选择”(参见“西瓜书”的 11.7 节“阅读材料”)。接下来的 11.2 节、11.3 节、11.4 节分别介绍了三类特征选择方法: 过滤式 (filter) 选择、包裹式 (wrapper) 选择和嵌入式 (embedding) 选择。

11.1.1　式 (11.1) 的解释

此为信息增益的定义式，对于数据集 D 和属性子集 A，假设根据 A 的取值将 D 分为 V 个子集 $\{D^1, D^2, \cdots, D^V\}$，则信息增益被定义为划分之前数据集 D 的信息熵与划分之后每个子数据集 D^V 的信息熵的差。熵用来衡量一个系统的混乱程度，因此划分前和划分后熵的差越大，表示划分越有效，划分带来的信息增益越大。

11.1.2　式 (11.2) 的解释

此为信息熵的定义式，其中 $p_k(k = 1, 2, \cdots, |\mathcal{Y}|)$ 表示 D 中第 i 类样本所占的比例。可以看出，样本越纯，即 $p_k \to 0$ 或 $p_k \to 1$，$\mathrm{Ent}(D)$ 越小，其最小值为 0。此时必有 $p_i = 1$ 或 $p_i = 0(i = 1, 2, \cdots, |\mathcal{Y}|)$。

11.2 过滤式选择

“过滤式方法先对数据集进行特征选择, 然后再训练学习器, 特征选择过程与后续学习器无关。这相当于先用特征选择过程对初始特征进行‘过滤’, 再用过滤后的特征来训练模型。” 这是“西瓜书”中本节开篇第一段的原话, 之所以重写于此, 是因为这段话里包含了“过滤”的概念。该概念并非仅针对特征选择, 那些所有先对数据集进行某些预处理, 再基于预处理结果训练学习器的方法 (预处理过程独立于学习器训练过程) 均可以称为“过滤式算法”。特别地, 本节介绍的 Relief 方法只是过滤式特征选择方法的其中一种而已。

从式 (11.3) 可以看出, Relief 方法在本质上基于“空间上相近的样本具有相近的类别标记”这一假设。Relief 方法基于样本与同类和异类的最近邻之间的距离来计算相关统计量 δ^j, 越是满足前提假设, 原则上样本与同类最近邻之间的距离 $\operatorname{diff}\left(x_i^j, x_{i,\mathrm{nh}}^j\right)^2$ 越小, 而与异类最近邻之间的距离 $\operatorname{diff}\left(x_i^j, x_{i,\mathrm{nm}}^j\right)^2$ 越大，因此相关统计量 δ^j 越大，对应属性的分类能力就越强。

对于能处理多分类问题的扩展变体 Relief-F, 由于有多个异类, 因此对所有异类最近邻进行加权平均, 各异类的权重为其在数据集中所占的比例。

11.3 包裹式选择

“与过滤式特征选择不考虑后续学习器不同, 包裹式特征选择直接把最终将要使用的学习器的性能作为特征子集的评价准则。换言之, 包裹式特征选择的目的就是为给定学习器选择最有利于其性能、‘量身定做’的特征子集。” 这是“西瓜书”中本节开篇第一段的原话, 之所以重写于此, 是因为这段话里包含了“包裹”的概念。该概念并非仅针对特征选择, 那些所有基于学习器的性能作为评价准则对数据集进行预处理的方法 (预处理过程依赖训练所得学习器的测试性能) 均可以称为“包裹式算法”。特别地, 本节介绍的 LVW 算法只是包裹式特征选择方法的其中一种而已。

在图 11.1 中, 第 1 行的 $E=\infty$ 表示初始化学习器的误差为无穷大, 以至于在第 1 轮迭代中，第 9 行的条件一定为真; 第 2 行的 $d=|A|$ 中的 $|A|$ 表示特征集 A 包含的特征的个数; 第 9 行的 $E'<E$ 表示学习器 $\mathfrak{L}$ 在特征子集 A' 上的误

差比在当前特征子集 A 上的误差更小, $(E'=E)\vee(d'<d)$ 表示学习器 $\mathfrak{L}$ 在特征子集 A' 上的误差与在当前特征子集 A 上的误差相当，但 A' 中包含的特征数更小; $\wedge$ 表示“逻辑与”，$\vee$ 表示“逻辑或”。注意在第 5 行至第 17 行的 while 循环中，t 并非一直增加, 当第 9 行的条件满足时，t 会被清零。

最后, LVW 算法基于拉斯维加斯算法框架, 你可以仔细琢磨体会拉斯维加斯算法和蒙特卡罗算法的区别。通俗的解释如下：

- 蒙特卡罗算法——采样越多, 越近似最优解；
- 拉斯维加斯算法——采样越多, 越有机会找到最优解。

举个例子, 假如筐里有 100 个苹果, 每次闭眼拿 1 个, 挑出最大的。先随机拿 1 个，再随机拿另 1 个跟它比，留下大的；再随机拿 1 个并比较大小，照此进行下去。每拿一次，留下的苹果都至少不比上次的小。拿的次数越多, 挑出的苹果就越大, 但除非拿 100 次, 否则无法肯定挑出了最大的苹果。这个挑苹果的算法, 就属于蒙特卡罗算法——尽量找好的, 但不保证是最好的。而拉斯维加斯算法则是另一种情况。假如有一把锁, 钥匙有 100 个, 但只有 1 个是对的。每次随机拿 1 个钥匙去试, 打不开就换一个。试的次数越多, 打开这把锁 (最优解) 的机会就越大, 但在打开之前, 那些错的钥匙都是没有用的。这个试钥匙的算法, 就是拉斯维加斯算法——尽量找最好的, 但不保证能找到。

11.4 嵌入式选择与 L_1 正则化

“嵌入式特征选择是将特征选择过程与学习器训练过程融为一体，两者在同一个优化过程中完成，即在学习器训练过程中自动地进行了特征选择”，具体可以对比“西瓜书”中式 (11.7) 的例子与前两节所讲特征选择方法的本质区别，细细体会“西瓜书”中本节第一段的这句有关“嵌入式”特征选择的概念描述。

11.4.1 式 (11.5) 的解释

该式为线性回归的优化目标式，y_i 表示样本 i 的真实值，而 $\boldsymbol{w}^{\mathrm{T}}\boldsymbol{x}_i$ 表示其预测值，这里使用预测值和真实值的差的平方来衡量预测值偏离真实值的大小。

11.4.2 式 (11.6) 的解释

该式为加入了 L_2 正规化项的优化目标，也叫“岭回归”; λ 用来调节误差项和正规化项的相对重要性。引入正规化项是为了防止 $\boldsymbol{w}$ 的分量过大而导致过拟合。

11.4.3 式 (11.7) 的解释

该式将式 (11.6) 中的 L_2 正规化项替换成了 L_1 正规化项，也叫 LASSO 回归。关于 L_2 和 L_1 两个正规化项的区别，“西瓜书”的图 11.2 给出了很形象的解释。具体来说，结合 L_1 范数优化的模型参数分量取值尽量稀疏，即非零分量的个数尽量小，因此更容易取得稀疏解。

11.4.4 式 (11.8) 的解释

从该式开始至 11.4 节结束，“西瓜书”都在介绍如何使用近端梯度下降求解 L_1 正则化问题。若将该式对应到式 (11.7), 则该式中的 $f(\boldsymbol{w})=\sum_{i=1}^{m}\left(y^i-\boldsymbol{w}^{\mathrm{T}}\boldsymbol{x}_i\right)^2$, 注意变量为 $\boldsymbol{w}$ （若感觉不习惯，用 $\boldsymbol{x}$ 替换即可)。最终的推导结果仅包含 $f(\boldsymbol{w})$ 的一阶导数 $\nabla f(\boldsymbol{w})=-\sum_{i=1}^{m}2\left(y^i-\boldsymbol{w}^{\mathrm{T}}\boldsymbol{x}_i\right)\boldsymbol{x}_i$。

11.4.5 式 (11.9) 的解释

该式为 L-Lipschitz(利普希茨) 条件的定义式。简单来说, 该条件约束函数的变化不能太快。将式 (11.9) 变形如下，看上去将更为直观 (注意，式中应该是 2 范数而非 2 范数的平方)。

$$\frac{\left\|\nabla f\left(\boldsymbol{x}'\right)-\nabla f(\boldsymbol{x})\right\|_2}{\left\|\boldsymbol{x}'-\boldsymbol{x}\right\|_2}\leqslant L\quad(\forall\boldsymbol{x},\boldsymbol{x}')$$

进一步地, 若 $\boldsymbol{x}'\rightarrow\boldsymbol{x}$, 即

$$\lim_{\boldsymbol{x}'\rightarrow\boldsymbol{x}}\frac{\left\|\nabla f\left(\boldsymbol{x}'\right)-\nabla f(\boldsymbol{x})\right\|_2}{\left\|\boldsymbol{x}'-\boldsymbol{x}\right\|_2}$$

这明显是在求解函数 $\nabla f(\boldsymbol{x})$ 的导数的绝对值（模值）。因此, 式 (11.9) 即要求 $f(\boldsymbol{x})$ 的二阶导数不大于 L, 其中 L 被称为 Lipschitz 常数。

“Lipschitz 连续”可以形象地理解为: 以陆地为例, Lipschitz 连续就是说这块地上没有特别陡的坡。其中最陡的地方有多陡呢? 这就是所谓的 Lipschitz 常数。

11.4.6 式 (11.10) 的推导

首先注意优化目标式与 LASSO 回归的联系和区别, 该式中的 $\boldsymbol{x}$ 对应式 (11.7) 中的 $\boldsymbol{w}$，即我们优化的目标。接下来我们解释一下什么是 L–Lipschitz 条件，根

据维基百科的定义，它是一个比通常连续更强的光滑性条件。从直觉上，利普希茨连续函数限制了函数改变的速度，符合利普希茨条件的函数的斜率，必小于一个称为利普希茨常数（该常数依函数而定）的实数。在维基百科的定义中，式 (11.9) 应该写成

$$|\nabla f(\boldsymbol{x}') - \nabla f(\boldsymbol{x})| \leqslant L\,|\boldsymbol{x}' - \boldsymbol{x}| \quad (\forall \boldsymbol{x}, \boldsymbol{x}')$$

移项可得

$$\frac{|\nabla f(\boldsymbol{x}') - \nabla f(\boldsymbol{x})|}{|\boldsymbol{x}' - \boldsymbol{x}|} \leqslant L \quad (\forall \boldsymbol{x}, \boldsymbol{x}')$$

由于上式对所有的 $\boldsymbol{x}$ 和 $\boldsymbol{x}'$ 都成立，由导数的定义，上式可以看成 $f(\boldsymbol{x})$ 的二阶导数恒不大于 L，即

$$\nabla^2 f(\boldsymbol{x}) \leqslant L$$

在得到这个结论之后，下面推导式 (11.10)。由泰勒公式，$\boldsymbol{x}_k$ 附近的 $f(\boldsymbol{x})$ 通过二阶泰勒展开式可近似为

$$\begin{aligned}
\hat{f}(\boldsymbol{x}) &\simeq f(\boldsymbol{x}_k) + \langle \nabla f(\boldsymbol{x}_k), \boldsymbol{x} - \boldsymbol{x}_k \rangle + \frac{\nabla^2 f(\boldsymbol{x}_k)}{2} \|\boldsymbol{x} - \boldsymbol{x}_k\|^2 \\
&\leqslant f(\boldsymbol{x}_k) + \langle \nabla f(\boldsymbol{x}_k), \boldsymbol{x} - \boldsymbol{x}_k \rangle + \frac{L}{2} \|\boldsymbol{x} - \boldsymbol{x}_k\|^2 \\
&= f(\boldsymbol{x}_k) + \nabla f(\boldsymbol{x}_k)^{\mathrm{T}} (\boldsymbol{x} - \boldsymbol{x}_k) + \frac{L}{2} (\boldsymbol{x} - \boldsymbol{x}_k)^{\mathrm{T}} (\boldsymbol{x} - \boldsymbol{x}_k) \\
&= f(\boldsymbol{x}_k) + \frac{L}{2} \left((\boldsymbol{x} - \boldsymbol{x}_k)^{\mathrm{T}} (\boldsymbol{x} - \boldsymbol{x}_k) + \frac{2}{L} \nabla f(\boldsymbol{x}_k)^{\mathrm{T}} (\boldsymbol{x} - \boldsymbol{x}_k) \right) \\
&= f(\boldsymbol{x}_k) + \frac{L}{2} \Bigg((\boldsymbol{x} - \boldsymbol{x}_k)^{\mathrm{T}} (\boldsymbol{x} - \boldsymbol{x}_k) + \frac{2}{L} \nabla f(\boldsymbol{x}_k)^{\mathrm{T}} (\boldsymbol{x} - \boldsymbol{x}_k) \\
&\quad + \frac{1}{L^2} \nabla f(\boldsymbol{x}_k)^{\mathrm{T}} \nabla f(\boldsymbol{x}_k) \Bigg) - \frac{1}{2L} \nabla f(\boldsymbol{x}_k)^{\mathrm{T}} \nabla f(\boldsymbol{x}_k) \\
&= f(\boldsymbol{x}_k) + \frac{L}{2} \left((\boldsymbol{x} - \boldsymbol{x}_k) + \frac{1}{L} \nabla f(\boldsymbol{x}_k) \right)^{\mathrm{T}} \left((\boldsymbol{x} - \boldsymbol{x}_k) + \frac{1}{L} \nabla f(\boldsymbol{x}_k) \right) \\
&\quad - \frac{1}{2L} \nabla f(\boldsymbol{x}_k)^{\mathrm{T}} \nabla f(\boldsymbol{x}_k) \\
&= \frac{L}{2} \left\| \boldsymbol{x} - \left(\boldsymbol{x}_k - \frac{1}{L} \nabla f(\boldsymbol{x}_k) \right) \right\|_2^2 + \text{const}
\end{aligned}$$

其中，$\text{const} = f(\boldsymbol{x}_k) - \frac{1}{2L} \nabla f(\boldsymbol{x}_k)^{\mathrm{T}} \nabla f(\boldsymbol{x}_k)$

11.4.7 式 (11.11) 的解释

这个式子很容易理解，因为 2 范数的最小值为 0，当 $\boldsymbol{x}_{k+1}=\boldsymbol{x}_k-\frac{1}{L}\nabla f\left(\boldsymbol{x}_k\right)$ 时，$\hat{f}(\boldsymbol{x}_{k+1})\leqslant\hat{f}(\boldsymbol{x}_k)$ 恒成立，同理 $\hat{f}(\boldsymbol{x}_{k+2})\leqslant\hat{f}(\boldsymbol{x}_{k+1}),\cdots$，因此反复迭代就能够使 $\hat{f}(\boldsymbol{x})$ 的值不断下降。

11.4.8 式 (11.12) 的解释

注意 $\hat{f}(\boldsymbol{x})$ 在式 (11.11) 处取得最小值, 因此以下不等式肯定成立:

$$\hat{f}\left(\boldsymbol{x}_k-\frac{1}{L}\nabla f\left(\boldsymbol{x}_k\right)\right)\leqslant\hat{f}\left(\boldsymbol{x}_k\right)$$

在式 (11.10) 的推导中，由于 $f(\boldsymbol{x})\leqslant\hat{f}(\boldsymbol{x})$ 恒成立, 因此以下不等式肯定成立:

$$f\left(\boldsymbol{x}_k-\frac{1}{L}\nabla f\left(\boldsymbol{x}_k\right)\right)\leqslant\hat{f}\left(\boldsymbol{x}_k-\frac{1}{L}\nabla f\left(\boldsymbol{x}_k\right)\right)$$

在式 (11.10) 的推导中，我们还知道 $f\left(\boldsymbol{x}_k\right)=\hat{f}\left(\boldsymbol{x}_k\right)$, 因此

$$f\left(\boldsymbol{x}_k-\frac{1}{L}\nabla f\left(\boldsymbol{x}_k\right)\right)\leqslant\hat{f}\left(\boldsymbol{x}_k-\frac{1}{L}\nabla f\left(\boldsymbol{x}_k\right)\right)\leqslant\hat{f}\left(\boldsymbol{x}_k\right)=f\left(\boldsymbol{x}_k\right)$$

也就是说，通过迭代 $\boldsymbol{x}_{k+1}=\boldsymbol{x}_k-\frac{1}{L}\nabla f\left(\boldsymbol{x}_k\right)$ 可以使 $f(\boldsymbol{x})$ 函数的值逐步下降。

同理, 对于函数 $g(\boldsymbol{x})=f(\boldsymbol{x})+\lambda\|\boldsymbol{x}\|_1$, 可以通过最小化 $\hat{g}(\boldsymbol{x})=\hat{f}(\boldsymbol{x})+\lambda\|\boldsymbol{x}\|_1$ 来逐步求解。式 (11.12) 就是在最小化 $\hat{g}(\boldsymbol{x})=\hat{f}(\boldsymbol{x})+\lambda\|\boldsymbol{x}\|_1$。

以上优化方法被称为 Majorization-Minimization，感兴趣的读者可以搜索相关资料进行详细了解。

11.4.9 式 (11.13) 的解释

这里将式 (11.12) 的优化步骤拆分成了两步：首先令 $\boldsymbol{z}=\boldsymbol{x}_k-\frac{1}{L}\nabla f\left(\boldsymbol{x}_k\right)$ 以计算 $\boldsymbol{z}$，然后求解式 (11.13)，得到的结果是一致的。

11.4.10 式 (11.14) 的推导

令优化函数

$$g(\boldsymbol{x})=\frac{L}{2}\|\boldsymbol{x}-\boldsymbol{z}\|_2^2+\lambda\|\boldsymbol{x}\|_1$$

$$
\begin{aligned}
&= \frac{L}{2}\sum_{i=1}^{d}\left\|x^i - z^i\right\|_2^2 + \lambda\sum_{i=1}^{d}\left\|x^i\right\|_1 \\
&= \sum_{i=1}^{d}\left(\frac{L}{2}\left(x^i - z^i\right)^2 + \lambda\left|x^i\right|\right)
\end{aligned}
$$

这个式子表明 $g(\boldsymbol{x})$ 的优化可以被拆解成优化 $\boldsymbol{x}$ 的各个分量的形式。对于分量 x^i，其优化函数为

$$
g\left(x^i\right) = \frac{L}{2}\left(x^i - z^i\right)^2 + \lambda\left|x^i\right|
$$

求导可得

$$
\frac{\mathrm{d}g\left(x^i\right)}{\mathrm{d}x^i} = L\left(x^i - z^i\right) + \lambda\mathrm{sign}\left(x^i\right)
$$

其中

$$
\mathrm{sign}\left(x^i\right) = \begin{cases} 1, & x^i > 0 \\ -1, & x^i < 0 \end{cases}
$$

被称为符号函数[1]。对于 $x^i = 0$ 的特殊情况，由于 $|x^i|$ 在 $x^i = 0$ 处不光滑，因此其不可导，需要单独讨论。令 $\frac{\mathrm{d}g\left(x^i\right)}{\mathrm{d}x^i} = 0$，有

$$
x^i = z^i - \frac{\lambda}{L}\,\mathrm{sign}\left(x^i\right)
$$

此式的解即为优化目标 $g(x^i)$ 的极值点。因为等式两端均含有未知变量 x^i，所以我们分情况讨论。

（1） 当 $z^i > \frac{\lambda}{L}$ 时。a. 假设 $x^i < 0$，则 $\mathrm{sign}(x^i) = -1$，那么有 $x^i = z^i + \frac{\lambda}{L} > 0$，与假设矛盾。b. 假设 $x^i > 0$，则 $\mathrm{sign}(x^i) = 1$，那么有 $x^i = z^i - \frac{\lambda}{L} > 0$，与假设相符。下面检验 $x^i = z^i - \frac{\lambda}{L}$ 是否能使函数 $g(x^i)$ 取得最小值。当 $x^i > 0$ 时，有

$$
\frac{\mathrm{d}g\left(x^i\right)}{\mathrm{d}x^i} = L\left(x^i - z^i\right) + \lambda
$$

因为在定义域内连续可导，所以 $g(x^i)$ 的二阶导数为

$$
\frac{\mathrm{d}^2 g\left(x^i\right)}{\mathrm{d}{x^i}^2} = L
$$

由于 L 是 Lipschitz 常数，它恒大于 0，因此 $x^i = z^i - \frac{\lambda}{L}$ 是函数 $g(x^i)$ 的最小值。

（2） 当 $z^i < -\frac{\lambda}{L}$ 时。a. 假设 $x^i > 0$，则 $\operatorname{sign}(x^i) = 1$，那么有 $x^i = z^i - \frac{\lambda}{L} < 0$，与假设矛盾。b. 假设 $x^i < 0$，则 $\operatorname{sign}(x^i) = -1$，那么有 $x^i = z^i + \frac{\lambda}{L} < 0$，与假设相符。由上述二阶导数恒大于 0 可知，$x^i = z^i + \frac{\lambda}{L}$ 是 $g(x^i)$ 的最小值。

（3） 当 $-\frac{\lambda}{L} \leqslant z^i \leqslant \frac{\lambda}{L}$ 时。a. 假设 $x^i > 0$，则 $\operatorname{sign}(x^i) = 1$，那么有 $x^i = z^i - \frac{\lambda}{L} \leqslant 0$，与假设矛盾。b. 假设 $x^i < 0$，则 $\operatorname{sign}(x^i) = -1$，那么有 $x^i = z^i + \frac{\lambda}{L} \geqslant 0$，也与假设矛盾。

（4） 最后讨论 $x^i = 0$ 的情况。此时，$g(x^i) = \frac{L}{2}\left(z^i\right)^2$。

- 当 $|z^i| > \frac{\lambda}{L}$ 时，由上述推导可知 $g(x^i)$ 的最小值是在 $x^i = z^i - \frac{\lambda}{L}$ 处取得的，因为

$$\begin{aligned}
g(x^i)|_{x^i=0} - g(x^i)|_{x^i=z^i-\frac{\lambda}{L}} &= \frac{L}{2}\left(z^i\right)^2 - \left(\lambda z^i - \frac{\lambda^2}{2L}\right) \\
&= \frac{L}{2}\left(z^i - \frac{\lambda}{L}\right)^2 \\
&> 0
\end{aligned}$$

  因此，当 $|z^i| > \frac{\lambda}{L}$ 时，$x^i = 0$ 不是函数 $g(x^i)$ 的最小值点。

- 当 $-\frac{\lambda}{L} \leqslant z^i \leqslant \frac{\lambda}{L}$ 时，对于任何 $\Delta x \neq 0$，有

$$\begin{aligned}
g(\Delta x) &= \frac{L}{2}\left(\Delta x - z^i\right)^2 + \lambda|\Delta x| \\
&= \frac{L}{2}\left((\Delta x)^2 - 2\Delta x \cdot z^i + \frac{2\lambda}{L}|\Delta x|\right) + \frac{L}{2}\left(z^i\right)^2 \\
&\geqslant \frac{L}{2}\left((\Delta x)^2 - 2\Delta x \cdot z^i + \frac{2\lambda}{L}\Delta x\right) + \frac{L}{2}\left(z^i\right)^2 \\
&\geqslant \frac{L}{2}\left(\Delta x\right)^2 + \frac{L}{2}\left(z^i\right)^2 \\
&> g(x^i)|_{x^i=0}
\end{aligned}$$

  因此，$x^i = 0$ 是函数 $g(x^i)$ 的最小值点。

  综上所述，式 (11.14) 成立。

  该式被称为软阈值 (Soft Thresholding) 函数，很常见，建议掌握。另外，软阈值函数常见的变形是式 (11.13) 中的 $L = 1$ 或 $L = 2$ 时的形式，将其解直接代入式 (11.14) 即可。与软阈值函数相对的是硬阈值函数，其解是将式 (11.13) 中的 1 范数替换为 0 范数的优化问题的闭式解。

11.5 稀疏表示与字典学习

稀疏表示与字典学习实际上是信号处理领域的概念。本节内容的核心就是 K-SVD 算法。

11.5.1 式 (11.15) 的解释

这个式子表达的意思很容易理解，即希望样本 $\boldsymbol{x}_i$ 的稀疏表示 $\boldsymbol{\alpha}_i$ 在通过字典 $\boldsymbol{B}$ 重构后能够和样本 $\boldsymbol{x}_i$ 的原始表示尽量相似。如果满足这个条件，那么稀疏表示 $\boldsymbol{\alpha}_i$ 是比较好的。后面的 1 范数项是为了使表示更加稀疏。

11.5.2 式 (11.16) 的解释

为了优化式 (11.15)，我们采用变量交替优化的方式 (有点类似于 EM 算法)。若固定字典 $\boldsymbol{B}$，则式 (11.15) 求解的是 m 个样本相加的最小值，因为公式里没有样本之间的交互 (即“西瓜书”中所述 $\alpha_i^u\alpha_i^v(u \neq v)$ 这样的形式)，所以可以对每个变量分别做优化并求出 $\boldsymbol{\alpha}_i$，求解方法见式 (11.13) 和式 (11.14)。

11.5.3 式 (11.17) 的推导

这是优化式 (11.15) 的第二步，固定住 $\boldsymbol{\alpha}_i(i=1,2,\cdots,m)$，此时式 (11.15) 的第二项为一个常数，优化式 (11.15) 即优化 $\min_{\boldsymbol{B}}\sum_{i=1}^{m}\|\boldsymbol{x}_i-\boldsymbol{B}\boldsymbol{\alpha}_i\|_2^2$。将其写成矩阵相乘的形式，得到 $\min_{\boldsymbol{B}}\|\boldsymbol{X}-\boldsymbol{B}\boldsymbol{A}\|_2^2$，将 2 范数扩展到 F 范数即得优化目标为 $\min_{\boldsymbol{B}}\|\boldsymbol{X}-\boldsymbol{B}\boldsymbol{A}\|_F^2$。

11.5.4 式 (11.18) 的推导

这个公式的难点在于推导 $\boldsymbol{B}\boldsymbol{A}=\sum_{j=1}^{k}\boldsymbol{b}_j\boldsymbol{\alpha}^j$。大致的思路是，$\boldsymbol{b}_j\boldsymbol{\alpha}^j$ 会生成一个和矩阵 $\boldsymbol{B}\boldsymbol{A}$ 同样维度的矩阵，这个矩阵中对应位置的元素是矩阵 $\boldsymbol{B}\boldsymbol{A}$ 中对应位置元素的一个分量，这样的分量矩阵一共有 k 个，把所有分量矩阵加起来就得到了最终结果。推导过程如下：

$$\boldsymbol{BA}=\begin{bmatrix} b_1^1 & b_2^1 & \cdot & \cdot & \cdot & b_k^1 \\ b_1^2 & b_2^2 & \cdot & \cdot & \cdot & b_k^2 \\ \cdot & \cdot & \cdot & & & \cdot \\ \cdot & \cdot & & \cdot & & \cdot \\ \cdot & \cdot & & & \cdot & \cdot \\ b_1^d & b_2^d & \cdot & \cdot & \cdot & b_k^d \end{bmatrix}_{d\times k}\cdot\begin{bmatrix} \alpha_1^1 & \alpha_2^1 & \cdot & \cdot & \cdot & \alpha_m^1 \\ \alpha_1^2 & \alpha_2^2 & \cdot & \cdot & \cdot & \alpha_m^2 \\ \cdot & \cdot & \cdot & & & \cdot \\ \cdot & \cdot & & \cdot & & \cdot \\ \cdot & \cdot & & & \cdot & \cdot \\ \alpha_1^k & \alpha_2^k & \cdot & \cdot & \cdot & \alpha_m^k \end{bmatrix}_{k\times m}$$

$$=\begin{bmatrix} \sum_{j=1}^{k} b_j^1\alpha_1^j & v\sum_{j=1}^{k} b_j^1\alpha_2^j & \cdot & \cdot & \cdot & \sum_{j=1}^{k} b_j^1\alpha_m^j \\ \sum_{j=1}^{k} b_j^2\alpha_1^j & \sum_{j=1}^{k} b_j^2\alpha_2^j & \cdot & \cdot & \cdot & \sum_{j=1}^{k} b_j^2\alpha_m^j \\ \cdot & \cdot & \cdot & & & \cdot \\ \cdot & \cdot & & \cdot & & \cdot \\ \cdot & \cdot & & & \cdot & \cdot \\ \sum_{j=1}^{k} b_j^d\alpha_1^j & \sum_{j=1}^{k} b_j^d\alpha_2^j & \cdot & \cdot & \cdot & \sum_{j=1}^{k} b_j^d\alpha_m^j \end{bmatrix}_{d\times m}$$

$$\boldsymbol{b_j\alpha^j}=\begin{bmatrix} b_j^1 \\ b_j^2 \\ \cdot \\ \cdot \\ \cdot \\ b_j^d \end{bmatrix}\cdot\begin{bmatrix} \alpha_1^j & \alpha_2^j & \cdot & \cdot & \cdot & \alpha_m^j \end{bmatrix}$$

$$=\begin{bmatrix} b_j^1\alpha_1^j & b_j^1\alpha_2^j & \cdot & \cdot & \cdot & b_j^1\alpha_m^j \\ b_j^2\alpha_1^j & b_j^2\alpha_2^j & \cdot & \cdot & \cdot & b_j^2\alpha_m^j \\ \cdot & \cdot & \cdot & & & \cdot \\ \cdot & \cdot & & \cdot & & \cdot \\ \cdot & \cdot & & & \cdot & \cdot \\ b_j^d\alpha_1^j & b_j^d\alpha_2^j & \cdot & \cdot & \cdot & b_j^d\alpha_m^j \end{bmatrix}_{d\times m}$$

求和可得

$$\sum_{j=1}^{k}\boldsymbol{b_j}\boldsymbol{\alpha^j}=\sum_{j=1}^{k}\left(\begin{bmatrix}b_j^1\\b_j^2\\\cdot\\\cdot\\\cdot\\b_j^d\end{bmatrix}\cdot\begin{bmatrix}\alpha_1^j & \alpha_2^j & \cdot & \cdot & \cdot & \alpha_m^j\end{bmatrix}\right)$$

$$=\begin{bmatrix}\sum_{j=1}^{k}b_j^1\alpha_1^j & \sum_{j=1}^{k}b_j^1\alpha_2^j & \cdot & \cdot & \cdot & \sum_{j=1}^{k}b_j^1\alpha_m^j\\\sum_{j=1}^{k}b_j^2\alpha_1^j & \sum_{j=1}^{k}b_j^2\alpha_2^j & \cdot & \cdot & \cdot & \sum_{j=1}^{k}b_j^2\alpha_m^j\\\cdot & \cdot & \cdot & & & \cdot\\\cdot & \cdot & & \cdot & & \cdot\\\cdot & \cdot & & & \cdot & \cdot\\\sum_{j=1}^{k}b_j^d\alpha_1^j & \sum_{j=1}^{k}b_j^d\alpha_2^j & \cdot & \cdot & \cdot & \sum_{j=1}^{k}b_j^d\alpha_m^j\end{bmatrix}_{d\times m}$$

由此得证。

将矩阵 $\boldsymbol{B}$ 分解成矩阵列 $\boldsymbol{b}_j(j=1,2,\cdots,k)$ 带来的一个好处是，和式 (11.16) 的原理相同，矩阵的列与列之间无关，因此可以分别优化各个列。将 $\min_{\boldsymbol{B}}\|\cdots\boldsymbol{B}\cdots\|_F^2$ 转换为 $\min_{b_i}\|\cdots\boldsymbol{b}_i\cdots\|_F^2$，在得到第三行的等式之后，再利用 K-SVD 算法进行求解即可。

K-SVD 算法

本节的前半部分铺垫概念，后半部分的核心就是 K-SVD 算法。作为字典学习的最经典算法，K-SVD[2] 算法的论文自 2006 年发表以来已被引用逾万次。K-SVD 算法的基础是 SVD，即奇异值分解，参见“西瓜书”的附录 A.3。

对于任意实矩阵 $\boldsymbol{A}\in\mathbb{R}^{m\times n}$，都可以分解为 $\boldsymbol{A}=\boldsymbol{U\Sigma V}^{\mathrm{T}}$。其中 $\boldsymbol{U}\in\mathbb{R}^{m\times m}$，$\boldsymbol{V}\in\mathbb{R}^{n\times n}$，分别为 m 阶和 n 阶正交矩阵 (在复数域时被称为酉矩阵)，即 $\boldsymbol{U}^{\mathrm{T}}\boldsymbol{U}=\boldsymbol{I},\boldsymbol{V}^{\mathrm{T}}\boldsymbol{V}=\boldsymbol{I}$ (逆矩阵等于自身的转置)；$\boldsymbol{\Sigma}\in\mathbb{R}^{m\times n}$，且除了 $(\boldsymbol{\Sigma})_{ii}=\sigma_i$ 之外，其他位置的元素均为 0，σ_i 被称为奇异值。可以证明，矩阵 $\boldsymbol{A}$ 的秩等于非零奇异值

的个数。

正如“西瓜书”的附录 A.3 所述, K-SVD 算法主要使用 SVD 解决低秩矩阵近似问题。之所以称为 K-SVD, 原始论文中专门有说明:

We shall call this algorithm “K-SVD” to parallel the name K-means. While K-means applies K computations of means to update the codebook, K-SVD obtains the updated dictionary by K SVD computations, each determining one column.

具体来说, 就是原始论文中的字典共有 K 个原子 (列), 因此需要迭代 K 次，这类似于 K 均值算法将数据聚成 K 个簇, 需要计算 K 次均值。

K-SVD 算法的伪代码如图 11-1 所示, 其中的符号与本节符号是有差异的。具体来说, 原始论文中的字典矩阵用 $\boldsymbol{D}$ (这里用 $\boldsymbol{B}$) 表示, 稀疏系数用 $\boldsymbol{x}_i$ (这里用 $\boldsymbol{\alpha}_i$) 表示, 数据集用 $\boldsymbol{Y}$ (这里用 $\boldsymbol{X}$) 表示。

在初始化字典矩阵 $\boldsymbol{D}$ 以后, K-SVD 算法的迭代过程分为两步。第 1 步的 Sparse Coding Stage 就是普通的已知字典矩阵 $\boldsymbol{D}$ 的稀疏表示问题, 可使用很多现成的算法完成此步, 不再详述。K-SVD 算法的核心创新点在第 2 步 Codebook Update Stage, 在该步骤中，分 K 次分别更新字典矩阵 $\boldsymbol{D}$ 中的每一列。在更新第 k 列 $\boldsymbol{d}_k$ 时，其他各列都是固定的, 如原始论文中的式 (21) 所示：

$$\begin{aligned}
\|\boldsymbol{Y}-\boldsymbol{D}\boldsymbol{X}\|_F^2 &= \left\|\boldsymbol{Y}-\sum_{j=1}^{K}\boldsymbol{d}_j\boldsymbol{x}_T^j\right\|_F^2 \\
&= \left\|\left(\boldsymbol{Y}-\sum_{j\neq k}\boldsymbol{d}_j\boldsymbol{x}_T^j\right)-\boldsymbol{d}_k\boldsymbol{x}_T^k\right\|_F^2 \\
&= \left\|\boldsymbol{E}_k-\boldsymbol{d}_k\boldsymbol{x}_T^k\right\|_F^2
\end{aligned}$$

注意, 矩阵 $\boldsymbol{d}_k\boldsymbol{x}_T^k$ 的秩为 1 (其中, $\boldsymbol{x}_T^k$ 表示稀疏系数矩阵 $\boldsymbol{X}$ 的第 k 行, 以区别于其第 k 列 $\boldsymbol{x}_k$)。对比“西瓜书”的附录 A.3 中的式 (A.34), 这就是一个低秩矩阵近似问题, 即对于给定矩阵 $\boldsymbol{E}_k$, 求其最优 1 秩近似矩阵 $\boldsymbol{d}_k\boldsymbol{x}_T^k$。此时，可对 $\boldsymbol{E}_k$ 进行奇异值分解, 类似于“西瓜书”的附录 A 中的式 (A.35), 仅保留最大的 1 个奇异值。具体来说，$\boldsymbol{E}_k=\boldsymbol{U}\Delta\boldsymbol{V}^{\mathrm{T}}$, 仅保留 Δ 中最大的奇异值 $\Delta(1,1)$, 于是 $\boldsymbol{d}_k\boldsymbol{x}_T^k=\boldsymbol{U}_1\Delta(1,1)\boldsymbol{V}_1^{\mathrm{T}}$, 其中 $\boldsymbol{U}_1$、$\boldsymbol{V}_1$ 分别为 $\boldsymbol{U}$、$\boldsymbol{V}$ 的第 1 列, 此时 $\boldsymbol{d}_k=\boldsymbol{U}_1$, $\boldsymbol{x}_T^k=\Delta(1,1)\boldsymbol{V}_1^{\mathrm{T}}$。但这样更新会破坏我们在第 1 步中得到的稀疏系数的稀疏性!

为了保证我们在第 1 步中得到的稀疏系数的稀疏性, K-SVD 算法并不直接对

$\boldsymbol{E}_k$ 进行奇异值分解, 而是根据 $\boldsymbol{x}_T^k$ 仅取出与 $\boldsymbol{x}_T^k$ 的非零元素对应的部分列。例如，若行向量 $\boldsymbol{x}_T^k$ 只有第 1、3、5、8、9 个元素非零, 则仅取出 $\boldsymbol{E}_k$ 的第 1、3、5、8、9 列，组成矩阵并进行奇异值分解，$\boldsymbol{E}_k^R = \boldsymbol{U}\Delta\boldsymbol{V}^{\mathrm{T}}$, 于是有

$$\tilde{\boldsymbol{d}}_k = \boldsymbol{U}_1, \quad \tilde{\boldsymbol{x}}_T^k = \Delta(1,1)\boldsymbol{V}_1^{\mathrm{T}}$$

从而得到更新后的 $\tilde{\boldsymbol{d}}_k$ 和 $\tilde{\boldsymbol{x}}_T^k$ (注意, 此时行向量 $\tilde{\boldsymbol{x}}_T^k$ 的长度仅为原 $\boldsymbol{x}_T^k$ 中非零元素的个数, 需要按原 $\boldsymbol{x}_T^k$ 对其余位置填 0)。如此迭代 K 次，即得更新后的字典矩阵 $\tilde{\boldsymbol{D}}$, 以供下一轮的 Sparse Coding Stage 使用。K-SVD 算法的原始论文特意提到, 在 K 次迭代中要使用最新的稀疏系数 $\tilde{\boldsymbol{x}}_T^k$, 但并没有说是否要用最新的 $\tilde{\boldsymbol{d}}_k$ (我们推测应该也要用最新的 $\tilde{\boldsymbol{d}}_k$)。

Task: Find the best dictionary to represent the data samples $\{\boldsymbol{y}_i\}_{i=1}^N$ as sparse compositions, by solving

$$\min_{\boldsymbol{D},\boldsymbol{X}} \left\{\|\boldsymbol{Y} - \boldsymbol{D}\boldsymbol{X}\|_F^2\right\} \quad \text{subject to} \quad \forall i,\ \|\boldsymbol{x}_i\|_0 \leqslant T_0.$$

Initialization : Set the dictionary matrix $\boldsymbol{D}^{(0)} \in \boldsymbol{R}^{n\times K}$ with ℓ^2 normalized columns. Set $J = 1$.

Repeat until convergence (stopping rule):

- *Sparse Coding Stage*: Use any pursuit algorithm to compute the representation vectors $\boldsymbol{x}_i$ for each example $\boldsymbol{y}_i$, by approximating the solution of

$$i = 1, 2, \cdots, N, \quad \min_{x_i} \left\{\|\boldsymbol{y}_i - \boldsymbol{D}\boldsymbol{x}_i\|_2^2\right\} \quad \text{subject to} \quad \|\boldsymbol{x}_i\|_0 \leqslant T_0.$$

- *Codebook Update Stage*: For each column $k = 1, 2, \cdots, K$ in $\boldsymbol{D}^{(J-1)}$, update it by
  - Define the group of examples that use this atom, $\omega_k = \{i|\ 1 \leqslant i \leqslant N,\ \boldsymbol{x}_T^k(i) \neq 0\}$.
  - Compute the overall representation error matrix, $\boldsymbol{E}_k$, by

$$\boldsymbol{E}_k = \boldsymbol{Y} - \sum_{j\neq k} \boldsymbol{d}_j \boldsymbol{x}_T^j.$$

  - Restrict $\boldsymbol{E}_k$ by choosing only the columns corresponding to ω_k, and obtain $\boldsymbol{E}_k^R$.
  - Apply SVD decomposition $\boldsymbol{E}_k^R = \boldsymbol{U}\boldsymbol{\Delta}\boldsymbol{V}^{\mathrm{T}}$. Choose the updated dictionary column $\tilde{d}_k$ to be the first column of $\boldsymbol{U}$. Update the coefficient vector $\boldsymbol{x}_R^k$ to be the first column of $\boldsymbol{V}$ multiplied by $\boldsymbol{\Delta}(1,1)$.
- Set $J = J + 1$.

图 11-1 K-SVD 算法在原始论文中的描述

11.6 压缩感知

虽然压缩感知与稀疏表示关系密切, 但前者是彻彻底底的信号处理领域的概念。在本章中,“西瓜书”有几个专业术语在翻译上与信号处理领域人士的习惯翻译略不一样: 比如第 258 页的 Restricted Isometry Property (RIP),“西瓜书”将其翻译为“限定等距性”, 信号处理领域一般翻译为“有限等距性质”; 再比如第 259 页的 Basis Pursuit De-Noising, 以及第 261 页的 Basis Pursuit 和 Matching Pursuit 中的“Pursuit”,“西瓜书”将其翻译为“寻踪”, 信号处理领域一般翻译为“追踪”, 因此对应的叫法分别是基追踪降噪、基追踪、匹配追踪。

11.6.1 式 (11.21) 的解释

将式 (11.21) 变形为

$$(1-\delta_k) \leqslant \frac{\|\boldsymbol{A}_k \boldsymbol{s}\|_2^2}{\|\boldsymbol{s}\|_2^2} \leqslant (1+\delta_k)$$

注意在以上不等式的中间, 若 $\boldsymbol{s}$ 为输入信号, 则分母 $\|\boldsymbol{s}\|_2^2$ 为输入信号的能量, 分子 $\|\boldsymbol{A}_k \boldsymbol{s}\|_2^2$ 为对应的观测信号的能量, 即 RIP 要求观测信号与输入信号的能量之比在一定的范围之内。例如, 当 δ_k 等于 0 时, 观测信号与输入信号的能量相等, 即实现了等距变换, 相关信息可以查阅参考文献 [3]。RIP 放松了对矩阵 $\boldsymbol{A}$ 的约束 (而且矩阵 $\boldsymbol{A}$ 并非方阵), 因此才被称为“有限等距性质”。

11.6.2 式 (11.25) 的解释

该式为核范数的定义式: 矩阵的核范数（迹范数）为矩阵的奇异值之和。

下面我们解释一下“凸包”的概念。在二维欧几里得空间中, 凸包可以想象为一个刚好包着所有点的橡皮圈; 用不严谨的话来讲, 给定二维平面上的点集, 凸包就是将最外层的点连接起来构成的凸多边形, 它能包含点集中所有的点。

笔者认为, 将 $\operatorname{rank}(\boldsymbol{X})$ 的“凸包”是 $\boldsymbol{X}$ 的核范数 $\|\boldsymbol{X}\|_*$ 简单理解为 $\|\boldsymbol{X}\|_*$ 是 $\operatorname{rank}(\boldsymbol{X})$ 的上限即可, 即 $\|\boldsymbol{X}\|_*$ 恒大于 $\operatorname{rank}(\boldsymbol{X})$, 类似于式 (11.10) 中的 $\hat{f}(\boldsymbol{x})$ 恒大于 $f(\boldsymbol{x})$。

参考文献

[1] Wikipedia contributors. Sign function, 2020.

[2] Michal Aharon, Michael Elad, and Alfred Bruckstein. K-SVD: An algorithm for designing overcomplete dictionaries for sparse representation. *IEEE Transactions on Signal Processing*, 54(11):4311–4322, 2006.

[3] 杨孝春. 欧氏空间中的等距变换与等距映射 [J]. 四川工业学院学报, 1999.

第 12 章　计算学习理论

正如本章开篇所述，研究计算学习理论的目的是分析学习任务的困难本质，为学习算法提供理论保证，并根据分析结果指导算法设计。例如，“西瓜书”的定理 12.1、定理 12.3、定理 12.6 所表达意思的共同点是，泛化误差与经验误差之差的绝对值以很大概率 $(1-\delta)$ 很小，且这个差的绝对值会随着训练样本个数 (m) 的增加而减小，并随着模型复杂度 [定理 12.1 中为假设空间包含的假设个数 $|\mathcal{H}|$，定理 12.3 中为假设空间的 VC 维，定理 12.6 中为 (经验)Rademacher 复杂度] 的降低而减小。因此，要想得到一个泛化误差很小的模型，足够的训练样本是前提，最小化经验误差是实现途径，另外还要选择性能相同的模型中模型复杂度最低的那个。“最小化经验误差”即常说的经验风险最小化，“选择性能相同的模型中模型复杂度最低的那个”即结构风险最小化，参见“西瓜书”中 6.4 节最后一段的描述，尤其是式 (6.42) 所表达的意思。

12.1　基 础 知 识

统计学中有总体集合和样本集合之分, 比如要统计国内本科生对机器学习的掌握情况, 此时全国所有的本科生就是总体集合, 但总体集合往往太大而不具有实际可操作性, 一般都是取总体集合的一部分, 比如从双一流 A 类高校、双一流 B 类高校、一流学科建设高校、普通高校中各找一部分学生 (即样本集合) 进行调研, 以此来了解国内本科生对机器学习的掌握情况。在机器学习中, 样本空间 (参见“西瓜书”的 1.2 节) 对应总体集合, 而我们手头上的样例集 D 对应样本集合, 样例集 D 是从样本空间中采样而得的, 分布 $\mathcal{D}$ 可理解为当从样本空间中采样获得样例集 D 时每个样本被采到的概率, 我们用 $\mathcal{D}(t)$ 表示样本空间中的第 t 个样本被采到的概率。

12.1.1 式 (12.1) 的解释

该式为泛化误差的定义式。所谓泛化误差，是指当样本 $\boldsymbol{x}$ 从真实的样本分布 $\mathcal{D}$ 中采样后，其预测值 $h(\boldsymbol{x})$ 不等于真实值 y 的概率。在现实世界中，我们很难获得样本分布 $\mathcal{D}$，我们拿到的数据集可以看成从样本分布 $\mathcal{D}$ 中独立同分布采样而得。在“西瓜书”中，我们拿到的数据集被称为样例集 D（也叫观测集或样本集，注意与花体 $\mathcal{D}$ 的区别）。

12.1.2 式 (12.2) 的解释

该式为经验误差的定义式。所谓经验误差，是指观测集 D 中的样本 $\boldsymbol{x}_i(i=1,2,\cdots,m)$ 的预测值 $h(\boldsymbol{x}_i)$ 和真实值 y_i 的期望误差。

12.1.3 式 (12.3) 的解释

假设我们有两个模型 h_1 和 h_2，将它们同时作用于样本 $\boldsymbol{x}$ 上，那么它们的“不合”度就被定义为这两个模型的预测值不相同的概率。

12.1.4 式 (12.4) 的解释

Jensen 不等式从直观上很好理解，比如在二维空间中，凸函数可以想象成开口向上的抛物线。假如我们有两个点 x_1、x_2，那么 $f(\mathbb{E}(x))$ 表示的是两个点均值的纵坐标，而 $\mathbb{E}(f(x))$ 表示的是两个点纵坐标的均值，因为两个点的均值落在抛物线的凹处，所以均值的纵坐标会小一些。

12.1.5 式 (12.5) 和式 (12.6) 的解释

随机变量的观测值是随机的, 进一步地, 随机过程的每个时刻都是一个随机变量。

在式 (12.5) 中，$\frac{1}{m}\sum_{i=1}^{m}x_i$ 表示 m 个独立随机变量各自的某次观测值的平均，$\frac{1}{m}\sum_{i=1}^{m}\mathbb{E}\left(x_i\right)$ 表示 m 个独立随机变量各自的期望的平均。

式 (12.5) 表示事件 $\frac{1}{m}\sum_{i=1}^{m}x_i-\frac{1}{m}\sum_{i=1}^{m}\mathbb{E}\left(x_i\right)\geqslant\epsilon$ 出现的概率不大于 $\mathrm{e}^{-2m\epsilon^2}$。式 (12.6) 表达的事件 $\left|\frac{1}{m}\sum_{i=1}^{m}x_i-\frac{1}{m}\sum_{i=1}^{m}\mathbb{E}\left(x_i\right)\right|\geqslant\epsilon$ 等价于以下事件：

$$\frac{1}{m}\sum_{i=1}^{m}x_i-\frac{1}{m}\sum_{i=1}^{m}\mathbb{E}\left(x_i\right)\geqslant\epsilon \quad\vee\quad \frac{1}{m}\sum_{i=1}^{m}x_i-\frac{1}{m}\sum_{i=1}^{m}\mathbb{E}\left(x_i\right)\leqslant-\epsilon$$

其中, $\vee$ 表示逻辑或 (以上其实就是将绝对值表达式拆成两部分而已)。这两个子事件并无交集, 因此总概率等于两个子事件概率之和; 而 $\frac{1}{m}\sum_{i=1}^{m}x_i-\frac{1}{m}\sum_{i=1}^{m}\mathbb{E}\left(x_i\right)\leqslant -\epsilon$ 与式 (12.5) 表达的事件对称, 因此概率相同。

Hoeffding 不等式表达的意思是，$\frac{1}{m}\sum_{i=1}^{m}x_i$ 和 $\frac{1}{m}\sum_{i=1}^{m}\mathbb{E}\left(x_i\right)$ 两个值应该比较接近, 二者之差大于 ϵ 的概率很小 (不大于 $2\mathrm{e}^{-2m\epsilon^2}$)。

如果对 Hoeffding 不等式的证明感兴趣，可参考 Hoeffding 在 1963 年发表的论文[1]，这篇论文也被引用了逾万次。

12.1.6 式 (12.7) 的解释

我们首先解释一下前提条件：

$$\sup_{x_1,\cdots,x_m,x_i'}\left|f\left(x_1,\cdots,x_m\right)-f\left(x_1,\cdots,x_{i-1},x_i',x_{i+1},\cdots,x_m\right)\right|\leqslant c_i$$

它表示当函数 f 的某个输入 x_i 变到 x_i' 的时候，其变化的上确界 sup 仍满足不大于 c_i 这个条件。上确界 sup 可以理解成变化的极限最大值，可能取到也可能无穷逼近。当满足这个条件时，McDiarmid 不等式指出：函数值 $f(x_1,\cdots,x_m)$ 和期望值 $\mathbb{E}\left(f(x_1,\cdots,x_m)\right)$ 也相近。从概率的角度进行描述就是，它们之间的差值不小于 ϵ 这样的事件出现的概率不大于 $\exp\left(\frac{-2\epsilon^2}{\sum_i c_i^2}\right)$。可以看出，每次变量改动带来函数值改动的上限越小，函数值和期望值就越相近。

12.2 PAC 学习

本节内容几乎都是概念, 建议多读几遍，仔细琢磨一下。

PAC (Probably Approximately Correct, 概率近似正确) 学习可以读作 [pæk] 学习。

本节第 2 段讨论的目标概念, 可简单理解为真实的映射函数。

本节第 3 段讨论的假设空间, 可简单理解为学习算法不同参数时的存在, 例如线性分类超平面 $f(\boldsymbol{x})=\boldsymbol{w}^{\mathrm{T}}\boldsymbol{x}+b$, 每一组 $(\boldsymbol{w},b)$ 取值就是一个假设。

本节第 4 段讨论学习算法是可分的 (separable) 还是不可分的 (non-separable)。例如“西瓜书”第 100 页的图 5.4, 若假设空间是线性分类器, 则图 5.4(a)、图 5.4(b) 和图 5.4(c) 是可分的, 而图 5.4(d) 是不可分的; 当然, 若假设空间为椭圆分类器 (分类边界为椭圆), 则图 5.4(d) 也是可分的。

本节第 5 段提到的“等效的假设”指的是“西瓜书”第 7 页的图 1.3 中的 A 和 B 两条曲线都可以完美拟合有限的样本点, 故称之为“等效的假设”; 另外，本段最后还给出了概率近似正确的含义, 即“以较大概率学得误差满足预设上限的模型”。

在定义 12.1 中，PAC 辨识的式 (12.9) 表示输出假设 h 的泛化误差 $E(h) \leqslant \epsilon$ 的概率不小于 $1-\delta$，即“学习算法 $\mathfrak{L}$ 能以较大概率 (至少 $1-\delta$) 学得目标概念 c 的近似 (误差最多为 ϵ)”。

在定义 12.2 中，PAC 可学习的核心在于, 需要的样本数目 m 是 $1/\epsilon$、$1/\delta$、$\operatorname{size}(\boldsymbol{x})$ 和 $\operatorname{size}(c)$ 的多项式函数。

在定义 12.3 中，PAC 学习算法的核心在于, 完成 PAC 学习所需要的时间也是 $1/\epsilon$、$1/\delta$、$\operatorname{size}(\boldsymbol{x})$ 和 $\operatorname{size}(c)$ 的多项式函数。

定义 12.4 中的样本复杂度是指完成 PAC 学习过程所需要的最小的样本数量, 而在实际中，我们当然也希望用最小的样本数量完成学习过程。

在定义 12.4 之后, “西瓜书”抛出了三个问题。

- 研究某任务在什么样的条件下可学得较好的模型?（定义 12.2）
- 某算法在什么样的条件下可进行有效的学习?（定义 12.3）
- 需要多少训练样例才能获得较好的模型?（定义 12.4）

有限假设空间是指 $\mathcal{H}$ 中包含的假设个数是有限的, 反之则为无限假设空间。无限假设空间更为常见, 例如，能够将图 5.4(a)、图 5.4(b)、图 5.4(c) 中的正例和反例样本分开的线性超平面是无限多的。

12.2.1 式 (12.9) 的解释

PAC 辨识的定义：$E(h)$ 表示学习算法 $\mathcal{L}$ 在用观测集 D 训练后输出的假设函数 h 的泛化误差 [见式 (12.1)]。这个概率定义指出，如果 h 的泛化误差不大于 ϵ 的概率不小于 $1-\delta$，那么我们称学习算法 $\mathcal{L}$ 能从假设空间 $\mathcal{H}$ 中 PAC 辨识概念类 $\mathcal{C}$。

12.3 有限假设空间

本节内容分两部分：对于第 1 部分“可分情形”, 此时可以达到经验误差 $\widehat{E}(h)=0$, 要做的事情是以 $1-\delta$ 的概率学得目标概念的 ϵ 近似, 即式 (12.12);

对于第 2 部分“不可分情形”，此时无法达到经验误差 $\widehat{E}(h)=0$, 要做的事情是以 $1-\delta$ 的概率学得 $\min_{h\in\mathcal{H}}E(h)$ 的 ϵ 近似, 即式 (12.20)。但无论哪种情形, 对于 $h\in\mathcal{H}$, 都可以得到该假设的泛化误差 $E(h)$ 与经验误差 $\widehat{E}(h)$ 的关系, 即“当样例数目 m 较大时, h 的经验误差是泛化误差很好的近似”, 即式 (12.18)。在实际研究中，我们经常需要推导类似的泛化误差上下界。

式 (12.10) ~ 式 (12.14) 旨在回答如下问题: 到底需要多少样例才能学得目标概念 c 的有效近似? 只要训练集 D 的规模能使学习算法 $\mathcal{L}$ 以概率 $1-\delta$ 找到目标假设的 ϵ 近似即可。下面就是用数学公式进行抽象。

12.3.1 式 (12.10) 的解释

$P(h(\boldsymbol{x})=y)=1-P(h(\boldsymbol{x})\neq y)$，因为它们是对立事件，$P(h(x)\neq y)=E(h)$ 是泛化误差的定义 [见式 (12.1)]。由于我们假定了泛化误差 $E(h)>\epsilon$，因此有 $1-E(h)<1-\epsilon$。

12.3.2 式 (12.11) 的解释

我们先解释什么是 h 与 D“表现一致”，12.2 节的开头阐述了这样的概念，如果 h 能将 D 中所有样本按与真实标记一致的方式完全分开，我们就称问题对学习算法是一致的，即 $(h(\boldsymbol{x}_1)=y_1)\wedge\cdots\wedge(h(\boldsymbol{x}_m)=y_m)$ 为 True。因为每个事件是独立的，所以上式可以写成 $P((h(\boldsymbol{x}_1)=y_1)\wedge\cdots\wedge(h(\boldsymbol{x}_m)=y_m))=\prod_{i=1}^{m}P(h(\boldsymbol{x}_i)=y_i)$。根据对立事件的定义，有 $\prod_{i=1}^{m}P(h(\boldsymbol{x}_i)=y_i)=\prod_{i=1}^{m}(1-P(h(\boldsymbol{x}_i)\neq y_i))$，又根据式 (12.10)，有

$$\prod_{i=1}^{m}(1-P(h(\boldsymbol{x}_i)\neq y_i))<\prod_{i=1}^{m}(1-\epsilon)=(1-\epsilon)^m$$

12.3.3 式 (12.12) 的推导

下面先解释为什么“我们事先并不知道学习算法 $\mathcal{L}$ 会输出 $\mathcal{H}$ 中的哪个假设”，因为一些学习算法对于使用观察集 D 的输出结果是非确定的，比如感知机就是个典型的例子，训练样本的顺序也会影响感知机学习到的假设 h 参数的值。泛化误差大于 ϵ 且经验误差为 0 的假设 (即在训练集上表现完美的假设) 出现的概率可以表示为 $P(h\in\mathcal{H}:E(h)>\epsilon\wedge\widehat{E}(h)=0)$，根据式 (12.11)，每一个这样的假设 h 都满足 $P(E(h)>\epsilon\wedge\widehat{E}(h)=0)<(1-\epsilon)^m$。假如一共有 $|\mathcal{H}|$ 个这样的

假设。由于每个假设 h 满足 $E(h)>\epsilon$ 且 $\widehat{E}(h)=0$ 是互斥的，因此总的概率 $P(h\in\mathcal{H}:E(h)>\epsilon\wedge\widehat{E}(h)=0)$ 就是这些互斥事件之和，即

$$
\begin{aligned}
P\left(h\in\mathcal{H}:E(h)>\epsilon\wedge\widehat{E}(h)=0\right)&=\sum_{i}^{|\mathcal{H}|}P\left(E(h_i)>\epsilon\wedge\widehat{E}(h_i)=0\right)\\
&<|\mathcal{H}|(1-\epsilon)^m
\end{aligned}
$$

在上面的式子中，第二行的小于号实际上是要证明 $|\mathcal{H}|(1-\epsilon)^m<|\mathcal{H}|\mathrm{e}^{-m\epsilon}$，即证明 $(1-\epsilon)^m<\mathrm{e}^{-m\epsilon}$，其中 $\epsilon\in(0,1]$，m 是正整数，推导如下：当 $\epsilon=1$ 时，显然成立；当 $\epsilon\in(0,1)$ 时，因为左式和右式的值域均大于 0，所以可以在左右两边同时取对数，又因为对数函数是单调递增函数，所以可以证明 $m\ln(1-\epsilon)<-m\epsilon$，即证明 $\ln(1-\epsilon)<-\epsilon$，而这个式子很容易证明。令 $f(\epsilon)=\ln(1-\epsilon)+\epsilon$，其中 $\epsilon\in(0,1)$，$f'(\epsilon)=1-\frac{1}{1-\epsilon}=0\Rightarrow\epsilon=0$ 取极大值 0，因此 $\ln(1-\epsilon)<-\epsilon$，即 $|\mathcal{H}|(1-\epsilon)^m<|\mathcal{H}|\mathrm{e}^{-m\epsilon}$ 成立。

12.3.4 式 (12.13) 的解释

回到我们要回答的问题：到底需要多少样例才能学得目标概念 c 的有效近似？只要训练集 D 的规模能使学习算法 $\mathcal{L}$ 以概率 $1-\delta$ 找到目标假设的 ϵ 近似即可。根据式 (12.12)，学习算法 $\mathcal{L}$ 生成的假设大于目标假设的 ϵ 近似的概率为 $P\left(h\in\mathcal{H}:E(h)>\epsilon\wedge\widehat{E}(h)=0\right)<|\mathcal{H}|\mathrm{e}^{-m\epsilon}$，因此学习算法 $\mathcal{L}$ 生成的假设落在目标假设的 ϵ 近似的概率为 $1-P\left(h\in\mathcal{H}:E(h)>\epsilon\wedge\widehat{E}(h)=0\right)\geqslant1-|\mathcal{H}|\mathrm{e}^{-m\epsilon}$，我们希望这个概率至少是 $1-\delta$，因此 $1-\delta\leqslant1-|\mathcal{H}|\mathrm{e}^{-m\epsilon}\Rightarrow|\mathcal{H}|\mathrm{e}^{-m\epsilon}\leqslant\delta$。

12.3.5 式 (12.14) 的推导

$$
\begin{aligned}
|\mathcal{H}|\mathrm{e}^{-m\epsilon}&\leqslant\delta\\
\mathrm{e}^{-m\epsilon}&\leqslant\frac{\delta}{|\mathcal{H}|}\\
-m\epsilon&\leqslant\ln\delta-\ln|\mathcal{H}|\\
m&\geqslant\frac{1}{\epsilon}\left(\ln|\mathcal{H}|+\ln\frac{1}{\delta}\right)
\end{aligned}
$$

这个式子告诉我们，在假设空间 $\mathcal{H}$ 是 PAC 可学习的情况下，输出假设 h 的泛化误差 ϵ 会随样本数目 m 的增大而收敛到 0，收敛速率为 $O\left(\frac{1}{m}\right)$。这也是我们

在机器学习中达成的一个共识，即可供模型训练的观测集中样本数量越大，机器学习模型的泛化性能越好。

12.3.6 引理 12.1 的解释

根据式 (12.2), $\widehat{E}(h)=\frac{1}{m}\sum_{i=1}^{m}\mathbb{I}(h(\boldsymbol{x}_i)\neq y_i)$, 而指示函数 $\mathbb{I}(\cdot)$ 的取值非 0 即 1，也就是说，$0\leqslant\mathbb{I}(h(\boldsymbol{x}_i)\neq y_i)\leqslant 1$; 而根据式 (12.1)，$E(h)$ 实际上表示 $\mathbb{I}(h(\boldsymbol{x}_i)\neq y_i)$ 为 1 的期望 $\mathbb{E}(\mathbb{I}(h(\boldsymbol{x}_i)\neq y_i))$ (泛化误差表示从样本空间中任取一个样本, 其预测类别不等于真实类别的概率), 当假设 h 确定时, 泛化误差固定不变, 因此可记为 $E(h)=\frac{1}{m}\sum_{i=1}^{m}\mathbb{E}(\mathbb{I}(h(\boldsymbol{x}_i)\neq y_i))$。

此时, 将 $\widehat{E}(h)$ 和 $E(h)$ 代入式 (12.15) $\sim$ 式 (12.17), 对比式 (12.5) 和式 (12.6) 的 Hoeffding 不等式可知, 式 (12.15) 对应式 (12.5), 式 (12.16) 与式 (12.15) 对称, 式 (12.17) 对应式 (12.6)。

12.3.7 式 (12.18) 的推导

令 $\delta=2\mathrm{e}^{-2m\epsilon^2}$，则 $\epsilon=\sqrt{\frac{\ln(2/\delta)}{2m}}$，由式 (12.17) 可知：

$$
\begin{aligned}
P(|E(h)-\widehat{E}(h)|\geqslant\epsilon)&\leqslant 2\exp\left(-2m\epsilon^2\right)\\
P(|E(h)-\widehat{E}(h)|\geqslant\epsilon)&\leqslant\delta\\
P(|E(h)-\widehat{E}(h)|\leqslant\epsilon)&\geqslant 1-\delta\\
P(-\epsilon\leqslant E(h)-\widehat{E}(h)\leqslant\epsilon)&\geqslant 1-\delta\\
P(\widehat{E}(h)-\epsilon\leqslant E(h)\leqslant\widehat{E}(h)+\epsilon)&\geqslant 1-\delta
\end{aligned}
$$

代入 $\epsilon=\sqrt{\frac{\ln(2/\delta)}{2m}}$ 得证。

这个式子进一步阐明了当观测集中的样本数量足够大的时候，h 的经验误差就是其泛化误差很好的近似。

12.3.8 式 (12.19) 的推导

令 $h_1,h_2,\cdots,h_{|\mathcal{H}|}$ 表示假设空间 $\mathcal{H}$ 中的假设，有

$$
\begin{aligned}
&P(\exists h\in\mathcal{H}:|E(h)-\widehat{E}(h)|>\epsilon)\\
=&P\left(\left(\left|E_{h_1}-\widehat{E}_{h_1}\right|>\epsilon\right)\vee\cdots\vee\left(|E_{h_{|\mathcal{H}|}}-\widehat{E}_{h_{|\mathcal{H}|}|>\epsilon}\right)\right)
\end{aligned}
$$

$$\leqslant \sum_{h\in\mathcal{H}} P(|E(h)-\widehat{E}(h)|>\epsilon)$$

这一步是很好理解的，存在一个假设 h，使得 $|E(h)-\widehat{E}(h)|>\epsilon$ 的概率可以表示为对假设空间内所有的假设 $h_i(i\in 1,\cdots,|\mathcal{H}|)$，使得 $\left|E_{h_i}-\widehat{E}_{h_i}\right|>\epsilon$ 这个事件成立的“或”事件。因为 $P(A\vee B)=P(A)+P(B)-P(A\wedge B)$，而 $P(A\wedge B)\geqslant 0$，所以上面最后一行的不等式成立。

由式 (12.17) 可知：

$$\begin{aligned}&P(|E(h)-\widehat{E}(h)|\geqslant\epsilon)\leqslant 2\exp\left(-2m\epsilon^2\right)\\ &\Rightarrow\sum_{h\in\mathcal{H}} P(|E(h)-\widehat{E}(h)|>\epsilon)\leqslant 2|\mathcal{H}|\exp\left(-2m\epsilon^2\right)\end{aligned}$$

因此

$$\begin{aligned}P(\exists h\in\mathcal{H}:|E(h)-\widehat{E}(h)|>\epsilon)&\leqslant\sum_{h\in\mathcal{H}} P(|E(h)-\widehat{E}(h)|>\epsilon)\\ &\leqslant 2|\mathcal{H}|\exp\left(-2m\epsilon^2\right)\end{aligned}$$

对立事件为

$$\begin{aligned}P(\forall h\in\mathcal{H}:|E(h)-\widehat{E}(h)|\leqslant\epsilon)&=1-P(\exists h\in\mathcal{H}:|E(h)-\widehat{E}(h)|>\epsilon)\\ &\geqslant 1-2|\mathcal{H}|\exp\left(-2m\epsilon^2\right)\end{aligned}$$

令 $\delta=2|\mathcal{H}|\mathrm{e}^{-2m\epsilon^2}$，则 $\epsilon=\sqrt{\frac{\ln|\mathcal{H}|+\ln(2/\delta)}{2m}}$，代入上式可得

$$P\left(\forall h\in\mathcal{H}:|E(h)-\widehat{E}(h)|\leqslant\sqrt{\frac{\ln|\mathcal{H}|+\ln(2/\delta)}{2m}}\right)\geqslant 1-\delta$$

其中，$\forall h\in\mathcal{H}$ 这个前置条件可以省略。

12.3.9　式 (12.20) 的解释

这个式子是“不可知 PAC 可学习”的定义式，不可知是指目标概念 c 不在学习算法 $\mathcal{L}$ 所能生成的假设空间 $\mathcal{H}$ 中。可学习是指 $\mathcal{H}$ 中泛化误差最小的假设是 $\arg\min_{h\in\mathcal{H}} E(h)$，且这个假设的泛化误差满足其与目标概念的泛化误差的差值不大于 ϵ 的概率不小于 $1-\delta$。我们称这样的假设空间 $\mathcal{H}$ 是不可知 PAC 可学习的。

12.4 VC 维

不同于 12.3 节的有限假设空间，从本节开始，本章剩余内容均针对无限假设空间。

12.4.1 式 (12.21) 的解释

这个式子是增长函数的定义式。增长函数 $\Pi_{\mathcal{H}}(m)$ 表示假设空间 $\mathcal{H}$ 对 m 个样本所能赋予标签的最大可能的结果数。比如对于两个样本的二分类问题，一共有 4 种可能的标签组合 $[[0,0],[0,1],[1,0],[1,1]]$，如果假设空间 $\mathcal{H}_1$ 能赋予这两个样本两种标签组合 $[[0,0],[1,1]]$，则 $\Pi_{\mathcal{H}_1}(2)=2$。显然，$\mathcal{H}$ 对样本所能赋予标签的可能结果数越多，$\mathcal{H}$ 的表示能力就越强。增长函数可以用来反映假设空间 $\mathcal{H}$ 的复杂度。

12.4.2 式 (12.22) 的解释

需要指出的是，这个式子的前提假设有误，应当写成“对假设空间 $\mathcal{H}$，$m \in \mathbb{N}$，$0<\epsilon<1$，存在 $h \in \mathcal{H}$”，详细证明参见原始论文 On the uniform convergence of relative frequencies of events to their probabilities [2]。在这篇论文中，定理的形式如下。

Theorem 2：The probability that the relative frequency of at least one event in class S differs from its probability in an experiment of size l by more then ϵ, for $l \geqslant 2/\epsilon^2$, satisfies the inequality

$$P\left(\pi^{(l)}>\epsilon\right) \leqslant 4 m^S(2 l) \mathrm{e}^{-\epsilon^2 l / 8}$$

注意定理描述中使用的是“at least one event in class S”，因此应该是类别 S 中“存在”一个事件而不是类别 S 中的“任意”事件。

另外, 该定理基于增长函数对无限假设空间的泛化误差分析, 与 12.3 节有限假设空间的定理 12.1 不同。在证明定理 12.1 [见式 (12.19)] 的过程中, 实际证明的结论是

$$P(\exists h \in \mathcal{H}:|E(h)-\widehat{E}(h)|>\epsilon) \leqslant 2|\mathcal{H}| \mathrm{e}^{-2 m \epsilon^2}$$

根据该结论可得式 (12.19) 的原型 [式 (12.19) 就是将 ϵ 用 δ 表示的结果]：

$$P(\forall h \in \mathcal{H}: |E(h) - \widehat{E}(h)| \leqslant \epsilon) \leqslant 1 - 2|\mathcal{H}|\mathrm{e}^{-2m\epsilon^2}$$

这是因为事件 $\exists h \in \mathcal{H}: |E(h) - \widehat{E}(h)| > \epsilon$ 与事件 $\forall h \in \mathcal{H}: |E(h) - \widehat{E}(h)| \leqslant \epsilon$ 为对立事件。

注意，当使用 $|E(h) - \widehat{E}(h)| > \epsilon$ 表达时对应于“存在”，而当使用 $|E(h) - \widehat{E}(h)| \leqslant \epsilon$ 表达时对应于“任意”。

综上所述，式 (12.22) 使用 $|E(h) - \widehat{E}(h)| > \epsilon$，所以这里应该对应于“存在”。

12.4.3 式 (12.23) 的解释

这个式子是 VC 维的定义式：VC 维是能被 $\mathcal{H}$ 打散的最大示例集的大小。“西瓜书”中的例 12.1 和例 12.2 给出了形象的例子。

式 (12.23) 中的 $\{m : \Pi_{\mathcal{H}}(m) = 2^m\}$ 表示一个集合，这个集合中的元素是能使 $\Pi_{\mathcal{H}}(m) = 2^m$ 成立的所有 m；最外层的 max 表示取集合的最大值。注意，这里仅讨论二分类问题。VC 维的定义式中的底数 2 表示这个问题是二分类问题。如果是 n 分类问题，那么定义式中的底数需要变为 n。

VC 维的概念还是很容易理解的，有个常见的思维误区“西瓜书”也指了出来，即“这并不意味着所有大小为 d 的示例集都能被假设空间 $\mathcal{H}$ 打散”。也就是说，只要“存在大小为 d 的示例集能被假设空间 $\mathcal{H}$ 打散”即可，这里的区别与前面“定理 12.2 的解释”(见 12.4.2 小节) 中提到的“任意”与“存在”的区别一样。

12.4.4 引理 12.2 的解释

我们首先解释一下数学归纳法的起始条件：“当 $m=1$、$d=0$ 或 $d=1$ 时，定理成立”。当 $m=1$、$d=0$ 时，由 VC 维的定义式 [见 (式 12.23)] $\mathrm{VC}(\mathcal{H}) = \max\{m : \Pi_{\mathcal{H}}(m) = 2^m\} = 0$ 可知 $\Pi_{\mathcal{H}}(1) < 2$，否则 d 可以取到 1；又因为 $\Pi_{\mathcal{H}}(m)$ 为整数，所以 $\Pi_{\mathcal{H}}(1) \in [0,1]$，式 (12.24) 的右边为 $\sum_{i=0}^{0}\begin{pmatrix}1\\i\end{pmatrix} = 1$，于是这个不等式成立。当 $m=1$、$d=1$ 时，因为一个样本最多只能有两个类别，所以 $\Pi_{\mathcal{H}}(1) = 2$，式 (12.24) 的右边为 $\sum_{i=0}^{1}\begin{pmatrix}1\\i\end{pmatrix} = 2$，于是这个不等式成立。

接下来介绍归纳过程。这里采用的归纳方法是假设式 (12.24) 对 $(m-1, d-1)$ 和 $(m-1, d)$ 成立，并推导出其对 (m, d) 也成立。在证明过程中，引入观测集

$D=\{\boldsymbol{x}_1,\boldsymbol{x}_2,\cdots,\boldsymbol{x}_m\}$ 和 $D'=\{\boldsymbol{x}_1,\boldsymbol{x}_2,\cdots,\boldsymbol{x}_{m-1}\}$，其中 D 比 D' 多一个样本 $\boldsymbol{x}_m$，它们对应的假设空间可以表示为

$$\mathcal{H}_{|D}=\{(h(\boldsymbol{x}_1),h(\boldsymbol{x}_2),\cdots,h(\boldsymbol{x}_m))\,|h\in\mathcal{H}\}$$
$$\mathcal{H}_{|D'}=\{(h(\boldsymbol{x}_1),h(\boldsymbol{x}_2),\cdots,h(\boldsymbol{x}_{m-1}))\,|h\in\mathcal{H}\}$$

如果假设 $h\in\mathcal{H}$ 对 $\boldsymbol{x}_m$ 的分类结果为 $+1$ 或 -1，那么任何出现在 $\mathcal{H}_{|D'}$ 中的串都会在 $\mathcal{H}_{|D}$ 中出现一次或两次。举个例子就很容易理解了，假设 $m=3$:

$$\mathcal{H}_{|D}=\{(+,-,-),(+,+,-),(+,+,+),(-,+,-),(-,-,+)\}$$
$$\mathcal{H}_{|D'}=\{(+,+),(+,-),(-,+),(-,-)\}$$

其中，串 $(+,+)$ 在 $\mathcal{H}_{|D}$ 中出现了两次——$(+,+,+)$ 和 $(+,+,-)$，而 $\mathcal{H}_{|D'}$ 中的其他串——$(+,-)$、$(-,+)$ 和 $(-,-)$ 在 $\mathcal{H}_{|D}$ 中都只出现了一次。这里的原因在于每个样本是二分类的，所以多出的样本 $\boldsymbol{x}_m$ 要么取 $+$，要么取 $-$，要么都取到 (至少有两个假设对 $\boldsymbol{x}_m$ 做出了不一致的判断)。记号 $\mathcal{H}_{D'|D}$ 表示在 $\mathcal{H}_{|D}$ 中出现了两次的 $\mathcal{H}_{|D'}$ 组成的集合，比如在上面的例子中，$\mathcal{H}_{D'|D}=\{(+,+)\}$，于是有

$$\left|\mathcal{H}_{|D}\right|=\left|\mathcal{H}_{|D'}\right|+\left|\mathcal{H}_{D'|D}\right|$$

由于 $\mathcal{H}_{|D'}$ 表示被限制在样本集 D' 上的假设空间 $\mathcal{H}$ 的表达能力 (即所有假设对样本集 D' 所能赋予的标记种类数)，样本集 D' 的数目为 $m-1$。根据增长函数的定义，假设空间 $\mathcal{H}$ 对包含 $m-1$ 个样本的集合所能赋予的最大标记种类数为 $\Pi_{\mathcal{H}}(m-1)$，因此 $|\mathcal{H}_{|D'}|\leqslant\Pi_{\mathcal{H}}(m-1)$。又根据数学归纳法的前提假设，于是有

$$\left|\mathcal{H}_{|D'}\right|\leqslant\Pi_{\mathcal{H}}(m-1)\leqslant\sum_{i=0}^{d}\left(\begin{array}{c}m-1\\i\end{array}\right)$$

由记号 $\mathcal{H}_{|D'}$ 的定义可知，$|\mathcal{H}_{|D'}|\geqslant\left\lfloor\frac{|\mathcal{H}_{|D}|}{2}\right\rfloor$。又由于 $|\mathcal{H}_{|D'}|$ 和 $|\mathcal{H}_{D'|D}|$ 均为整数，因此 $|\mathcal{H}_{D'|D}|\leqslant\left\lfloor\frac{|\mathcal{H}_{|D}|}{2}\right\rfloor$。由于样本集 D 的大小为 m，根据增长函数的定义，有 $\left|\mathcal{H}_{D'|D}\right|\leqslant\left\lfloor\frac{|\mathcal{H}_{|D}|}{2}\right\rfloor\leqslant\Pi_{\mathcal{H}}(m-1)$。假设 Q 表示能被 $\mathcal{H}_{D'|D}$ 打散的集合，根据 $\mathcal{H}_{D'|D}$ 的定义，H_D 必对元素 $\boldsymbol{x}_m$ 做出了不一致的判定，因此 $Q\cup\{\boldsymbol{x}_m\}$ 必能被 $\mathcal{H}_{|D}$ 打散。又由于前提假设 $\mathcal{H}$ 的 VC 维为 d，因此 $\mathcal{H}_{D'|D}$ 的 VC 维最大为 $d-1$。综上可得

$$\left|\mathcal{H}_{D'|D}\right|\leqslant\Pi_{\mathcal{H}}(m-1)\leqslant\sum_{i=0}^{d-1}\left(\begin{array}{c}m-1\\i\end{array}\right)$$

因此

$$
\begin{aligned}
\left|\mathcal{H}_{|D}\right| &= \left|\mathcal{H}_{|D'}\right| + \left|\mathcal{H}_{D'|D}\right| \\
&\leqslant \sum_{i=0}^{d}\begin{pmatrix} m-1 \\ i \end{pmatrix} + \sum_{i=0}^{d+1}\begin{pmatrix} m-1 \\ i \end{pmatrix} \\
&= \sum_{i=0}^{d}\left(\begin{pmatrix} m-1 \\ i \end{pmatrix} + \begin{pmatrix} m-1 \\ i-1 \end{pmatrix}\right) \\
&= \sum_{i=0}^{d}\begin{pmatrix} m \\ i \end{pmatrix}
\end{aligned}
$$

最后，依据组合公式，推导如下：

$$
\begin{aligned}
\begin{pmatrix} m-1 \\ i \end{pmatrix} + \begin{pmatrix} m-1 \\ i-1 \end{pmatrix} &= \frac{(m-1)!}{(m-1-i)!i!} + \frac{(m-1)!}{(m-1-i+1)!(i-1)!} \\
&= \frac{(m-1)!(m-i)}{(m-i)(m-1-i)!i!} + \frac{(m-1)!i}{(m-i)!(i-1)!i} \\
&= \frac{(m-1)!(m-i)+(m-1)!i}{(m-i)!i!} \\
&= \frac{(m-1)!(m-i+i)}{(m-i)!i!} = \frac{(m-1)!m}{(m-i)!i!} \\
&= \frac{m!}{(m-i)!i!} = \begin{pmatrix} m \\ i \end{pmatrix}
\end{aligned}
$$

12.4.5 式 (12.28) 的解释

$$
\begin{aligned}
\Pi_{\mathcal{H}}(m) &\leqslant \sum_{i=0}^{d}\begin{pmatrix} m \\ i \end{pmatrix} && ① \\
&\leqslant \sum_{i=0}^{d}\begin{pmatrix} m \\ i \end{pmatrix}\left(\frac{m}{d}\right)^{d-i} && ② \\
&= \left(\frac{m}{d}\right)^{d}\sum_{i=0}^{d}\begin{pmatrix} m \\ i \end{pmatrix}\left(\frac{d}{m}\right)^{i} && ③ \\
&\leqslant \left(\frac{m}{d}\right)^{d}\sum_{i=0}^{m}\begin{pmatrix} m \\ i \end{pmatrix}\left(\frac{d}{m}\right)^{i} && ④
\end{aligned}
$$

$$= \left(\frac{m}{d}\right)^d \left(1+\frac{d}{m}\right)^m \quad ⑤$$

$$< \left(\frac{\mathrm{e}\cdot m}{d}\right)^d \quad ⑥$$

① → ② 和 ③ → ④ 均因为 $m \geqslant d$。④ → ⑤ 是由于二项式定理[3] $(x+y)^n = \sum_{k=0}^{n}\begin{pmatrix} n \\ k \end{pmatrix} x^{n-k}y^k$，令 $k=i, n=m, x=1, y=\frac{d}{m}$，可得 $\left(\frac{m}{d}\right)^d \sum_{i=0}^{m}\begin{pmatrix} m \\ i \end{pmatrix}\left(\frac{d}{m}\right)^i = \left(\frac{m}{d}\right)^d\left(1+\frac{d}{m}\right)^m$。⑤ → ⑥ 的不等式需要证明 $\left(1+\frac{d}{m}\right)^m \leqslant \mathrm{e}^d$，因为 $\left(1+\frac{d}{m}\right)^m = \left(1+\frac{d}{m}\right)^{\frac{m}{d}d}$。根据自然对数的底数 e 的定义[4]，$\left(1+\frac{d}{m}\right)^{\frac{m}{d}d} < \mathrm{e}^d$。注意“西瓜书”中用的是 $\leqslant$，但是由于 $\mathrm{e} = \lim_{\frac{d}{m}\to 0}\left(1+\frac{d}{m}\right)^{\frac{m}{d}}$ 的定义是一个极限，因此应该使用 $<$。

12.4.6 式 (12.29) 的解释

将式 (12.28) 代入式 (12.22) 可得

$$P\left(|E(h)-\widehat{E}(h)|>\epsilon\right) \leqslant 4\left(\frac{2\mathrm{e}m}{d}\right)^d \exp\left(-\frac{m\epsilon^2}{8}\right)$$

令 $4\left(\frac{2\mathrm{e}m}{d}\right)^d \exp\left(-\frac{m\epsilon^2}{8}\right) = \delta$ 可解得

$$\delta = \sqrt{\frac{8d\ln\frac{2\mathrm{e}m}{d} + 8\ln\frac{4}{\delta}}{m}}$$

代入式 (12.22)，定理 12.2 得证。这个式子用 VC 维表示泛化误差界，可以看出，泛化误差界只与样本数量 m 有关，收敛速率为 $\sqrt{\frac{\ln m}{m}}$（“西瓜书”中已简化为 $\frac{1}{\sqrt{m}}$）。

12.4.7 式 (12.30) 的解释

这个式子是经验风险最小化的定义式，旨在从假设空间中找出能使经验风险最小的假设。

12.4.8 定理 12.4 的解释

首先回忆 PAC 可学习的概念，见定义 12.2，而可知/不可知 PAC 可学习之间的区别仅仅在于概念类 C 是否包含在假设空间 $\mathcal{H}$ 中。令

$$\delta' = \frac{\delta}{2}$$
$$\sqrt{\frac{(\ln 2/\delta')}{2m}} = \frac{\epsilon}{2}$$

结合这两个标记的转换，由推论 12.1 可知 $\widehat{E}(g) - \frac{\epsilon}{2} \leqslant E(g) \leqslant \widehat{E}(g) + \frac{\epsilon}{2}$ 至少以 $1-\delta/2$ 的概率成立。将其写成概率的形式，即

$$P\left(|E(g) - \widehat{E}(g)| \leqslant \frac{\epsilon}{2}\right) \geqslant 1 - \delta/2$$

由于 $P\left(\left(E(g) - \widehat{E}(g) \leqslant \frac{\epsilon}{2}\right) \wedge \left(E(g) - \widehat{E}(g) \geqslant -\frac{\epsilon}{2}\right)\right) \geqslant 1 - \delta/2$，因此 $P\left(E(g) - \widehat{E}(g) \leqslant \frac{\epsilon}{2}\right) \geqslant 1 - \delta/2$ 且 $P\left(E(g) - \widehat{E}(g) \geqslant -\frac{\epsilon}{2}\right) \geqslant 1 - \delta/2$ 成立。再令

$$\sqrt{\frac{8d\ln\dfrac{2em}{d} + 8\ln\dfrac{4}{\delta'}}{m}} = \frac{\epsilon}{2}$$

由式 (12.29) 可知

$$P\left(\left|E(h) - \widehat{E}(h)\right| \leqslant \frac{\epsilon}{2}\right) \geqslant 1 - \frac{\delta}{2}$$

同理，$P\left(E(h) - \widehat{E}(h) \leqslant \frac{\epsilon}{2}\right) \geqslant 1-\delta/2$ 且 $P\left(E(h) - \widehat{E}(h) \geqslant -\frac{\epsilon}{2}\right) \geqslant 1-\delta/2$ 成立。由 $P\left(E(g) - \widehat{E}(g) \geqslant -\frac{\epsilon}{2}\right) \geqslant 1-\delta/2$ 和 $P\left(E(h) - \widehat{E}(h) \leqslant \frac{\epsilon}{2}\right) \geqslant 1-\delta/2$ 均成立，可知事件 $E(g)-\widehat{E}(g) \geqslant -\frac{\epsilon}{2}$ 和事件 $E(h)-\widehat{E}(h) \leqslant \frac{\epsilon}{2}$ 同时成立的概率为

$$\begin{aligned}
&P\left(\left(E(g) - \widehat{E}(g) \geqslant -\frac{\epsilon}{2}\right) \wedge \left(E(h) - \widehat{E}(h) \leqslant \frac{\epsilon}{2}\right)\right) \\
&= P\left(E(g) - \widehat{E}(g) \geqslant -\frac{\epsilon}{2}\right) + P\left(E(h) - \widehat{E}(h) \leqslant \frac{\epsilon}{2}\right) \\
&\quad - P\left(\left(E(g) - \widehat{E}(g) \geqslant -\frac{\epsilon}{2}\right) \vee \left(E(h) - \widehat{E}(h) \leqslant \frac{\epsilon}{2}\right)\right) \\
&\geqslant 1 - \delta/2 + 1 - \delta/2 - 1 \\
&= 1 - \delta
\end{aligned}$$

即

$$P\left(\left(E(g)-\widehat{E}(g)\geqslant-\frac{\epsilon}{2}\right)\wedge\left(E(h)-\widehat{E}(h)\leqslant\frac{\epsilon}{2}\right)\right)\geqslant 1-\delta$$

因此

$$\begin{aligned}&P\left(\widehat{E}(g)-E(g)+E(h)-\widehat{E}(h)\leqslant\frac{\epsilon}{2}+\frac{\epsilon}{2}\right)\\=&P\left(E(h)-E(g)\leqslant\widehat{E}(h)-\widehat{E}(g)+\epsilon\right)\geqslant 1-\delta\end{aligned}$$

根据 h 和 g 的定义，h 表示假设空间中经验误差最小的假设，g 表示泛化误差最小的假设。将这两个假设共同作用于样本集 D，则一定有 $\widehat{E}(h)\leqslant\widehat{E}(g)$，因此上式可以简化为

$$P\left(E(h)-E(g)\leqslant\epsilon\right)\geqslant 1-\delta$$

根据式 (12.32) 和式 (12.34)，可以求出 m 为关于 $(1/\epsilon,1/\delta,\operatorname{size}(x),\operatorname{size}(c))$ 的多项式。因此，根据定理 12.2 和定理 12.5，可以得到如下结论：任何 VC 维有限的假设空间 $\mathcal{H}$ 都是 (不可知)PAC 可学习的。

12.5 Rademacher 复杂度

12.4 节介绍的基于 VC 维的泛化误差界是分布无关、数据独立的，本节将要介绍的 Rademacher 复杂度则在一定程度上考虑了数据分布。

12.5.1 式 (12.36) 的解释

这里解释从第一步到第二步的推导，因为前提假设是二分类问题，$y_k\in\{-1,+1\}$，因此 $\mathbb{I}\left(h(x_i)\neq y_i\right)\equiv\frac{1-y_ih(x_i)}{2}$。具体来说，假如 $y_i=+1$、$h(x_i)=+1$ 或者 $y_i=-1$、$h(x_i)=-1$，则有 $\mathbb{I}\left(h(x_i)\neq y_i\right)=0=\frac{1-y_ih(x_i)}{2}$；反之，假如 $y_i=-1$、$h(x_i)=+1$ 或者 $y_i=+1$、$h(x_i)=-1$，则有 $\mathbb{I}\left(h(x_i)\neq y_i\right)=1=\frac{1-y_ih(x_i)}{2}$。

12.5.2 式 (12.37) 的解释

由式 (12.36) 可知，经验误差 $\widehat{E}(h)$ 和 $\frac{1}{m}\sum_{i=1}^{m}y_ih\left(\boldsymbol{x}_i\right)$ 是反比关系，因此假设空间中能使经验误差最小的假设 h 就是能使 $\frac{1}{m}\sum_{i=1}^{m}y_ih\left(\boldsymbol{x}_i\right)$ 最大的 h。

12.5.3 式 (12.38) 的解释

上确界 sup 的概念前面已经解释过，见 12.1.6 小节“式 (12.7) 的解释”。相较于式 (12.37), 样例真实标记 y_i 被换成了 Rademacher 随机变量 $\sigma_i, \arg\max_{h\in\mathcal{H}}$ 则被换成了上确界 $\sup_{h\in\mathcal{H}}$。该式表示对于样例集 $D=\{\boldsymbol{x}_1,\boldsymbol{x}_2,\cdots,\boldsymbol{x}_m\}$，假设空间 $\mathcal{H}$ 中的假设对其预测结果 $\{h(\boldsymbol{x}_1),h(\boldsymbol{x}_2),\cdots,h(\boldsymbol{x}_m)\}$ 与随机变量集合 $\boldsymbol{\sigma}=\{\sigma_1,\sigma_2,\cdots,\sigma_m\}$ 的契合程度。接下来我们解释一下该式的含义。$\frac{1}{m}\sum_{i=1}^{m}\sigma_i h(\boldsymbol{x}_i)$ 中的 $\boldsymbol{\sigma}=\{\sigma_1,\sigma_2,\cdots,\sigma_m\}$ 表示单次随机生成的结果（生成后就固定不动), 而 $\{h(\boldsymbol{x}_1),h(\boldsymbol{x}_2),\cdots,h(\boldsymbol{x}_m)\}$ 表示某个假设 $h\in\mathcal{H}$ 的预测结果, 至于 $\frac{1}{m}\sum_{i=1}^{m}\sigma_i h(\boldsymbol{x}_i)$ 的取值，则取决于本次随机生成的 $\boldsymbol{\sigma}$ 和假设 h 的预测结果的契合程度。

进一步地, $\sup_{h\in\mathcal{H}}\frac{1}{m}\sum_{i=1}^{m}\sigma_i h(\boldsymbol{x}_i)$ 中的 $\boldsymbol{\sigma}=\{\sigma_1,\sigma_2,\cdots,\sigma_m\}$ 仍表示单次随机生成的结果 (生成后就固定不动), 但此时需要求解的是假设空间 $\mathcal{H}$ 中所有假设与 $\boldsymbol{\sigma}$ 最契合的那个 h。

例如, $\boldsymbol{\sigma}=\{-1,+1,-1,+1\}$（即 $m=4$, 这里的 $\boldsymbol{\sigma}$ 仅为本次随机生成结果而已, 下次的生成结果可能是另一组结果), 假设空间 $\mathcal{H}=\{h_1,h_2,h_3\}$, 其中

$$\begin{aligned}
\{h_1(\boldsymbol{x}_1),h_1(\boldsymbol{x}_2),h_1(\boldsymbol{x}_3),h_1(\boldsymbol{x}_4)\}&=\{-1,-1,-1,-1\}\\
\{h_2(\boldsymbol{x}_1),h_2(\boldsymbol{x}_2),h_2(\boldsymbol{x}_3),h_2(\boldsymbol{x}_4)\}&=\{-1,+1,-1,-1\}\\
\{h_3(\boldsymbol{x}_1),h_3(\boldsymbol{x}_2),h_3(\boldsymbol{x}_3),h_3(\boldsymbol{x}_4)\}&=\{+1,+1,+1,+1\}
\end{aligned}$$

易知 $\frac{1}{m}\sum_{i=1}^{m}\sigma_i h_1(\boldsymbol{x}_i)=0, \frac{1}{m}\sum_{i=1}^{m}\sigma_i h_2(\boldsymbol{x}_i)=\frac{2}{4}, \frac{1}{m}\sum_{i=1}^{m}\sigma_i h_3(\boldsymbol{x}_i)=0$, 因此

$$\sup_{h\in\mathcal{H}}\frac{1}{m}\sum_{i=1}^{m}\sigma_i h(\boldsymbol{x}_i)=\frac{2}{4}$$

12.5.4 式 (12.39) 的解释

$$\mathbb{E}_{\boldsymbol{\sigma}}\left[\sup_{h\in\mathcal{H}}\frac{1}{m}\sum_{i=1}^{m}\sigma_i h(\boldsymbol{x}_i)\right]$$

这个式子可以用来衡量假设空间 $\mathcal{H}$ 的表达能力，对随机变量集合 $\boldsymbol{\sigma}$ 求期望可以理解为当 $\boldsymbol{\sigma}$ 包含所有可能的结果时，假设空间 $\mathcal{H}$ 中最契合的假设 h 和变量的平均契合程度。因为前提假设是二分类问题，所以 σ_i 一共有 2^m 种，这些不同的 σ_i 构成了数据集 $D=\{(x_1,y_1),(x_2,y_2),\cdots,(x_m,y_m)\}$ 的“对分” (见 12.4 节)。一个假设空间的表达能力越强，就越有可能对于每一种 σ_i，假设空间中都存在一

个 h 使得 $h(x_i)$ 和 σ_i 非常接近甚至相同。对所有可能的 σ_i 取期望即可衡量假设空间的整体表达能力，这就是这个式子的含义。

12.5.5 式 (12.40) 的解释

对比式 (12.39)，这里使用函数空间 $\mathcal{F}$ 代替了假设空间 $\mathcal{H}$，并使用函数 f 代替了假设 h。这很容易理解，因为假设 h 可以看成作用在数据 $\boldsymbol{x}_i$ 上的一个映射，通过这个映射可以得到标签 y_i。注意前提假设实值函数空间 $\mathcal{F}: \mathcal{Z} \to \mathbb{R}$，即函数 f 将样本 z_i 映射到了实数空间，此时所有的 σ_i 将是一个标量，即 $\sigma_i \in \{+1,-1\}$。

12.5.6 式 (12.41) 的解释

这里要求的是 $\mathcal{F}$ 关于分布 $\mathcal{D}$ 的 Rademacher 复杂度，因此从 $\mathcal{D}$ 中采出不同的样本 Z，并计算这些样本对应的 Rademacher 复杂度的期望。

12.5.7 定理 12.5 的解释

首先令记号

$$
\begin{aligned}
\widehat{E}_Z(f) &= \frac{1}{m}\sum_{i=1}^{m} f\left(\boldsymbol{z}_i\right) \\
\Phi(Z) &= \sup_{f\in\mathcal{F}}\left(\mathbb{E}[f]-\widehat{E}_Z(f)\right)
\end{aligned}
$$

即 $\widehat{E}_Z(f)$ 表示函数 f 作为假设下的经验误差，$\Phi(Z)$ 表示泛化误差和经验误差的差的上确界。再令 Z' 为只与 Z 有一个示例 (样本) 不同的训练集，不妨设 $z_m \in Z$ 和 $z'_m \in Z'$ 为不同的示例，那么有

$$
\begin{aligned}
\Phi\left(Z'\right)-\Phi(Z) &= \sup_{f\in\mathcal{F}}\left(\mathbb{E}[f]-\widehat{E}_{Z'}(f)\right)-\sup_{f\in\mathcal{F}}\left(\mathbb{E}[f]-\widehat{E}_Z(f)\right) \\
&\leqslant \sup_{f\in\mathcal{F}}\left(\widehat{E}_Z(f)-\widehat{E}_{Z'}(f)\right) \\
&= \sup_{f\in\mathcal{F}} \frac{\sum\limits_{i=1}^{m} f(z_i)-\sum\limits_{i=1}^{m} f(z'_i)}{m} \\
&= \sup_{f\in\mathcal{F}} \frac{f\left(z_m\right)-f\left(z'_m\right)}{m}
\end{aligned}
$$

$$\leqslant \frac{1}{m}$$

上面第 2 行的不等式是因为上确界的差不大于差的上确界[5]，第 4 行的等式是因为 Z' 与 Z 只有 z_m 不相同，最后一行的不等式是因为前提假设 $\mathcal{F}:\mathcal{Z}\rightarrow[0,1]$，即 $f(z_m), f(z'_m)\in[0,1]$。同理：

$$\Phi(Z)-\Phi\left(Z'\right)=\sup_{f\in\mathcal{F}}\frac{f\left(z'_m\right)-f\left(z_m\right)}{m}\leqslant\frac{1}{m}$$

于是有

$$\left|\Phi(Z)-\Phi\left(Z'\right)\right|\leqslant\frac{1}{m}$$

将 Φ 看作函数 f（注意这里的 f 不是 Φ 定义里的 f），则可以套用 McDiarmid 不等式的结论，即式 (12.7)。

$$P\left(\Phi(Z)-\mathbb{E}_Z[\Phi(Z)]\geqslant\epsilon\right)\leqslant\exp\left(\frac{-2\epsilon^2}{\sum\limits_i c_i^2}\right)$$

令 $\exp\left(\frac{-2\epsilon^2}{\sum_i c_i^2}\right)=\delta$，可以求得 $\epsilon=\sqrt{\frac{\ln(1/\delta)}{2m}}$，所以有

$$P\left(\Phi(Z)-\mathbb{E}_Z[\Phi(Z)]\geqslant\sqrt{\frac{\ln(1/\delta)}{2m}}\right)\leqslant\delta$$

由逆事件的概率定义可得

$$P\left(\Phi(Z)-\mathbb{E}_Z[\Phi(Z)]\leqslant\sqrt{\frac{\ln(1/\delta)}{2m}}\right)\geqslant 1-\delta$$

此为式 (12.44) 的结论。下面估计 $\mathbb{E}_Z[\Phi(Z)]$ 的上界。

$$\begin{aligned}
\mathbb{E}_Z[\Phi(Z)] &= \mathbb{E}_Z\left[\sup_{f\in\mathcal{F}}\left(\mathbb{E}[f]-\widehat{E}_Z(f)\right)\right] \\
&= \mathbb{E}_Z\left[\sup_{f\in\mathcal{F}}\mathbb{E}_{Z'}\left[\widehat{E}_{Z'}(f)-\widehat{E}_Z(f)\right]\right] \\
&\leqslant \mathbb{E}_{Z,Z'}\left[\sup_{f\in\mathcal{F}}\left(\widehat{E}_{Z'}(f)-\widehat{E}_Z(f)\right)\right]
\end{aligned}$$

$$
\begin{aligned}
&= \mathbb{E}_{Z,Z'}\left[\sup_{f\in\mathcal{F}} \frac{1}{m}\sum_{i=1}^{m}\left(f\left(\boldsymbol{z}_i'\right) - f\left(\boldsymbol{z}_i\right)\right)\right] \\
&= \mathbb{E}_{\boldsymbol{\sigma},Z,Z'}\left[\sup_{f\in\mathcal{F}} \frac{1}{m}\sum_{i=1}^{m}\sigma_i\left(f\left(\boldsymbol{z}_i'\right) - f\left(\boldsymbol{z}_i\right)\right)\right] \\
&\leqslant \mathbb{E}_{\boldsymbol{\sigma},Z'}\left[\sup_{f\in\mathcal{F}} \frac{1}{m}\sum_{i=1}^{m}\sigma_i f\left(\boldsymbol{z}_i'\right)\right] + \mathbb{E}_{\boldsymbol{\sigma},Z}\left[\sup_{f\in\mathcal{F}} \frac{1}{m}\sum_{i=1}^{m}-\sigma_i f\left(\boldsymbol{z}_i\right)\right] \\
&= 2\mathbb{E}_{\boldsymbol{\sigma},Z}\left[\sup_{f\in\mathcal{F}} \frac{1}{m}\sum_{i=1}^{m}\sigma_i f\left(\boldsymbol{z}_i\right)\right] \\
&= 2R_m(\mathcal{F})
\end{aligned}
$$

上面第 2 行的等式是在外面套了一个对服从分布 $\mathcal{D}$ 的示例集 Z' 求期望。因为 $\mathbb{E}_{Z'\sim\mathcal{D}}[\widehat{E}_{Z'}(f)] = \mathbb{E}(f)$，而采样出来的 Z' 和 Z 相互独立，所以有 $\mathbb{E}_{Z'\sim\mathcal{D}}[\widehat{E}_Z(f)] = \widehat{E}_Z(f)$。

第 3 行的不等式基于上确界函数 sup 是凸函数，将 $\sup_{f\in\mathcal{F}}$ 看作凸函数 f，而将 $\widehat{E}_{Z'}(f) - \widehat{E}_Z(f)$ 看作变量。根据 Jesen 不等式，有 $\mathbb{E}_Z\left[\sup_{f\in\mathcal{F}}\mathbb{E}_{Z'}\left[\widehat{E}_{Z'}(f) - \widehat{E}_Z(f)\right]\right] \leqslant \mathbb{E}_{Z,Z'}\left[\sup_{f\in\mathcal{F}}\left(\widehat{E}_{Z'}(f) - \widehat{E}_Z(f)\right)\right]$，其中 $\mathbb{E}_{Z,Z'}[\cdot]$ 是 $\mathbb{E}_Z[\mathbb{E}_{Z'}[\cdot]]$ 的简写形式。

第 5 行的等式引入了对 Rademacher 随机变量的期望。由于函数值空间是标量，而 σ_i 也是标量，即 $\sigma_i \in \{-1,+1\}$，且 σ_i 总以相同概率取到这两个值，因此可以引入 $\mathbb{E}_\sigma$ 而不影响最终结果。

第 6 行的不等式利用了上确界的和不小于和的上确界[5]。因为第一项中只含有变量 z'，所以可以将 $\mathbb{E}_Z$ 去掉；因为第二项中只含有变量 z，所以可以将 $\mathbb{E}_{Z'}$ 去掉。

第 7 行的等式利用了 $\boldsymbol{\sigma}$ 是对称的，所以 $-\boldsymbol{\sigma}$ 的分布和 $\boldsymbol{\sigma}$ 的分布完全一致，从而可以将第二项中的负号去除。又因为 Z 和 Z' 均是从 $\mathcal{D}$ 中独立同分布采样得到的数据，因此可以将第一项中的 z_i' 替换成 z，并将 Z' 替换成 Z。

最后根据式 (12.41) 可得 $\mathbb{E}_Z[\varPhi(Z)] = 2\mathcal{R}_m(\mathcal{F})$，式 (12.42) 得证。

12.6 定理 12.6 的解释

针对二分类问题, 定理 12.5 给出了“泛化误差”和“经验误差”的关系:

- 式 (12.47) 基于 Rademacher 复杂度 $R_m(\mathcal{H})$ 给出了泛化误差 $E(h)$ 的上界;
- 式 (12.48) 基于经验 Rademacher 复杂度 $\widehat{R}_D(\mathcal{H})$ 给出了泛化误差 $E(h)$ 的上界。

可能大家都会有疑问：定理 12.6 的设定其实也适用于定理 12.5, 即值域为二值的 $\{-1,+1\}$ 也属于值域为连续值的 $[0,1]$ 的一种特殊情况, 这一点从接下来的式 (12.49) 的转换中可以看出。那么, 为什么还要针对二分类问题专门给出定理 12.6 呢?

根据 (经验)Rademacher 复杂度的定义可知, $R_m(\mathcal{H})$ 和 $\widehat{R}_D(\mathcal{H})$ 均大于零 (参见前面有关式 (12.39) 的解释, “西瓜书” 中式 (12.39) 下面的一行也提到该式的取值范围是 $[0,1]$); 因此, 相较于定理 12.5 来说, 定理 12.6 的上界更紧, 因为二者的界只有中间一项关于 (经验)Rademacher 复杂度的部分不同, 在定理 12.5 中是两倍的 (经验)Rademacher 复杂度, 而在定理 12.6 中是一倍的 (经验)Rademacher 复杂度, 而 (经验)Rademacher 复杂度大于零。

因此, 为二分类问题量身定制的定理 12.6 相较于通用的定理 12.5 来说, 考虑了二分类的特殊情况, 得到了比定理 12.5 更紧的泛化误差界, 仅此而已。

下面做一些证明。

（1）首先通过式 (12.49) 将值域为 $\{-1,+1\}$ 的假设空间 $\mathcal{H}$ 转换为值域为 $[0,1]$ 的函数空间 $\mathcal{F}_{\mathcal{H}}$。

（2）接下来是该证明最核心的部分, 即证明式 (12.50) 的结论 $\widehat{R}_Z\left(\mathcal{F}_{\mathcal{H}}\right)=\frac{1}{2}\widehat{R}_D(\mathcal{H})$。在推导过程中，第 1 行的等式就是定义 12.8。第 2 行的等式就是根据式 (12.49) 将 $f_h\left(\boldsymbol{x}_i, y_i\right)$ 换为 $\mathbb{I}\left(h\left(\boldsymbol{x}_i\right) \neq y_i\right)$。第 3 行的等式类似于式 (12.36) 的推导过程中的第 2 个等式。第 4 行的等式说明如下：

$$\sup_{h \in \mathcal{H}} \frac{1}{m} \sum_{i=1}^m \sigma_i \frac{1-y_i h\left(\boldsymbol{x}_i\right)}{2}=\sup_{h \in \mathcal{H}} \frac{1}{2m} \sum_{i=1}^m \sigma_i+\sup_{h \in \mathcal{H}} \frac{1}{2m} \sum_{i=1}^m \frac{-y_i \sigma_i h\left(\boldsymbol{x}_i\right)}{2}$$

其中，$\sup_{h \in \mathcal{H}} \frac{1}{2m} \sum_{i=1}^m \sigma_i$ 与 h 无关, 所以 $\sup_{h \in \mathcal{H}} \frac{1}{2m} \sum_{i=1}^m \sigma_i=\frac{1}{2m} \sum_{i=1}^m \sigma_i$。第 5 行的等式是由于 $\mathbb{E}_{\boldsymbol{\sigma}}\left[\frac{1}{m} \sum_{i=1}^m \sigma_i\right]=0$, 例如当 $m=2$ 时, 所有可能的 $\boldsymbol{\sigma}$ 包括 $(-1,-1)$、$(-1,+1)$、$(+1,-1)$ 和 $(+1,+1)$, 求期望后，显然结果等于 0。第 6 行的等式正如“西瓜书”中的边注所述, “$-y_i\sigma_i$ 与 σ_i 分布相同” (原因跟定理 12.5 中证明 $\mathbb{E}_Z[\Phi(Z)] \leqslant 2R_m(\mathcal{F})$ 相同, 即求期望时要针对所有可能的 $\boldsymbol{\sigma}$，参见“西瓜书”第 282 页的第 8 行); 第 7 行的等式再次使用了定义 12.8。

（3）关于式 (12.51), 根据式 (12.50) 的结论, 可证明如下：

$$R_m\left(\mathcal{F}_{\mathcal{H}}\right)=\mathbb{E}_Z\left[\widehat{R}_Z\left(\mathcal{F}_{\mathcal{H}}\right)\right]=\mathbb{E}_D\left[\frac{1}{2}\widehat{R}_D(\mathcal{H})\right]=\frac{1}{2}\mathbb{E}_D\left[\widehat{R}_D(\mathcal{H})\right]=\frac{1}{2}R_m(\mathcal{H})$$

其中第 2 个等号的右侧由 Z 变为 D 只是符号根据具体情况有了适时变化而已。

(4) 最后, 用式 (12.49) 定义的 f_h 替换定理 12.5 中的函数 f, 得到

$$\begin{gathered}\mathbb{E}[f(\boldsymbol{z})]=\mathbb{E}[\mathbb{I}(h(\boldsymbol{x})\neq y)]=E(h)\\ \frac{1}{m}\sum_{i=1}^{m}f\left(\boldsymbol{z}_i\right)=\frac{1}{m}\sum_{i=1}^{m}\mathbb{I}\left(h\left(\boldsymbol{x}_i\right)\neq y_i\right)=\widehat{E}(h)\end{gathered}$$

将式 (12.51) 代入式 (12.42), 即用 $\frac{1}{2}R_m(\mathcal{H})$ 替换式 (12.42) 中的 $R_m(\mathcal{F})$, 式 (12.47) 得证。

将式 (12.50) 代入式 (12.43), 即用 $\frac{1}{2}\widehat{R}_D(\mathcal{H})$ 替换式 (12.43) 中的 $\widehat{R}_Z(\mathcal{F})$, 式 (12.48) 得证。

这里有个疑问，定理 12.5 的前提是“实值函数空间 $\mathcal{F}:\mathcal{Z}\rightarrow[0,1]$ ”，而式 (12.49) 得到的函数 $f_h(z)$ 的值域实际为 $\{0,1\}$, 仍是离散的而非实值的。当然, 定理 12.5 的证明也只需要函数值在 $[0,1]$ 范围内即可, 并不需要是连续的。

12.6.1 式 (12.52) 的证明

这个式子的证明比较烦琐，同“西瓜书”上所示，参见 *Foundations of Machine Learning* [6]。

12.6.2 式 (12.53) 的推导

根据式 (12.28) 有 $\Pi_{\mathcal{H}}(m)\leqslant\left(\frac{\mathrm{e}\cdot m}{d}\right)^d$，根据式 (12.52) 有 $R_m(\mathcal{H})\leqslant\sqrt{\frac{2\ln\Pi_{\mathcal{H}}(m)}{m}}$，因此 $\Pi_{\mathcal{H}}(m)\leqslant\sqrt{\frac{2d\ln\frac{\mathrm{e}m}{d}}{m}}$。再根据式 (12.47)，$E(h)\leqslant\widehat{E}(h)+R_m(\mathcal{H})+\sqrt{\frac{\ln(1/\delta)}{2m}}$ 得证。

12.7 稳 定 性

12.5 节介绍的基于 VC 维的泛化误差界是分布无关、数据独立的，12.6 节介绍的 Rademacher 复杂度则在一定程度上考虑了数据分布，但二者得到的结果均

与具体的学习算法无关；本节将要介绍的稳定性分析可以获得与算法有关的分析结果。算法的“稳定性”考查的是算法在输入发生变化时，输出是否会随之发生较大的变化。

12.7.1 泛化损失/经验损失/留一损失的解释

参见式 (12.54) 上方关于损失函数的描述——“刻画了假设的预测标记与真实标记之间的差别”，这里针对的是二分类，预测标记和真实标记均只能取两个值，它们之间的“差别”又能是什么呢？

因此，当“差别”取为 $\mathbb{I}(\mathfrak{L}_D(\boldsymbol{x}),y)$ 时，式 (12.54) 的泛化损失就是式 (12.1) 的泛化误差，式 (12.55) 的经验损失就是式 (12.2) 的经验误差。如果类似于式 (12.1) 和式 (12.2) 继续定义留一误差，那么式 (12.56) 就对应留一误差。

12.7.2 式 (12.57) 的解释

根据三角不等式[7]，有 $|a+b| \leqslant |a|+|b|$，将 $a=\ell(\mathfrak{L}_D,\boldsymbol{z})-\ell(\mathfrak{L}_{D^i})$、$b=\ell(\mathfrak{L}_{D^i,\boldsymbol{z}})-\ell\left(\mathfrak{L}_{D^{\backslash i},\boldsymbol{z}}\right)$ 代入即可得到第一个不等式。因为 $D^{\backslash i}$ 表示移除 D 中的第 i 个样本，D^i 表示替换 D 中的第 i 个样本，所以 a、b 的变动均为一个样本。根据式 (12.57)，有 $a \leqslant \beta$、$b \leqslant \beta$，因此 $a+b \leqslant 2\beta$。

12.7.3 定理 12.8 的解释

“西瓜书”在该定理的下方已明确给出该定理的意义, 即“定理 12.8 给出了基于稳定性分析推导出的学习算法 $\mathfrak{L}$ 学得假设的泛化误差界”。式 (12.58) 和式 (12.59) 分别基于经验损失和留一损失给出了泛化损失的上界。接下来我们讨论两个相关的问题。

（1）定理 12.8 的条件包括损失函数有界, 即 $0 \leqslant \ell(\mathfrak{L}_D,\boldsymbol{z}) \leqslant M$; 如 12.7.1 小节“泛化损失/经验损失/留一损失的解释”中所述, 若“差别”取为 $\mathbb{I}(\mathfrak{L}_D(\boldsymbol{x}),y)$, 则泛化损失对应于泛化误差, 此时上限 $M=1$。

（2）在前面泛化误差上界的推导中（如定理 12.1、定理 12.3、定理 12.6、定理 12.7), 上界中与样本数 m 有关的项收敛率均为 $O(1/\sqrt{m})$, 但在定理 12.8 中是 $O(\beta\sqrt{m})$; 一般来讲, 随着样本数 m 的增大, 经验误差/损失应该收敛于泛化误差/损失, 因此这里假设 $\beta=1/m$（“西瓜书”中式 (12.59) 下方的第 3 行写为

$\beta = O(1/m)$)。β 的取值的确会随着样本数 m 的增大而变小, 虽然"西瓜书"并没有严格讨论 β 随 m 增大的变化规律, 但至少在直觉上是对的。

12.7.4 式 (12.60) 的推导

将 $\beta = \frac{1}{m}$ 代入式 (12.58) 即得证。

12.7.5 经验损失最小化

顾名思义, "经验损失最小化"是指通过最小化经验损失来求假设函数。

在这里, "对于损失函数 ℓ, 若学习算法 $\mathfrak{L}$ 所输出的假设满足经验损失最小化, 则称学习算法 $\mathfrak{L}$ 满足经验风险最小化 (Empirical Risk Minimization，ERM) 原则, 简称该算法是 ERM 的"。在"西瓜书"的第 278 页, 若学习算法 $\mathfrak{L}$ 输出的假设 h 满足式 (12.30), 则称 $\mathfrak{L}$ 为满足经验风险最小化原则的算法。很明显, 式 (12.30) 是在最小化经验误差。

那么最小化经验误差和最小化经验损失有什么区别呢?

参见"西瓜书"第 286 页左下角的边注, "最小化经验误差和最小化经验损失有时并不相同, 这是由于存在某些病态的损失函数 ℓ，使得最小化经验损失并不是最小化经验误差"。

至于"误差""损失""风险"等概念的辨析，参见"西瓜书"第 2 章中 2.1 节的注解。

12.7.6 定理 12.9 的证明的解释

我们首先明确几个概念。ERM 表示学习算法 $\mathcal{L}$ 满足经验风险最小化 (Empirical Risk Minimization) 原则。由于 $\mathcal{L}$ 满足经验误差最小化，因此可以令 g 表示假设空间中具有最小泛化损失的假设，即

$$\ell(g, \mathcal{D}) = \min_{h \in \mathcal{H}} \ell(h, \mathcal{D})$$

再令

$$\begin{aligned}
\epsilon' &= \frac{\epsilon}{2} \\
\frac{\delta}{2} &= 2\exp\left(-2m\left(\epsilon'\right)^2\right)
\end{aligned}$$

将 $\epsilon' = \frac{\epsilon}{2}$ 代入 $\frac{\delta}{2} = 2\exp\left(-2m\left(\epsilon'\right)^2\right)$，可以解得 $m = \frac{2}{\epsilon^2}\ln\frac{4}{\delta}$。由 Hoeffding 不等式 [见式 (12.6)]，有

$$P\left(\left|\frac{1}{m}\sum_{i=1}^{m}x_i - \frac{1}{m}\sum_{i=1}^{m}\mathbb{E}\left(x_i\right)\right| \geqslant \epsilon\right) \leqslant 2\exp\left(-2m\epsilon^2\right)$$

其中 $\frac{1}{m}\sum_{i=1}^{m}\mathbb{E}\left(x_i\right) = \ell(g,\mathcal{D})$，$\frac{1}{m}\sum_{i=1}^{m}x_i = \widehat{\ell}(g,\mathcal{D})$，代入可得

$$P(|\ell(g,\mathcal{D}) - \widehat{\ell}(g,D)| \geqslant \frac{\epsilon}{2}) \leqslant \frac{\delta}{2}$$

根据逆事件的概率可得

$$P(|\ell(g,\mathcal{D}) - \widehat{\ell}(g,D)| \leqslant \frac{\epsilon}{2}) \geqslant 1 - \frac{\delta}{2}$$

即“西瓜书”中所说 $|\ell(g,\mathcal{D}) - \widehat{\ell}(g,D)| \leqslant \frac{\epsilon}{2}$ 至少以 $1-\delta/2$ 的概率成立。

由 $\frac{2}{m} + (4+M)\sqrt{\frac{\ln(2/\delta)}{2m}} = \frac{\epsilon}{2}$ 可以求解出

$$\sqrt{m} = \frac{(4+M)\sqrt{\dfrac{\ln(2/\delta)}{2}} + \sqrt{(4+M)^2\dfrac{\ln(2/\delta)}{2} - 4\times\dfrac{\epsilon}{2}\times(-2)}}{2\times\dfrac{\epsilon}{2}}$$

即 $m = O\left(\frac{1}{\epsilon^2}\ln\frac{1}{\delta}\right)$。

由 $P\left(|\ell(g,\mathcal{D}) - \widehat{\ell}(g,D)| \leqslant \frac{\epsilon}{2}\right) \geqslant 1 - \frac{\delta}{2}$ 和式 (12.31) 中介绍的相同的方法，可以推导出

$$P(\ell(\mathfrak{L},\mathcal{D}) - \ell(g,\mathcal{D}) \leqslant \epsilon) \geqslant 1 - \delta$$

又因为 m 是与 $(1/\epsilon, 1/\delta, \mathrm{size}(x), \mathrm{size}(c))$ 相关的多项式的值，根据定理 12.2 和定理 12.5，可以得到如下结论：$\mathcal{H}$ 是 (不可知)PAC 可学习的。

参考文献

[1] Wassily Hoeffding. Probability inequalities for sums of bounded random variables. *Journal of the American Statistical Association*, 58(301):13–30, 1963.

[2] Vladimir N Vapnik and A Ya Chervonenkis. On the uniform convergence of relative frequencies of events to their probabilities. In Measures of Complexity, pages 11–30. Springer, 2015.

[3] Wikipedia contributors. Binomial theorem, 2020.

[4] Wikipedia contributors. E, 2020.

[5] robjohn. Supremum of the difference of two functions, 2013.

[6] Mehryar Mohri, Afshin Rostamizadeh, and Ameet Talwalkar. *Foundations of Machine Learning*. 2018.

[7] Wikipedia contributors. Triangle inequality, 2020.

第 13 章 半监督学习

13.1 未标记样本

“西瓜书”中的两张插图可谓本节亮点: 图 13.1 直观地说明了使用未标记样本后带来的好处; 图 13.2 对比了主动学习、(纯) 半监督学习和直推学习, 尤其是巧妙地将主动学习的概念融入了进来。

直推学习是综合运用手头已有的少量有标记样本和大量未标记样本, 对这些大量未标记样本预测其标记; 而 (纯) 半监督学习是综合运用手头已有的少量有标记样本和大量未标记样本, 对新的未标记样本预测其标记。

对于直推学习, 当然可以仅利用有标记样本训练一个学习器, 再对未标记样本进行预测, 此为传统的监督学习; 对于 (纯) 半监督学习, 当然也可以舍弃大量未标记样本, 仅利用有标记样本训练一个学习器, 再对新的未标记样本进行预测。图 13.1 直观地说明了使用未标记样本后带来的好处, 然而在利用了未标记样本后，是否真的可以像图 13.1 所示带来预期的好处呢? 此即“西瓜书”13.7 节“阅读材料”中提到的安全半监督学习。

接下来的 13.2 节 $\sim$ 13.5 节介绍的 4 种半监督学习方法, 也都可以应用于直推学习。但若要应用于 (纯) 半监督学习, 则有额外的考虑, 尤其是 13.4 节介绍的图半监督学习, 因为该节的最后一段也明确提到,“构图过程仅能考虑训练样本集, 难以判知新样本在图中的位置。因此, 在接收到新样本时, 或是将其加入原数据集对图进行重构并重新进行标记传播, 或是引入额外的预测机制”。

13.2 生成式方法

本节与“西瓜书”9.4.3 小节的高斯混合聚类密切相关, 建议在理解高斯混合聚类的内容之后，再学习本节内容。

13.2.1 式 (13.1) 的解释

此为高斯混合分布的定义式。该式即为 9.4.3 小节的式 (9.29)，式 (9.29) 中的 k 个混合成分对应于此处的 N 个可能的类别。

13.2.2 式 (13.2) 的推导

首先, 该式中的变量 $\Theta \in \{1,2,\cdots,N\}$ 即为式 (9.30) 中的 $z_j \in \{1,2,\cdots,k\}$。

从公式第 1 行到第 2 行是对概率进行边缘化 (marginalization)：通过引入 Θ 并对其求和 $\sum_{i=1}^{N}$ 以抵消引入的影响。从公式第 2 行到第 3 行的推导过程如下：

$$
\begin{aligned}
p(y=j,\Theta=i|\boldsymbol{x}) &= \frac{p(y=j,\Theta=i,\boldsymbol{x})}{p(\boldsymbol{x})} \\
&= \frac{p(y=j,\Theta=i,\boldsymbol{x})}{p(\Theta=i,\boldsymbol{x})}\cdot\frac{p(\Theta=i,\boldsymbol{x})}{p(\boldsymbol{x})} \\
&= p(y=j|\Theta=i,\boldsymbol{x})\cdot p(\Theta=i|\boldsymbol{x})
\end{aligned}
$$

$p(y=j\mid\boldsymbol{x})$ 表示 $\boldsymbol{x}$ 的类别 y 为第 j 个类别标记的后验概率（注意条件是已知 $\boldsymbol{x}$);

$p(y=j,\Theta=i\mid\boldsymbol{x})$ 表示 $\boldsymbol{x}$ 的类别 y 为第 j 个类别标记且由第 i 个高斯混合成分生成的后验概率（注意条件是已知 $\boldsymbol{x}$);

$p(y=j\mid\Theta=i,\boldsymbol{x})$ 表示对于第 i 个高斯混合成分生成的 $\boldsymbol{x}$，其类别 y 为第 j 个类别标记的概率 [注意条件是已知 Θ 和 $\boldsymbol{x}$, 这里修改了“西瓜书”中式 (13.3) 下方对 $p(y=j\mid\Theta=i,\boldsymbol{x})$ 的表述];

$p(\Theta=i\mid\boldsymbol{x})$ 表示 $\boldsymbol{x}$ 由第 i 个高斯混合成分生成的后验概率（注意条件是已知 $\boldsymbol{x}$)。

“西瓜书”第 296 页的第 2 行提到，“假设样本由高斯混合模型生成, 且每个类别对应一个高斯混合成分”。也就是说, 如果已知 $\boldsymbol{x}$ 是由哪个高斯混合成分生成的, 也就知道了其类别。而 $p(y=j\mid\Theta=i,\boldsymbol{x})$ 表示已知 Θ 和 $\boldsymbol{x}$ 的条件概率（已知 Θ 就足够了, 不需要 $\boldsymbol{x}$ 的信息), 因此

$$
p(y=j\mid\Theta=i,\boldsymbol{x}) = \begin{cases} 1, & i=j \\ 0, & i\neq j \end{cases}
$$

13.2.3　式 (13.3) 的推导

根据式 (13.1)：

$$p(\boldsymbol{x})=\sum_{i=1}^{N}\alpha_i\cdot p\left(\boldsymbol{x}|\boldsymbol{\mu}_i,\boldsymbol{\Sigma}_i\right)$$

有

$$\begin{aligned}p(\Theta=i|\boldsymbol{x})&=\frac{p(\Theta=i,\boldsymbol{x})}{P(x)}\\&=\frac{\alpha_i\cdot p\left(\boldsymbol{x}|\boldsymbol{\mu}_i,\boldsymbol{\Sigma}_i\right)}{\sum\limits_{i=1}^{N}\alpha_i\cdot p\left(\boldsymbol{x}|\boldsymbol{\mu}_i,\boldsymbol{\Sigma}_i\right)}\end{aligned}$$

13.2.4　式 (13.4) 的推导

式 (13.4) 中的第二项很好解释，当不知道类别信息的时候，样本 $\boldsymbol{x}_j$ 的概率可以用式 (13.1) 表示，所有无类别信息的样本 D_u 的似然是所有样本的乘积。因为 ln 函数是单调的，所以也可以将 ln 函数作用于这个乘积，从而消除因为连乘产生的数值计算问题。式 (13.4) 中的第一项引入了样本的标签信息，由

$$p(y=j|\Theta=i,\boldsymbol{x})=\begin{cases}1, & i=j\\0, & i\neq j\end{cases}$$

可知，该项限定了样本 $\boldsymbol{x}_j$ 只可能来自 y_j 所对应的高斯分布。

13.2.5　式 (13.5) 的解释

参见式 (13.3)，式 (13.5) 可以理解成样本 $\boldsymbol{x}_j$ 属于类别标签 i(或者说由第 i 个高斯分布生成) 的后验概率。其中的 α_i、$\boldsymbol{\mu}_i$ 和 $\boldsymbol{\Sigma}_i$ 可以通过有标记样本预先计算出来。

$$\begin{aligned}\alpha_i&=\frac{l_i}{|D_l|},\text{其中 }|D_l|=\sum_{i=1}^{N}l_i\\\boldsymbol{\mu}_i&=\frac{1}{l_i}\sum_{(\boldsymbol{x}_j,y_j)\in D_l\wedge y_j=i}\boldsymbol{x}_j\\\boldsymbol{\Sigma}_i&=\frac{1}{l_i}\sum_{(\boldsymbol{x}_j,y_j)\in D_l\wedge y_j=i}\left(\boldsymbol{x}_j-\boldsymbol{\mu}_i\right)\left(\boldsymbol{x}_j-\boldsymbol{\mu}_i\right)^{\mathrm{T}}\end{aligned}$$

其中 l_i 表示第 i 类样本的有标记样本的数目, $|D_l|$ 表示有标记样本集中的样本总数, $\wedge$ 表示“逻辑与”。

13.2.6 式 (13.6) 的解释

式 (13.6) 可以由

$$\frac{\partial LL(D_l \cup D_u)}{\partial \boldsymbol{\mu}_i} = 0$$

而得。将式 (13.4) 中的两项分别记为

$$\begin{aligned}
LL(D_l) &= \sum_{(\boldsymbol{x_j}, y_j \in D_l)} \ln\left(\sum_{s=1}^{N} \alpha_s \cdot p(\boldsymbol{x_j}|\boldsymbol{\mu}_s, \boldsymbol{\Sigma}_s) \cdot p(y_i|\Theta = s, \boldsymbol{x_j})\right) \\
&= \sum_{(\boldsymbol{x_j}, y_j \in D_l)} \ln\left(\alpha_{y_j} \cdot p(\boldsymbol{x_j}|\boldsymbol{\mu}_{y_j}, \boldsymbol{\Sigma}_{y_j})\right) \\
LL(D_u) &= \sum_{\boldsymbol{x_j} \in D_u} \ln\left(\sum_{s=1}^{N} \alpha_s \cdot p(\boldsymbol{x_j}|\boldsymbol{\mu}_s, \boldsymbol{\Sigma}_s)\right)
\end{aligned}$$

首先，用 $LL(D_l)$ 对 $\boldsymbol{\mu_i}$ 求偏导，$LL(D_l)$ 求和符号中只有 $y_j = i$ 的项能留下来，即

$$\begin{aligned}
\frac{\partial LL(D_l)}{\partial \boldsymbol{\mu}_i} &= \sum_{(\boldsymbol{x}_j, y_j) \in D_l \wedge y_j = i} \frac{\partial \ln(\alpha_i \cdot p(\boldsymbol{x}_j|\boldsymbol{\mu}_i, \boldsymbol{\Sigma}_i))}{\partial \boldsymbol{\mu}_i} \\
&= \sum_{(\boldsymbol{x}_j, y_j) \in D_l \wedge y_j = i} \frac{1}{p(\boldsymbol{x}_j|\boldsymbol{\mu}_i, \boldsymbol{\Sigma}_i)} \cdot \frac{\partial p(\boldsymbol{x}_j|\boldsymbol{\mu}_i, \boldsymbol{\Sigma}_i)}{\partial \boldsymbol{\mu}_i} \\
&= \sum_{(\boldsymbol{x}_j, y_j) \in D_l \wedge y_j = i} \frac{1}{p(\boldsymbol{x}_j|\boldsymbol{\mu}_i, \boldsymbol{\Sigma}_i)} \cdot p(\boldsymbol{x}_j|\boldsymbol{\mu}_i, \boldsymbol{\Sigma}_i) \cdot \boldsymbol{\Sigma}_i^{-1}(\boldsymbol{x}_j - \boldsymbol{\mu}_i) \\
&= \sum_{(\boldsymbol{x}_j, y_j) \in D_l \wedge y_j = i} \boldsymbol{\Sigma}_i^{-1}(\boldsymbol{x}_j - \boldsymbol{\mu}_i)
\end{aligned}$$

然后，用 $LL(D_u)$ 对 $\boldsymbol{\mu_i}$ 求偏导，参见式 (9.33) 的推导：

$$\begin{aligned}
\frac{\partial LL(D_u)}{\partial \boldsymbol{\mu}_i} &= \sum_{\boldsymbol{x}_j \in D_u} \frac{\alpha_i}{\sum_{s=1}^{N} \alpha_s \cdot p(\boldsymbol{x}_j|\boldsymbol{\mu}_s, \boldsymbol{\Sigma}_s)} \cdot p(\boldsymbol{x}_j|\boldsymbol{\mu}_i, \boldsymbol{\Sigma}_i) \cdot \boldsymbol{\Sigma}_i^{-1}(\boldsymbol{x}_j - \boldsymbol{\mu}_i) \\
&= \sum_{\boldsymbol{x}_j \in D_u} \gamma_{ji} \cdot \boldsymbol{\Sigma}_i^{-1}(\boldsymbol{x}_j - \boldsymbol{\mu}_i)
\end{aligned}$$

综上可得:

$$
\begin{aligned}
&\frac{\partial LL\left(D_l \cup D_u\right)}{\partial \boldsymbol{\mu}_i}\\
=&\sum_{(\boldsymbol{x}_j, y_j) \in D_l \wedge y_j=i} \boldsymbol{\Sigma}_i^{-1}\left(\boldsymbol{x}_j-\boldsymbol{\mu}_i\right)+\sum_{\boldsymbol{x}_j \in D_u} \gamma_{ji} \cdot \boldsymbol{\Sigma}_i^{-1}\left(\boldsymbol{x}_j-\boldsymbol{\mu}_i\right)\\
=&\boldsymbol{\Sigma}_i^{-1}\left(\sum_{(\boldsymbol{x}_j, y_j) \in D_l \wedge y_j=i}\left(\boldsymbol{x}_j-\boldsymbol{\mu}_i\right)+\sum_{\boldsymbol{x}_j \in D_u} \gamma_{ji} \cdot\left(\boldsymbol{x}_j-\boldsymbol{\mu}_i\right)\right)\\
=&\boldsymbol{\Sigma}_i^{-1}\left(\sum_{(\boldsymbol{x}_j, y_j) \in D_l \wedge y_j=i} \boldsymbol{x}_j+\sum_{\boldsymbol{x}_j \in D_u} \gamma_{ji} \cdot \boldsymbol{x}_j-\sum_{(\boldsymbol{x}_j, y_j) \in D_l \wedge y_j=i} \boldsymbol{\mu}_i-\sum_{\boldsymbol{x}_j \in D_u} \gamma_{ji} \cdot \boldsymbol{\mu}_i\right)
\end{aligned}
$$

令 $\frac{\partial LL(D_l \cup D_u)}{\partial \boldsymbol{\mu}_i}=0$，对两边同时左乘 $\boldsymbol{\Sigma}_i$ 并移项:

$$
\sum_{\boldsymbol{x}_j \in D_u} \gamma_{ji} \cdot \boldsymbol{\mu}_i+\sum_{(\boldsymbol{x}_j, y_j) \in D_l \wedge y_j=i} \boldsymbol{\mu}_i=\sum_{\boldsymbol{x}_j \in D_u} \gamma_{ji} \cdot \boldsymbol{x}_j+\sum_{(\boldsymbol{x}_j, y_j) \in D_l \wedge y_j=i} \boldsymbol{x}_j
$$

在上式中，$\boldsymbol{\mu_i}$ 可以作为常量提到求和符号的外面，而 $\sum_{(\boldsymbol{x}_j, y_j) \in D_l \wedge y_j=i} 1=l_i$，即第 i 类样本的有标记样本的数目，因此有

$$
\left(\sum_{\boldsymbol{x}_j \in D_u} \gamma_{ji}+\sum_{(\boldsymbol{x}_j, y_j) \in D_l \wedge y_j=i} 1\right) \boldsymbol{\mu}_i=\sum_{\boldsymbol{x}_j \in D_u} \gamma_{ji} \cdot \boldsymbol{x}_j+\sum_{(\boldsymbol{x}_j, y_j) \in D_l \wedge y_j=i} \boldsymbol{x}_j
$$

即得式 (13.6)。

13.2.7 式 (13.7) 的解释

首先，用 $LL(D_l)$ 对 $\boldsymbol{\Sigma_i}$ 求偏导，类似于式 (13.6) 的推导。

$$
\begin{aligned}
\frac{\partial LL\left(D_l\right)}{\partial \boldsymbol{\Sigma}_i} &=\sum_{(\boldsymbol{x}_j, y_j) \in D_l \wedge y_j=i} \frac{\partial \ln \left(\alpha_i \cdot p\left(\boldsymbol{x}_j | \boldsymbol{\mu}_i, \boldsymbol{\Sigma}_i\right)\right)}{\partial \boldsymbol{\Sigma}_i} \\
&=\sum_{(\boldsymbol{x}_j, y_j) \in D_l \wedge y_j=i} \frac{1}{p\left(\boldsymbol{x}_j | \boldsymbol{\mu}_i, \boldsymbol{\Sigma}_i\right)} \cdot \frac{\partial p\left(\boldsymbol{x}_j | \boldsymbol{\mu}_i, \boldsymbol{\Sigma}_i\right)}{\partial \boldsymbol{\Sigma}_i} \\
&=\sum_{(\boldsymbol{x}_j, y_j) \in D_l \wedge y_j=i} \frac{1}{p\left(\boldsymbol{x}_j | \boldsymbol{\mu}_i, \boldsymbol{\Sigma}_i\right)} \cdot p\left(\boldsymbol{x}_j | \boldsymbol{\mu}_i, \boldsymbol{\Sigma}_i\right) \cdot \\
&\qquad \left(\boldsymbol{\Sigma}_i^{-1}\left(\boldsymbol{x}_j-\boldsymbol{\mu}_i\right)\left(\boldsymbol{x}_j-\boldsymbol{\mu}_i\right)^{\mathrm{T}}-\boldsymbol{I}\right) \cdot \frac{1}{2} \boldsymbol{\Sigma}_i^{-1}
\end{aligned}
$$

$$= \sum_{(\boldsymbol{x}_j,y_j)\in D_l \wedge y_j=i} \left(\boldsymbol{\Sigma}_i^{-1}\left(\boldsymbol{x}_j-\boldsymbol{\mu}_i\right)\left(\boldsymbol{x}_j-\boldsymbol{\mu}_i\right)^{\mathrm{T}}-\boldsymbol{I}\right)\cdot\frac{1}{2}\boldsymbol{\Sigma}_i^{-1}$$

然后，用 $LL(D_u)$ 对 $\boldsymbol{\Sigma_i}$ 求偏导，类似于式 (9.35) 的推导。

$$\frac{\partial LL\left(D_u\right)}{\partial\boldsymbol{\Sigma}_i} = \sum_{\boldsymbol{x}_j\in D_u}\gamma_{ji}\cdot\left(\boldsymbol{\Sigma}_i^{-1}\left(\boldsymbol{x}_j-\boldsymbol{\mu}_i\right)\left(\boldsymbol{x}_j-\boldsymbol{\mu}_i\right)^{\mathrm{T}}-\boldsymbol{I}\right)\cdot\frac{1}{2}\boldsymbol{\Sigma}_i^{-1}$$

综上可得：

$$\begin{aligned}\frac{\partial LL\left(D_l\cup D_u\right)}{\partial\boldsymbol{\Sigma}_i} &= \sum_{\boldsymbol{x}_j\in D_u}\gamma_{ji}\cdot\left(\boldsymbol{\Sigma}_i^{-1}\left(\boldsymbol{x}_j-\boldsymbol{\mu}_i\right)\left(\boldsymbol{x}_j-\boldsymbol{\mu}_i\right)^{\mathrm{T}}-\boldsymbol{I}\right)\cdot\frac{1}{2}\boldsymbol{\Sigma}_i^{-1}+\\ &\quad\sum_{(\boldsymbol{x}_j,y_j)\in D_l \wedge y_j=i} \left(\boldsymbol{\Sigma}_i^{-1}\left(\boldsymbol{x}_j-\boldsymbol{\mu}_i\right)\left(\boldsymbol{x}_j-\boldsymbol{\mu}_i\right)^{\mathrm{T}}-\boldsymbol{I}\right)\cdot\frac{1}{2}\boldsymbol{\Sigma}_i^{-1}\\ &= \left(\sum_{\boldsymbol{x}_j\in D_u}\gamma_{ji}\cdot\left(\boldsymbol{\Sigma}_i^{-1}\left(\boldsymbol{x}_j-\boldsymbol{\mu}_i\right)\left(\boldsymbol{x}_j-\boldsymbol{\mu}_i\right)^{\mathrm{T}}-\boldsymbol{I}\right)+\right.\\ &\quad\left.\sum_{(\boldsymbol{x}_j,y_j)\in D_l \wedge y_j=i} \left(\boldsymbol{\Sigma}_i^{-1}\left(\boldsymbol{x}_j-\boldsymbol{\mu}_i\right)\left(\boldsymbol{x}_j-\boldsymbol{\mu}_i\right)^{\mathrm{T}}-\boldsymbol{I}\right)\right)\cdot\frac{1}{2}\boldsymbol{\Sigma}_i^{-1}\end{aligned}$$

令 $\frac{\partial LL(D_l\cup D_u)}{\partial\boldsymbol{\Sigma}_i}=0$，对两边同时右乘 $2\boldsymbol{\Sigma}_i$ 并移项：

$$\begin{aligned}&\sum_{\boldsymbol{x}_j\in D_u}\gamma_{ji}\cdot\boldsymbol{\Sigma}_i^{-1}\left(\boldsymbol{x}_j-\boldsymbol{\mu}_i\right)\left(\boldsymbol{x}_j-\boldsymbol{\mu}_i\right)^{\mathrm{T}}+\sum_{(\boldsymbol{x}_j,y_j\in D_l \wedge y_j=i}\boldsymbol{\Sigma}_i^{-1}\left(\boldsymbol{x}_j-\boldsymbol{\mu}_i\right)\left(\boldsymbol{x}_j-\boldsymbol{\mu}_i\right)^{\mathrm{T}}\\ &= \sum_{\boldsymbol{x}_j\in D_u}\gamma_{ji}\cdot\boldsymbol{I}+\sum_{(\boldsymbol{x}_j,y_j)\in D_l \wedge y_j=i}\boldsymbol{I}\\ &= \left(\sum_{\boldsymbol{x}_j\in D_u}\gamma_{ji}+l_i\right)\boldsymbol{I}\end{aligned}$$

对两边同时左乘 $\boldsymbol{\Sigma}_i$：

$$\begin{aligned}&\sum_{\boldsymbol{x}_j\in D_u}\gamma_{ji}\cdot\left(\boldsymbol{x}_j-\boldsymbol{\mu}_i\right)\left(\boldsymbol{x}_j-\boldsymbol{\mu}_i\right)^{\mathrm{T}}+\sum_{(\boldsymbol{x}_j,y_j)\in D_l \wedge y_j=i}\left(\boldsymbol{x}_j-\boldsymbol{\mu}_i\right)\left(\boldsymbol{x}_j-\boldsymbol{\mu}_i\right)^{\mathrm{T}}\\ &= \left(\sum_{\boldsymbol{x}_j\in D_u}\gamma_{ji}+l_i\right)\boldsymbol{\Sigma}_i\end{aligned}$$

即得式 (13.7)。

13.2.8 式 (13.8) 的解释

类似于式 (9.36) 的推导，写出 $LL(D_l \cup D_u)$ 的拉格朗日形式：

$$
\begin{aligned}
\mathcal{L}\left(D_l \cup D_u, \lambda\right) &= LL\left(D_l \cup D_u\right)+\lambda\left(\sum_{s=1}^{N} \alpha_s-1\right) \\
&= LL\left(D_l\right)+LL\left(D_u\right)+\lambda\left(\sum_{s=1}^{N} \alpha_s-1\right)
\end{aligned}
$$

类似于式 (9.37) 的推导，对 α_i 求偏导。对于 $LL(D_u)$，求导结果与式 (9.37) 的推导过程一样。

$$
\frac{\partial LL\left(D_u\right)}{\partial \alpha_i}=\sum_{\boldsymbol{x}_j \in D_u} \frac{1}{\sum_{s=1}^{N} \alpha_s \cdot p\left(\boldsymbol{x}_j \mid \boldsymbol{\mu}_s, \boldsymbol{\Sigma}_s\right)} \cdot p\left(\boldsymbol{x}_j \mid \boldsymbol{\mu}_i, \boldsymbol{\Sigma}_i\right)
$$

对于 $LL(D_l)$，类似于式 (13.6) 和式 (13.7) 的推导过程。

$$
\begin{aligned}
\frac{\partial LL\left(D_l\right)}{\partial \alpha_i} &= \sum_{\left(\boldsymbol{x}_j, y_j\right) \in D_l \wedge y_j=i} \frac{\partial \ln \left(\alpha_i \cdot p\left(\boldsymbol{x}_j \mid \boldsymbol{\mu}_i, \boldsymbol{\Sigma}_i\right)\right)}{\partial \alpha_i} \\
&= \sum_{\left(\boldsymbol{x}_j, y_j\right) \in D_l \wedge y_j=i} \frac{1}{\alpha_i \cdot p\left(\boldsymbol{x}_j \mid \boldsymbol{\mu}_i, \boldsymbol{\Sigma}_i\right)} \cdot \frac{\partial\left(\alpha_i \cdot p\left(\boldsymbol{x}_j \mid \boldsymbol{\mu}_i, \boldsymbol{\Sigma}_i\right)\right)}{\partial \alpha_i} \\
&= \sum_{\left(\boldsymbol{x}_j, y_j\right) \in D_l \wedge y_j=i} \frac{1}{\alpha_i \cdot p\left(\boldsymbol{x}_j \mid \boldsymbol{\mu}_i, \boldsymbol{\Sigma}_i\right)} \cdot p\left(\boldsymbol{x}_j \mid \boldsymbol{\mu}_i, \boldsymbol{\Sigma}_i\right) \\
&= \sum_{\left(\boldsymbol{x}_j, y_j\right) \in D_l \wedge y_j=i} \frac{1}{\alpha_i}=\frac{1}{\alpha_i} \cdot \sum_{\left(\boldsymbol{x}_j, y_j\right) \in D_l \wedge y_j=i} 1=\frac{l_i}{\alpha_i}
\end{aligned}
$$

在上式的推导过程中，需要重点注意变量是 α_i ，$p(\boldsymbol{x}_j|\boldsymbol{\mu}_i, \boldsymbol{\Sigma}_i)$ 是常量；最后一行中的 α_i 相对于求和变量为常量，因此作为公因子被提到求和符号的外面；l_i 为第 i 类样本的有标记样本的数目。

综合两项结果，有

$$
\frac{\partial \mathcal{L}\left(D_l \cup D_u, \lambda\right)}{\partial \alpha_i}=\frac{l_i}{\alpha_i}+\sum_{\boldsymbol{x}_j \in D_u} \frac{p\left(\boldsymbol{x}_j \mid \boldsymbol{\mu}_i, \boldsymbol{\Sigma}_i\right)}{\sum_{s=1}^{N} \alpha_s \cdot p\left(\boldsymbol{x}_j \mid \boldsymbol{\mu}_s, \boldsymbol{\Sigma}_s\right)}+\lambda
$$

令 $\frac{\partial LL(D_l \cup D_u)}{\partial \alpha_i} = 0$ 并且在两边同时乘以 α_i，得到

$$\alpha_i \cdot \frac{l_i}{\alpha_i} + \sum_{\boldsymbol{x}_j \in D_u} \frac{\alpha_i \cdot p\left(\boldsymbol{x}_j | \boldsymbol{\mu}_i, \boldsymbol{\Sigma}_i\right)}{\sum\limits_{s=1}^{N} \alpha_s \cdot p\left(\boldsymbol{x}_j | \boldsymbol{\mu}_s, \boldsymbol{\Sigma}_s\right)} + \lambda \cdot \alpha_i = 0$$

结合式 (9.30) 可以发现，求和符号内即为后验概率 γ_{ji}, 因此

$$l_i + \sum_{\boldsymbol{x}_i \in D_u} \gamma_{ji} + \lambda \alpha_i = 0$$

对所有混合成分求和可得

$$\sum_{i=1}^{N} l_i + \sum_{i=1}^{N} \sum_{\boldsymbol{x}_i \in D_u} \gamma_{ji} + \sum_{i=1}^{N} \lambda \alpha_i = 0$$

由于 $\sum_{i=1}^{N} \alpha_i = 1$ ，因此 $\sum_{i=1}^{N} \lambda \alpha_i = \lambda \sum_{i=1}^{N} \alpha_i = \lambda$。根据式 (9.30) 中的 γ_{ji} 表达式可知：

$$\sum_{i=1}^{N} \gamma_{ji} = \sum_{i=1}^{N} \frac{\alpha_i \cdot p(\boldsymbol{x}_j | \boldsymbol{\mu}_i, \boldsymbol{\Sigma}_i)}{\sum\limits_{s=1}^{N} \alpha_s \cdot p(\boldsymbol{x}_j | \boldsymbol{\mu}_s, \boldsymbol{\Sigma}_s)} = \frac{\sum\limits_{i=1}^{N} \alpha_i \cdot p(\boldsymbol{x}_j | \boldsymbol{\mu}_i, \boldsymbol{\Sigma}_i)}{\sum\limits_{s=1}^{N} \alpha_s \cdot p(\boldsymbol{x}_j | \boldsymbol{\mu}_s, \boldsymbol{\Sigma}_s)} = 1$$

再结合加法满足交换律，所以有

$$\sum_{i=1}^{N} \sum_{\boldsymbol{x}_i \in D_u} \gamma_{ji} = \sum_{\boldsymbol{x}_i \in D_u} \sum_{i=1}^{N} \gamma_{ji} = \sum_{\boldsymbol{x}_i \in D_u} 1 = u$$

在以上分析过程中，$\sum_{\boldsymbol{x}_j \in D_u}$ 的形式与 $\sum_{j=1}^{u}$ 等价，其中 u 为未标记样本集中的样本总数；$\sum_{i=1}^{N} l_i = l$，其中 l 为有标记样本集中的样本总数。将这些结果代入：

$$\sum_{i=1}^{N} l_i + \sum_{i=1}^{N} \sum_{\boldsymbol{x}_i \in D_u} \gamma_{ji} + \sum_{i=1}^{N} \lambda \alpha_i = 0$$

解出 $l + u + \lambda = 0$ 且 $l + u = m$。其中 m 为样本总数，移项即得 $\lambda = -m$。最后代入，整理解得

$$l_i + \sum_{\boldsymbol{x}_j \in D_u} \gamma_{ji} - \lambda \alpha_i = 0$$

即 $l_i + \sum_{\boldsymbol{x}_j \in D_u} \gamma_{ji} - m\alpha_i = 0$, 整理即得式 (13.8)。

13.3 半监督 SVM

半监督 SVM 与第 6 章的 SVM 联系紧密。建议在理解了 SVM 之后，再学习本节内容，你会发现实际很简单；否则就会感觉无从下手，难以理解。

由本节开篇的两段介绍可知，S3VM 是 SVM 在半监督学习上的推广，是此类算法的总称而非某个具体的算法，其中最著名的代表性算法是 TSVM。

13.3.1 图 13.3 的解释

注意对比 S3VM 划分超平面穿过的区域与 SVM 划分超平面穿过的区域的差别，明显 S3VM 划分超平面周围的样本较少，也就是“数据低密度区域”，又称“低密度分隔”。

13.3.2 式 (13.9) 的解释

这个式子和式 (6.35) 基本一致，只不过引入了无标记样本的松弛变量 $\xi_i(i=l+1,\cdots,m)$ 和对应的权重系数 C_u，以及无标记样本的指派标记 $\hat{y}_i$。因此，欲理解本节内容，就应该先理解 SVM，否则会感觉无从下手，难以理解。

13.3.3 图 13.4 的解释

我们首先解释一下图 13.4 中的第 6 行。

（1）$\hat{y}_i\hat{y}_j<0$ 意味着未标记样本 $\boldsymbol{x}_i$ 和 $\boldsymbol{x}_j$ 在此次迭代中被指派的标记 $\hat{y}_i$ 和 $\hat{y}_j$ 相反 (正例 +1 和反例 −1 各 1 个)。

（2）$\xi_i>0$ 意味着未标记样本 $\boldsymbol{x}_i$ 在此次迭代中为支持向量，具体分为三种情况：在间隔带内但仍与自己指派标记同侧 $(0<\xi_i<1)$, 如图 13-1(a) 所示；在间隔带内但与自己指派标记异侧 $(1<\xi_i<2)$, 如图 13-1(b) 所示；不在间隔带内且与自己指派标记异侧 $(\xi_i>2)$，如图 13-1(c) 所示。

（3）$\xi_i+\xi_j>2$ 分两种情况。

（I）$(\xi_i>1)\wedge(\xi_j>1)$, 表示都位于自己指派标记异侧, 在交换它们的标记后, 二者就都位于自己新指派标记同侧了, 如图 13-2 所示。

可以发现, 当 $1<\xi_i,\xi_j<2$ 时, 交换后虽然松弛变量仍然大于 0 , 但至少 $\xi_i+\xi_j$ 比交换之前变小了。进一步地, 当 $\xi_i,\xi_j>2$ 时, 交换后，$\xi_i+\xi_j$ 将变为 0 ,

如图 13-3 所示。

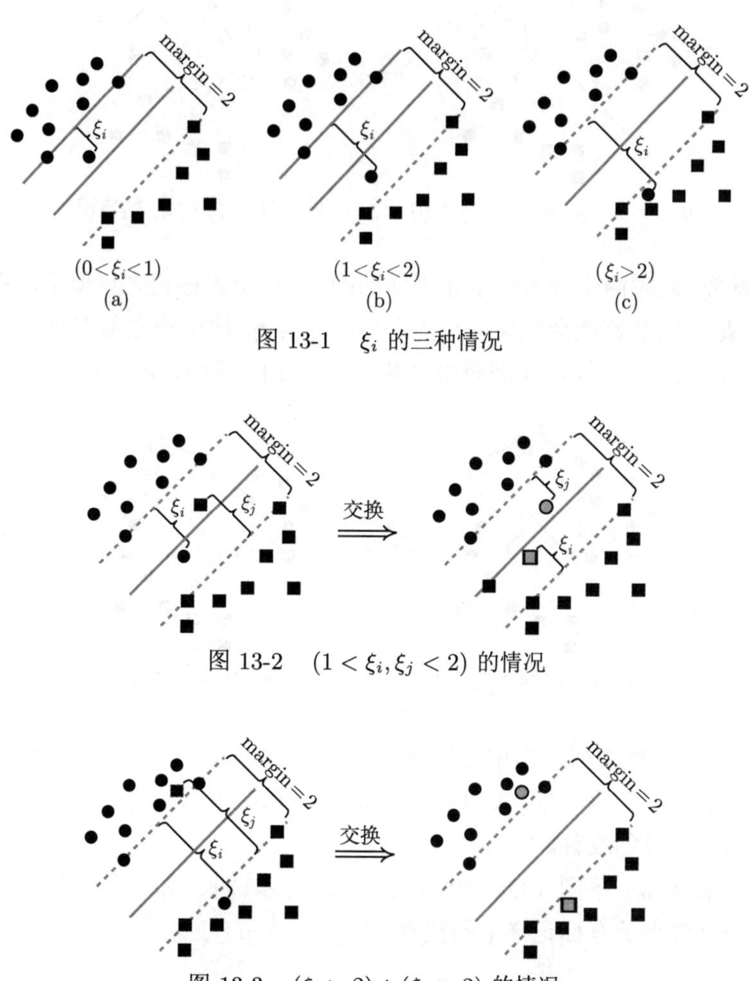

图 13-1 ξ_i 的三种情况

图 13-2 $(1 < \xi_i, \xi_j < 2)$ 的情况

图 13-3 $(\xi_i > 2) \wedge (\xi_j > 2)$ 的情况

可以发现, 交换后，两个样本均被正确分类, 因此松弛变量均等于 0。至于 ξ_i 和 ξ_j，其中之一位于 1 和 2 之间, 另一个大于 2 , 情况类似, 不再单独分析。

（Ⅱ）$(0 < \xi_i < 1) \wedge (\xi_j > 2 - \xi_i)$, 表示其中有一个与自己指派标记同侧, 另一个与自己指派标记异侧, 此时分两种情况。

（Ⅱ.1）$1 < \xi_j < 2$, 表示样本与自己指派标记异侧, 但仍在间隔带内，如图 13-4 所示。

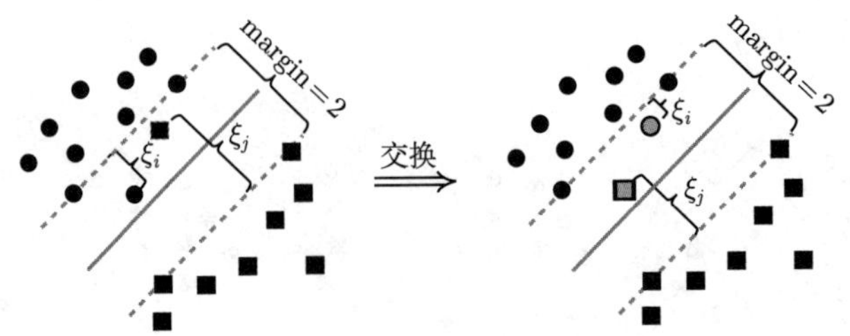

图 13-4 $(\xi_i+\xi_j>2)\wedge(0<\xi_i<1)\wedge(1<\xi_j<2)$ 的情况

可以发现, 此时两个样本位于超平面的同一侧, 交换标记之后似乎没有发生什么变化, 但是仔细观察就会发现，交换之后的 $\xi_i+\xi_j$ 比交换之前变小了。

(Ⅱ.2) $\xi_j>2$, 表示样本在间隔带之外，如图 13-5 所示。

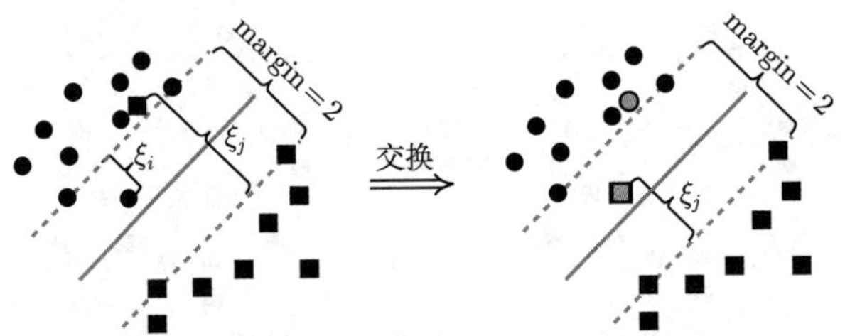

图 13-5 $(\xi_i+\xi_j>2)\wedge(0<\xi_i<1)\wedge(\xi_j>2)$ 的情况

可以发现, 交换之后，其中之一被正确分类, $\xi_i+\xi_j$ 相比交换之前也变小了。综上所述, 当 $\xi_i+\xi_j>2$ 时, 交换指派标记 $\hat{y}_i$ 和 $\hat{y}_j$ 可以使 $\xi_i+\xi_j$ 下降, 也就是说，分类结果会得到改善。

我们再来解释一下图 13.4 中的第 11 行：逐步增长 C_u 但不超过 C_l, 以使未标记样本的权重小于有标记样本的权重。

13.3.4 式 (13.10) 的解释

将该式变形为 $\frac{C_u^+}{C_u^-}=\frac{u_-}{u_+}$, 即样本个数多的权重小, 样本个数少的权重大, 在总体上保持二者的作用相同。

13.4 图半监督学习

本节一共讲了两种方法，其中式 (13.11) ~ 式 (13.17) 讲述了一种针对二分类问题的标记传播方法，式 (13.18) ~ 式 (13.21) 则讲述了一种针对多分类问题的标记传播方法，这两种方法的原理均为“相似的样本应具有相似的标记”，只是面向的问题不同，而且具体实现的方法也不同。

13.4.1 式 (13.12) 的推导

注意, 这个式子针对二分类问题的标记传播方法。我们希望能量函数 $E(f)$ 越小越好, 注意式 (13.11) 满足 $0<(\boldsymbol{W})_{ij}\leqslant 1$, 且样本 $\boldsymbol{x}_i$ 和样本 $\boldsymbol{x}_j$ 越相似 (即 $\|\boldsymbol{x}_i-\boldsymbol{x}_j\|^2$ 越小)，$(\boldsymbol{W})_{ij}$ 越大, 因此要求式 (13.12) 中的 $\left(f\left(\boldsymbol{x}_i\right)-f\left(\boldsymbol{x}_j\right)\right)^2$ 也相应地越小越好 (即“相似的样本应具有相似的标记”), 如此才能达到让能量函数 $E(f)$ 越小的目的。首先对式 (13.12) 的第 1 行式子进行展开整理：

$$
\begin{aligned}
E(f) &= \frac{1}{2}\sum_{i=1}^{m}\sum_{j=1}^{m}(\boldsymbol{W})_{ij}\left(f\left(\boldsymbol{x}_i\right)-f\left(\boldsymbol{x}_j\right)\right)^2 \\
&= \frac{1}{2}\sum_{i=1}^{m}\sum_{j=1}^{m}(\boldsymbol{W})_{ij}\left(f^2\left(\boldsymbol{x}_i\right)-2f\left(\boldsymbol{x}_i\right)f\left(\boldsymbol{x}_j\right)+f^2\left(\boldsymbol{x}_j\right)\right) \\
&= \frac{1}{2}\sum_{i=1}^{m}\sum_{j=1}^{m}(\boldsymbol{W})_{ij}f^2\left(\boldsymbol{x}_i\right)+\frac{1}{2}\sum_{i=1}^{m}\sum_{j=1}^{m}(\boldsymbol{W})_{ij}f^2\left(\boldsymbol{x}_j\right)- \\
&\quad \sum_{i=1}^{m}\sum_{j=1}^{m}(\boldsymbol{W})_{ij}f\left(\boldsymbol{x}_i\right)f\left(\boldsymbol{x}_j\right)
\end{aligned}
$$

然后证明 $\sum_{i=1}^{m}\sum_{j=1}^{m}(\boldsymbol{W})_{ij}f^2\left(\boldsymbol{x}_i\right)=\sum_{i=1}^{m}\sum_{j=1}^{m}(\boldsymbol{W})_{ij}f^2\left(\boldsymbol{x}_j\right)$ 并变形：

$$
\begin{aligned}
\sum_{i=1}^{m}\sum_{j=1}^{m}(\boldsymbol{W})_{ij}f^2\left(\boldsymbol{x}_j\right) &= \sum_{j=1}^{m}\sum_{i=1}^{m}(\boldsymbol{W})_{ji}f^2\left(\boldsymbol{x}_i\right)=\sum_{i=1}^{m}\sum_{j=1}^{m}(\boldsymbol{W})_{ij}f^2\left(\boldsymbol{x}_i\right) \\
&= \sum_{i=1}^{m}f^2\left(\boldsymbol{x}_i\right)\sum_{j=1}^{m}(\boldsymbol{W})_{ij}
\end{aligned}
$$

其中, 第 1 个等号是把变量 i、j 分别用 j、i 替代 (统一替换公式中的符号并不影响公式本身); 第 2 个等号是由于 $\boldsymbol{W}$ 是对称矩阵 [即 $(\boldsymbol{W})_{ij}=(\boldsymbol{W})_{ji}$], 同时交换了求和符号的次序 (类似于在多重积分中交换积分符号的次序), 到此便完成了该步骤的证明; 第 3 个等号是由于 $f^2\left(\boldsymbol{x}_i\right)$ 与求和变量 j 无关, 因此被拿到该求和符号的外面 (与求和变量无关的项相对于该求和变量相当于常数), 该步骤的变形主要是为了得到 d_i。令 $d_i=\sum_{j=1}^{m}(\boldsymbol{W})_{ij}$ [既是 $\boldsymbol{W}$ 的第 i 行元素之和, 实

际也是 $\boldsymbol{W}$ 的第 j 列元素之和, 因为 $\boldsymbol{W}$ 是对称矩阵, 即 $(\boldsymbol{W})_{ij}=(\boldsymbol{W})_{ji}$, 所以 $d_i=\sum_{j=1}^{m}(\boldsymbol{W})_{ji}$, 即第 i 列元素之和)], 则有

$$E(f)=\sum_{i=1}^{m} d_i f^2\left(\boldsymbol{x}_i\right)-\sum_{i=1}^{m}\sum_{j=1}^{m}(\boldsymbol{W})_{ij} f\left(\boldsymbol{x}_i\right) f\left(\boldsymbol{x}_j\right)$$

即式 (13.12) 的第 3 行, 其中第一项 $\sum_{i=1}^{m} d_i f^2\left(\boldsymbol{x}_i\right)$ 可以写为如下矩阵形式:

$$=\boldsymbol{f}^{\mathrm{T}}\boldsymbol{D}\boldsymbol{f}$$

第二项 $\sum_{i=1}^{m}\sum_{j=1}^{m}(\boldsymbol{W})_{ij} f\left(\boldsymbol{x}_i\right) f\left(\boldsymbol{x}_j\right)$ 也可以写为矩阵形式:

$$\begin{aligned}
&\sum_{i=1}^{m}\sum_{j=1}^{m}(\boldsymbol{W})_{ij} f\left(\boldsymbol{x}_i\right) f\left(\boldsymbol{x}_j\right)\\
&=\left[\begin{array}{llll} f\left(\boldsymbol{x}_1\right) & f\left(\boldsymbol{x}_2\right) & \cdots & f\left(\boldsymbol{x}_m\right)\end{array}\right]\cdot\\
&\quad\left[\begin{array}{cccc}
(\boldsymbol{W})_{11} & (\boldsymbol{W})_{12} & \cdots & (\boldsymbol{W})_{1m}\\
(\boldsymbol{W})_{21} & (\boldsymbol{W})_{22} & \cdots & (\boldsymbol{W})_{2m}\\
\vdots & \vdots & \ddots & \vdots\\
(\boldsymbol{W})_{m1} & (\boldsymbol{W})_{m2} & \cdots & (\boldsymbol{W})_{mm}
\end{array}\right]\left[\begin{array}{c} f\left(\boldsymbol{x}_1\right)\\ f\left(\boldsymbol{x}_2\right)\\ \vdots\\ f\left(\boldsymbol{x}_m\right)\end{array}\right]\\
&=\boldsymbol{f}^{\mathrm{T}}\boldsymbol{W}\boldsymbol{f}
\end{aligned}$$

所以，$E(f)=\boldsymbol{f}^{\mathrm{T}}\boldsymbol{D}-\boldsymbol{f}^{\mathrm{T}}\boldsymbol{W}\boldsymbol{f}=\boldsymbol{f}^{\mathrm{T}}(\boldsymbol{D}-\boldsymbol{W})\boldsymbol{f}$, 此为式 (13.12)。

13.4.2 式 (13.13) 的推导

这个式子只是将式 (13.12) 用分块矩阵形式表达而已, 具体则是拆分为标记样本和未标记样本两部分。

下面我们解释一下“西瓜书”中该式之前一段话中第一句的含义。“具有最小能量的函数 f 在有标记样本上满足 $f\left(\boldsymbol{x}_i\right)=y_i(i=1,2,\cdots,l)$, 在未标记样本上满足 $\Delta\boldsymbol{f}=\mathbf{0}$”, 这句话的前半句是很容易理解的, 具有最小能量的函数 f 在有标记样本上满足 $f\left(\boldsymbol{x}_i\right)=y_i(i=1,2,\cdots,l)$, 这时未标记样本的 $f\left(\boldsymbol{x}_i\right)$ 是待求变量且应该使 $E(f)$ 最小, 因此将式 (13.12) 对未标记样本的 $f\left(\boldsymbol{x}_i\right)$ 求导并令导数等于 0 即可, 此即表达式 $\Delta\boldsymbol{f}=0$, 读者可以查看该算法的原始文献。

13.4.3 式 (13.14) 的推导

对式 (13.13) 根据矩阵运算规则进行变形, 对于这个式子中的第一项,“西瓜书”中的符号存在歧义,应该表示成 $\begin{bmatrix} \boldsymbol{f}_l^{\mathrm{T}} & \boldsymbol{f}_u^{\mathrm{T}} \end{bmatrix}$,即一个 $\mathbb{R}^{1\times(l+u)}$ 的行向量。根据矩阵乘法的定义,有

$$
\begin{aligned}
E(f) &= \begin{bmatrix} \boldsymbol{f}_l^{\mathrm{T}} & \boldsymbol{f}_u^{\mathrm{T}} \end{bmatrix} \begin{bmatrix} \boldsymbol{D}_{ll}-\boldsymbol{W}_{ll} & -\boldsymbol{W}_{lu} \\ -\boldsymbol{W}_{ul} & \boldsymbol{D}_{uu}-\boldsymbol{W}_{uu} \end{bmatrix} \begin{bmatrix} \boldsymbol{f}_l \\ \boldsymbol{f}_u \end{bmatrix} \\
&= \begin{bmatrix} \boldsymbol{f}_l^{\mathrm{T}}(\boldsymbol{D}_{ll}-\boldsymbol{W}_{ll})-\boldsymbol{f}_u^{\mathrm{T}}\boldsymbol{W}_{ul} & -\boldsymbol{f}_l^{\mathrm{T}}\boldsymbol{W}_{lu}+\boldsymbol{f}_u^{\mathrm{T}}(\boldsymbol{D}_{uu}-\boldsymbol{W}_{uu}) \end{bmatrix} \begin{bmatrix} \boldsymbol{f}_l \\ \boldsymbol{f}_u \end{bmatrix} \\
&= \left(\boldsymbol{f}_l^{\mathrm{T}}(\boldsymbol{D}_{ll}-\boldsymbol{W}_{ll})-\boldsymbol{f}_u^{\mathrm{T}}\boldsymbol{W}_{ul}\right)\boldsymbol{f}_l+\left(-\boldsymbol{f}_l^{\mathrm{T}}\boldsymbol{W}_{lu}+\boldsymbol{f}_u^{\mathrm{T}}(\boldsymbol{D}_{uu}-\boldsymbol{W}_{uu})\right)\boldsymbol{f}_u \\
&= \boldsymbol{f}_l^{\mathrm{T}}(\boldsymbol{D}_{ll}-\boldsymbol{W}_{ll})\boldsymbol{f}_l-\boldsymbol{f}_u^{\mathrm{T}}\boldsymbol{W}_{ul}\boldsymbol{f}_l-\boldsymbol{f}_l^{\mathrm{T}}\boldsymbol{W}_{lu}\boldsymbol{f}_u+\boldsymbol{f}_u^{\mathrm{T}}(\boldsymbol{D}_{uu}-\boldsymbol{W}_{uu})\boldsymbol{f}_u \\
&= \boldsymbol{f}_l^{\mathrm{T}}(\boldsymbol{D}_{ll}-\boldsymbol{W}_{ll})\boldsymbol{f}_l-2\boldsymbol{f}_u^{\mathrm{T}}\boldsymbol{W}_{ul}\boldsymbol{f}_l+\boldsymbol{f}_u^{\mathrm{T}}(\boldsymbol{D}_{uu}-\boldsymbol{W}_{uu})\boldsymbol{f}_u
\end{aligned}
$$

其中最后一步之所以有 $\boldsymbol{f}_l^{\mathrm{T}}\boldsymbol{W}_{lu}\boldsymbol{f}_u=\left(\boldsymbol{f}_l^{\mathrm{T}}\boldsymbol{W}_{lu}\boldsymbol{f}_u\right)^{\mathrm{T}}=\boldsymbol{f}_u^{\mathrm{T}}\boldsymbol{W}_{ul}\boldsymbol{f}_l$,是因为这个式子的结果是一个标量。

13.4.4 式 (13.15) 的推导

首先,基于式 (13.14) 对 $\boldsymbol{f}_u$ 求导:

$$
\begin{aligned}
\frac{\partial E(f)}{\partial \boldsymbol{f}_u} &= \frac{\partial \boldsymbol{f}_l^{\mathrm{T}}(\boldsymbol{D}_{ll}-\boldsymbol{W}_{ll})\boldsymbol{f}_l-2\boldsymbol{f}_u^{\mathrm{T}}\boldsymbol{W}_{ul}\boldsymbol{f}_l+\boldsymbol{f}_u^{\mathrm{T}}(\boldsymbol{D}_{uu}-\boldsymbol{W}_{uu})\boldsymbol{f}_u}{\partial \boldsymbol{f}_u} \\
&= -2\boldsymbol{W}_{ul}\boldsymbol{f}_l+2(\boldsymbol{D}_{uu}-\boldsymbol{W}_{uu})\boldsymbol{f}_u
\end{aligned}
$$

令结果等于 0 即得式 (13.15)。

下面解释式中各项的含义。

$\boldsymbol{f}_u$ 即函数 f 在未标记样本上的预测结果。

$\boldsymbol{D}_{uu}$、$\boldsymbol{W}_{uu}$、$\boldsymbol{W}_{ul}$ 均可以由式 (13.11) 得到。

$\boldsymbol{f}_l$ 即函数 f 在有标记样本上的预测结果 (即已知标记, 详见“西瓜书”第 301 页的倒数第 6 行)。

也就是说,可以利用式 (13.15),根据 $\boldsymbol{D}_l$ 上的标记信息 (即 $\boldsymbol{f}_l$) 求得未标记样本的标记 (即 $\boldsymbol{f}_u$)。

13.4.5 式 (13.16) 的解释

这个式子根据矩阵乘法的定义计算可得，其中需要注意的是，对角矩阵 $\boldsymbol{D}$ 的逆等于其各个对角元素的倒数。

13.4.6 式 (13.17) 的推导

公式第一行到第二行依据的是矩阵乘法逆的定义：$(\boldsymbol{AB})^{-1}=\boldsymbol{B}^{-1}\boldsymbol{A}^{-1}$。在这个式子中：

$$\begin{aligned}\boldsymbol{P}_{uu}&=\boldsymbol{D}_{uu}^{-1}\boldsymbol{W}_{uu}\\ \boldsymbol{P}_{ul}&=\boldsymbol{D}_{uu}^{-1}\boldsymbol{W}_{ul}\end{aligned}$$

它们均可以根据 $\boldsymbol{W}_{ij}$ 计算得到，因此我们可以通过标记 $\boldsymbol{f}_l$ 计算未标记数据的标签 $\boldsymbol{f}_u$。

13.4.7 式 (13.18) 的解释

在这个式子中，$\boldsymbol{Y}$ 的第 i 行表示第 i 个样本的类别。具体来说, 对于前 l 个有标记样本来说, 若第 i 个样本的类别为 $j(1\leqslant j\leqslant|\mathcal{Y}|)$, 则 $\boldsymbol{Y}$ 的第 i 行第 j 列元素为 1, 第 i 行的其余元素为 0 ; 对于后 u 个未标记样本来说, $\boldsymbol{Y}$ 中的元素统一为 0。注意 $|\mathcal{Y}|$ 表示集合 $\mathcal{Y}$ 的势, 即所包含元素 (类别) 的个数。

13.4.8 式 (13.20) 的解释

$$\boldsymbol{F}^*=\lim_{t\to\infty}\boldsymbol{F}(t)=(1-\alpha)(\boldsymbol{I}-\alpha\boldsymbol{S})^{-1}\boldsymbol{Y}$$

由式 (13.19)

$$\boldsymbol{F}(t+1)=\alpha\boldsymbol{S}\boldsymbol{F}(t)+(1-\alpha)\boldsymbol{Y}$$

可知，当 t 取不同的值时，有

$$\begin{aligned}t=0:\boldsymbol{F}(1)&=\alpha\boldsymbol{S}\boldsymbol{F}(0)+(1-\alpha)\boldsymbol{Y}\\ &=\alpha\boldsymbol{S}\boldsymbol{Y}+(1-\alpha)\boldsymbol{Y}\\ t=1:\boldsymbol{F}(2)&=\alpha\boldsymbol{S}\boldsymbol{F}(1)+(1-\alpha)\boldsymbol{Y}=\alpha\boldsymbol{S}(\alpha\boldsymbol{S}\boldsymbol{Y}+(1-\alpha)\boldsymbol{Y})+(1-\alpha)\boldsymbol{Y}\end{aligned}$$

$$
\begin{aligned}
&= (\alpha \boldsymbol{S})^2 \boldsymbol{Y} + (1-\alpha)\left(\sum_{i=0}^{1}(\alpha \boldsymbol{S})^i\right)\boldsymbol{Y} \\
t = 2: \boldsymbol{F}(3) &= \alpha \boldsymbol{S}\boldsymbol{F}(2) + (1-\alpha)\boldsymbol{Y} \\
&= \alpha \boldsymbol{S}\left((\alpha \boldsymbol{S})^2 \boldsymbol{Y} + (1-\alpha)\left(\sum_{i=0}^{1}(\alpha \boldsymbol{S})^i\right)\boldsymbol{Y}\right) + (1-\alpha)\boldsymbol{Y} \\
&= (\alpha \boldsymbol{S})^3 \boldsymbol{Y} + (1-\alpha)\left(\sum_{i=0}^{2}(\alpha \boldsymbol{S})^i\right)\boldsymbol{Y}
\end{aligned}
$$

从中可以观察到如下规律：

$$
\boldsymbol{F}(t) = (\alpha \boldsymbol{S})^t \boldsymbol{Y} + (1-\alpha)\left(\sum_{i=0}^{t-1}(\alpha \boldsymbol{S})^i\right)\boldsymbol{Y}
$$

于是有

$$
\boldsymbol{F}^* = \lim_{t\to\infty}\boldsymbol{F}(t) = \lim_{t\to\infty}(\alpha \boldsymbol{S})^t \boldsymbol{Y} + \lim_{t\to\infty}(1-\alpha)\left(\sum_{i=0}^{t-1}(\alpha \boldsymbol{S})^i\right)\boldsymbol{Y}
$$

观察其中的第一项，由于 $\boldsymbol{S} = \boldsymbol{D}^{-\frac{1}{2}}\boldsymbol{W}\boldsymbol{D}^{-\frac{1}{2}}$ 的特征值介于 -1 和 1 之间[1]，而 $\alpha \in (0,1)$，因此 $\lim_{t\to\infty}(\alpha \boldsymbol{S})^t = 0$。上式的第二项可由等比数列公式推出：

$$
\lim_{t\to\infty}\sum_{i=0}^{t-1}(\alpha \boldsymbol{S})^i = \frac{\boldsymbol{I} - \lim_{t\to\infty}(\alpha \boldsymbol{S})^t}{\boldsymbol{I} - \alpha \boldsymbol{S}} = \frac{\boldsymbol{I}}{\boldsymbol{I} - \alpha \boldsymbol{S}} = (\boldsymbol{I} - \alpha \boldsymbol{S})^{-1}
$$

综合可得式 (13.20)。

13.4.9 式 (13.21) 的推导

这里主要是推导式 (13.21) 的最优解即为式 (13.20)。下面对式 (13.21) 的目标函数进行变形。

第一部分： 先将范数平方拆分为 4 项。

$$
\begin{aligned}
\left\|\frac{1}{\sqrt{d_i}}\boldsymbol{F}_i - \frac{1}{\sqrt{d_j}}\boldsymbol{F}_j\right\|^2 &= \left(\frac{1}{\sqrt{d_i}}\boldsymbol{F}_i - \frac{1}{\sqrt{d_j}}\boldsymbol{F}_j\right)\left(\frac{1}{\sqrt{d_i}}\boldsymbol{F}_i - \frac{1}{\sqrt{d_j}}\boldsymbol{F}_j\right)^{\mathrm{T}} \\
&= \frac{1}{d_i}\boldsymbol{F}_i\boldsymbol{F}_i^{\mathrm{T}} + \frac{1}{d_j}\boldsymbol{F}_j\boldsymbol{F}_j^{\mathrm{T}} - \frac{1}{\sqrt{d_i d_j}}\boldsymbol{F}_i\boldsymbol{F}_j^{\mathrm{T}} - \frac{1}{\sqrt{d_j d_i}}\boldsymbol{F}_j\boldsymbol{F}_i^{\mathrm{T}}
\end{aligned}
$$

其中，$\boldsymbol{F}_i \in \mathbb{R}^{1\times|\mathcal{Y}|}$ 表示矩阵 $\boldsymbol{F}$ 的第 i 行, 即第 i 个示例 $\boldsymbol{x}_i$ 的标记向量。将式 (13.21) 的第 1 项中的 $\sum_{i,j=1}^{m}$ 写成两个求和符号 $\sum_{i=1}^{m}\sum_{j=1}^{m}$ 的形式, 并将上面 4 项中的前两项代入, 得到

$$\sum_{i,j=1}^{m}(\boldsymbol{W})_{ij}\frac{1}{d_i}\boldsymbol{F}_i\boldsymbol{F}_i^{\mathrm{T}} = \sum_{i=1}^{m}\frac{1}{d_i}\boldsymbol{F}_i\boldsymbol{F}_i^{\mathrm{T}}\sum_{j=1}^{m}(\boldsymbol{W})_{ij} = \sum_{i=1}^{m}\frac{1}{d_i}\boldsymbol{F}_i\boldsymbol{F}_i^{\mathrm{T}}\cdot d_i = \sum_{i=1}^{m}\boldsymbol{F}_i\boldsymbol{F}_i^{\mathrm{T}}$$
$$\sum_{i,j=1}^{m}(\boldsymbol{W})_{ij}\frac{1}{d_j}\boldsymbol{F}_j\boldsymbol{F}_j^{\mathrm{T}} = \sum_{j=1}^{m}\frac{1}{d_j}\boldsymbol{F}_j\boldsymbol{F}_j^{\mathrm{T}}\sum_{i=1}^{m}(\boldsymbol{W})_{ij} = \sum_{j=1}^{m}\frac{1}{d_j}\boldsymbol{F}_j\boldsymbol{F}_j^{\mathrm{T}}\cdot d_j = \sum_{j=1}^{m}\boldsymbol{F}_j\boldsymbol{F}_j^{\mathrm{T}}$$

在以上化简过程中, 两个求和符号可以交换求和次序; 又因为 $\boldsymbol{W}$ 为对称矩阵, 所以对行求和与对列求和的效果一样, 即 $d_i = \sum_{j=1}^{m}(\boldsymbol{W})_{ij} = \sum_{j=1}^{m}(\boldsymbol{W})_{ji}$ [已在式 (13.12) 的推导中说明]。显然：

$$\sum_{i=1}^{m}\boldsymbol{F}_i\boldsymbol{F}_i^{\mathrm{T}} = \sum_{j=1}^{m}\boldsymbol{F}_j\boldsymbol{F}_j^{\mathrm{T}} = \sum_{i=1}^{m}\|\boldsymbol{F}_i\|^2 = \|\boldsymbol{F}\|_F^2 = \mathrm{tr}\left(\boldsymbol{F}\boldsymbol{F}^{\mathrm{T}}\right)$$

在以上推导过程中, 第 1 个等号显然成立, 因为二者只是求和变量的名称不同而已; 第 2 个等号旨在将 $\boldsymbol{F}_i\boldsymbol{F}_i^{\mathrm{T}}$ 写成 $\|\boldsymbol{F}_i\|^2$ 的形式; 从第 2 个等号的结果可以看出，这明显是在求矩阵 $\boldsymbol{F}$ 各元素平方之和, 也就是矩阵 $\boldsymbol{F}$ 的 Frobenius 范数（简称 F 范数）的平方, 即第 3 个等号; 根据矩阵的 F 范数与迹的关系，有第 4 个等号成立。接下来, 将上面拆分得到的 4 项中的第 3 项代入，得到

$$\sum_{i,j=1}^{m}(\boldsymbol{W})_{ij}\frac{1}{\sqrt{d_id_j}}\boldsymbol{F}_i\boldsymbol{F}_j^{\mathrm{T}} = \sum_{i,j=1}^{m}(\boldsymbol{S})_{ij}\boldsymbol{F}_i\boldsymbol{F}_j^{\mathrm{T}} = \mathrm{tr}\left(\boldsymbol{S}^{\mathrm{T}}\boldsymbol{F}\boldsymbol{F}^{\mathrm{T}}\right) = \mathrm{tr}\left(\boldsymbol{S}\boldsymbol{F}\boldsymbol{F}^{\mathrm{T}}\right)$$

具体来说, 以上化简过程为

$$\begin{aligned}\boldsymbol{S} &= \begin{bmatrix} (\boldsymbol{S})_{11} & (\boldsymbol{S})_{12} & \cdots & (\boldsymbol{S})_{1m} \\ (\boldsymbol{S})_{21} & (\boldsymbol{S})_{22} & \cdots & (\boldsymbol{S})_{2m} \\ \vdots & \vdots & \ddots & \vdots \\ (\boldsymbol{S})_{m1} & (\boldsymbol{S})_{m2} & \cdots & (\boldsymbol{S})_{mm} \end{bmatrix} \\ &= \boldsymbol{D}^{-\frac{1}{2}}\boldsymbol{W}\boldsymbol{D}^{-\frac{1}{2}}\end{aligned}$$

$$
= \begin{bmatrix} \frac{1}{\sqrt{d_1}} & & & \\ & \frac{1}{\sqrt{d_2}} & & \\ & & \ddots & \\ & & & \frac{1}{\sqrt{d_m}} \end{bmatrix} \begin{bmatrix} (\boldsymbol{W})_{11} & (\boldsymbol{W})_{12} & \cdots & (\boldsymbol{W})_{1m} \\ (\boldsymbol{W})_{21} & (\boldsymbol{W})_{22} & \cdots & (\boldsymbol{W})_{2m} \\ \vdots & \vdots & \ddots & \vdots \\ (\boldsymbol{W})_{m1} & (\boldsymbol{W})_{m2} & \cdots & (\boldsymbol{W})_{mm} \end{bmatrix} \cdot
\begin{bmatrix} \frac{1}{\sqrt{d_1}} & & & \\ & \frac{1}{\sqrt{d_2}} & & \\ & & \ddots & \\ & & & \frac{1}{\sqrt{d_m}} \end{bmatrix}
$$

由以上推导可以看出 $(\boldsymbol{S})_{ij} = \frac{1}{\sqrt{d_i d_j}}(\boldsymbol{W})_{ij}$, 即第 1 个等号; 而

$$
\boldsymbol{F}\boldsymbol{F}^{\mathrm{T}} = \begin{bmatrix} \boldsymbol{F}_1 \\ \boldsymbol{F}_2 \\ \vdots \\ \boldsymbol{F}_m \end{bmatrix} \begin{bmatrix} \boldsymbol{F}_1^{\mathrm{T}} & \boldsymbol{F}_2^{\mathrm{T}} & \cdots & \boldsymbol{F}_m^{\mathrm{T}} \end{bmatrix} = \begin{bmatrix} \boldsymbol{F}_1\boldsymbol{F}_1^{\mathrm{T}} & \boldsymbol{F}_1\boldsymbol{F}_2^{\mathrm{T}} & \cdots & \boldsymbol{F}_1\boldsymbol{F}_m^{\mathrm{T}} \\ \boldsymbol{F}_2\boldsymbol{F}_1^{\mathrm{T}} & \boldsymbol{F}_2\boldsymbol{F}_2^{\mathrm{T}} & \cdots & \boldsymbol{F}_2\boldsymbol{F}_m^{\mathrm{T}} \\ \vdots & \vdots & \ddots & \vdots \\ \boldsymbol{F}_m\boldsymbol{F}_1^{\mathrm{T}} & \boldsymbol{F}_m\boldsymbol{F}_2^{\mathrm{T}} & \cdots & \boldsymbol{F}_m\boldsymbol{F}_m^{\mathrm{T}} \end{bmatrix}
$$

若令 $\boldsymbol{A} = \boldsymbol{S} \circ \boldsymbol{F}\boldsymbol{F}^{\mathrm{T}}$, 其中的 $\circ$ 表示 Hadmard 积, 也就是将矩阵 $\boldsymbol{S}$ 与矩阵 $\boldsymbol{F}\boldsymbol{F}^{\mathrm{T}}$ 中的元素对应相乘, 则有

$$
\sum_{i,j=1}^{m} (\boldsymbol{S})_{ij} \boldsymbol{F}_i \boldsymbol{F}_j^{\mathrm{T}} = \sum_{i,j=1}^{m} (\boldsymbol{A})_{ij}
$$

可以验证, 矩阵 $\boldsymbol{A} = \boldsymbol{S} \circ \boldsymbol{F}\boldsymbol{F}^{\mathrm{T}}$ 的元素之和 $\sum_{i,j=1}^{m} (\boldsymbol{A})_{ij}$ 等于 $\operatorname{tr}\left(\boldsymbol{S}^{\mathrm{T}}\boldsymbol{F}\boldsymbol{F}^{\mathrm{T}}\right)$, 这是因为

$$
\operatorname{tr}\left(\begin{bmatrix} (\boldsymbol{S})_{11} & (\boldsymbol{S})_{12} & \cdots & (\boldsymbol{S})_{1m} \\ (\boldsymbol{S})_{21} & (\boldsymbol{S})_{22} & \cdots & (\boldsymbol{S})_{2m} \\ \vdots & \vdots & \ddots & \vdots \\ (\boldsymbol{S})_{m1} & (\boldsymbol{S})_{m2} & \cdots & (\boldsymbol{S})_{mm} \end{bmatrix}^{\mathrm{T}} \cdot \begin{bmatrix} \boldsymbol{F}_1\boldsymbol{F}_1^{\mathrm{T}} & \boldsymbol{F}_1\boldsymbol{F}_2^{\mathrm{T}} & \cdots & \boldsymbol{F}_1\boldsymbol{F}_m^{\mathrm{T}} \\ \boldsymbol{F}_2\boldsymbol{F}_1^{\mathrm{T}} & \boldsymbol{F}_2\boldsymbol{F}_2^{\mathrm{T}} & \cdots & \boldsymbol{F}_2\boldsymbol{F}_m^{\mathrm{T}} \\ \vdots & \vdots & \ddots & \vdots \\ \boldsymbol{F}_m\boldsymbol{F}_1^{\mathrm{T}} & \boldsymbol{F}_m\boldsymbol{F}_2^{\mathrm{T}} & \cdots & \boldsymbol{F}_m\boldsymbol{F}_m^{\mathrm{T}} \end{bmatrix} \right)
$$

$$
= \begin{bmatrix} (\boldsymbol{S})_{11} \\ (\boldsymbol{S})_{21} \\ \vdots \\ (\boldsymbol{S})_{m1} \end{bmatrix}^{\mathrm{T}} \cdot \begin{bmatrix} \boldsymbol{F}_1\boldsymbol{F}_1^{\mathrm{T}} \\ \boldsymbol{F}_2\boldsymbol{F}_1^{\mathrm{T}} \\ \vdots \\ \boldsymbol{F}_m\boldsymbol{F}_1^{\mathrm{T}} \end{bmatrix} + \begin{bmatrix} (\boldsymbol{S})_{12} \\ (\boldsymbol{S})_{22} \\ \vdots \\ (\boldsymbol{S})_{m2} \end{bmatrix}^{\mathrm{T}} \cdot \begin{bmatrix} \boldsymbol{F}_1\boldsymbol{F}_2^{\mathrm{T}} \\ \boldsymbol{F}_2\boldsymbol{F}_2^{\mathrm{T}} \\ \vdots \\ \boldsymbol{F}_m\boldsymbol{F}_2^{\mathrm{T}} \end{bmatrix} + \cdots +
$$

$$
\begin{bmatrix}(\boldsymbol{S})_{1m}\\(\boldsymbol{S})_{2m}\\\vdots\\(\boldsymbol{S})_{mm}\end{bmatrix}^{\mathrm{T}}\begin{bmatrix}\boldsymbol{F}_1\boldsymbol{F}_m^{\mathrm{T}}\\\boldsymbol{F}_2\boldsymbol{F}_m^{\mathrm{T}}\\\vdots\\\boldsymbol{F}_m\boldsymbol{F}_m^{\mathrm{T}}\end{bmatrix}
$$

$$
\begin{aligned}
&=\sum_{i=1}^{m}(\boldsymbol{S})_{i1}\boldsymbol{F}_i\boldsymbol{F}_1^{\mathrm{T}}+\sum_{i=1}^{m}(\boldsymbol{S})_{i2}\boldsymbol{F}_i\boldsymbol{F}_2^{\mathrm{T}}+\cdots+\sum_{i=1}^{m}(\boldsymbol{S})_{im}\boldsymbol{F}_i\boldsymbol{F}_m^{\mathrm{T}}\\
&=\sum_{i,j=1}^{m}(\boldsymbol{S})_{ij}\boldsymbol{F}_i\boldsymbol{F}_j^{\mathrm{T}}
\end{aligned}
$$

即第 2 个等号; 易知矩阵 $\boldsymbol{S}$ 是对称矩阵 $\left(\boldsymbol{S}^{\mathrm{T}}=\boldsymbol{S}\right)$, 即得第 3 个等号。又由于内积 $\boldsymbol{F}_i\boldsymbol{F}_j^{\mathrm{T}}$ 是一个数 (即大小为 1×1 的矩阵), 因此其转置等于本身:

$$
\boldsymbol{F}_i\boldsymbol{F}_j^{\mathrm{T}}=\left(\boldsymbol{F}_i\boldsymbol{F}_j^{\mathrm{T}}\right)^{\mathrm{T}}=\left(\boldsymbol{F}_j^{\mathrm{T}}\right)^{\mathrm{T}}(\boldsymbol{F}_i)^{\mathrm{T}}=\boldsymbol{F}_j\boldsymbol{F}_i^{\mathrm{T}}
$$

于是有

$$
\frac{1}{\sqrt{d_id_j}}\boldsymbol{F}_i\boldsymbol{F}_j^{\mathrm{T}}=\frac{1}{\sqrt{d_jd_i}}\boldsymbol{F}_j\boldsymbol{F}_i^{\mathrm{T}}
$$

进而得出如下结论：上面拆分得到的 4 项中的第 3 项和第 4 项相等。

$$
\sum_{i,j=1}^{m}(\boldsymbol{W})_{ij}\frac{1}{\sqrt{d_id_j}}\boldsymbol{F}_i\boldsymbol{F}_j^{\mathrm{T}}=\sum_{i,j=1}^{m}(\boldsymbol{W})_{ij}\frac{1}{\sqrt{d_jd_i}}\boldsymbol{F}_j\boldsymbol{F}_i^{\mathrm{T}}
$$

综上可得 (上面拆分得到的 4 项中的前两项相等，后两项也相等, 正好抵消系数 $\frac{1}{2}$):

$$
\frac{1}{2}\left(\sum_{i,j=1}^{m}(\boldsymbol{W})_{ij}\left\|\frac{1}{\sqrt{d_i}}\boldsymbol{F}_i-\frac{1}{\sqrt{d_j}}\boldsymbol{F}_j\right\|^2\right)=\operatorname{tr}\left(\boldsymbol{F}\boldsymbol{F}^{\mathrm{T}}\right)-\operatorname{tr}\left(\boldsymbol{S}\boldsymbol{F}\boldsymbol{F}^{\mathrm{T}}\right)
$$

第二部分：“西瓜书”中式 (13.21) 的第二部分与原始文献 [2] 中式 (4) 的第二部分不同。

$$
\mathcal{Q}(\boldsymbol{F})=\frac{1}{2}\sum_{i,j=1}^{n}\boldsymbol{W}_{ij}\left\|\frac{\boldsymbol{F}_i}{\sqrt{\boldsymbol{D}_{ii}}}-\frac{\boldsymbol{F}_j}{\sqrt{\boldsymbol{D}_{jj}}}\right\|^2+\mu\sum_{i=1}^{n}\|\boldsymbol{F}_i-\boldsymbol{Y}_i\|^2
$$

原始文献中式 (4) 的第二部分包含了所有样本 (求和变量的上限为 n), 而“西瓜书”只包含有标记样本, 并且第 304 页的第二段提到，“式 (13.21) 右边的第二

项旨在迫使学得结果在有标记样本上的预测与真实标记尽可能相同”；若按照原始文献中的式 (4)，在第二项中将未标记样本也包含进来, 则由于对于未标记样本有 $\boldsymbol{Y}_i=\mathbf{0}$, 因此从直观上理解就是迫使未标记样本的学习结果尽可能接近 0，这显然是不对的。有关这一点，“西瓜书”在进行第 24 次印刷时进行了补充：“考虑到有标记样本通常很少而未标记样本很多, 为缓解过拟合, 可在式 (13.21) 中引入针对未标记样本的 L_2 范数项 $\mu\sum_{i=l+1}^{l+u}\|\boldsymbol{F}_i\|^2$”，式 (13.21) 在加上此项之后就与原始文献中的式 (4) 完全相同了。将第二项写成 F 范数形式：

$$
\sum_{i=1}^{m}\|\boldsymbol{F}_i-\boldsymbol{Y}_i\|^2=\|\boldsymbol{F}-\boldsymbol{Y}\|_F^2
$$

综上, 式 (13.21) 的目标函数 $\mathcal{Q}(\boldsymbol{F})=\operatorname{tr}\left(\boldsymbol{F}\boldsymbol{F}^{\mathrm{T}}\right)-\operatorname{tr}\left(\boldsymbol{S}\boldsymbol{F}\boldsymbol{F}^{\mathrm{T}}\right)+\mu\|\boldsymbol{F}-\boldsymbol{Y}\|_F^2$, 对其求偏导：

$$
\begin{aligned}
\frac{\partial\mathcal{Q}(\boldsymbol{F})}{\partial\boldsymbol{F}}&=\frac{\partial\operatorname{tr}\left(\boldsymbol{F}\boldsymbol{F}^{\mathrm{T}}\right)}{\partial\boldsymbol{F}}-\frac{\partial\operatorname{tr}\left(\boldsymbol{S}\boldsymbol{F}\boldsymbol{F}^{\mathrm{T}}\right)}{\partial\boldsymbol{F}}+\mu\frac{\partial\|\boldsymbol{F}-\boldsymbol{Y}\|_F^2}{\partial\boldsymbol{F}}\\
&=2\boldsymbol{F}-2\boldsymbol{S}\boldsymbol{F}+2\mu(\boldsymbol{F}-\boldsymbol{Y})
\end{aligned}
$$

令 $\mu=\frac{1-\alpha}{\alpha}$, 并令 $\frac{\partial\mathcal{Q}(\boldsymbol{F})}{\partial\boldsymbol{F}}=2\boldsymbol{F}-2\boldsymbol{S}\boldsymbol{F}+2\frac{1-\alpha}{\alpha}(\boldsymbol{F}-\boldsymbol{Y})=0$, 移项化简即可得式 (13.20), 式 (13.20) 就是正则化框架——式 (13.21) 的解。

13.5 基于分歧的方法

“西瓜书”的精妙之处在于巧妙地融入了很多机器学习的研究分支, 而非仅简单介绍经典的机器学习算法。比如，本节巧妙地将机器学习的研究热点之一——多视图学习[3](multi-view learning) 融入了进来, 13.1 节将主动学习融入了进来, 10.1 节将 k 近邻算法融入了进来, 10.6 节巧妙地将度量学习 (metric learning) 融入了进来，等等。

协同训练是多视图学习的代表性算法之一, 本节内容简单易懂。

13.5.1 图 13.6 的解释

在图 13.6 中，第 2 行表示从样本集 D_u 中去除缓冲池样本 D_s。

在第 4 行, 当 $j=1$ 时, $\left\langle\boldsymbol{x}_i^j,\boldsymbol{x}_i^{3-j}\right\rangle$ 即为 $\langle\boldsymbol{x}_i^1,\boldsymbol{x}_i^2\rangle$; 当 $j=2$ 时, $\left\langle\boldsymbol{x}_i^j,\boldsymbol{x}_i^{3-j}\right\rangle$ 即为 $\langle\boldsymbol{x}_i^2,\boldsymbol{x}_i^1\rangle$；依此类推。注意“西瓜书”第 306 页左上角的注释“$\langle\boldsymbol{x}_i^1,\boldsymbol{x}_i^2\rangle$ 与 $\langle\boldsymbol{x}_i^2,\boldsymbol{x}_i^1\rangle$

表示的是同一个样本”, 因此第 1 个视图的有标记训练集为 $D_l^1=\{(\boldsymbol{x}_1^1,y_1),\cdots,(\boldsymbol{x}_l^1,y_l)\}$, 第 2 个视图的有标记训练集为 $D_l^2=\{(\boldsymbol{x}_1^2,y_1),\cdots,(\boldsymbol{x}_l^2,y_l)\}$。

第 9 ~ 11 行是根据第 j 个视图对缓冲池中无标记样本的分类置信度赋予伪标记, 准备交给第 $3-j$ 个视图使用。

13.6 半监督聚类

13.6.1 图 13.7 的解释

在图 13.7 中，第 4 ~ 21 行旨在依次对每个样本进行处理, 其中第 8 ~ 21 行旨在尝试判断样本 $\boldsymbol{x}_i$ 到底应该划入哪个簇。具体来说，就是按样本 $\boldsymbol{x}_i$ 到各均值向量的距离从小到大依次尝试。若最小的簇不违背 $\mathcal{M}$ 和 $\mathcal{C}$ 中的约束, 则将样本 $\boldsymbol{x}_i$ 划入该簇并置 is_merge=true, 此时第 8 行的 while 循环条件为假，不再继续循环。若从小到大依次尝试各簇后均违背 $\mathcal{M}$ 和 $\mathcal{C}$ 中的约束，则第 16 行的 if 条件为真, 算法报错结束; 在依次对每个样本进行处理后，第 22 ~ 24 行旨在更新均值向量, 重新开始下一轮迭代, 直到均值向量均未更新为止。

13.6.2 图 13.9 的解释

在图 13.9 中，第 6 ~ 10 行即在聚类簇迭代更新过程中不改变种子样本的簇隶属关系；第 11 ~ 15 行即对非种子样本执行普通的 k-均值聚类；第 16 ~ 18 行即更新均值向量，反复迭代，直到均值向量均未更新为止。

参考文献

[1] Wikipedia contributors. Laplacian matrix, 2020.

[2] Dengyong Zhou, Olivier Bousquet, Thomas Lal, Jason Weston, and Bernhard Schölkopf. Learning with local and global consistency. *Advances in Neural Information Processing Systems*, 16, 2003.

[3] Chang Xu, Dacheng Tao, and Chao Xu. A survey on multi-view learning. arXiv preprint arXiv:1304.5634, 2013.

第 14 章 概率图模型

本章介绍了概率图模型，其中的 14.1 节 ~ 14.3 节分别介绍了有向图模型之隐马尔可夫模型以及无向图模型之马尔可夫随机场和条件随机场；接下来的 14.4 节和 14.5 节分别介绍了精确推断和近似推断；最后的 14.6 节简单介绍了话题模型的典型代表——隐狄利克雷分配模型 (LDA)。

14.1 隐马尔可夫模型

本节的前三段内容实际上是本章概述，从第 4 段才开始介绍“隐马尔可夫模型”。马尔可夫的大名相信很多人听说过，比如马尔可夫链；虽然隐马尔可夫模型与马尔可夫链并非同一人提出，但其中的关键字“马尔可夫”蕴含的概念是相同的，即系统下一时刻的状态仅由当前状态决定。

14.1.1 生成式模型和判别式模型

一般来说, 机器学习的任务是根据输入特征 $\boldsymbol{x}$ 预测输出变量 y; 生成式模型最终求得联合概率 $P(\boldsymbol{x},y)$, 而判别式模型最终求得条件概率 $P(y \mid \boldsymbol{x})$。

统计机器学习算法都是基于样本独立同分布 (independent and identically distributed, 简称 i.i.d.) 的假设。也就是说, 假设样本空间中的全体样本服从一个未知的“分布” $\mathcal{D}$, 我们获得的每个样本都是独立地从这个分布上采样获得的。

对于一个样本 $(\boldsymbol{x},y)$, 联合概率 $P(\boldsymbol{x},y)$ 表示从样本空间中采样得到该样本的概率; 因为 $P(\boldsymbol{x},y)$ 表示“生成”样本本身的概率, 故称之为“生成式模型”; 而条件概率 $P(y \mid \boldsymbol{x})$ 则表示在已知 $\boldsymbol{x}$ 的条件下输出为 y 的概率, 即根据 $\boldsymbol{x}$ “判别” y, 故称之为“判别式模型”。

常见的对率回归、支持向量机等都属于判别式模型, 而朴素贝叶斯则属于生成式模型。

14.1.2　式 (14.1) 的推导

由概率公式 $P(AB)=P(A\mid B)\cdot P(B)$ 可得:

$$P\left(x_1,y_1,\cdots,x_n,y_n\right)=P\left(x_1,\cdots,x_n\mid y_1,\cdots,y_n\right)\cdot P\left(y_1,\cdots,y_n\right)$$

其中, 可进一步对 $P\left(y_1,\cdots,y_n\right)$ 进行如下变换:

$$\begin{aligned}
&P\left(y_1,\cdots,y_n\right)\\
&=P\left(y_n\mid y_1,\cdots,y_{n-1}\right)\cdot P\left(y_1,\cdots,y_{n-1}\right)\\
&=P\left(y_n\mid y_1,\cdots,y_{n-1}\right)\cdot P\left(y_{n-1}\mid y_1,\cdots,y_{n-2}\right)\cdot P\left(y_1,\cdots,y_{n-2}\right)\\
&\cdots\\
&=P\left(y_n\mid y_1,\cdots,y_{n-1}\right)\cdot P\left(y_{n-1}\mid y_1,\cdots,y_{n-2}\right)\cdot\cdots\cdot P\left(y_2\mid y_1\right)\cdot P\left(y_1\right)
\end{aligned}$$

由于状态 $y_1,\cdots,y_n$ 构成了马尔可夫链, 即 y_t 仅由 y_{t-1} 决定; 基于这种依赖关系, 有

$$\begin{aligned}
P\left(y_n\mid y_1,\cdots,y_{n-1}\right)&=P\left(y_n\mid y_{n-1}\right)\\
P\left(y_{n-1}\mid y_1,\cdots,y_{n-2}\right)&=P\left(y_{n-1}\mid y_{n-2}\right)\\
P\left(y_{n-2}\mid y_1,\cdots,y_{n-3}\right)&=P\left(y_{n-2}\mid y_{n-3}\right)
\end{aligned}$$

因此 $P\left(y_1,\cdots,y_n\right)$ 可化简为

$$\begin{aligned}
P\left(y_1,\cdots,y_n\right)&=P\left(y_n\mid y_{n-1}\right)\cdot P\left(y_{n-1}\mid y_{n-2}\right)\cdot\ \cdots\ \cdot P\left(y_2\mid y_1\right)\cdot P\left(y_1\right)\\
&=P\left(y_1\right)\prod_{i=2}^{n}P\left(y_i\mid y_{i-1}\right)
\end{aligned}$$

根据“西瓜书”中图 14.1 所示的变量间的依赖关系: 在任意时刻, 观测变量的取值仅依赖于状态变量, 即 x_t 由 y_t 确定, 而与其他状态变量及观测变量的取值无关。因此

$$P\left(x_1,\cdots,x_n\mid y_1,\cdots,y_n\right)=P\left(x_1\mid y_1,\cdots,y_n\right)\cdot\ \cdots\ \cdot P\left(x_n\mid y_1,\cdots,y_n\right)$$

$$
\begin{aligned}
&= P(x_1 \mid y_1) \cdot \ \cdots \ \cdot P(x_n \mid y_n) \\
&= \prod_{i=1}^{n} P(x_i \mid y_i)
\end{aligned}
$$

综上所述, 可得

$$
\begin{aligned}
P(x_1, y_1, \cdots, x_n, y_n) &= P(x_1, \cdots, x_n \mid y_1, \cdots, y_n) \cdot P(y_1, \cdots, y_n) \\
&= \left(\prod_{i=1}^{n} P(x_i \mid y_i)\right) \cdot \left(P(y_1) \prod_{i=2}^{n} P(y_i \mid y_{i-1})\right) \\
&= P(y_1) P(x_1 \mid y_1) \prod_{i=2}^{n} P(y_i \mid y_{i-1}) P(x_i \mid y_i)
\end{aligned}
$$

14.1.3 隐马尔可夫模型的三组参数

状态转移概率和输出观测概率都比较容易理解, 下面我们简单解释一下初始状态概率。需要特别注意的是, 初始状态概率中的 $\pi_i = P(y_1 \mid s_i), 1 \leqslant i \leqslant N$, 这里只有 y_1, 因为 y_2 及以后的其他状态是由状态转移概率和 y_1 确定的, 具体参见 “西瓜书” 第 321 页给出的 4 个步骤。

14.2 马尔可夫随机场

本节介绍无向图模型的典型代表之一：马尔可夫随机场。本节的部分概念（如势函数、极大团等）比较抽象，建议多读几遍，能从心里接受这些概念就好。另外，从因果关系的角度来讲，正是因为满足全局、局部或成对马尔可夫性的无向图模型被称为马尔可夫随机场，所以马尔可夫随机场才具有全局、局部或成对马尔可夫性。

14.2.1 式 (14.2) 和式 (14.3) 的解释

注意“西瓜书”中式 (14.2) 之前的描述是“则联合概率 $P(\boldsymbol{x})$ 定义为”, 而“西瓜书”在式 (14.3) 之前也有类似的描述。因此, 我们可以将式 (14.2) 和式 (14.3) 理解为一个定义, 记住并接受这个定义就好了。实际上, 该定义是根据 Hammersley-Clifford 定理而得的, 你可以具体了解一下该定理, 这里不再赘述。

值得一提的是, 接下来在讨论“条件独立性”[即式 (14.4) $\sim$ 式 (14.7) 的推导过程] 时直接使用了该定义。注意，在有了式 (14.3) 的定义后, 式 (14.2) 已作废, 不再使用。

14.2.2 式 (14.4) $\sim$ 式 (14.7) 的推导

首先, 式 (14.4) 直接使用了式 (14.3) 有关联合概率的定义。

对于式 (14.5), 第一行的两个等号变形就是概率论中的知识; 第二行的变形直接使用了式 (14.3) 有关联合概率的定义; 在第三行中, 由于 $\psi_{AC}\left(x'_A, x_C\right)$ 与变量 x'_B 无关, 因此可以拿到求和符号 $\sum_{x'_B}$ 的外面, 即

$$\sum_{x'_A}\sum_{x'_B}\psi_{AC}\left(x'_A, x_C\right)\psi_{BC}\left(x'_B, x_C\right)=\sum_{x'_A}\psi_{AC}\left(x'_A, x_C\right)\sum_{x'_B}\psi_{BC}\left(x'_B, x_C\right)$$

举个例子, 假设 $\boldsymbol{x}=\{x_1, x_2, x_3\}, \boldsymbol{y}=\{y_1, y_2, y_3\}$, 则

$$\begin{aligned}\sum_{i=1}^{3}\sum_{j=1}^{3}x_i y_j &= x_1y_1+x_1y_2+x_1y_3+x_2y_1+x_2y_2+x_2y_3+x_3y_1+x_3y_2+x_3y_3\\&=x_1\times(y_1+y_2+y_3)+x_2\times(y_1+y_2+y_3)+x_3\times(y_1+y_2+y_3)\\&=(x_1+x_2+x_3)\times(y_1+y_2+y_3)=\left(\sum_{i=1}^{3}x_i\right)\left(\sum_{j=1}^{3}y_j\right)\end{aligned}$$

同理可得式 (14.6)。类似于式 (14.6), 我们还可以得到 $P\left(x_B \mid x_C\right)=\frac{\psi_{BC}(x_B,x_C)}{\sum_{x'_B}\psi_{BC}\left(x'_B,x_C\right)}$

最后, 综合可得式 (14.7)，马尔可夫随机场“条件独立性”得证。

14.2.3 马尔可夫毯

本节共提到三个性质, 分别是全局马尔可夫性、局部马尔可夫性和成对马尔可夫性, 三者在本质上是一样的, 只是适用场景略有差异。

“西瓜书”第 325 页左上角的边注提到了“马尔可夫毯”(Markov blanket) 的概念, 专门提一下这个概念主要是因为其名字与马尔可夫链、隐马尔可夫模型、马尔可夫随机场等很像; 但实际上, 马尔可夫毯是一个局部的概念, 而马尔可夫链、隐马尔可夫模型、马尔可夫随机场则是整体模型级别的概念。

对于某个变量, 当它的马尔可夫毯 (即它的所有邻接变量, 包含父变量、子变量、子变量的其他父变量等组成的集合) 确定时, 该变量条件独立于其他变量, 这就是局部马尔可夫性。

14.2.4 势函数

势函数 (potential function) 贯穿本节，但它一直以抽象函数符号形式出现，本节直到最后才简单介绍势函数的具体形式，个人感觉这为理解本节内容增加不少难度。具体来说，若已知势函数，以“西瓜书”中的图 14.4 为例，则可以根据式 (14.3) 基于最大团势函数定义的联合概率公式解得各种可能变量值指派的联合概率，进而完成一些预测工作；若势函数未知，则在假定势函数的形式之后，就需要根据数据去学习势函数的参数。

14.2.5 式 (14.8) 的解释

此为势函数的定义式，旨在将势函数写成指数函数的形式。指数函数满足非负性，且便于求导，因此在机器学习中具有广泛的应用，比如式 (8.5) 和式 (13.11)。

14.2.6 式 (14.9) 的解释

此为定义在变量 $\boldsymbol{x}_Q$ 上的函数 $H_Q(\cdot)$ 的定义式，其中的第二项考虑单节点，第一项则考虑每一对节点之间的关系。

14.3 条件随机场

条件随机场是在给定一组输入随机变量 $\boldsymbol{x}$ 的条件下, 另一组输出随机变量 $\boldsymbol{y}$ 构成的马尔可夫随机场, 正如“西瓜书”第 325 页左下角的边注所述,“条件随机场可看作给定观测值的马尔可夫随机场”, 条件随机场的“条件”应该就来源于此。因为需要求解的概率为条件联合概率 $P(\boldsymbol{y} \mid \boldsymbol{x})$, 所以它是一种判别式模型, 参见“西瓜书”中的图 14.6。

14.3.1 式 (14.10) 的解释

$$P\left(y_v|\boldsymbol{x}, \boldsymbol{y}_{V\setminus\{v\}}\right) = P\left(y_v|\boldsymbol{x}, \boldsymbol{y}_{n(v)}\right)$$

根据局部马尔可夫性，给定某变量的邻接变量，则该变量独立于其他变量，即该变量只与其邻接变量有关，所以式 (14.10) 中除了给定变量 v 以外的所有变量与仅给定变量 v 的邻接变量是等价的。

需要特别注意的是，“西瓜书”中式 (14.10) 的下方提到，“则 $(\boldsymbol{y},\boldsymbol{x})$ 构成一个条件随机场”；也就是说，因为 $(\boldsymbol{y},\boldsymbol{x})$ 满足式 (14.10)，所以 $(\boldsymbol{y},\boldsymbol{x})$ 构成一个条件随机场，类似于马尔可夫随机场与马尔可夫性的因果关系。

14.3.2 式 (14.11) 的解释

注意“西瓜书”中该式前面的一句话——“条件概率被定义为”。至于式中使用的转移特征函数和状态特征函数，一般这两个函数的取值为 1 或 0，当满足特征条件时取值为 1，否则取值为 0。

14.4 学习与推断

“西瓜书”中本节的前 4 段内容（14.4.1 小节“变量消去”之前）至关重要，它们可以看作 14.4 节和 14.5 节的引言，旨在为后面这两节内容做铺垫，因此一定要反复研读几遍。这 4 段内容会告诉你接下来两节要解决什么问题，心中装着问题看书会事半功倍，否则即使弄明白了公式，也不知道为什么要去推导这些公式。本节介绍两种精确推断方法，14.5 节则介绍两种近似推断方法。

14.4.1 式 (14.14) 的推导

该式本身的含义很容易理解，即为了求 $P(x_5)$ 对联合分布中的其他无关变量（即 x_1、x_2、x_3、x_4）进行积分 (或求和) 的过程，也就是“边际化”(marginalization)。

关键在于为什么从第 1 个等号可以得到第 2 个等号，“西瓜书”第 329 页的边注提到，“基于有向图模型所描述的条件独立性”，此即第 7 章的式 (7.26)。这里的变换类似于式 (7.27) 的推导过程，不再赘述。

总之，在消去变量的过程中，在消去每一个变量时都需要保证其依赖的变量已经消去，因此消去顺序应该是有向概率图中的一条以目标节点为终点的拓扑序列。

14.4.2 式 (14.15) 和式 (14.16) 的推导

这里定义了新符号 $m_{ij}(x_j)$，请一定理解并记住其含义。依次推导如下：

$$
\begin{aligned}
m_{12}(x_2) &= \sum_{x_1} P(x_1) P(x_2 \mid x_1) = \sum_{x_1} P(x_2, x_1) = P(x_2) \\
m_{23}(x_3) &= \sum_{x_2} P(x_3 \mid x_2) m_{12}(x_2) = \sum_{x_2} P(x_3, x_2) = P(x_3) \\
m_{43}(x_3) &= \sum_{x_4} P(x_4 \mid x_3) m_{23}(x_3) = \sum_{x_4} P(x_4, x_3) \\
&= P(x_3)\,(\text{这里与“西瓜书”中不太一样}) \\
m_{35}(x_5) &= \sum_{x_3} P(x_5 \mid x_3) m_{43}(x_3) = \sum_{x_3} P(x_5, x_3) = P(x_5)
\end{aligned}
$$

注意，这里的推导过程与“西瓜书”中不太一样, 但在本质上一样, 因为 $m_{43}(x_3) = \sum_{x_4} P(x_4 \mid x_3) = 1$。

14.4.3 式 (14.17) 的解释

首先忽略图 14.7(a) 中的箭头，然后把无向图中的每条边的两个端点作为一个团，将其分解为 4 个团因子的乘积。Z 为规范化因子，旨在确保所有可能性的概率之和为 1。本式就是基于极大团定义的联合概率分布，参见式 (14.3)。

14.4.4 式 (14.18) 的推导

原理同式 (14.15), 区别在于把条件概率替换为势函数。由于势函数的定义是抽象的, 因此无法类似于 $\sum_{x_4} P(x_4 \mid x_3) = 1$ 那样处理 $\sum_{x_4} \psi(x_3, x_4)$。

但根据边际化运算规则可知：

$m_{12}(x_2) = \sum_{x_1} \psi_{12}(x_1, x_2)$ 只含 x_2 不含 x_1;

$m_{23}(x_3) = \sum_{x_2} \psi_{23}(x_2, x_3) m_{12}(x_2)$ 只含 x_3 不含 x_2;

$m_{43}(x_3) = \sum_{x_4} \psi_{34}(x_3, x_4) m_{23}(x_3)$ 只含 x_3 不含 x_4;

$m_{35}(x_5) = \sum_{x_3} \psi_{35}(x_3, x_5) m_{43}(x_3)$ 只含 x_5 不含 x_3, 于是最后得到 $P(x_5)$。

14.4.5 式 (14.19) 的解释

我们首先解释符号的含义。$k \in n(i) \backslash j$ 表示 k 属于除去 j 之外的 x_i 的邻接节点, 例如 $n(1) \backslash 2$ 为空集 (因为 x_1 只有邻接节点 2), $n(2) \backslash 3 = \{1\}$ (因为 x_2 有邻接节点 1 和 3), $n(4) \backslash 3$ 为空集 (因为 x_4 只有邻接节点 3), $n(3) \backslash 5 = \{2, 4\}$ （因为 x_3 有邻接节点 2、4 和 5)。

接下来, 仍然以图 14.7 计算 $P(x_5)$ 为例。

$$
\begin{aligned}
m_{12}(x_2) &= \sum_{x_1} \psi_{12}(x_1, x_2) \prod_{k \in n(1) \backslash 2} m_{k1}(x_1) = \sum_{x_1} \psi_{12}(x_1, x_2) \\
m_{23}(x_3) &= \sum_{x_2} \psi_{23}(x_2, x_3) \prod_{k \in n(2) \backslash 3} m_{k2}(x_2) = \sum_{x_1} \psi_{12}(x_1, x_2) m_{12}(x_2) \\
m_{43}(x_3) &= \sum_{x_4} \psi_{34}(x_3, x_4) \prod_{k \in n(4) \backslash 3} m_{k4}(x_4) = \sum_{x_4} \psi_{34}(x_3, x_4) \\
m_{35}(x_5) &= \sum_{x_3} \psi_{35}(x_3, x_5) \prod_{k \in n(3) \backslash 5} m_{k3}(x_3) = \sum_{x_3} \psi_{35}(x_3, x_5) m_{23}(x_3) m_{43}(x_3)
\end{aligned}
$$

该式表示从节点 i 传递到节点 j 的过程，求和符号表示要考虑节点 i 的所有可能取值。连乘号的解释见式 (14.20)。注意这里连乘号的下标不包括节点 j，节点 i 只需要把自己知道的关于 j 以外的消息告诉节点 j 即可。

14.4.6 式 (14.20) 的解释

注意这里是正比于而不是等于，这涉及概率的规范化。我们可以这样来理解：每个变量都可以看作一位有一些邻居的居民，每个邻居根据他们自己的见闻告诉你一些事情 (即消息)，任何一条消息的可信度都应当与所有邻居有相关性，此处这种相关性是用乘积来表达的。

14.4.7 式 (14.22) 的推导

假设 x 有 M 种不同的取值，x_i 的采样数量为 m_i (连续的取值可以采用微积分的方法分割为离散的取值)，则

$$
\begin{aligned}
\hat{f} &= \frac{1}{N} \sum_{j=1}^{M} f(x_j) \cdot m_j \\
&= \sum_{j=1}^{M} f(x_j) \cdot \frac{m_j}{N} \\
&\approx \sum_{j=1}^{M} f(x_j) \cdot p(x_j) \\
&\approx \int f(x) p(x) \mathrm{d}x
\end{aligned}
$$

14.4.8 图 14.8 的解释

图 14.8(a) 表示信念传播算法的第 1 步, 即指定一个根节点, 从所有叶节点开始向根节点传递消息, 直到根节点收到所有邻接节点的消息为止; 图 14.8(b) 表示信念传播算法的第 2 步, 即从根节点开始向叶节点传递消息, 直到所有叶节点均收到消息为止。

图 14.8 并不难理解, 接下来思考如下两个问题。

问题一：如何编程实现图 14.8 所示的信念传播过程? 其中涉及很多问题, 例如从叶节点 x_4 向根节点传递消息, 当传递到 x_3 时如何判断应该向 x_2 传递还是向 x_5 传递? 当然, 你可能感觉 x_5 是叶节点, 所以肯定是向 x_2 传递, 那是因为这个无向图模型很简单。如果 x_5 和 x_3 之间还有很多个节点呢?

问题二："西瓜书" 14.4.2 小节的开头提到, "信念传播 …… 较好地解决了求解多个边际分布时的重复计算问题", 但如果图模型很复杂，而我们只需要计算少量边际分布, 是否还应该使用信念传播呢? 其实，计算边际分布类似于 10.1 节提到的 "懒惰学习", 只有当计算边际分布时才需要计算某些 "消息"。这可能需要我们根据实际情况在变量消去和信念传播两种方法之间做出取舍。

14.5 近似推断

本节介绍了两种近似推断方法：MCMC 采样和变分推断。提到推断，一般是为了求解某个概率分布（见 14.4 节的例子），但需要特别说明的是，本节介绍的 MCMC 采样并不是为了求解某个概率分布，而是在已知某个概率分布的前提下去构造服从该分布的独立同分布的样本集合，理解这一点对于读懂 "西瓜书" 14.5.1 小节的内容非常关键，即 $p(\boldsymbol{x})$ 是已知的; 变分推断是概率图模型常用的推断方法，应尽可能理解并掌握其中的细节。

14.5.1 式 (14.21) ~ 式 (14.25) 的解释

这 5 个公式都是概率论课程中的基本公式, 很容易理解; 从 "西瓜书" 的 14.5.1 小节开始到式 (14.25), 实际都在为 MCMC 采样做铺垫, 即为什么要做 MCMC 采样? 以下分三点说明。

（1）若已知概率密度函数 $p(x)$, 则可通过式 (14.21) 计算函数 $f(x)$ 在概率

密度函数 $p(x)$ 下的期望；这个过程也可以先根据 $p(x)$ 抽取一组样本，再通过式 (14.22) 来近似完成。

（2）为什么要通过式 (14.22) 来近似完成呢？这是因为，“若 x 不是单变量而是一个高维多元变量 $\boldsymbol{x}$，且服从一个非常复杂的分布，则对式 (14.24) 求积分通常很困难”。

（3）“然而，若概率密度函数 $p(\boldsymbol{x})$ 很复杂，则构造服从 p 分布的独立同分布样本也很困难”，这时可以使用 MCMC 采样技术来完成采样过程。

式 (14.23) 就是适用于区间 A 的概率计算公式，而式 (14.24) 与式 (14.21) 的区别也就在于式 (14.24) 限定了积分变量 x 的区间 (写成定积分形式可能更容易理解)。

14.5.2 式 (14.26) 的解释

本式为某个时刻马尔可夫链平稳的条件，注意式中的 $p\left(\boldsymbol{x}^t\right)$ 和 $p\left(\boldsymbol{x}^{t-1}\right)$ 已知，但状态转移概率 $T\left(\boldsymbol{x}^{t-1} \mid \boldsymbol{x}^t\right)$ 和 $T\left(\boldsymbol{x}^t \mid \boldsymbol{x}^{t-1}\right)$ 未知。如何构建马尔可夫链转移概率至关重要，不同的构造方式将产生不同的 MCMC 方法（可以认为 MCMC 方法是一个大的框架或一种思想，即“MCMC 方法先设法构造一条马尔可夫链，使其收敛至平稳分布，该平稳分布恰为待估计参数的后验分布，然后通过这条马尔可夫链来产生符合后验分布的样本，并基于这些样本来进行估计”，具体如何构造马尔可夫链，则有多种实现途径，MH 算法就是其中之一)。

14.5.3 式 (14.27) 的解释

若将本式中的 $\boldsymbol{x}^{t-1}$ 和 $\boldsymbol{x}^*$ 分别对应到式 (14.26) 中的 $\boldsymbol{x}^t$ 和 $\boldsymbol{x}^{t-1}$，则本式与式 (14.26) 的区别仅在于状态转移概率 $T\left(\boldsymbol{x}^* \mid \boldsymbol{x}^{t-1}\right)$ 是由先验概率 $Q\left(\boldsymbol{x}^* \mid \boldsymbol{x}^{t-1}\right)$ 和接受概率 $A\left(\boldsymbol{x}^* \mid \boldsymbol{x}^{t-1}\right)$ 的乘积来表示的。

14.5.4 式 (14.28) 的推导

注意，本式中的概率分布 $p(\boldsymbol{x})$ 和先验转移概率 Q 均已知，因此可计算出接受概率。将本式代入式 (14.27) 即可验证本式是正确的。具体来说，式 (14.27) 等号的左边将变为

$$p\left(\boldsymbol{x}^{t-1}\right) Q\left(\boldsymbol{x}^* \mid \boldsymbol{x}^{t-1}\right) A\left(\boldsymbol{x}^* \mid \boldsymbol{x}^{t-1}\right)$$

$$
\begin{aligned}
&= p\left(\boldsymbol{x}^{t-1}\right) Q\left(\boldsymbol{x}^{*} \mid \boldsymbol{x}^{t-1}\right) \min \left(1, \frac{p\left(\boldsymbol{x}^{*}\right) Q\left(\boldsymbol{x}^{t-1} \mid \boldsymbol{x}^{*}\right)}{p\left(\boldsymbol{x}^{t-1}\right) Q\left(\boldsymbol{x}^{*} \mid \boldsymbol{x}^{t-1}\right)}\right) \\
&= \min \left(p\left(\boldsymbol{x}^{t-1}\right) Q\left(\boldsymbol{x}^{*} \mid \boldsymbol{x}^{t-1}\right), p\left(\boldsymbol{x}^{t-1}\right) Q\left(\boldsymbol{x}^{*} \mid \boldsymbol{x}^{t-1}\right) \frac{p\left(\boldsymbol{x}^{*}\right) Q\left(\boldsymbol{x}^{t-1} \mid \boldsymbol{x}^{*}\right)}{p\left(\boldsymbol{x}^{t-1}\right) Q\left(\boldsymbol{x}^{*} \mid \boldsymbol{x}^{t-1}\right)}\right) \\
&= \min \left(p\left(\boldsymbol{x}^{t-1}\right) Q\left(\boldsymbol{x}^{*} \mid \boldsymbol{x}^{t-1}\right), p\left(\boldsymbol{x}^{*}\right) Q\left(\boldsymbol{x}^{t-1} \mid \boldsymbol{x}^{*}\right)\right)
\end{aligned}
$$

将 $A\left(\boldsymbol{x}^{t-1} \mid \boldsymbol{x}^{*}\right)$ 代入式 (14.27) 等号的右边 (相当于将 $\boldsymbol{x}^{t-1}$ 和 $\boldsymbol{x}^{*}$ 调换位置), 同理可得如上结果, 即本式的接受概率形式可保证式 (14.27) 成立。

验证完毕后，我们可以再进行一个简单的推导。要让式 (14.27) 成立, 简单令

$$
\begin{aligned}
A\left(\boldsymbol{x}^{*} \mid \boldsymbol{x}^{t-1}\right) &= C \cdot p\left(\boldsymbol{x}^{*}\right) Q\left(\boldsymbol{x}^{t-1} \mid \boldsymbol{x}^{*}\right) \\
A\left(\boldsymbol{x}^{t-1} \mid \boldsymbol{x}^{*}\right) &= C \cdot p\left(\boldsymbol{x}^{t-1}\right) Q\left(\boldsymbol{x}^{*} \mid \boldsymbol{x}^{t-1}\right)
\end{aligned}
$$

即可, 其中 C 为大于 0 的常数, 且不能使 $A\left(\boldsymbol{x}^{*} \mid \boldsymbol{x}^{t-1}\right)$ 和 $A\left(\boldsymbol{x}^{t-1} \mid \boldsymbol{x}^{*}\right)$ 大于 1 (因为它们是概率)。注意 $A\left(\boldsymbol{x}^{*} \mid \boldsymbol{x}^{t-1}\right)$ 为接受概率, 在保证式 (14.27) 成立的基础上, 其值应该尽可能大一些 (但概率值不能超过 1), 否则我们在图 14.9 描述的 MH 算法中采样出来的候选样本将有大部分被拒绝。所以, 常数 C 应尽可能大一些, 那么 C 最大可以为多少呢?

对于 $A\left(\boldsymbol{x}^{*} \mid \boldsymbol{x}^{t-1}\right)=C \cdot p\left(\boldsymbol{x}^{*}\right) Q\left(\boldsymbol{x}^{t-1} \mid \boldsymbol{x}^{*}\right)$, 易知 C 最大可以为 $\frac{1}{p\left(\boldsymbol{x}^{*}\right) Q\left(\boldsymbol{x}^{t-1} \mid \boldsymbol{x}^{*}\right)}$, 再大就会使 $A\left(\boldsymbol{x}^{*} \mid \boldsymbol{x}^{t-1}\right)$ 大于 1；对于 $A\left(\boldsymbol{x}^{t-1} \mid \boldsymbol{x}^{*}\right)=C \cdot p\left(\boldsymbol{x}^{t-1}\right) Q\left(\boldsymbol{x}^{*} \mid \boldsymbol{x}^{t-1}\right)$, 易知 C 最大可以为 $\frac{1}{p\left(\boldsymbol{x}^{t-1}\right) Q\left(\boldsymbol{x}^{*} \mid \boldsymbol{x}^{t-1}\right)}$。常数 C 的取值需要同时满足以上两个约束条件, 因此

$$
C=\min \left(\frac{1}{p\left(\boldsymbol{x}^{*}\right) Q\left(\boldsymbol{x}^{t-1} \mid \boldsymbol{x}^{*}\right)}, \frac{1}{p\left(\boldsymbol{x}^{t-1}\right) Q\left(\boldsymbol{x}^{*} \mid \boldsymbol{x}^{t-1}\right)}\right)
$$

将这个常数 C 的表达式代入 $A\left(\boldsymbol{x}^{*} \mid \boldsymbol{x}^{t-1}\right)=C \cdot p\left(\boldsymbol{x}^{*}\right) Q\left(\boldsymbol{x}^{t-1} \mid \boldsymbol{x}^{*}\right)$ 即得式 (14.28)。

14.5.5 吉布斯采样与 MH 算法

这里解释一下为什么说吉布斯采样是 MH 算法的特例。

吉布斯采样算法如下 (“西瓜书”第 334 页):

① 随机或以某个次序选取某变量 x_i;

② 根据 $\boldsymbol{x}$ 中除 x_i 外的变量的现有取值, 计算条件概率 $p\left(x_i \mid \boldsymbol{x}_{\bar{i}}\right)$, 其中 $\boldsymbol{x}_{\bar{i}}=\left\{x_1, x_2, \cdots, x_{i-1}, x_{i+1}, \cdots, x_N\right\}$;

③ 根据 $p\left(x_i \mid \boldsymbol{x}_{\bar{i}}\right)$ 对变量 x_i 进行采样, 用采样值代替原值。

对应到式 (14.27) 和式 (14.28) 表示的 MH 采样, 候选样本 $\boldsymbol{x}^*$ 与 $t-1$ 时刻的样本 $\boldsymbol{x}^{t-1}$ 的区别仅在于第 i 个变量的取值不同, 即 $\boldsymbol{x}_{\bar{i}}^*$ 与 $\boldsymbol{x}_{\bar{i}}^{t-1}$ 相同。下面给出几个概率等式:

(1) $Q\left(\boldsymbol{x}^* \mid \boldsymbol{x}^{t-1}\right)=p\left(x_i^* \mid \boldsymbol{x}_{\bar{i}}^{t-1}\right)$;

(2) $Q\left(\boldsymbol{x}^{t-1} \mid \boldsymbol{x}^*\right)=p\left(x_i^{t-1} \mid \boldsymbol{x}_{\bar{i}}^*\right)$;

(3) $p\left(\boldsymbol{x}^*\right)=p\left(x_i^*, \boldsymbol{x}_{\bar{i}}^*\right)=p\left(x_i^* \mid \boldsymbol{x}_{\bar{i}}^*\right) p\left(\boldsymbol{x}_{\bar{i}}^*\right)$;

(4) $p\left(\boldsymbol{x}^{t-1}\right)=p\left(x_i^{t-1}, \boldsymbol{x}_{\bar{i}}^{t-1}\right)=p\left(x_i^{t-1} \mid \boldsymbol{x}_{\bar{i}}^{t-1}\right) p\left(\boldsymbol{x}_{\bar{i}}^{t-1}\right)$。

其中：等式（1）是由于吉布斯采样“根据 $p\left(x_i \mid \boldsymbol{x}_i\right)$ 对变量 x_i 进行采样”(参见以上步骤 ③), 即用户给定的先验概率为 $p\left(x_i \mid \boldsymbol{x}_{\bar{i}}\right)$, 同理得等式（2）; 等式（3）是将联合概率 $p\left(\boldsymbol{x}^*\right)$ 换了一种形式, 写成了条件概率和先验概率的乘积, 同理得等式（4）。

对于式 (14.28) 来说 (注意 $\boldsymbol{x}_{\bar{i}}^*=\boldsymbol{x}_{\bar{i}}^{t-1}$):

$$\frac{p\left(\boldsymbol{x}^*\right) Q\left(\boldsymbol{x}^{t-1} \mid \boldsymbol{x}^*\right)}{p\left(\boldsymbol{x}^{t-1}\right) Q\left(\boldsymbol{x}^* \mid \boldsymbol{x}^{t-1}\right)}=\frac{p\left(x_i^* \mid \boldsymbol{x}_{\bar{i}}^*\right) p\left(\boldsymbol{x}_{\bar{i}}^*\right) p\left(x_i^{t-1} \mid \boldsymbol{x}_{\bar{i}}^*\right)}{p\left(x_i^{t-1} \mid \boldsymbol{x}_{\bar{i}}^{t-1}\right) p\left(\boldsymbol{x}_{\bar{i}}^{t-1}\right) p\left(x_i^* \mid \boldsymbol{x}_{\bar{i}}^{t-1}\right)}=1$$

在吉布斯采样中，接受概率恒等于 1。也就是说，吉布斯采样是接受概率为 1 的 MH 采样。

上述推导详见参考文献 [1] 的第 544 页。

14.5.6 式 (14.29) 的解释

在该式中，连乘号是因为 N 个变量的生成过程相互独立；求和符号是因为每个变量的生成过程都需要考虑中间隐变量的所有可能性，类似于边际分布的计算方式。

14.5.7 式 (14.30) 的解释

对式 (14.29) 取对数。本式就是求对数后, 原来的连乘变成了连加, 即性质 $\ln(ab)=\ln a+\ln b$。

“西瓜书”接下来提到，“图 14.10 所对应的推断和学习任务主要是由观察到的变量 $\boldsymbol{x}$ 来估计隐变量 $\boldsymbol{z}$ 和分布参数变量 Θ, 即求解 $p(\boldsymbol{z} \mid \boldsymbol{x}, \Theta)$ 和 Θ”，这里可以对应式 (3.26) 来这样理解（虽然不严谨）：Θ 对应式 (3.26) 中的 $\boldsymbol{w}$ 和 b, 而 $\boldsymbol{z}$ 对应式 (3.26) 中的 y。

14.5.8 式 (14.31) 的解释

对应“西瓜书”7.6 节“EM 算法”中的 M 步，参见式 (7.36) 和式 (7.37)。

14.5.9 式 (14.32) ~ 式 (14.34) 的推导

式 (14.31) 和式 (14.32) 之间的跳跃比较大, 接下来为了方便，忽略分布参数变量 Θ。这里的主要问题是后验概率 $p(\boldsymbol{z} \mid \boldsymbol{x})$ 难以获得, 因此使用一个已知的简单分布 $q(\boldsymbol{z})$ 来近似需要推导的复杂分布 $p(\boldsymbol{z} \mid \boldsymbol{x})$, 这就是变分推断的核心思想。

根据概率论公式 $p(\boldsymbol{x}, \boldsymbol{z}) = p(\boldsymbol{z} \mid \boldsymbol{x})p(\boldsymbol{x})$, 可得

$$p(\boldsymbol{x}) = \frac{p(\boldsymbol{x}, \boldsymbol{z})}{p(\boldsymbol{z} \mid \boldsymbol{x})}$$

将分子和分母同时除以 $q(\boldsymbol{z})$, 可得

$$p(\boldsymbol{x}) = \frac{p(\boldsymbol{x}, \boldsymbol{z})/q(\boldsymbol{z})}{p(\boldsymbol{z} \mid \boldsymbol{x})/q(\boldsymbol{z})}$$

对等号两边同时取自然对数, 可得

$$\ln p(\boldsymbol{x}) = \ln \frac{p(\boldsymbol{x}, \boldsymbol{z})/q(\boldsymbol{z})}{p(\boldsymbol{z} \mid \boldsymbol{x})/q(\boldsymbol{z})} = \ln \frac{p(\boldsymbol{x}, \boldsymbol{z})}{q(\boldsymbol{z})} - \ln \frac{p(\boldsymbol{z} \mid \boldsymbol{x})}{q(\boldsymbol{z})}$$

对等号两边同时乘以 $q(\boldsymbol{z})$ 并积分, 可得

$$\int q(\boldsymbol{z}) \ln p(\boldsymbol{x}) \mathrm{d}\boldsymbol{z} = \int q(\boldsymbol{z}) \ln \frac{p(\boldsymbol{x}, \boldsymbol{z})}{q(\boldsymbol{z})} \mathrm{d}\boldsymbol{z} - \int q(\boldsymbol{z}) \ln \frac{p(\boldsymbol{z} \mid \boldsymbol{x})}{q(\boldsymbol{z})} \mathrm{d}\boldsymbol{z}$$

对于等号左边的积分, 由于 $p(\boldsymbol{x})$ 与变量 $\boldsymbol{z}$ 无关, 因此可以当作常数拿到积分符号的外面：

$$\int q(\boldsymbol{z}) \ln p(\boldsymbol{x}) \mathrm{d}\boldsymbol{z} = \ln p(\boldsymbol{x}) \int q(\boldsymbol{z}) \mathrm{d}\boldsymbol{z} = \ln p(\boldsymbol{x})$$

其中 $q(\boldsymbol{z})$ 是一个概率分布, 所以积分等于 1。至此, 前面的式子变为

$$\ln p(\boldsymbol{x}) = \int q(\boldsymbol{z}) \ln \frac{p(\boldsymbol{x}, \boldsymbol{z})}{q(\boldsymbol{z})} \mathrm{d}\boldsymbol{z} - \int q(\boldsymbol{z}) \ln \frac{p(\boldsymbol{z} \mid \boldsymbol{x})}{q(\boldsymbol{z})} \mathrm{d}\boldsymbol{z}$$

此为式 (14.32), 等号右边的第 1 项 [即式 (14.33)] 为 Evidence Lower Bound (ELBO), 等号右边的第 2 项 [即式 (14.34)] 为 KL 散度（参见“西瓜书”的附录 C.3)。我们的目标是用分布 $q(\boldsymbol{z})$ 来近似后验概率 $p(\boldsymbol{z} \mid \boldsymbol{x})$, KL 散度则用于度

量两个概率分布之间的差异。其中 KL 散度越小，表示两个分布之间的差异越小,因此可以最小化式 (14.34)：

$$\min_{q(\boldsymbol{z})} \mathrm{KL}(q(\boldsymbol{z}) \| p(\boldsymbol{z} \mid \boldsymbol{x}))$$

但这并没有什么意义, 因为 $p(\boldsymbol{z} \mid \boldsymbol{x})$ 未知。注意, 式 (14.32) 恒等于常数 $\ln p(\boldsymbol{x})$, 因此最小化式 (14.34) 等价于最大化式 (14.33) 的 ELBO。在接下来的推导中, 我们将通过最大化式 (14.33) 来求解 $p(\boldsymbol{z} \mid \boldsymbol{x})$ 的近似 $q(\boldsymbol{z})$。

14.5.10 式 (14.35) 的解释

"西瓜书" 14.5.2 小节开篇提到, "变分推断通过使用已知的简单分布来逼近需要推断的复杂分布", 这里使用 $q(\boldsymbol{z})$ 来近似后验分布 $p(\boldsymbol{z} \mid \boldsymbol{x})$。本式则进一步假设复杂的多变量 $\boldsymbol{z}$ 可拆解为一系列相互独立的多变量 $\boldsymbol{z}_i$, 进而有 $q(\boldsymbol{z}) = \prod_{i=1}^{M} q_i(\boldsymbol{z}_i)$, 以便于后面简化求解。

14.5.11 式 (14.36) 的推导

将式 (14.35) 代入式 (14.33), 可得

$$\begin{aligned}
\mathcal{L}(q) &= \int q(\boldsymbol{z}) \ln \frac{p(\boldsymbol{x}, \boldsymbol{z})}{q(\boldsymbol{z})} \mathrm{d}\boldsymbol{z} = \int q(\boldsymbol{z})\{\ln p(\boldsymbol{x}, \boldsymbol{z}) - \ln q(\boldsymbol{z})\} \mathrm{d}\boldsymbol{z} \\
&= \int \prod_{i=1}^{M} q_i(\boldsymbol{z}_i) \left\{\ln p(\boldsymbol{x}, \boldsymbol{z}) - \ln \prod_{i=1}^{M} q_i(\boldsymbol{z}_i)\right\} \mathrm{d}\boldsymbol{z} \\
&= \int \prod_{i=1}^{M} q_i(\boldsymbol{z}_i) \ln p(\boldsymbol{x}, \boldsymbol{z}) \mathrm{d}\boldsymbol{z} - \int \prod_{i=1}^{M} q_i(\boldsymbol{z}_i) \ln \prod_{i=1}^{M} q_i(\boldsymbol{z}_i) \mathrm{d}\boldsymbol{z} \triangleq \mathcal{L}_1(q) - \mathcal{L}_2(q)
\end{aligned}$$

在接下来的推导中，我们需要大量交换积分符号的次序。记积分项为 $Q(\boldsymbol{x}, \boldsymbol{z})$,则上式可变形为

$$\mathcal{L}(q) = \int Q(\boldsymbol{x}, \boldsymbol{z}) \mathrm{d}\boldsymbol{z} = \int \cdots \int Q(\boldsymbol{x}, \boldsymbol{z}) \mathrm{d}\boldsymbol{z}_1 \, \mathrm{d}\boldsymbol{z}_2 \cdots \mathrm{d}\boldsymbol{z}_M$$

根据积分相关知识, 在满足某种条件下, 积分符号的次序可以任意交换。

对于第 1 项 $\mathcal{L}_1(q)$, 交换积分符号的次序, 可得

$$\mathcal{L}_1(q) = \int \prod_{i=1}^{M} q_i(\boldsymbol{z}_i) \ln p(\boldsymbol{x}, \boldsymbol{z}) \mathrm{d}\boldsymbol{z} = \int q_j \left\{\int \ln p(\boldsymbol{x}, \boldsymbol{z}) \prod_{i \neq j}^{M} (q_i(\boldsymbol{z}_i) \mathrm{d}\boldsymbol{z}_i)\right\} \mathrm{d}\boldsymbol{z}_j$$

令 $\ln\tilde{p}(\boldsymbol{x},\boldsymbol{z}_j)=\int\ln p(\boldsymbol{x},\boldsymbol{z})\prod_{i\neq j}^{M}(q_i(\boldsymbol{z}_i)\,\mathrm{d}\boldsymbol{z}_i)$ [这里与式 (14.37) 略有不同, 具体参见接下来的解释], 代入可得

$$\mathcal{L}_1(q)=\int q_j\ln\tilde{p}(\boldsymbol{x},\boldsymbol{z}_j)\,\mathrm{d}\boldsymbol{z}_j$$

对于第 2 项 $\mathcal{L}_2(q)$:

$$\begin{aligned}\mathcal{L}_2(q)&=\int\prod_{i=1}^{M}q_i(\boldsymbol{z}_i)\ln\prod_{i=1}^{M}q_i(\boldsymbol{z}_i)\,\mathrm{d}\boldsymbol{z}=\int\prod_{i=1}^{M}q_i(\boldsymbol{z}_i)\sum_{i=1}^{M}\ln q_i(\boldsymbol{z}_i)\,\mathrm{d}\boldsymbol{z}\\&=\sum_{i=1}^{M}\int\prod_{i=1}^{M}q_i(\boldsymbol{z}_i)\ln q_i(\boldsymbol{z}_i)\,\mathrm{d}\boldsymbol{z}=\sum_{i_1=1}^{M}\int\prod_{i_2=1}^{M}q_{i_2}(\boldsymbol{z}_{i_2})\ln q_{i_1}(\boldsymbol{z}_{i_1})\,\mathrm{d}\boldsymbol{z}\end{aligned}$$

下面我们解释一下以上第 2 行的第 2 个等号后的结果, 这是因为“西瓜书”的符号表示并不严谨, 求和变量和连乘变量不能同时使用 i, 这里的求和变量和连乘变量分别使用 i_1 和 i_2 来表示。对于求和符号内的积分项，考虑当 $i_1=j$ 时:

$$\begin{aligned}\int\prod_{i_2=1}^{M}q_{i_2}(\boldsymbol{z}_{i_2})\ln q_j(\boldsymbol{z}_j)\,\mathrm{d}\boldsymbol{z}&=\int q_j(\boldsymbol{z}_j)\prod_{i_2\neq j}q_{i_2}(\boldsymbol{z}_{i_2})\ln q_j(\boldsymbol{z}_j)\,\mathrm{d}\boldsymbol{z}\\&=\int q_j(\boldsymbol{z}_j)\ln q_j(\boldsymbol{z}_j)\left\{\int\prod_{i_2\neq j}q_{i_2}(\boldsymbol{z}_{i_2})\prod_{i_2\neq j}\ \mathrm{d}\boldsymbol{z}_{i_2}\right\}\mathrm{d}\boldsymbol{z}_j\end{aligned}$$

注意 $\int\prod_{i_2\neq j}q_{i_2}(\boldsymbol{z}_{i_2})\prod_{i_2\neq j}\ \mathrm{d}\boldsymbol{z}_{i_2}=1$, 为了直观地说明这个结论, 假设这里只有 $q_1(\boldsymbol{z}_1)$、$q_2(\boldsymbol{z}_2)$ 和 $q_3(\boldsymbol{z}_3)$, 即

$$\begin{aligned}&\iiint q_1(\boldsymbol{z}_1)q_2(\boldsymbol{z}_2)q_3(\boldsymbol{z}_3)\,\mathrm{d}\boldsymbol{z}_1\ \mathrm{d}\boldsymbol{z}_2\ \mathrm{d}\boldsymbol{z}_3\\&=\int q_1(\boldsymbol{z}_1)\int q_2(\boldsymbol{z}_2)\int q_3(\boldsymbol{z}_3)\,\mathrm{d}\boldsymbol{z}_3\ \mathrm{d}\boldsymbol{z}_2\ \mathrm{d}\boldsymbol{z}_1\end{aligned}$$

对于概率分布, 我们有 $\int q_1(\boldsymbol{z}_1)\,\mathrm{d}\boldsymbol{z}_1=\int q_2(\boldsymbol{z}_2)\,\mathrm{d}\boldsymbol{z}_2=\int q_3(\boldsymbol{z}_3)\,\mathrm{d}\boldsymbol{z}_3=1$, 代入即得。因此

$$\int\prod_{i_2=1}^{M}q_{i_2}(\boldsymbol{z}_{i_2})\ln q_j(\boldsymbol{z}_j)\,\mathrm{d}\boldsymbol{z}=\int q_j(\boldsymbol{z}_j)\ln q_j(\boldsymbol{z}_j)\,\mathrm{d}\boldsymbol{z}_j$$

进而第 2 项可化简为

$$
\begin{aligned}
\mathcal{L}_2(q) &= \sum_{i_1=1}^{M} \int q_{i_1}\left(\boldsymbol{z}_{i_1}\right) \ln q_{i_1}\left(\boldsymbol{z}_{i_1}\right) \mathrm{d}\boldsymbol{z}_{i_1} \\
&= \int q_j\left(\boldsymbol{z}_j\right) \ln q_j\left(\boldsymbol{z}_j\right) \mathrm{d}\boldsymbol{z}_j + \sum_{i_1 \neq j}^{M} \int q_{i_1}\left(\boldsymbol{z}_{i_1}\right) \ln q_{i_1}\left(\boldsymbol{z}_{i_1}\right) \mathrm{d}\boldsymbol{z}_{i_1}
\end{aligned}
$$

由于这里只关注 q_j （即固定 $q_{i\neq j}$ ），因此第 2 项可进一步表示为第 j 项加上一个常数项 const。

$$
\mathcal{L}_2(q) = \int q_j\left(\boldsymbol{z}_j\right) \ln q_j\left(\boldsymbol{z}_j\right) \mathrm{d}\boldsymbol{z}_j + \text{ const}
$$

综上可得式 (14.36)。

14.5.12 式 (14.37) 和式 (14.38) 的解释

我们首先解释式 (14.38), 该式等号的右侧就是式 (14.36) 的第 2 个等号后面花括号中的内容, 这里之所以写成期望的形式, 是为了将 $\prod_{i\neq j} q_i$ 看作一个概率分布, 这样该式就表示函数 $\ln p(\boldsymbol{x}, \boldsymbol{z})$ 在概率分布 $\prod_{i\neq j} q_i$ 下的期望, 类似于式 (14.21) 和式 (14.24)。

接下来我们解释式 (14.37)。该式就是一个定义式, 即令等号右侧的项为 $\ln \tilde{p}(\boldsymbol{x}, \boldsymbol{z}_j)$, 但该式包含一个常数项 const, 当然这并没有什么问题, 不影响式 (14.36) 本身。具体来说, 将该项反代回式 (14.36) 第二个等号右侧的第 1 项, 可得

$$
\begin{aligned}
&\int q_j \left\{ \int \ln p(\boldsymbol{x}, \boldsymbol{z}) \prod_{i\neq j}^{M} \left(q_i\left(\boldsymbol{z}_i\right) \mathrm{d}\boldsymbol{z}_i\right) \right\} \mathrm{d}\boldsymbol{z}_j = \int q_j \mathbb{E}_{i\neq j}[\ln p(\boldsymbol{x}, \boldsymbol{z})] \mathrm{d}\boldsymbol{z}_j \\
&= \int q_j \left(\ln \tilde{p}\left(\boldsymbol{x}, \boldsymbol{z}_j\right) - \text{ const }\right) \mathrm{d}\boldsymbol{z}_j \\
&= \int q_j \ln \tilde{p}\left(\boldsymbol{x}, \boldsymbol{z}_j\right) \mathrm{d}\boldsymbol{z}_j - \int q_j \,\text{const}\; \mathrm{d}\,\boldsymbol{z}_j \\
&= \int q_j \ln \tilde{p}\left(\boldsymbol{x}, \boldsymbol{z}_j\right) \mathrm{d}\boldsymbol{z}_j - \text{ const}
\end{aligned}
$$

注意, 加、减一个常数实际上等价, 只需要在定义常数项 const 时加上符号即可。将这个常数项与式 (14.36) 第 2 个等号后面的常数项合并（注意二者表示不同的值), 即得式 (14.36) 第 3 个等号后面的常数项。

14.5.13 式 (14.39) 的解释

式 (14.36) 可继续变形为

$$\begin{aligned}
\mathcal{L}(q) &= \int q_j \ln \tilde{p}\left(\boldsymbol{x}, \boldsymbol{z}_j\right) \mathrm{d}\boldsymbol{z}_j - \int q_j \ln q_j \mathrm{d}\boldsymbol{z}_j + \text{const} \\
&= \int q_j \ln \frac{\tilde{p}\left(\boldsymbol{x}, \boldsymbol{z}_j\right)}{q_j} \mathrm{d}\boldsymbol{z}_j + \text{const} \\
&= -\mathrm{KL}\left(q_j \| \tilde{p}\left(\boldsymbol{x}, \boldsymbol{z}_j\right)\right) + \text{const}
\end{aligned}$$

注意, 14.5.9 小节“式 (14.32) ~ 式 (14.34) 的推导”提到, “我们的目标是用分布 $q(\boldsymbol{z})$ 来近似后验概率 $p(\boldsymbol{z} \mid \boldsymbol{x})$, KL 散度则用于度量两个概率分布之间的差异。其中 KL 散度越小，表示两个分布之间的差异越小, 因此可以最小化式 (14.34)”, 但这并没有什么意义, 因为 $p(\boldsymbol{z} \mid \boldsymbol{x})$ 未知。又因为式 (14.32) 恒等于常数 $\ln p(\boldsymbol{x})$, 所以最小化式 (14.34) 等价于最大化式 (14.33)。刚刚我们又得到 $\mathcal{L}(q) = -\mathrm{KL}\left(q_j \| \tilde{p}\left(\boldsymbol{x}, \boldsymbol{z}_j\right)\right) + \text{const}$, 因此最大化式 (14.33) 等价于最小化这里的 KL 散度, 由此可知当 $q_j = \tilde{p}\left(\boldsymbol{x}, \boldsymbol{z}_j\right)$ 时，这个 KL 散度最小, 即式 (14.33) 最大, 也就是分布 $q(\boldsymbol{z})$ 与后验概率 $p(\boldsymbol{z} \mid \boldsymbol{x})$ 最相似。

而根据式 (14.37) 有 $\ln \tilde{p}\left(\boldsymbol{x}, \boldsymbol{z}_j\right) = \mathbb{E}_{i \neq j}[\ln p(\boldsymbol{x}, \boldsymbol{z})] + \text{const}$, 再结合 $q_j = \tilde{p}\left(\boldsymbol{x}, \boldsymbol{z}_j\right)$ 可知 $\ln q_j = \mathbb{E}_{i \neq j}[\ln p(\boldsymbol{x}, \boldsymbol{z})] + \text{const}$, 此即式 (14.39)。

14.5.14 式 (14.40) 的解释

对式 (14.39) 的两边同时执行 $\exp(\cdot)$ 操作, 可得

$$\begin{aligned}
q_j^*\left(\boldsymbol{z}_j\right) &= \exp\left(\mathbb{E}_{i \neq j}[\ln p(\boldsymbol{x}, \boldsymbol{z})] + \text{ const }\right) \\
&= \exp\left(\mathbb{E}_{i \neq j}[\ln p(\boldsymbol{x}, \boldsymbol{z})]\right) \cdot \exp(\text{ const })
\end{aligned}$$

对两边同时执行 $\int(\cdot) \mathrm{d}\boldsymbol{z}_j$ 操作, 由于 $q_j^*\left(\boldsymbol{z}_j\right)$ 为概率分布, $\int q_j^*\left(\boldsymbol{z}_j\right) \mathrm{d}\boldsymbol{z}_j = 1$, 因此有

$$\begin{aligned}
1 &= \int \exp\left(\mathbb{E}_{i \neq j}[\ln p(\boldsymbol{x}, \boldsymbol{z})]\right) \cdot \exp(\text{ const }) \mathrm{d}\boldsymbol{z}_j \\
&= \exp(\text{ const }) \int \exp\left(\mathbb{E}_{i \neq j}[\ln p(\boldsymbol{x}, \boldsymbol{z})]\right) \mathrm{d}\boldsymbol{z}_j
\end{aligned}$$

这里就是将常数拿到了积分符号的外面, 于是进一步有

$$\exp(\text{ const }) = \frac{1}{\displaystyle\int \exp\left(\mathbb{E}_{i\neq j}[\ln p(\boldsymbol{x},\boldsymbol{z})]\right)\mathrm{d}\boldsymbol{z}_j}$$

代入刚开始的那个表达式, 可得

$$\begin{aligned} q_j^*(\boldsymbol{z}_j) &= \exp\left(\mathbb{E}_{i\neq j}[\ln p(\boldsymbol{x},\boldsymbol{z})]\right)\cdot\exp(\text{ const }) \\ &= \frac{\exp\left(\mathbb{E}_{i\neq j}[\ln p(\boldsymbol{x},\boldsymbol{z})]\right)}{\displaystyle\int \exp\left(\mathbb{E}_{i\neq j}[\ln p(\boldsymbol{x},\boldsymbol{z})]\right)\mathrm{d}\boldsymbol{z}_j} \end{aligned}$$

此即式 (14.40)。实际上, 本式的分母为归一化因子, 以保证 $q_j^*(\boldsymbol{z}_j)$ 为概率分布。

14.6 话 题 模 型

本节介绍了话题模型的概念及其典型代表：隐狄利克雷分配模型（LDA）。

概括来说，给定一组文档，话题模型可以告诉我们这组文档谈论了哪些话题，以及每篇文档与哪些话题有关。举个例子，社会上出现了一个热点事件，为了大致了解网民的思想动态，我们抓取了一组比较典型的网页（博客、评论等）；每个网页就是一篇文档，通过分析这组网页，我们可以大致了解网民都从什么角度关注这件事情（每个角度可视为一个主题，LDA 模型中的主题个数需要人工指定），并大致知道每个网页都涉及哪些角度；这里学得的主题类似于聚类（参见第 9 章）中所得的簇（没有标记），每个主题最终由一个词频向量表示，通过分析该主题下的高频词，就可对其有大致的了解。

14.6.1 式 (14.41) 的解释

$$p(\boldsymbol{W},\boldsymbol{z},\boldsymbol{\beta},\boldsymbol{\Theta}|\boldsymbol{\alpha},\boldsymbol{\eta}) = \prod_{t=1}^{T} p(\boldsymbol{\Theta}_t|\boldsymbol{\alpha})\prod_{k=1}^{K} p(\boldsymbol{\beta}_k|\boldsymbol{\eta})(\prod_{n=1}^{N} P(w_{t,n}|z_{t,n},\boldsymbol{\beta}_k)P(z_{t,n}|\boldsymbol{\Theta}_t))$$

此式表示在 LDA 模型下根据参数 $\boldsymbol{\alpha}$ 和 $\boldsymbol{\eta}$ 生成文档 $\boldsymbol{W}$ 的概率。其中 $\boldsymbol{z}$、$\boldsymbol{\beta}$、$\boldsymbol{\Theta}$ 是生成过程的中间变量。具体的生成步骤参见图 14.12，图中的箭头和式 (14.41) 的条件概率中的因果项一一对应。这里一共有三个连乘号，表示三个相互独立的概率关系。第一个连乘号表示 T 个文档中每个文档的话题分布都是相互独立的。第二个连乘号表示 K 个话题中每个话题下单词的分布都是相互独立的。最后一个连乘号表示每篇文档中所有单词的生成都是相互独立的。

14.6.2 式 (14.42) 的解释

本式就是狄利克雷分布的定义式, 参见“西瓜书”的附录 C1.6。

14.6.3 式 (14.43) 的解释

本式为对数似然, 其中 $p\left(\boldsymbol{w}_t \mid \boldsymbol{\alpha}, \boldsymbol{\eta}\right)=\iiint p\left(\boldsymbol{w}_t, \boldsymbol{z}, \boldsymbol{\beta}, \boldsymbol{\Theta} \mid \boldsymbol{\alpha}, \boldsymbol{\eta}\right) \mathrm{d} \boldsymbol{z}\ \mathrm{d} \boldsymbol{\beta}\ \mathrm{d} \boldsymbol{\Theta}$, 即通过边际化 $p\left(\boldsymbol{w}_t, \boldsymbol{z}, \boldsymbol{\beta}, \boldsymbol{\Theta} \mid \boldsymbol{\alpha}, \boldsymbol{\eta}\right)$ 可得。

由于 T 篇文档相互独立, 因此 $p(\boldsymbol{W}, \boldsymbol{z}, \boldsymbol{\beta}, \boldsymbol{\Theta} \mid \boldsymbol{\alpha}, \boldsymbol{\eta})=\prod_{t=1}^T p(\boldsymbol{w}_t, \boldsymbol{z}, \boldsymbol{\beta}, \boldsymbol{\Theta} \mid \boldsymbol{\alpha}, \boldsymbol{\eta})$, 在求对数似然后，连乘变成了连加, 即得本式，参见“西瓜书”的 7.2 节“极大似然估计”。

14.6.4 式 (14.44) 的解释

本式表明了联合概率、先验概率、条件概率之间的关系, 换种表示方法可能更易理解：

$$
p_{\boldsymbol{\alpha}, \boldsymbol{\eta}}(\boldsymbol{z}, \boldsymbol{\beta}, \boldsymbol{\Theta} \mid \boldsymbol{W})=\frac{p_{\boldsymbol{\alpha}, \boldsymbol{\eta}}(\boldsymbol{W}, \boldsymbol{z}, \boldsymbol{\beta}, \boldsymbol{\Theta})}{p_{\boldsymbol{\alpha}, \boldsymbol{\eta}}(\boldsymbol{W})}
$$

参 考 文 献

[1] Christopher M Bishop and Nasser M Nasrabadi. *Pattern Recognition and Machine Learning*, volume 4. Springer, 2006.

第 15 章 规则学习

规则学习是“符号主义学习”的代表性方法，用来从训练数据中学到一组能对未见示例进行判别的规则，比如“如果 A 或 B 成立，并且 C 成立的条件下，D 满足”这样的形式。这种学习方法因为更加贴合人类从数据中学到经验的描述，所以具有非常良好的可解释性，是最早开始研究机器学习的技术之一。

15.1 剪枝优化

15.1.1 式 (15.2) 和式 (15.3) 的解释

似然率统计量 LRS 被定义为

$$\mathrm{LRS}=2\cdot\left(\hat{m}_{+}\log_2\frac{\left(\dfrac{\hat{m}_{+}}{\hat{m}_{+}+\hat{m}_{-}}\right)}{\left(\dfrac{m_{+}}{m_{+}+m_{-}}\right)}+\hat{m}_{-}\log_2\frac{\left(\dfrac{\hat{m}_{-}}{\hat{m}_{+}+\hat{m}_{-}}\right)}{\left(\dfrac{m_{-}}{m_{+}+m_{-}}\right)}\right)$$

同时，根据对数函数的定义，我们可以对式 (15.3) 进行化简：

$$\begin{aligned}\text{F\_Gain}&=\hat{m}_{+}\times\left(\log_2\frac{\hat{m}_{+}}{\hat{m}_{+}+\hat{m}_{-}}-\log_2\frac{m_{+}}{m_{+}+m_{-}}\right)\\&=\hat{m}_{+}\left(\log_2\frac{\dfrac{\hat{m}_{+}}{\hat{m}_{+}+\hat{m}_{-}}}{\dfrac{m_{+}}{m_{+}+m_{-}}}\right)\end{aligned}$$

可以观察到，F_Gain 即为式 (15.2) 中 LRS 求和项中的第一项。“西瓜书”对此做了详细的解释，FOIL 仅考虑正例的信息量，由于关系数据中的正例数往往远小于反例数，因此通常对正例应该给予更多的关注。

15.2 归纳逻辑程序设计

15.2.1 式 (15.6) 的解释

定义析合范式的删除操作符为“$-$”，表示在 A 和 B 的析合式中删除成分 B，得到成分 A。

15.2.2 式 (15.7) 的推导

$C=A\vee B$，把 $A=C_1-\{L\}$ 和 $L=C_2-\{\neg L\}$ 代入即得。

15.2.3 式 (15.9) 的推导

根据 $C=(C_1-\{L\})\vee(C_2-\{\neg L\})$ 和析合范式的删除操作，在等式的两边同时删除析合项 $C_2-\{\neg L\}$，可得

$$C-(C_1-\{L\})=C_2-\{\neg L\}$$

再次运用析合范式的删除操作符的逆定义，并在等式的两边同时加上析合项 $\{\neg L\}$，可得

$$C_2=(C-(C_1-\{L\}))\vee\{\neg L\}$$

15.2.4 式 (15.10) 的解释

该式是吸收 (absorption) 操作的定义式。注意符号的定义，这里用 $\frac{X}{Y}$ 表示 X 蕴含 Y，X 的子句或是 Y 的归结项，或是 Y 中某个子句的等价项。所谓吸收，是指替换部分逻辑子句（大写字母），并生成一个新的逻辑文字（小写字母）用于定义这些被替换的逻辑子句。在式 (15.10) 中，逻辑子句 A 被逻辑文字 q 替换。

15.2.5 式 (15.11) 的解释

该式是辨识 (identification) 操作的定义式。辨识操作旨在依据已知的逻辑文字，构造新的逻辑子句和文字的关系。在式 (15.11) 中，已知 $p\leftarrow A\wedge B$ 和 $p\leftarrow A\wedge q$，构造的新逻辑文字为 $q\leftarrow B$。

15.2.6 式 (15.12) 的解释

该式是内构 (intra-construction) 操作的定义式。内构操作旨在找到关于同一逻辑文字中的共同逻辑子句部分，并且提取其中不同的部分作为新的逻辑文字。在式 (15.12) 中，逻辑文字 $p \leftarrow A \wedge B$ 和 $p \leftarrow A \wedge C$ 的共同部分为 $p \leftarrow A \wedge q$，其中新的逻辑文字为 $q \leftarrow B$ 和 $q \leftarrow C$。

15.2.7 式 (15.13) 的解释

该式是互构 (inter-construction) 操作的定义式。互构操作旨在找到不同逻辑文字中的共同逻辑子句部分，并定义新的逻辑文字来描述这个共同的逻辑子句。在式 (15.13) 中，逻辑文字 $p \leftarrow A \wedge B$ 和 $q \leftarrow A \wedge C$ 的共同逻辑子句 A 将被提取出来，并用逻辑文字定义为 $r \leftarrow A$。将逻辑文字 p 和 q 的定义也用 r 进行相应的替换，从而得到 $p \leftarrow r \wedge B$ 与 $q \leftarrow r \wedge C$。

15.2.8 式 (15.16) 的推导

这个式子中的 θ_1 为笔误，根据式 (15.9)，有

$$C_2 = (C - (C_1 - \{L_1\})) \vee \{L_2\}$$

$L_2 = (\neg L_1 \theta_1)\theta_2^{-1}$，替换便可得证。

第 16 章　强化学习

强化学习作为机器学习的子领域，其本身拥有一套完整的理论体系，以及诸多经典和最新前沿算法。“西瓜书”的第 16 章仅可作为综述材料来查阅，若想深究，建议查阅其他相关书籍（如《Easy RL：强化学习教程》[1]）进行系统性学习。

16.1　任务与奖赏

读者只需要理解强化学习的定义和相关术语的含义即可。

16.2　K-摇臂赌博机

16.2.1　式 (16.2) 和式 (16.3) 的推导

$$
\begin{aligned}
Q_n(k) &= \frac{1}{n}\sum_{i=1}^{n} v_i \\
&= \frac{1}{n}\left(\sum_{i=1}^{n-1} v_i + v_n\right) \\
&= \frac{1}{n}\left((n-1)\times Q_{n-1}(k) + v_n\right) \\
&= Q_{n-1}(k) + \frac{1}{n}\left(v_n - Q_{n-1}(k)\right)
\end{aligned}
$$

16.2.2　式 (16.4) 的解释

$$
P(k) = \frac{\mathrm{e}^{\frac{Q(k)}{\tau}}}{\sum\limits_{i=1}^{K} \mathrm{e}^{\frac{Q(i)}{\tau}}} \propto \mathrm{e}^{\frac{Q(k)}{\tau}} \propto \frac{Q(k)}{\tau} \propto \frac{1}{\tau}
$$

如果 τ 很大，则所有动作几乎以等概率被选择（探索）；如果 τ 很小，则 Q 值大的动作更容易被选中（利用）。

16.3 有模型学习

16.3.1 式 (16.7) 的解释

因为 $\pi(x,a) = P(\text{action} = a|\text{state} = x)$ 表示在状态 x 下选择动作 a 的概率，又因为动作事件之间两两互斥且和为动作空间，由全概率展开公式

$$P(A) = \sum_{i=1}^{\infty} P(B_i)P(A \mid B_i)$$

可得

$$\begin{aligned}
&\mathbb{E}_\pi\left[\frac{1}{T}r_1 + \frac{T-1}{T}\frac{1}{T-1}\sum_{t=2}^{T} r_t \mid x_0 = x\right] \\
&= \sum_{a\in A}\pi(x,a)\sum_{x'\in X}P_{x\to x'}^{a}\left(\frac{1}{T}R_{x\to x'}^{a} + \frac{T-1}{T}\mathbb{E}_\pi\left[\frac{1}{T-1}\sum_{t=1}^{T-1} r_t \mid x_0 = x'\right]\right)
\end{aligned}$$

其中

$$r_1 = \pi(x,a)P_{x\to x'}^{a}R_{x\to x'}^{a}$$

式 (16.7) 中的最后一个等式用到了递归形式。

Bellman 等式定义了当前状态与未来状态之间的关系，表示当前状态的价值函数可以通过下一个状态的价值函数来计算。

16.3.2 式 (16.8) 的推导

$$\begin{aligned}
V_\gamma^\pi(x) &= \mathbb{E}_\pi\left[\sum_{t=0}^{\infty}\gamma^t r_{t+1} \mid x_0 = x\right] \\
&= \mathbb{E}_\pi\left[r_1 + \sum_{t=1}^{\infty}\gamma^t r_{t+1} \mid x_0 = x\right] \\
&= \mathbb{E}_\pi\left[r_1 + \gamma\sum_{t=1}^{\infty}\gamma^{t-1} r_{t+1} \mid x_0 = x\right]
\end{aligned}$$

$$
\begin{aligned}
&= \sum_{a \in A} \pi(x,a) \sum_{x' \in X} P_{x \to x'}^{a} \left(R_{x \to x'}^{a} + \gamma \mathbb{E}_{\pi} \left[\sum_{t=0}^{\infty} \gamma^{t} r_{t+1} \mid x_0 = x' \right] \right) \\
&= \sum_{a \in A} \pi(x,a) \sum_{x' \in X} P_{x \to x'}^{a} \left(R_{x \to x'}^{a} + \gamma V_{\gamma}^{\pi}(x') \right)
\end{aligned}
$$

16.3.3 式 (16.10) 的推导

参见式 (16.7) 和式 (16.8) 的推导。

16.3.4 式 (16.14) 的解释

为了获得最优的状态值函数 V，这里取了两层最优，分别是采用最优策略 π^* 和选取能够使得状态–动作值函数 Q 最大的动作 $\max_{a \in A}$。

16.3.5 式 (16.15) 的解释

最优 Bellman 等式表明：最佳策略下的一个状态的价值必须等于在这个状态下采取最好动作所得到的累积奖赏值的期望。

16.3.6 式 (16.16) 的推导

$$
\begin{aligned}
V^{\pi}(x) &\leqslant Q^{\pi}\left(x, \pi'(x)\right) \\
&= \sum_{x' \in X} P_{x \to x'}^{\pi'(x)} \left(R_{x \to x'}^{\pi'(x)} + \gamma V^{\pi}\left(x'\right) \right) \\
&\leqslant \sum_{x' \in X} P_{x \to x'}^{\pi'(x)} \left(R_{x \to x'}^{\pi'(x)} + \gamma Q^{\pi}\left(x', \pi'\left(x'\right)\right) \right) \\
&= \sum_{x' \in X} P_{x \to x'}^{\pi'(x)} \left(R_{x \to x'}^{\pi'(x)} + \sum_{x'' \in X} P_{x' \to x''}^{\pi'(x')} \left(\gamma R_{x' \to x''}^{\pi'(x')} + \gamma^{2} V^{\pi}\left(x''\right) \right) \right) \\
&\leqslant \sum_{x' \in X} P_{x \to x'}^{\pi'(x)} \left(R_{x \to x'}^{\pi'(x)} + \sum_{x'' \in X} P_{x' \to x''}^{\pi'(x')} \left(\gamma R_{x' \to x''}^{\pi'(x')} + \gamma^{2} Q^{\pi}\left(x'', \pi'\left(x''\right)\right) \right) \right) \\
&\cdots \\
&\leqslant \sum_{x' \in X} P_{x \to x'}^{\pi'(x)} \left(R_{x \to x'}^{\pi'(x)} + \sum_{x'' \in X} P_{x' \to x''}^{\pi'(x')} \cdot \right. \\
&\qquad \left. \left(\gamma R_{x' \to x''}^{\pi'(x')} + \sum_{x'' \in X} P_{x'' \to x'''}^{\pi'(x'')} \left(\gamma^{2} R_{x'' \to x'''}^{\pi'(x'')} + \cdots \right) \right) \right)
\end{aligned}
$$

$$= V^{\pi'}(x)$$

其中使用了动作改变条件

$$Q^{\pi}(x, \pi'(x)) \geqslant V^{\pi}(x)$$

以及状态–动作值函数

$$Q^{\pi}(x', \pi'(x')) = \sum_{x' \in X} P_{x' \to x'}^{\pi'(x')}(R_{x' \to x'}^{\pi'(x')} + \gamma V^{\pi}(x'))$$

于是，当前状态的最优值函数为

$$V^*(x) = V^{\pi'}(x) \geqslant V^{\pi}(x)$$

16.4 免模型学习

16.4.1 式 (16.20) 的解释

如果 $\epsilon_k = \frac{1}{k}$，并且其值随着 k 增大而逐渐趋于 0，则 ϵ-贪心就是无限探索中的极限贪心（Greedy in the Limit with Infinite Exploration，GLIE）。

16.4.2 式 (16.23) 的解释

$\frac{p(x)}{q(x)}$ 被称为重要性权重（Importance Weight），其用于修正两个分布之间的差异。

16.4.3 式 (16.31) 的推导

对比式 (16.29)：

$$Q_{t+1}^{\pi}(x, a) = Q_t^{\pi}(x, a) + \frac{1}{t+1}(r_{t+1} - Q_t^{\pi}(x, a))$$

由

$$\frac{1}{t+1} = \alpha$$

可知，若下式成立，则式 (16.31) 成立。

$$r_{t+1} = R_{x \to x'}^{a} + \gamma Q_t^{\pi}(x', a')$$

由于 r_{t+1} 表示第 $t+1$ 步的奖赏，即状态 x 变化到状态 x' 的奖赏加上前面 t 步奖赏总和 $Q_t^{\pi}(x', a')$ 的 γ 折扣，因此式 (16.31) 成立。

16.5 值函数近似

16.5.1 式 (16.33) 的解释

在古汉语中，“平方”又称为“二乘”，此处的最小二乘误差也就是均方误差。

16.5.2 式 (16.34) 的推导

$$-\frac{\partial E_{\boldsymbol{\theta}}}{\partial \boldsymbol{\theta}}=-\frac{\partial \mathbb{E}_{\boldsymbol{x}\sim\pi}\left[\left(V^{\pi}(\boldsymbol{x})-V_{\boldsymbol{\theta}}(\boldsymbol{x})\right)^2\right]}{\partial \boldsymbol{\theta}}$$

将 $V^{\pi}(\boldsymbol{x})-V_{\boldsymbol{\theta}}(\boldsymbol{x})$ 看成一个整体，根据链式法则（chain rule）可知

$$-\frac{\partial \mathbb{E}_{\boldsymbol{x}\sim\pi}\left[\left(V^{\pi}(\boldsymbol{x})-V_{\boldsymbol{\theta}}(\boldsymbol{x})\right)^2\right]}{\partial \boldsymbol{\theta}}=\mathbb{E}_{\boldsymbol{x}\sim\pi}\left[2\left(V^{\pi}(\boldsymbol{x})-V_{\boldsymbol{\theta}}(\boldsymbol{x})\right)\frac{\partial V_{\boldsymbol{\theta}}(\boldsymbol{x})}{\partial \boldsymbol{\theta}}\right]$$

$V_{\boldsymbol{\theta}}(\boldsymbol{x})$ 是一个标量，$\boldsymbol{\theta}$ 是一个向量，$\frac{\partial V_{\boldsymbol{\theta}}(\boldsymbol{x})}{\partial \boldsymbol{\theta}}$ 属于矩阵微积分中的标量对向量求偏导，因此

$$\begin{aligned}\frac{\partial V_{\boldsymbol{\theta}}(\boldsymbol{x})}{\partial \boldsymbol{\theta}}&=\frac{\partial \boldsymbol{\theta}^{\mathrm{T}}\boldsymbol{x}}{\partial \boldsymbol{\theta}}\\&=\left[\frac{\partial \boldsymbol{\theta}^{\mathrm{T}}\boldsymbol{x}}{\partial \theta_1},\frac{\partial \boldsymbol{\theta}^{\mathrm{T}}\boldsymbol{x}}{\partial \theta_2},\cdots,\frac{\partial \boldsymbol{\theta}^{\mathrm{T}}\boldsymbol{x}}{\partial \theta_n}\right]^{\mathrm{T}}\\&=[x_1,x_2,\cdots,x_m]^{\mathrm{T}}\\&=\boldsymbol{x}\end{aligned}$$

于是有

$$\begin{aligned}-\frac{\partial E_{\boldsymbol{\theta}}}{\partial \boldsymbol{\theta}}&=\mathbb{E}_{\boldsymbol{x}\sim\pi}\left[2\left(V^{\pi}(\boldsymbol{x})-V_{\boldsymbol{\theta}}(\boldsymbol{x})\right)\frac{\partial V_{\boldsymbol{\theta}}(\boldsymbol{x})}{\partial \boldsymbol{\theta}}\right]\\&=\mathbb{E}_{\boldsymbol{x}\sim\pi}\left[2\left(V^{\pi}(\boldsymbol{x})-V_{\boldsymbol{\theta}}(\boldsymbol{x})\right)\boldsymbol{x}\right]\end{aligned}$$

参 考 文 献

[1] 王琦，杨毅远，江季. Easy RL：强化学习教程 [M]. 北京：人民邮电出版社, 2022.